中低温动力循环系统及应用

王恩华 ◎ 著

SYSTEMS AND APPLICATIONS OF

POWER CYCLE FOR LOW AND MEDIUM

TEMPERATURE HEAT SOURCES

U0363258

 北京理工大学出版社
BEIJING INSTITUTE OF TECHNOLOGY PRESS

内 容 提 要

节能和减排是建设可持续发展社会的重要内容,中低温热源的高效利用是实现节能减排的关键技术。本书介绍了可用于中低温热源发电的有机朗肯循环、Kalina 循环和二氧化碳循环等 3 种动力循环系统,系统总结了近年来中低温动力循环系统的研究进展。本书主要内容包括用于中低温热源的有机朗肯循环系统、Kalina 循环系统和二氧化碳动力循环系统。有机朗肯循环系统部分介绍了有机工质的选择、有机朗肯循环性能、有机朗肯循环设计、可再生能源发电应用和工业余热发电应用。Kalina 循环部分介绍了氨水工质物性与传热计算、双压和三压 Kalina 循环系统、循环系统性能对比等。二氧化碳动力循环部分介绍了二氧化碳超临界布雷顿循环和二氧化碳跨临界朗肯循环以及二氧化碳动力循环系统经济性分析。

本书可供动力工程及工程热物理专业的研究人员和从事中低温动力循环系统开发的工程技术人员参考。

图书在版编目（CIP）数据

中低温动力循环系统及应用 / 王恩华著. —北京：北京理工大学出版社，2021.3
ISBN 978 - 7 - 5682 - 9556 - 7

Ⅰ. ①中…　Ⅱ. ①王…　Ⅲ. ①联合循环发电 - 研究　Ⅳ. ①TM611.3

中国版本图书馆 CIP 数据核字（2021）第 029449 号

出版发行 / 北京理工大学出版社有限责任公司
社　　址 / 北京市海淀区中关村南大街 5 号
邮　　编 / 100081
电　　话 / (010) 68914775（总编室）
　　　　　 (010) 82562903（教材售后服务热线）
　　　　　 (010) 68948351（其他图书服务热线）
网　　址 / http：//www.bitpress.com.cn
经　　销 / 全国各地新华书店
印　　刷 / 三河市华骏印务包装有限公司
开　　本 / 710 毫米 × 1000 毫米　1/16
印　　张 / 30.25　　　　　　　　　　　　　　责任编辑 / 钟　博
字　　数 / 525 千字　　　　　　　　　　　　　文案编辑 / 钟　博
版　　次 / 2021 年 3 月第 1 版　2021 年 3 月第 1 次印刷　责任校对 / 周瑞红
定　　价 / 121.00 元　　　　　　　　　　　　责任印制 / 李志强

前言

　　能源的清洁高效利用是推动社会可持续发展的重要保证。目前我国的能源使用中，还存在很多二次能源没有被充分利用，如工业生产过程中产生的各种低品位余热能，汽车和船舶以及工业用内燃机的余热能等。为了提高能源的利用效率，减少二氧化碳等温室气体的排放量，迫切需要采用新的技术将这些二次能源转化为电能或其他可利用的有用能。另一方面，绿色可持续发展理念逐渐深入人心，全球能源利用中煤炭和石油等化石能源的比重逐渐降低，而太阳能、地热能、风能和水力能等可再生能源的比重逐渐上升。大部分工业余热和可再生能源的热源温度较低，能量品位不高，无法采用传统的朗肯循环发电方法实现这些低品位能的高效利用，而采用低沸点工质的中低温动力循环的效率较高，是当前低品位能源利用的主要技术。当前，我国在能源利用上需要进一步提高利用效率，扩大可再生能源的利用幅度。中低温动力循环技术的研究和应用，为保证经济社会发展速度和实现有效的节能减排提供了支撑。

　　针对中低温动力循环系统及其应用，还存在很多理论和技术问题有待解决。首先，在中低温动力循环系统中，由于热源的温度较低，一般采用有机工质或氨、二氧化碳等低沸点工质。在实际应用中，对中低温动力循环系统所用工质的要求越来越严，不但要求系统的热力学性能尽可能高，还要求工质有良好的环保性能。针对各种不同的应用场合，急需开发满足环保和安全要求的高效新型工质。其次，针对中低温热源的动力循环，有各种不同的系统设计，如有机朗肯循环、二氧化碳超临界或跨临界循环、

Kalina 循环等。针对具体应用的动力循环，存在多种不同的系统构型，如回热、再热、间冷等。需要针对具体的应用场景，研究合适的动力循环系统构型以及最优的工作模式，从而提高系统热力学性能和经济性。

本书以中低温动力循环系统为中心，介绍了有机朗肯循环、Kalina 循环和二氧化碳动力循环的系统构型、工作特性、设计策略和具体应用。全书共 7 章：有机工质的选择、有机朗肯循环性能、有机朗肯循环设计、可再生能源发电应用、工业余热发电应用、Kalina 循环、二氧化碳动力循环。

本书是作者在总结近十年来有机朗肯循环技术研究方面成果的基础上写成的，在撰写过程中，北京理工大学机械与车辆学院能源与动力工程系的同事和北京工业大学环境与能源工程学院的张红光教授为本书的顺利出版提供了大力支持。北京理工大学出版社的孙澍、熊琳、钟博为本书的顺利出版提供了很多帮助和支持。作者指导的博士研究生孟凡骁、彭宁建、张梦茹，硕士研究生张波、张文、赵宇轩和张远瀛协助整理了本书的图表，并对各章进行了校对。在此对他们的工作表示感谢。

本书的研究工作得到国家自然科学基金项目"船用柴油机与非共沸工质有机朗肯循环耦合工作机理研究"（编号：51876009）和"车用发动机 – 有机朗肯循环联合系统运行机理及协同控制理论研究"（编号：51376011）以及国家重点基础研究发展计划项目（973）"高效、节能、低碳内燃机余热能梯级利用基础研究 – 内燃机余热能转化热力单元和材料性能强化设计和集成优化"（课题二，编号：2011CB707202）的资助，在此，谨向上述组织机构表示诚挚的感谢。

由于作者的学识和能力有限，书中难免存在不足和疏漏之处，恳请使用本书的同行、专家学者和广大读者批评指正。

王恩华

2020 年 9 月于北京理工大学

目 录
CONTENTS

第1章
有机工质的选择

有机工质的种类繁多，有机工质之间的性质差异也较大，合理选择有机工质对保证有机朗肯循环（ORC）的工作性能非常关键。本章首先介绍了有机工质热物性的计算方法，随后分析了纯工质和混合工质的优选方法，以及碳氢类混合工质的研究进展，最后介绍了基于计算机辅助分子设计（CAMD）的工质设计。

1.1　有机工质热物性的计算

有机朗肯循环采用有机物作为工质，可将低品位热源的热能转换为机械能输出。在进行 ORC 系统设计和性能计算时，有机工质热物性的计算至关重要。在进行 ORC 系统研究时，常常利用有机工质热物性计算软件，如美国国家标准与技术研究院（National Institute of Standards and Technology，NIST）的 Refprop 软件和 F – Chart 公司的 EES 软件等。这些软件采用基于赫姆霍兹自由能或吉布斯自由能的多参数状态方程来确定有机工质在不同压力和温度下的焓和熵等热物性。通常根据有机工质的 $T-s$ 图中饱和蒸汽线的斜率将其分为干工质、等熵工质和湿工质。如图 1–1 所示，P 点为工质的临界点，干工质的饱和气态特性线斜率大于零，等熵工质的饱和气态特性线近乎垂直，湿工质的饱和气态特性线斜率小于零。

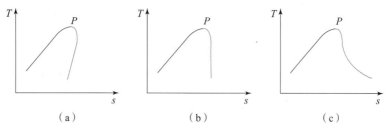

图 1–1　有机工质的类型

（a）干工质；（b）等熵工质；（c）湿工质

为避免有机工质在膨胀过程中产生液击现象，有机朗肯循环常采用干工质或等熵工质。常见湿工质有：水、二氧化碳、氨、甲烷、乙烷、丙烷、四氟甲烷、甲醇和乙醇等。常见的干工质有：芳烃、丙醇及碳分子数更大的醇类，碳分子数比较大的氢氟烃如八氟丙烷，丁烷及碳分子数更大的烷烃。近似等熵工质有：异丙醇、R134a、R11 和 R12 等。根据工质 $T-s$ 图上饱和气态特性线的斜率可判断工质的干湿性，饱和气态特性线的走向与分子结构和蒸发焓等有很大关系[1]。

利用有机工质的状态方程可以判断有机工质的类型。有机工质熵的全微分可表示为

$$ds = \left(\frac{\partial s}{\partial T}\right)_V dT + \left(\frac{\partial s}{\partial V}\right)_T dV \tag{1-1}$$

则沿着饱和气态特性线有

$$\frac{ds}{dT} = \left(\frac{\partial s}{\partial T}\right)_V + \left(\frac{\partial s}{\partial V}\right)_T \frac{dV}{dT} \tag{1-2}$$

根据定容比热容 c_V 的定义和麦克斯韦方程有

$$\frac{dT}{ds} = \left[\frac{c_V}{T} + \left(\frac{\partial P}{\partial T}\right)_V \frac{dV}{dT}\right]^{-1} \tag{1-3}$$

如果表示为 $s(T, P)$ 的全微分，则有

$$\frac{dT}{ds} = T\left[c_P + \left(\frac{\partial V}{\partial T}\right)_P \frac{dP}{dT}\right]^{-1} \tag{1-4}$$

如果已知有机工质的状态方程，通过式（1-3）或式（1-4）可求得 $T-s$ 图中饱和气态特性线的斜率，进而判断有机工质的干湿性[2]。

在低压下，有机工质接近理想气态，式（1-4）可简化为

$$\frac{dT}{ds} \approx T\left[c_P^0 + \frac{R}{T} \cdot \frac{d\ln P}{d(1/T)}\right]^{-1} \tag{1-5}$$

由于

$$\frac{d\ln P}{d(1/T)} \approx \frac{\Delta H^{vap}}{R} \tag{1-6}$$

代入式（1-5）可得

$$\frac{dT}{ds} \approx T\left[c_P - \Delta s^{vap}\right]^{-1} \tag{1-7}$$

在已知有机工质的定压比热容和蒸发焓等热物性时，可利用式（1-7）对有机工质的干湿性进行估计。

在有机朗肯循环工作过程的 $T-s$ 图中，有机工质的饱和气态特性线的精度对有机工质在膨胀机内的膨胀过程的计算精度有重要影响。整个过程的热力学性能与饱和气态特性线的斜率有很大的相关性。Garrido 等提出了一种计

算纯工质饱和气态特性线斜率的方法[2]。基于范德华型的立方状态方程，利用赫姆霍兹自由能可计算出关于温度的一阶和二阶微分量，进一步计算无量纲量 ψ 与定压比热容 c_P 的差值，可判断工质的干湿性。一般来说，有机工质的分子中原子数目较少时为湿工质，随着原子数目的增加，逐渐变为干工质，且饱和气态特性线的斜率逐渐减小。

有机工质的吉布斯自由能 G 的微分可表示为

$$dG = G_T dT + G_P dP \qquad (1-8)$$

其中

$$G_T = \left(\frac{\partial G}{\partial T}\right)_P = -s \qquad (1-9)$$

$$G_P = \left(\frac{\partial G}{\partial P}\right)_T = V \qquad (1-10)$$

当有机工质处于饱和气态时，气态和液态吉布斯自由能的变化相等，有

$$\frac{dP}{dT} = -\frac{\Delta G_T}{\Delta G_P} = \frac{\Delta s}{\Delta V} \qquad (1-11)$$

$$\Delta G_T = G_T^V - G_T^L \qquad (1-12)$$

$$\Delta G_P = G_P^V - G_P^L \qquad (1-13)$$

$$\frac{ds}{dT} = -G_{2T} - G_{TP}\frac{dP}{dT} \qquad (1-14)$$

进一步求二阶导数有

$$\frac{d^2 P}{dT^2} = -\frac{1}{\Delta G_P}\left(\frac{d\Delta G_T}{dT} + \frac{d\Delta G_P}{dT} \cdot \frac{dP}{dT}\right) \qquad (1-15)$$

$$\frac{d^2 s}{dT^2} = -\left(\frac{dG_{2T}}{dT} + G_{TP}\frac{d^2 P}{dT^2} + \frac{dG_{TP}}{dT} \cdot \frac{dP}{dT}\right) \qquad (1-16)$$

通常状态方程表示为 T 和 V 的函数，对上式进行勒让德变换后表示为赫姆霍兹自由能 A 的函数，可得到

$$s = -\left(\frac{\partial A}{\partial T}\right)_V = -A_T \qquad (1-17)$$

$$\frac{dP}{dT} = -\frac{\Delta A_T}{\Delta V} \qquad (1-18)$$

$$\frac{ds}{dT} = \frac{A_{VT}}{A_{2V}}\vartheta - A_{2T} \qquad (1-19)$$

$$\frac{d^2 P}{dT^2} = -\frac{1}{\Delta V}\Delta\left(A_{2T} - \frac{\vartheta^2}{A_{2V}}\right) \qquad (1-20)$$

$$\frac{d^2 s}{dT^2} = \vartheta\frac{A_{3V}A_{VT}\vartheta - A_{2V}A_{2VT}(2A_{VT}+\vartheta)}{A_{2V}^3} + 2\frac{A_{V2T}}{A_{2V}} \cdot \frac{dP}{dT} + \frac{A_{VT}}{A_{2V}}\left(3A_{V2T} + \frac{d^2 P}{dT^2}\right) - A_{3T}$$

$$(1-21)$$

其中

$$\vartheta = A_{VT} + \frac{\mathrm{d}P}{\mathrm{d}T} \qquad (1-22)$$

通过状态方程可求得赫姆霍兹自由能，从而可利用 $\mathrm{d}s/\mathrm{d}T$ 来判断有机工质的类型。设流体的状态方程为范德瓦尔方程，可得到

$$\frac{\mathrm{d}s^V}{\mathrm{d}T} = \frac{R}{T}\left(\frac{c_P^{\mathrm{ig}}}{R} - \psi\right) \qquad (1-23)$$

其中，无量纲量 ψ 为

$$\psi = \frac{1}{2} \cdot \frac{(3V_r^V - 1)\left[2 - 6V_r^V + T_r(V_r^V)^3 \frac{\mathrm{d}P_r}{\mathrm{d}T_r}\right]}{V_r^V[6 + V_r^V(4V_r^V T_r - 9)] - 1} \qquad (1-24)$$

对纯工质，当其处于饱和气态时，V_r 和 P_r 均可表示为 T_r 的函数。因此，ψ 可表示为 T_r 的单值函数，如图 1-2 中实线 $ABCDE$ 所示。在 $T_r = 0.72$ 处，ψ 存在一个最小值。由于有机工质的理想气体定压比热容也仅为温度的函数，图 1-2 中也给出了甲烷、乙烷和丙烷的 c_P^{ig}/R 值，分别如图中虚线所示，根据式（1-23）可知甲烷和乙烷均为湿工质，而当 T_r 处于 B 点和 D 点之间时，丙烷为干工质。

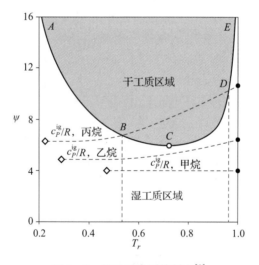

图 1-2　纯工质类型的判定[2]

对采用混合工质的 ORC 系统，有机工质热物性的计算精度也是进行系统性能评估的基础。Refprop 软件对混合工质热物性的计算是基于赫姆霍兹自由能进行的[3]。以温度、密度和组分质量分数组成的矢量 x 为自变量，混合工质的无量纲赫姆霍兹自由能可表示为

$$a(\delta, \tau, \overline{x}) = a^0(\rho, T, \overline{x}) + a^r(\delta, \tau, \overline{x}) \qquad (1-25)$$

式中，δ 为相对密度，τ 为相对温度的倒数。

$$\delta = \frac{\rho}{\rho_r} \tag{1-26}$$

$$\tau = \frac{T_r}{T} \tag{1-27}$$

理想气体的无量纲赫姆霍兹自由能为

$$a^o(\rho,T,\overline{\boldsymbol{x}}) = \sum_{i=1}^{N} \boldsymbol{x}_i \left[a_{oi}^o(\rho,T) + \ln\boldsymbol{x}_i \right] \tag{1-28}$$

式中，a_{oi}^o 为组分 i 的理想气态状态的无量纲赫姆霍兹自由能。

剩余赫姆霍兹自由能可表示为

$$a^r(\delta,\tau,\overline{\boldsymbol{x}}) = \sum_{i=1}^{N} \boldsymbol{x}_i a_{oi}^r(\delta,\tau) + \Delta a^r(\delta,\tau,\overline{\boldsymbol{x}}) \tag{1-29}$$

式中，a_{oi}^r 为组分 i 的相对赫姆霍兹自由能的剩余部分，Δa^r 为偏离函数。

在 GERG – 2008 多参数状态方程中，采用下式计算剩余赫姆霍兹自由能[4]：

$$a^r(\delta,\tau,\overline{\boldsymbol{x}}) = \sum_{i=1}^{N} \boldsymbol{x}_i a_{oi}^r(\delta,\tau) + \sum_{i=1}^{N-1} \sum_{j=i+1}^{N} \boldsymbol{x}_i \boldsymbol{x}_j F_{ij} a_{ij}^r(\delta,\tau) \tag{1-30}$$

在式（1 – 28）中，组分 i 的理想气体状态无量纲赫姆霍兹自由能可由 Jaeschke 和 Schley[5] 的方程积分得到。

$$\begin{aligned}
a_{oi}^o(\rho,T) = {} & \ln\left(\frac{\rho}{\rho_{c,i}}\right) + \frac{R^*}{R} \left[n_{oi,1}^o + n_{oi,2}^o \frac{T_{c,i}}{T} + n_{oi,3}^o \ln\left(\frac{T_{c,i}}{T}\right) + \right. \\
& \sum_{k=4,6} n_{oi,k}^o \ln\left(\left| \sinh\left(\vartheta_{oi,k}^o \frac{T_{c,i}}{T} \right) \right| \right) - \\
& \left. \sum_{k=5,7} n_{oi,k}^o \ln\left(\left| \cosh\left(\vartheta_{oi,k}^o \frac{T_{c,i}}{T} \right) \right| \right) \right]
\end{aligned} \tag{1-31}$$

式中，$n_{oi,k}^o$ 和 $\vartheta_{oi,k}^o$ 为拟合系数。

组分 i 的剩余赫姆霍兹自由能由下式计算：

$$\delta_{oi}^r(\delta,\tau) = \sum_{k=1}^{K_{\mathrm{Pol},i}} n_{oi,k} \delta^{d_{oi,k}} \tau^{t_{oi,k}} + \sum_{k=K_{\mathrm{Pol},i}+1}^{K_{\mathrm{Pol},i}+K_{\mathrm{Exp},i}} n_{oi,k} \delta^{d_{oi,k}} \tau^{t_{oi,k}} \mathrm{e}^{-\delta^{c_{oi,k}}} \tag{1-32}$$

式中，$d_{oi,k}$，$t_{oi,k}$，$c_{oi,k}$ 为拟合系数。

偏离函数项中 $a_{ij}^r(\delta,\tau)$ 可表示为

$$\begin{aligned}
a_{ij}^r(\delta,\tau) = {} & \sum_{k=1}^{K_{\mathrm{Pol},ij}} n_{ij,k} \delta^{d_{ij,k}} \tau^{t_{ij,k}} + \sum_{k=K_{\mathrm{Pol},ij}+1}^{K_{\mathrm{Pol},ij}+K_{\mathrm{Exp},ij}} n_{ij,k} \delta^{d_{ij,k}} \tau^{t_{ij,k}} \exp\left[-\eta_{ij,k}(\delta-\varepsilon_{ij,k})^2 - \right. \\
& \left. \beta_{ij,k}(\delta-\gamma_{ij,k}) \right]
\end{aligned} \tag{1-33}$$

在求得相对赫姆霍兹自由能 a 后，其他热力学量也可相应求出。有机工质的压力可由下式计算：

$$P(T,\rho,\overline{\boldsymbol{x}}) = -\left(\frac{\partial a}{\partial V}\right)_{T,\overline{\boldsymbol{x}}} \tag{1-34}$$

混合工质的熵为

$$s(T,\rho,\overline{x}) = -\left(\frac{\partial a}{\partial T}\right)_{V,\overline{x}} \qquad (1-35)$$

压缩因子为

$$Z(T,\rho,\overline{x}) = \frac{P}{\rho RT} \qquad (1-36)$$

内能为

$$u(T,\rho,\overline{x}) = a + Ts \qquad (1-37)$$

比焓为

$$h(T,\rho,\overline{x}) = u + PV \qquad (1-38)$$

吉布斯自由能为

$$G(T,\rho,\overline{x}) = h - Ts \qquad (1-39)$$

定容比热容和定压比热容分别为

$$c_V(T,\rho,\overline{x}) = -\left(\frac{\partial u}{\partial T}\right)_{V,\overline{x}} \qquad (1-40)$$

$$c_P(T,\rho,\overline{x}) = -\left(\frac{\partial h}{\partial T}\right)_{P,\overline{x}} \qquad (1-41)$$

声速为

$$w(T,\rho,\overline{x}) = \sqrt{\frac{1}{M}\left(\frac{\partial P}{\partial \rho}\right)_{s,\overline{x}}} \qquad (1-42)$$

焦汤系数为

$$u_{JT}(T,\rho,\overline{x}) = \left(\frac{\partial T}{\partial P}\right)_{h,\overline{x}} \qquad (1-43)$$

等温节流系数为

$$\delta_T(T,\rho,\overline{x}) = \left(\frac{\partial h}{\partial P}\right)_{T,\overline{x}} \qquad (1-44)$$

绝热指数为

$$\kappa(T,\rho,\overline{x}) = -\frac{V}{P}\left(\frac{\partial P}{\partial V}\right)_{s,\overline{x}} \qquad (1-45)$$

第二阶维里系数为

$$B(T,\overline{x}) = \lim_{\rho \to 0}\left(\frac{\partial Z}{\partial \rho}\right)_{T,\overline{x}} \qquad (1-46)$$

第三阶维里系数为

$$C(T,\overline{x}) = \frac{1}{2}\lim_{\rho \to 0}\left(\frac{\partial^2 Z}{\partial \rho^2}\right)_{T,\overline{x}} \qquad (1-47)$$

组分 i 的化学势为

$$\mu_i(T,V,\overline{n}) = \left(\frac{\partial A}{\partial n_i}\right)_{T,V,\overline{n}_j} \qquad (1-48)$$

组分 i 的逸度系数为

$$\ln\varphi_i(T,P,\overline{n}) = \int_0^P \left(\frac{\hat{V}_i}{RT} - \frac{1}{P}\right)\mathrm{d}P_{T,\overline{n}} \tag{1-49}$$

组分 i 的逸度为

$$f_i(T,P,\overline{n}) = x_i P \varphi_i(T,P,\overline{n}) \tag{1-50}$$

根据以上公式，可计算出有机工质的各项热物理属性值。

对于混合工质而言，热物性计算中相对密度和相对温度与混合物的组分质量分数相关，在 GERG – 2008 模型中，混合工质的临界密度 ρ_r 表示为

$$\frac{1}{\rho_r} = \sum_{i=1}^{N} x_i^2 \frac{1}{\rho_{c,i}} + \sum_{i=1}^{N-1}\sum_{j=i+1}^{N} 2x_i x_j \beta_{V,ij}\gamma_{V,ij}\frac{x_i+x_j}{\beta_{V,ij}^2 x_i + x_j}\cdot\frac{1}{8}\left(\frac{1}{\rho_{c,i}^{1/3}}+\frac{1}{\rho_{c,j}^{1/3}}\right)^3 \tag{1-51}$$

临界温度 T_r 的计算式为

$$T_r(\overline{x}) = \sum_{i=1}^{N} x_i^2 T_{c,i} + \sum_{i=1}^{N-1}\sum_{j=i+1}^{N} 2x_i x_j \beta_{T,ij}\gamma_{T,ij}\frac{x_i+x_j}{\beta_{T,ij}^2 x_i + x_j}(T_{c,i}T_{c,j})^{0.5} \tag{1-52}$$

其中二元交互参数 $\beta_{V,ij}$，$\gamma_{V,ij}$，$\beta_{T,ij}$，$\gamma_{T,ij}$ 需要根据混合工质的气液平衡 $\rho x T$ 试验数据进行拟合。Bell 和 Lemmon 采用了基于随机优化算法的二元交互参数拟合方法[6]，获得了较好的拟合结果。Refprop 9.1 软件中包含 697 组混合物的二元交互参数，其中有 200 组数据是从文献中获得的试验数据拟合的，但对某型新型有机工质可能不存在试验数据，而是采用某个类型的通用拟合系数，实际计算时可能会存在一定的误差[7]。

随着混合工质组分质量分数的变化，某些混合工质可能会出现由干工质到湿工质的转换。由于有机工质的干湿性对膨胀机的工作过程和整个循环的热力学性能有很大影响，为预测混合工质的干湿性，Albornoz 等根据饱和气态特性线和热力学方程提出了一种理论计算方法[8]。该方法基于流体的状态方程，通过构建的无量纲量可判断有机工质的干湿性，并发现对于非共沸混合工质可能存在多次干湿性的转换现象。

当二元混合工质处于气液平衡时，每一种工质的化学势相等，有

$$\mu_1^\alpha = \mu_1^\beta \tag{1-53}$$
$$\mu_2^\alpha = \mu_2^\beta \tag{1-54}$$

式中，α、β 分别为主相和邻相。

混合工质在气液平衡状态经过一个小扰动到达另一个平衡状态：

$$\delta\mu_i^\alpha = \delta\mu_i^\beta \tag{1-55}$$

对二元混合工质的吉布斯自由能函数求微分，有

$$\delta G^\alpha = G_T^\alpha \delta T + G_P^\alpha \delta P + G_x^\alpha \delta x^\alpha \tag{1-56}$$

其中

$$G_T^\alpha = -s^\alpha \tag{1-57}$$

$$G_P^\alpha = V^\alpha \tag{1-58}$$

另一方面，将吉布斯自由能对 x 微分，有

$$\left(\frac{\delta P}{\delta T}\right)^\alpha = -\frac{\Delta G_T + G_{Tx}^\alpha \Delta \boldsymbol{x}_1}{\Delta G_P + G_{xP}^\alpha \Delta \boldsymbol{x}_1} \tag{1-59}$$

由式（1-56），对吉布斯自由能函数 G_T 求二阶微分，有

$$\frac{\delta^2 G_T}{\delta T^2} = \frac{\delta G_{2T}}{\delta T} + \frac{\delta G_{TP}}{\delta T} \cdot \frac{\delta P}{\delta T} + G_{TP}\frac{\delta^2 P}{\delta T^2} \tag{1-60}$$

有机工质的吉布斯自由能可表示为理想吉布斯自由能与剩余吉布斯自由能的和，而理想吉布斯自由能可表示为

$$G^i = RT\left(1 - \ln V + \sum_i \boldsymbol{x}_i \ln \boldsymbol{x}_i\right) + G^{th} \tag{1-61}$$

式中，G^{th} 等效于赫姆霍兹自由能的热贡献部分。由于吉布斯自由能可分为构型贡献和热贡献的和，则构型贡献部分的吉布斯自由能为

$$\frac{G^c}{RT} = \frac{G^r}{RT} + 1 - \ln V + \sum_i \boldsymbol{x}_i \ln \boldsymbol{x}_i \tag{1-62}$$

定义无量纲量 ψ 为

$$\psi = 1 + \frac{T}{R}\left(G_{2T}^{c,\alpha} + G_{TP}^\alpha\left(\frac{\delta P}{\delta T}\right)^\alpha\right) \tag{1-63}$$

当混合工质为等熵工质时，有 $\delta s/\delta T = 0$，则根据式（1-63）可得

$$\frac{C_P}{R} = \psi \tag{1-64}$$

当 $\dfrac{C_P}{R} > \psi$ 时，为干工质；当 $\dfrac{C_P}{R} < \psi$ 时，为湿工质。

图 1-3 显示了甲烷与其他烷烃的二元混合工质的干湿性计算结果。甲烷为湿工质，而丁烷、戊烷、己烷和庚烷为干工质，当甲烷摩尔浓度很大时，混合工质为湿工质；当甲烷浓度较低时，混合工质为干工质。图中的点标示了不同混合工质干湿性转换的甲烷浓度值。

当多组分工质处于气液平衡状态时，组分的气态分数可由 Rachford - Rice 方程求得：

$$\sum_i^N \frac{z_i(1 - K_i)}{1 + \Psi_f(K_i - 1)} = 0 \tag{1-65}$$

式中，Ψ_f 为待求的组分气态分数，z_i 为组分 i 的摩尔浓度，K_i 为组分 i 的平衡比。

基于活度系数法，平衡比可表示为

$$K_i = \frac{\gamma_i P_i^s \varphi_i^s \exp\displaystyle\int_{P_i^s}^{P_e} \frac{V_{L,i}(P)}{R_g T_e}\mathrm{d}P}{\hat{\varphi}_i P_e} \tag{1-66}$$

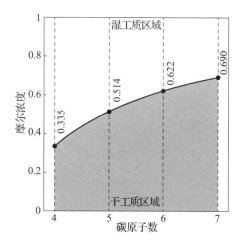

图 1-3　混合工质干湿性的判定[8]

式中，γ_i 为组分 i 的液相活度系数，P_i^s 为饱和蒸气压，φ_i^s 为纯组分 i 在饱和压力下的逸度系数，$\hat{\varphi}_i$ 为混合物逸度系数，$V_{L,i}$ 为纯组分的摩尔体积。

活度系数采用 UNIFAC 模型计算，该方法基于基团贡献和 UNIQUAC 活度系数模型。活度系数分为考虑分子大小和表面积的组合项以及剩余项：

$$\ln\gamma_i = \ln\gamma_i^c + \ln\gamma_i^R \qquad (1-67)$$

组合项计算式为

$$\ln\gamma_i^c = \ln\frac{\gamma_i}{\sum_j r_j \boldsymbol{x}_j} + \frac{z}{2}q_i\ln\frac{q_i\sum_j r_j \boldsymbol{x}_j}{r_i\sum_j q_j \boldsymbol{x}_j} + l_i - \frac{r_i}{\sum_j r_j \boldsymbol{x}_j}\sum_j \boldsymbol{x}_j l_j \qquad (1-68)$$

剩余项为

$$\ln\gamma_i^R = \sum_k V_k^{(i)}\left(\ln\varGamma_k - \ln\varGamma_k^{(i)}\right) \qquad (1-69)$$

气态的逸度系数采用 PSRK 状态方程求解：

$$\ln\hat{\varphi}_i = \frac{\beta_i}{\hat{\beta}}(\hat{Z}-1) - \ln(\hat{Z}-\beta) + \bar{\alpha}_i\ln\frac{\hat{Z}+\hat{\beta}}{\hat{Z}} \qquad (1-70)$$

气态压缩因子可由下式求解，取最小的根：

$$\hat{Z} = 1 + \hat{\beta} - \hat{\alpha}\hat{\beta}\frac{1}{\hat{Z}}\cdot\frac{\hat{Z}-\hat{\beta}}{(\hat{Z}+\hat{\beta})} \qquad (1-71)$$

状态方程变量 $\hat{\alpha}$ 为

$$\hat{\alpha} = -\frac{1}{0.646\,63}\left(\frac{G_V^E}{R_g T_e} + \sum_i \boldsymbol{x}_{iV}\ln\frac{\hat{\beta}}{\beta_i}\right) + \sum_i \boldsymbol{x}_{iV}\alpha_i \qquad (1-72)$$

偏摩尔量 $\bar{\alpha}_i$ 可由式（1-72）求导得到。

饱和蒸气压由 Riedel 对比态公式求解：

$$\ln P_i^s = A_{R,i}^+ - \frac{B_{R,i}^+}{T_{r,i}} + C_{R,i}^+ \ln T_{r,i} + D_{R,i}^+ T_{r,i}^6 \qquad (1-73)$$

液体体积由 Change 和 Zhao[9] 提出的压缩液体体积关联式求解:

$$v_{L,i}(P) = V_{L,i}^s \frac{A_{cz,i}P_{c,i} + C_{cz}^{(D_{cz}-T_{r,i})B_{cz,i}}(P-P_i^s)}{A_{cz,i}P_{c,i} + c_{cz}(P-P_i^s)} \qquad (1-74)$$

混合工质液态焓的计算式为

$$\hat{h}_e = h_0 + \sum_i z_i \Big[\int_{T_0}^{T_{Be}} C_{PL,i}(T)\mathrm{d}T + \int_{P_0}^{P_e} V_{L,i}(P)\mathrm{d}P \Big] + H_e^E \qquad (1-75)$$

式中, H_e^E 为液态混合物的超额焓, 可由活度系数求得。

气态焓的计算式为

$$\hat{H}_e = \hat{h}_e - H_e^E + \sum_i z_i \Big[\Delta h_{ie}^{LV} - H_{ie}^R + \int_{T_{Be}}^{T_{De}} C_{P,i}^{IG}(T)\mathrm{d}T \Big] + \hat{H}_e^R \qquad (1-76)$$

式中, H_{ie}^R 为组分 i 的剩余焓; $\hat{H}_e^R$ 为混合物的剩余焓, 可根据状态方程求得; Δh_{ie}^{LV} 为组分 i 的蒸发焓, 可由 Watson 方程[10] 求得。

液态熵的计算式为

$$\hat{s}_e = s_0 + \sum_i z_i \Big[\int_{T_0}^{T_{Be}} \frac{C_{PL,i}(T)}{T}\mathrm{d}T \Big] + S_e^E \qquad (1-77)$$

式中, S_e^E 为超额熵, 可由超额焓和超额吉布斯自由能求得。

气态熵的计算式为

$$\hat{S}_e = \hat{s}_e - S_e^E + \sum_i z_i \Big[\frac{\Delta h_{ie}^{LV}}{T_{Be}} - S_{ie}^R + \int_{T_{Be}}^{T_{De}} \frac{C_{P,i}^{IG}(T)}{T}\mathrm{d}T \Big] + \hat{S}_e^R \qquad (1-78)$$

式中, 组分 i 的剩余熵 S_{ie}^R 和混合物的剩余熵 $\hat{S}_e^R$ 可由状态方程求得。

1.2 纯工质优选

有机朗肯循环的工质与目前广泛使用的蒸气压缩制冷循环和热泵循环的工质相似, 对于蒸气压缩制冷循环, 人们很早就开始研究制冷工质的选择问题, 从历史上来看, 主要分为 3 个阶段[11-13]:

(1) 1830—1930 年, 主要采用氨、二氧化碳、水等天然工质作为制冷剂, 这些工质有的有毒, 有的易燃, 有的效率太低, 需要进一步改进。

(2) 1930—1990 年, 主要采用卤代烃为制冷剂, 包括氯氟烃类 (CFCs) 和氢氯氟烃类 (HCFCs), 这些有机工质的性能有了很大提升, 但是含氯原子的有机工质释放到大气中会破坏臭氧层, 目前国际上已经禁用。

(3) 1990 年至今, 主要以氢氟烃类 (HFCs) 为主, 这类有机工质的性能与氯氟烃类工质和氢氯氟烃类工质类似, 但是臭氧破坏指数 (ODP) 为零。

近年来，随着人们对降低温室气体排放的日益重视，温室效应指数（GWP）高于 150 的氢氟烃类工质也会在不久的将来被淘汰，而碳氢类和二氧化碳等天然工质重新获得重视并逐渐被应用，更加环保的新型有机工质如次氟酸类（HFOs）也在不断研究和开发中。针对有机朗肯循环的工质选择研究也基本集中在上述范围内。

1. 卤代烃类

卤代烃类工质具有适宜的沸点、临界压力、临界温度和密度等热物性，大部分卤代烃类工质毒性很低且不燃，因此被广泛用作蒸气压缩制冷循环的工质。卤代烃类工质的这些优点使其也非常适于作为 ORC 系统工质。早期有关 ORC 系统的工质选择研究中，卤代烃类工质是分析的重点。表 1 – 1 给出了早期卤代烃类工质的研究结果。针对低品位热能驱动的 ORC 系统，Chen 等[14]列出了 35 种备选工质，其中卤代烃类工质有：R21、R22、R23、R32、R41、R116、R123、R124、R125、R134a、R141b、R142b、R143a、R152a、R218、R227ea、R236ea、R245ca、R245fa、RC318、R3110、FC4112 等。从表 1 – 1 可以看出，ORC 系统的热源包括高温的烟气和中低温的地热水，不同研究的备选工质有很大部分包含在这 35 种工质中。由于备选的工质众多，且热源的温度范围各异，如果采用试验方法逐一筛选，不但费时费力，而且会耗费大量资金。因此，针对 ORC 系统的工质选择研究，主要采用理论分析的方法。利用建立的 ORC 系统的数学模型，基于一定的评价指标来对比分析不同工质的系统性能，进而筛选出优选的工质。评价指标通常有：ORC 系净输出功率、热效率、㶲效率、考虑蒸发器热回收效率的总热效率或总㶲效率、换热器总换热面积、投资成本等。

表 1 – 1　早期卤代烃类工质的研究结果

设定条件	备选工质	研究结论
热源温度为 40℃ ~ 120℃	R11、R12、R13、R14、R21、R22、R23、R113、R114、R115、R500、R502、RC318	R11、R113 和 R114 性能较好，其中 R113 是最合适的选择[19],[20]
蒸发温度为 75℃	RC318、R600a、R114、R600、R601、R113、环己烷、R290、R407C、R32、R500、R152a、R717（氨）、乙醇、甲醇、R718（水）、R134a、R12、R123、R141b	R134a 最合适，R152a、R600a、R600、R290 也显示出较好的性能[21]
针对内燃机的余热能利用	R245fa、R134a、R407c、R22、RC318、R123、水、R11	R245fa 和 R123 是比较合适的工质[22]

设定条件	备选工质	研究结论
针对温度为 140℃ 的烟气余热	R12、R123、R134a	R123 的热效率达到 25.3%，㶲效率达到 64.4%，是最合适的工质[23]、[24]
简单有机朗肯循环，考虑工质过热情况；热源温度为 150℃，回热式有机朗肯循环	R12、R123、R134a、R717。R123 和 R134a	R123 具有最大的热效率和涡轮输出功率；R123 优于 R134a[25]
针对温度为 90℃ 的地热水	R717、R152a、R134a、R600a、R236ea、R600、R245fa、R245ca	R236ea 和 R245ca 具有较高的热效率[26]
亚临界和超临界有机朗肯循环，以 Jakob 数为评价标准	R365mfc、R123、R141b、R134a、乙醇	R141b 和乙醇具有最好的热效率性能[27]
热源温度为 210℃，超临界有机朗肯循环，考虑有机朗肯循环热效率和蒸发器的换热效率	水、R134a、R227ea、R152a、RC318、R236fa、异丁烯、R245fa、R365mfc、异戊烯、异己烷、环己烷	R365 和异戊烷较好，系统最高效率达到 14.4%[28]
热源温度为 150℃ 的余热能	R717、甲醇、乙醇、R600a、R142b、R114、R600、R245fa、R123、R601a、正戊烷、R11、R141b、R113、正己烷、甲苯、正庚烷、正辛烷、正十二烷、环己烷、正癸烷、正壬烷	R114、R245fa、R123、R601a、正戊烷、R141b 和 R113 适于设定的亚临界有机朗肯循环[29]
亚临界有机朗肯循环	R134a、R113、R245ca、R245fa、R123、异丁烷、丙烷、H_2O	当热源温度大于 430K 时，R113 效率最高；当热源温度大于 380K、小于 430K 时，R123、R245ca 和 R245fa 的效率优于其他工质；当热源温度低于 380K 时，异丁烷效率最高[31]

设定条件	备选工质	研究结论
蒸发压力低于 3 MPa	R134a、　R123、　R227ea、R245fa、R290 和正戊烷	热源温度为 80℃～160℃时，R227ea 显示出最高的效率；在热源温度为 160℃～200℃ 时，R245fa 显示出最高的效率；在热源温度低于80℃时，不同工质的性能差别不大[32]
温度为 140℃ 的烟气余热能	R123、R134a、R141b、R142b、R152a、R227ea、R236ea、R236fa、R245ca、R245fa、R600、R600a、正戊烷	对于 100℃～180℃ 的热源，R123 最合适，当热源温度大于 180℃ 时，R141b 最适合[33]
30℃～100℃ 的地热能	R32、R41、R125、R134a、R143a、R152a、R218、R227ea、R236ea、R236fa、R245ca、R245fa、RC270、R290、RC318、R338mccq、R600（正丁烷）、R600a（异丁烷）、新戊烷、正己烷、RE125、RE134、RE170、RE245、RE245mc、RE347mcc	采用 R134a 为工质的超临界有机朗肯循环或采用R152a 为工质的亚临界过热有机朗肯循环较好；对于要求高热效率、低涡轮入口流量、低膨胀比的应用场合，合适的工质有：R236ea、R245ca、 R245fa、 R600、R600a、 R601a、 RE134和 RE245[34]
蒸发压力范围为 1～2 MPa，冷凝压力范围为 0.1～0.5 MPa	丙烷（R290）、R600、R600a、R507A、R134a、异戊烷、正戊烷、R404A	R404A 和 R507A 适用于工作压力适中的超临界有机朗肯循环；R290 和 R134a 适用于工作压力较高的超临界有机朗肯循环；R600 和R600a 适用于工作压力适中的亚临界有机朗肯循环，且无须过热；异戊烷和正戊烷适用于工作压力较低的亚临界有机朗肯循环，且无须过热[35]

设定条件	备选工质	研究结论
针对温度为 80℃ ~ 100℃ 的低温地热水	R123、 R245ca、 R245fa、R600、R236ea、R600a、R236fa、R152a、R227ea、R134a、R143a、R218、R125、R41、R170、CO₂	在亚临界有机朗肯循环中R123 的热效率最高，在跨临界有机朗肯循环中，R125 的热回收效率最高，比 R123 高出 20.7%，且成本相对降低[36]

工质本身的热物性会直接影响 ORC 系统的性能，例如，Stijepovic 等基于对真实气体膨胀过程的效率分析，提出了膨胀机入口的气体压缩因子越接近 1 的工质，与理想气体越接近，从而越有利于获得高的等熵膨胀功，同时具有高 c_p 值的工质，也有利于提高涡轮膨胀功[15]。热源的温度也会对工质的选择产生重要影响。在一定的热源温度下，某些工质的热效率比其他工质更高。当热源温度改变时，筛选出的工质可能会发生改变。同时，ORC 系统的工作参数也会影响工质选择的结果，对于亚临界和超临界两种有机朗肯循环，工质选择的结果也存在差异。由于 ORC 系统可用于不同的低品位热能，针对不同的热源工况和评价指标，选择的工质也可能存在差异。一般来说，工质的干湿类型对循环热效率有较大的影响。通常认为等熵、微干或微湿的工质更适于 ORC 系统。但是，因为采用湿工质的热效率会随膨胀机入口温度的增加而增加，在某些条件下湿工质的热效率也可能比干工质高[16],[17]。对于高温ORC 系统，采用卤代烃类工质时，蒸发器长时间工作在高温下，有可能导致工质发生热裂解，使工质成分发生改变，降低循环热效率。Angelino 等[18]研究了 5 种氢氟烃类工质（R23、R143a、R227ea、R236fa、R245fa）的最高工作温度，发现在 300℃ 以上时，这些氢氟烃类工质就会发生热裂解。所以，对于具体的高温 ORC 系统应用，在进行工质选择时还需要考虑工质在高温下的稳定性。

由于氯氟烃类工质和氢氯氟烃类工质分子中含有氯原子，且在大气中的寿命很长，在扩散到大气层后，在紫外线照射下会分解出氯原子，与臭氧层中的臭氧发生反应，会导致平流层的臭氧浓度降低甚至出现空洞。因此，在蒙特利尔协议中，规定在 2010 年淘汰并禁用氯氟烃类工质，在 2030 年禁用氢氯氟烃类工质[37]。因此，为保护臭氧层，现阶段的 ORC 系统采用的卤代烃类工质的 ODP 必须等于零。另一方面，为了降低温室气体排放，还需要关注工质的 GWP，某些氢氟烃类工质具有高的 GWP 值，在联合国气候变化框架协

议中被列为温室气体，也需要控制排放量[38]。此外，氢氟烃类工质中存在的
C－H 键在大气中会与 OH 根发生反应，产生光化学烟雾，虽然对环境的毒性
作用不明显，但会抑制中枢神经系统活动并造成心脏系统敏感化[39],[40]。

鉴于氢氟烃类工质对环境仍然有一定的破坏作用，近年来国际上开始尝
试采用天然工质代替氢氟烃类工质，如碳氢类工质、NH_3 和 CO_2。欧盟的环
保法令规定从 2017 年起禁止在汽车空调中使用 GWP 值大于 150 的氢氟烃类
工质[41]。目前，寻找更加安全环保的下一代工质将是一项重要而艰巨的任
务。对于某些新型的次氟酸类工质，如 R1234yf 等，研究结果显示系统热效
率虽然稍低[42],[43]，但由于其具有零 ODP 和极低的 GWP 等优点，也有望成为
可推广应用的备选方案。总之，工质的环保和安全属性会成为未来 ORC 系统
工质选择的重要标准，选用自然界存在的天然工质和具有良好安全环保属性
的新型工质将是未来的发展趋势[44],[45]。

2. 天然工质

碳氢化合物作为自然界天然存在的物质，具有零 ODP 和很低的 GWP 值，
很早就被作为制冷剂使用。近年来，人们对采用碳氢类工质的 ORC 系统性能
也进行了大量研究。这些研究主要集中在温度低于 150℃的低品位热源，从研
究结果来看，正丁烷、异丁烷、正戊烷、异戊烷、丙烷、环戊烷、环己烷等
具有较好的热力学性能。随着热源温度的升高，烷基苯类工质的热效率会升
高，成为较理想的工质，如苯、甲苯、乙苯和二甲苯等。碳氢类工质存在极
易燃烧的缺点，如何防止这些工质在工作时产生泄漏并引起燃烧和爆炸是应
用时需要考虑的问题。同时，苯和甲苯等芳烃类工质对人体具有很大的毒害，
在某些安全性要求严格的场合也应该避免使用。对高温有机朗肯循环应用，
硅氧烷类工质也是一个可行的选择。在温度低于 500℃时，虽然硅氧烷类工质
的热效率低于碳氢类工质，但硅氧烷类工质具有低毒性和不易燃等优点。针
对温度为 300℃的微型燃气轮机排气余热，Invernizzi 等对比了 HFC－43－
10mee、HCFC－123、正戊烷、CFC－113、2－2－二甲基丁烷、2－3－二甲基
丁烷、正己烷、六氟苯、六甲基二硅氧烷、五氟苯、正庚烷、环己烷、八甲
基三硅氧烷、正辛烷、八甲基环四硅氧烷（D4）、十甲基四硅氧烷等工质的
性能[46]，发现六甲基二硅氧烷为工质时，ORC 系统能输出 45kW 的电能，发
电效率从原来的 30% 提高到了 40%。针对烟气余热回收，Fernandez 等分析了
6 种硅氧烷类工质——D4、D5、D6、MM、MDM、MD2M 的热效率[47]，当采用
MM 或 MDM 为工质时，ORC 系统具有较高的热效率，且工质的热稳定性良好。

自然界广泛存在的天然工质中，除了碳氢类工质以外，还有水、氨和二
氧化碳等物质。水是一种高性能、无毒、无污染的工质，被广泛应用于高温
朗肯动力循环。德国宝马集团[48]曾研究采用 H_2O 为工质的有机朗肯循环来回

收车用汽油机的排气余热能。研究结果表明，当排气温度大于300℃时，适合采用水为工质。对于温度较低的低品位热能，认为水作为一种沸点较高的湿工质并不适合。Yamamoto 等[49]针对低品位热能利用的 ORC 系统，对比了 R123 和水的循环热力学性能，表明 R123 比水的热效率高很多。Nguyen 等[50]基于热源温度为100℃~230℃的工业烟气余热，发现苯、戊烷和己烷等工质的循环热效率和净输出功率高于水。尤其对低品位余热能利用的小功率 ORC 系统，如果采用水为工质，由于蒸发潜热较大，导致水的流量很小，会急剧降低膨胀机的效率。Liu 等[51]从热效率和总热回收效率两个方面分析了包括水在内的不同工质对 ORC 系统性能的影响，发现水分子结构中氢键的存在，导致蒸发潜热太大，因此不适用于中低温 ORC 系统。

在前期大量研究的基础上，陆续有学者开始定量地对工质临界温度与热源入口温度的关系进行研究，并提出了一些经验准则。Vetter 等针对中低温地热能发电 ORC 系统，分析了表 1－2 所示的 12 种不同工质的性能[52]。以净输出功率为目标，对每一种工质的 ORC 系统的工作参数进行了优化。当地热水温度分别为130℃、150℃和170℃时，得到工质临界温度与单位地热水流量的比净输出功率的关系如图 1－4 所示，横轴的温度单位为 K，虚线框内的工质工作在亚临界有机朗肯循环，虚线框外工质工作在跨临界有机朗肯循环。从图中可以看出，跨临界有机朗肯循环的比净输出功率明显高于亚临界有机朗肯循环。进而 Vetter 等总结认为最优工质的临界温度与热源温度的比应该为0.8~0.9。随后，针对温度为120℃和90℃的地热水，Andreasen 等分析了不同工质的优化净输出功率与工质临界温度的关系，得到的最优工质的临界温度（以 K 为单位）与热源温度的比也在0.8~0.9 范围内[53]。

表 1－2　150℃地热水用有机朗肯循环工质及性能对比[52]

工质	临界压力 /MPa	临界温度 /℃	热效率 /%	比净输出功 /(kW·kg^{-1})	注入温度 /℃
R744(CO$_2$)*	7.38	30.98	7.97	26.60	73.1
R41*	5.90	44.13	9.73	34.54	65.8
R218*	2.64	71.87	8.81	34.73	56.5
R143a*	3.76	72.71	10.17	37.35	62.9
R32*	5.78	78.11	11.27	36.00	74.4
R115*	3.13	79.95	9.60	37.52	57.3
R290(丙烷)*	4.25	96.74	10.05	36.79	63.1
R134a*	4.06	101.06	10.46	37.48	65.1

续表

工质	临界压力 /MPa	临界温度 /℃	热效率 /%	比净输出功 /(kW·kg^{-1})	注入温度 /℃
R227ea*	2.93	101.75	10.28	39.84	58.1
羰基硫醚	6.37	105.62	10.62	29.63	84.1
R245fa	3.65	154.01	10.24	29.25	82.4
R601a（异戊烷）	3.38	187.20	10.11	28.23	83.9
注：标 "*" 的为跨临界有机朗肯循环。					

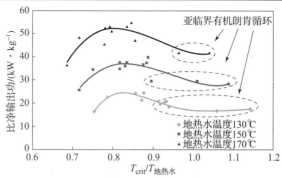

图 1-4　工质临界温度与单位地热水流量的比净输出功率的关系[52]

ORC 系统的总㶲效率与工质的临界温度之间存在明显的相关性，对具体的热源温度和设定的换热夹点温差，存在一个最优的工质临界温度，使总㶲效率最大。针对 165℃ 的干空气和 150℃ 的湿空气，设定最高蒸发压力为 7 MPa，蒸发器夹点温差为 10 K，以涡轮入口压力和入口温度为优化变量，对跨临界和亚临界两种有机朗肯循环的总㶲效率进行优化分析，得到总㶲效率与工质临界温度的关系如图 1-5（a）所示，对温度为 165℃ 的热源，当工质

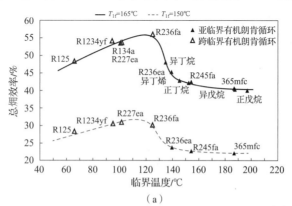

（a）

图 1-5　工质临界温度与 ORC 系统总㶲效率的关系[54]

（a）热源温度为 165℃ 和 150℃ 的优化结果

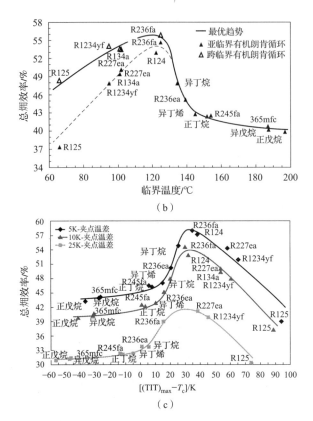

图 1-5 工质临界温度与 ORC 系统总㶲效率的关系[54] （续）

（b）热源温度为 165℃时跨临界有机朗肯循环与亚临界有机朗肯循环结果对比；

（c）不同夹点温度的优化结果

临界温度为 90℃ ~130℃时，总㶲效率较大，最大可达 56%。对温度为 150℃的热源，当工质临界温度为 80℃ ~125℃时，总㶲效率较高。两种热源条件下，跨临界有机朗肯循环的总㶲效率均高于亚临界有机朗肯循环。

图 1-5（b）显示热源温度均为 165℃时跨临界有机朗肯循环和亚临界有机朗肯循环的总㶲效率的对比，对同一种工质而言，跨临界有机朗肯循环的总㶲效率高于亚临界有机朗肯循环。从图中可以看出，两种循环的最优工质是一致的，均为 R236fa，当从跨临界有机朗肯循环转换为亚临界有机朗肯循环时，总㶲效率从 56% 下降到 54.7%，而最高工作压力从 4.8 MPa 降低到了 3 MPa，在对最高工作压力有限制的场合，亚临界有机朗肯循环仍然是一个可行的选择。图 1-5（c）显示了 3 种不同的蒸发器夹点温差条件下的结果，可以看出夹点温差越小，同一工质对应的总㶲效率越高。在同样的夹点温差下，最优工质对应的临界温度范围是一致的。Ayachi 等[54]根据分析的结果给出了

最优工质临界温度的一个经验公式：

$$T_{c,opt} \approx T_{hs,in} - \Delta T_P - 33 \qquad (1-79)$$

针对100℃~300℃的烟气余热回收，Xu 和 Yu 分析了 57 种不同工质的 ORC 系统热效率，认为优选工质的临界温度的最低值比热源入口温度低20℃~30℃，最高不应超过热源入口温度加上100℃[55]。针对温度为50℃~280℃的干空气热源，Harvig 等分析了 27 种不同工质的最优净输出功率与工质临界温度的关系[56]，得到图 1-6 所示的结果。不同热源温度下所有工质的净输出功率相对氨的净输出功率进行了归一化，结果显示净输出功率最大时对应的热源温度与工质临界温度的差约为 30~50K，对于戊烷和异戊烷等干工质，该温度差稍小些。Harvig 等进而提出采用两种温度差来衡量比采用两种温度的商更为准确。

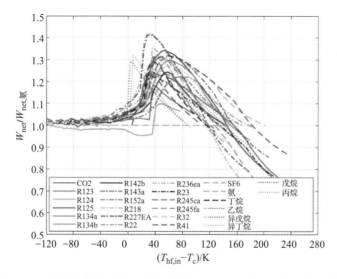

图 1-6　不同热源温度下工质临界温度与系统净输出功率的关系[56]

进行 ORC 系统的工质选择时，需要考虑工质热物性与热源的温度匹配。通过前面的分析可以看出，优选的工质临界温度与热源温度存在一定的对应关系。通过理论分析确定一些经验的选择原则，可以减少工质筛选的盲目性和计算工作量。对于二元非共沸混合工质，其临界温度根据组分质量分数会在一定范围内变动，在设计 ORC 系统工质时，可控制混合工质组分的质量比，使其临界温度与热源温度的对应关系满足要求。对混合工质的优选，还需要考虑工质的温度滑移特性与热源和冷源的匹配情况。一般而言，首先应该满足蒸发器内混合工质与热源的温度匹配，其次还要考虑冷凝器内工质与冷源的温度匹配。针对高温烟气的余热回收用 ORC 系统，在热源出口温度无限制的条件下，可分析热源温度和工质组分质量比对总㶲效率的影响，得到的结果如图 1-7 所示。对采用丁烷/戊烷的简单 ORC 系统，当热源温度较低时，总㶲效率随丁烷质量分数的增加存在两个峰值。随着热源温度的升高，丁烷的总㶲效率变得最大。如果热源温度进一步升高，对应总㶲效率最大的丁烷质量分数又开始逐渐减小。当热源温度足够高时，纯戊烷的总㶲效率最大。

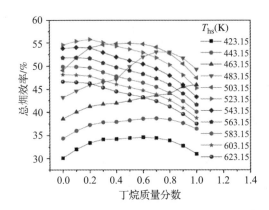

图 1-7 不同热源温度下总㶲效率随混合工质组分质量分数变化曲线[57]

对其他烷烃类二元混合工质和 R218/R236fa、RC318/R245fa、R114/R113 等混合工质在蒸发器内的换热温度匹配情况进行分析，总结得到最大总㶲效率对应的混合工质临界温度与热源温度之间存在如下线性关系[57]：

$$T_{hs} - T_{P_{eva}} = 1.182T_c - 39.244 \qquad (1-80)$$

式中，$T_{P_{eva}}$ 为蒸发器内的夹点温差，所有参数的温度单位均为 K。

对混合工质在冷凝器内换热过程的温度匹配分析表明，为最大限度降低冷凝器内的㶲损，冷却介质的温升与混合工质的温降也存在如下线性关系：

$$\Delta T_{wfcon} = \Delta T_{cf} - \Delta T_{sub} \qquad (1-81)$$

在实际应用中，可先根据以上公式来缩小备选工质的范围，确定混合工质的配比，从而降低工质选择时的计算工作量。

1.3 混合工质优选

对于采用纯工质的 ORC 系统而言，它们存在一些固有的缺点：

（1）通常热源和冷源在流动过程中温度会变化，而纯工质的恒温相变特性使换热器中存在夹点温差，导致换热平均温差较大，增大系统㶲损；

（2）对于纯工质而言，在某一热源温度下为最佳的选择，当热源温度变化时，最佳选择可能会变为另一种工质；

（3）根据 Trouton 规则可知，在 $P-T$ 图上的饱和气态特性线的斜率对于大部分工质而言非常接近，因此，当冷凝过程到蒸发过程的温度提升增大时，相应的压比也增大，导致压缩过程的耗功增加。

　　非共沸混合工质在相变过程中存在温度滑移特性，滑移温度的具体数值与组分的临界温度差异和质量分数相关。通过合理选择非共沸混合工质组分及其质量分数，可以减小蒸发和冷凝过程中的平均换热温差，降低换热过程的㶲损，提高能效。针对低温地热能发电用 ORC 系统，基于 Refprop 软件中已有的非共沸混合工质，可研究采用非共沸混合工质对 ORC 系统性能的提升潜力。Habka 和 Ajib[58] 考虑的低沸点非共沸混合工质见表 1-3，同时，他们还选取了 R245fa、R227ea 和 R601a 三种纯工质作为对比。

表 1-3　低温地热发电用 ORC 系统工质选择[58]

工质	组分	化学式	临界温度/℃	安全等级	ODP	GWP	工质类型
R402A	R125/290/22 (60/2/38)	$CHF_2CF_3/CH_3CH_2CH_3/$ $CHClF_2$	75.5	A1	0.019	2330	湿
R404A	R125/143a/134a (44/52/4)	$CHF_2CF_3/CH_3CF_3/$ CH_2FCF_3	72.1	A1	0	3260	等熵
R407A	R32/125/134a (20/40/40)	$CH_2F_2/CHF_2CF_3/$ CH_2FCF_3	82.8	A1	0	1770	湿
R410A	R32/125 (50/50)	CH_2F_2/CHF_2CF_3	71.4	A1	0	1730	湿
R422A	R125/134a/600a (85.1/11.5/3.4)	$CHF_2CF_3/CH_2FCF_3/$ $(CH_3)_3CH$	71.73	A1	0	3040	等熵
R437A	R601/600/125/134a (0.6/1.4/19.5/78.5)	$C_5H_{12}/C_4H_{10}/CHF_2CF_3/$ CH_2FCF_3	96.0	A1	0	1805	等熵
R438A	R125/134a/32/600/601a (45/44.2/8.5/1.7/0.6)	$CHF_2CF_3/CH_2FCF_3/$ $CH_2F_2/C_4H_{10}/C_5H_{12}$	85.5	A1	0	2265	等熵
R402B	R125/290/22 (38/2/60)	$CHF_2CF_3/CH_3CH_2CH_3/$ $CHClF_2$	82.6	A1	0.030	2080	湿
R403B	R290/22/218 (5/56/39)	$CH_3CH_2CH_3/$ $CHClF_2/C_3F_8$	90.0	A1	0.028	3680	湿
R422D	R125/134a/600a (65.1/31.5/3.4)	$CHF_2CF_3/CH_2FCF_3/$ $(CH_3)_3CH$	79.58	A1	0	2620	等熵

工质	组分	化学式	临界温度/℃	安全等级	ODP	GWP	工质类型
R22M	R125/134a/600a (46.6/50.0/3.4)	$CHF_2CF_3/CH_2FCF_3/$ $(CH_3)_3CH$	89.9	A1	0	1950	等熵
R245fa	纯工质	$C_3H_3F_5$	154.1	B1	0	1030	干
R227ea	纯工质	C_3HF_7	101.75	A1	0	3220	干
R601a	纯工质	C_5H_{12}	187.2	A2	0	11	干

当地热水温度分别为80℃、100℃和120℃时,采用不同工质的简单 ORC 系统性能对比见表 1-4。在不同热源温度下,混合工质 R438A、R422A 和 R22M 的净输出功率和热效率明显高于选取的纯工质。R407A 和 R22D 在地热水温度为80℃和100℃时也具有较好的性能。随着地热水温度的升高,采用非共沸混合工质的改善效果也逐渐提高,而且混合工质的蒸发压力和冷凝压力范围适中,ORC 系统的涡轮尺寸(SP)也小于纯工质。

表 1-4 不同地热水温度下采用不同工质的简单 ORC 系统性能对比[58]

	$\eta_{ex}/\%$	$\dot{W}_{n,max}/kW$	$\eta_{th,ORC}/\%$	$\eta_{en}/\%$	x	$\dot{m}_{wf}/$ $(kg \cdot s^{-1})$	$\dot{I}_{ORC,des}/kW$	$\dot{I}_{gw,los}/kW$
				$T_{gw,in}=80℃$				
R402A	33.92	7.72	5.64	3.08	0.96	0.98	9.94	5.09
R404A	33.18	7.55	5.48	3.01	0.96	0.95	10.18	5.02
R407A	36.15	8.22	5.78	3.28	0.96	0.78	9.89	4.63
R410A	32.01	7.28	5.54	2.9	0.91	0.72	9.91	5.56
R422A	34.65	7.88	5.46	3.15	0.97	1.12	10.4	4.46
R437A	34.26	7.79	5.74	3.11	1	0.76	9.78	5.17
R438A	37.4	8.51	5.9	3.39	0.98	0.85	9.76	4.48
R402B	33.27	7.57	5.65	3.02	0.96	0.83	9.85	5.33
R403B	33.21	7.56	5.66	3.01	0.96	0.99	9.81	5.39
R422D	35.94	8.18	5.64	3.26	0.98	0.98	10.17	4.41
R22M	35.65	8.11	5.82	3.24	0.99	0.86	9.75	4.89
R245fa	31.2	7.1	5.66	2.83	—	0.59	9.53	6.13
R227ea	32.34	7.36	5.41	2.94	—	1.06	10.22	5.17
R601a	31.07	7.07	5.56	2.82	—	0.32	9.74	5.95

续表

	$\eta_{ex}/\%$	$\dot{W}_{n,max}/kW$	$\eta_{th,ORC}/\%$	$\eta_{en}/\%$	x	$\dot{m}_{wf}/$ $(kg \cdot s^{-1})$	$\dot{I}_{ORC,des}/kW$	$\dot{I}_{gw,los}/kW$
				$T_{gw,in}=100℃$				
R402A	51.18	19.93	7.19	5.96	0.89	2.08	17.64	1.37
R404A	47.57	18.53	6.8	5.69	0.89	2.01	19.01	1.41
R407A	41.84	16.29	7.81	4.87	0.92	1.16	16.46	6.19
R410A	45.23	17.61	7.19	5.27	0.84	1.44	18.11	3.22
R422A	51.56	20.08	6.78	6	0.9	2.48	18.22	0.64
R437A	40.08	15.61	7.65	4.66	0.99	1.11	16.81	6.53
R438A	43.56	16.97	7.91	5.07	0.95	1.27	16.32	5.66
R402B	47.04	18.32	8.32	5.47	0.85	1.5	15.47	5.16
R403B	44.65	17.39	7.37	5.2	0.9	1.81	17.68	3.88
R422D	51.17	19.93	7.9	5.96	0.88	1.86	16.27	2.75
R22M	43.18	16.81	9.01	5.03	0.87	1.26	13.73	8.37
R245fa	36.19	14.09	7.5	4.21	—	0.86	16.6	8.27
R227ea	38.86	15.14	7.2	4.52	—	1.55	17.78	6.03
R601a	35.79	13.94	7.35	4.16	—	0.46	16.94	8.09
				$T_{gw,in}=120℃$				
R402A	35.56	20.92	5.48	4.99	0.96	2.68	37.32	0.59
R404A	32.71	19.24	5.09	4.61	0.97	2.64	38.92	0.66
R407A	52.77	31.04	8.5	7.7	0.88	2.11	27.05	0.73
R410A	43.1	25.35	6.7	6.05	0.87	2.15	32.76	0.71
R422A	—	—	—	—	—	—	—	—
R437A	51.94	30.55	9.9	7.4	0.92	1.76	23.91	4.36
R438A	57.37	33.72	8.67	8.05	0.89	2.4	24.69	0.39
R402B	51.77	30.45	7.98	7.26	0.9	2.48	27.78	0.6
R403B	45.98	27	7.09	6.45	0.93	2.85	31.16	0.62
R422D	48.21	28.34	7.27	6.77	0.96	2.68	30.09	0.38
R22M	58.96	34.67	8.85	8.27	0.92	2.52	23.8	0.33
R245fa	40.28	23.69	9.27	5.65	—	1.12	25.03	10.1
R227ea	48.68	28.63	10.34	6.83	—	2.01	22.43	7.76
R601a	39.42	23.18	9.09	5.53	—	0.61	25.45	10.18

针对温度为150℃的地热水和250℃的高温空气，Chys 等研究了适于高温应用的烷烃和硅氧烷工质，对比分析了采用纯工质和非共沸混合工质的 ORC 系统的性能[59]。具体结果见表1－5。设定混合工质在蒸发过程中的温度滑移小于热源的温度变化，且冷凝过程中的工质温度滑移小于冷源的温度变化。同时，为了防止混合工质在流动过程中出现分离，限定混合工质的最大温度滑移小于45℃。当热源温度为150℃，热源温降15℃，冷源温升10℃时，对 ORC 系统的蒸发压力和冷凝压力进行优化，得到不同工质的简单 ORC 系统和带回热器的 ORC 系统的净输出功率，如图1－8所示。采用二元非共沸混合工质可有效提高净输出功率，而进一步采用三元非共沸混合工质，相比二元非共沸混合工质净输出功率仅有轻微提升。

表1－5　适于中高温应用的烷烃和硅氧烷工质[59]

工质	$M/(g \cdot mol^{-1})$	临界温度/℃	临界压力/bar[①]	常压沸点/℃
环己烷	84.2	280.5	40.8	80.3
环戊烷	70.1	238.5	45.2	48.8
己烷	86.2	234.7	30.3	68.3
六甲基二硅氧烷（HMDS）	162.4	245.5	19.4	99.8
异丁烷	58.1	134.7	36.3	－12.1
异己烷	86.2	224.6	30.4	59.8
异戊烷	72.1	187.2	33.8	27.4
八甲基三硅氧烷（OMTS）	236.5	290.9	14.2	152.0
戊烷	72.1	196.6	33.7	35.7
R245fa	134.0	154.0	36.5	14.8
R365mfc	148.1	186.9	32.7	39.8
甲苯	92.1	318.6	41.3	110.1

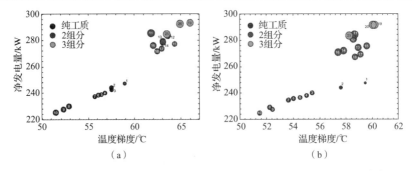

图1－8　热源温度为150℃时纯工质和混合工质的净输出功率对比[59]

（a）简单 ORC 系统；（b）带回热器的 ORC 系统

---

① 1 bar = 100 kPa。

当热源温度为250℃时，设定高温空气的温降为70℃，低温冷却水的温升为15℃，对带回热器的ORC系统分析得到的结果见表1-6。从表中可以看出，二元非共沸混合工质对热效率也有一定的改善。采用纯HMDS为工质时热效率为13.4%，加入OMTS后，系统热效率可提高5.4%。采用甲苯时热效率为13.15%，加入环己烷后的混合工质热效率可提高5.5%。

表1-6　热源温度为250℃时纯工质与混合工质性能对比[59]

工质	摩尔分数	蒸发压力/bar	冷凝压力/bar	压比	质量流量/(kg·s⁻¹)	泵功/kW	发电功率/kW	循环效率/%
环戊烷	1	21.2	1.85	11.5	3.84	-13.3	247.5	13.02
甲苯	1	4.6	0.26	17.7	3.76	-2.5	239.1	13.15
环己烷	1	9.5	0.70	13.6	3.92	-5.9	244.7	13.28
OMTS	1	2.1	0.05	38.6	7.10	-2.3	242.5	13.35
HMDS	1	7.4	0.35	21.0	6.37	-7.8	249.3	13.42
甲苯/环己烷	0.6~0.4	6.8	0.38	18.1	3.80	-3.9	253.4	13.87
HMDS/OMTS	0.7~0.3	5.0	0.18	27.4	6.70	-5.7	260.3	14.15

对于非共沸混合工质的工作过程，采用㶲分析方法能更方便地分析系统的工作特性。定义工作过程的总㶲效率为

$$\eta_{II} = \frac{\dot{W}_{net}}{\dot{E}_{hc,in}} \tag{1-82}$$

如果将蒸发器内热源与工质之间的换热过程的外部㶲效率定义为

$$\eta_{II,ext} = \frac{\dot{E}_{hc,in} - \dot{E}_{hc,out}}{\dot{E}_{hc,in}} \tag{1-83}$$

将ORC系统内部㶲效率定义为

$$\eta_{II,int} = \frac{\dot{W}_{net}}{\dot{E}_{hc,in} - \dot{E}_{hc,out}} \tag{1-84}$$

则有

$$\eta_{II} = \eta_{II,ext} \cdot \eta_{II,int} \qquad (1-85)$$

对亚临界 ORC 系统，与纯工质相比，采用混合工质可在一定程度上提高㶲效率，且存在一个最佳的组分浓度比，使㶲效率最大。Lecompte 等研究了采用非共沸混合工质的亚临界 ORC 系统性能[60]。其考虑的非共沸混合工质包括：R245fa/戊烷、R245fa/异戊烷、R245fa/R365mfc、异戊烷/己烷、异戊烷/环己烷、异戊烷/异己烷、戊烷/己烷、异丁烷/异戊烷。热源温度为 150℃时，8 种混合工质的㶲效率随混合工质中低沸点组分的变化特性如图 1-9 所示。图 1-10 所示为外部㶲效率和内部㶲效率随低沸点组分浓度比的变化特性。从图中可以看出，采用混合工质可同时改善蒸发器和 ORC 系统的㶲效率，降低㶲损。

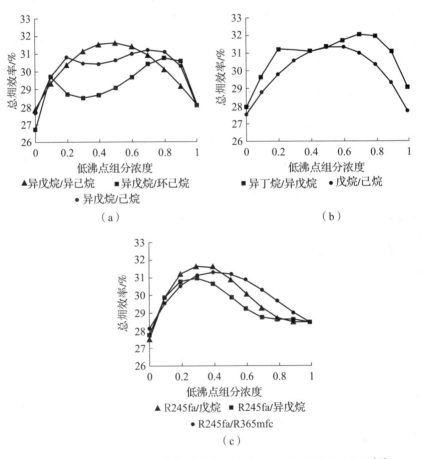

图 1-9　混合工质的总㶲效率随混合工质中低沸点组分的变化特性[60]

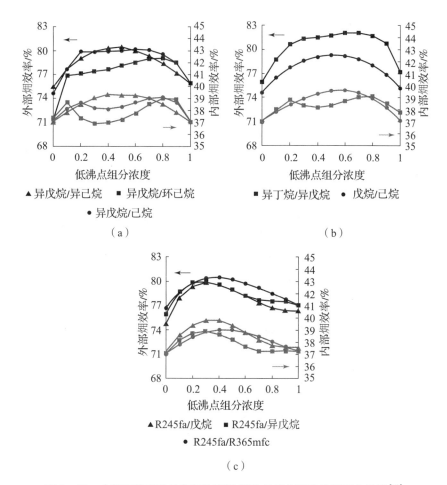

图 1-10　内部㶲效率和外部㶲效率随低沸点组分浓度比的变化特性[60]

　　热源温度为150℃时混合工质相对纯工质的效率改善程度见表1-7。异丁烷/异戊烷混合工质的总㶲效率最大，达到32.05%，对应的工质摩尔分数为0.81/0.19。此时，混合工质在冷凝过程中的温度滑移稍小于冷却液的温度变化，而混合工质的蒸发压力明显小于对应的纯工质，这有利于改善实际系统的安全性和可靠性。非共沸混合工质的㶲效率相对其纯组分的性能提升效果如图1-11所示。对于异戊烷/异丁烷混合工质而言，㶲效率的改善效果最明显。与纯工质相比，采用混合工质的㶲效率可提高7.1% ~ 14.2%。

表 1-7 热源温度为 150℃时混合工质相对纯工质的效率改善程度[60]

工质	摩尔分数	热效率/%	总㶲效率/%	外部㶲效率/%	内部㶲效率/%	蒸发压力/bar	冷凝压力/bar	蒸发段斜率/℃	冷凝段斜率/℃	工质质量流量/(kg·s⁻¹)	涡轮功/kW	泵功/kW
异戊烷	1	9.05	28.07	75.92	36.98	6.08	1.46	0.0	0.0	46.5	1810	59.6
己烷	1	8.94	27.65	74.57	37.08	1.95	0.36	0.0	0.0	42.5	1741	17.6
环己烷	1	9.14	26.71	71.39	37.42	1.35	0.24	0.0	0.0	39.1	1675	9.5
戊烷	1	9.05	27.84	75.11	37.07	4.91	1.12	0.0	0.0	43.5	1781	45.4
异己烷	1	8.91	27.87	75.36	36.98	2.48	0.48	0.0	0.0	44.9	1761	23.6
R245fa	1	9.39	28.67	76.31	37.58	11.29	2.43	0.0	0.0	90.8	1888	99.7
R365mfc	1	8.95	28.39	76.67	37.03	4.85	0.96	0.0	0.0	82.8	1814	43.7
异丁烷	1	10.04	29.14	77.20	37.74	19.78	5.19	0.0	0.0	46.5	1810	239.4
异戊烷/己烷	0.19~0.81	9.09	30.94	79.70	38.82	2.41	0.42	7.0	8.8	44.8	1952	23.2
异戊烷/环己烷	0.08~0.92	9.27	30.06	76.88	39.11	1.56	0.26	7.4	9.3	41.7	1886	11.9
异戊烷/异己烷	0.44~0.56	9.22	31.63	80.52	39.29	3.75	0.72	7.1	8.7	47.5	2011	38.3
戊烷/己烷	0.54~0.46	9.32	31.39	79.30	39.59	3.19	0.57	7.0	8.3	44.3	1988	30.6
异丁烷/异戊烷	0.81~0.19	9.61	32.05	81.91	39.13	13.48	3.36	6.9	9.3	52.0	2154	156.0
R245fa/戊烷	0.33~0.67	9.46	31.76	80.27	39.57	7.35	1.50	8.0	7.5	60.9	2053	72.8
R245fa/异戊烷	0.28~0.72	9.38	31.11	80.01	38.88	8.43	1.85	6.4	5.7	61.9	2027	87.6
R245fa/R365mfc	0.41~0.59	9.29	31.39	80.46	39.01	7.20	1.37	5.7	6.4	88.3	2025	68.0

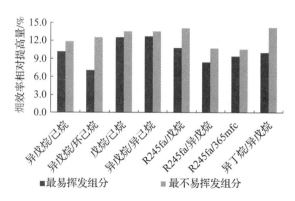

图 1-11 非共沸工质的㶲效率相对其纯组分的性能提升效果[60]

在实际使用非共沸混合工质的 ORC 系统中，工质的温度滑移通常为非线性曲线，其与冷、热源匹配可能存在 2 个夹点，优于纯工质的情形，但是仍然无法达到理想的恒等于夹点温差的换热。与纯工质相比，由于混合工质的黏度增加和热导率下降，其对流换热系数会有所降低。在扩散主导的相变过程中，混合工质在相变面上的浓度不均是对流换热系数降低的重要原因。因此，虽然混合工质的温度匹配优于纯工质，提高了系统的净功和㶲效率，但同时需要的换热面积也有所增加[61]。

非共沸混合工质的组分浓度直接与换热过程的温度滑移量相关，对 ORC 系统工作性能有重要影响。与纯工质相比，采用非共沸混合工质是否能提升经济性与 ORC 系统工作的条件设定相关。针对工业锅炉烟气余热回收，Li 等分析了采用非共沸混合工质的经济性[62]，采用非共沸混合工质后，换热器内的平均温差下降导致换热器面积增大，使 ORC 系统的投资成本增加。经济性分析时考虑了 16 种纯工质以及基于它们的二元混合工质，纯工质的热物性见表 1-8。当混合工质的泡点温度设为 35℃时，不同混合工质的温度滑移曲线如图 1-12 所示。考虑到热源和冷源的温度变化，选取二元混合工质时设定非共沸混合工质在冷凝过程中的温度滑移不超过 15℃。

表 1-8 经济性分析时考虑的纯工质的热物性[62]

组分	热物性数据				环保数据			类型
	$M/(kg \cdot kmol^{-1})$	T_c /℃	P_c /MPa	T_b /℃	ALT /年	ODP	GWP (100 年)	
R600a	58.12	134.66	3.63	-11.75	0.02	0	~20	等熵
R142b	100.50	137.11	4.06	-9.12	17.9	0.07	2 310	等熵
R236ea	152.04	139.29	3.50	6.19	8	0	710	干

组分	热物性数据				环保数据			类型
	$M/(\text{kg} \cdot \text{kmol}^{-1})$	T_c /℃	P_c /MPa	T_b /℃	ALT /年	ODP	GWP (100 年)	
R114	170.92	145.68	3.26	3.59	300	1.0	10 040	干
R600	58.12	151.98	3.80	-0.49	0.02	0	~20	干
R245fa	134.05	154.01	3.65	15.14	7.6	0	710	等熵
新戊烷	72.15	160.59	3.20	9.5	—	—	—	干
R245ca	134.05	174.42	3.93	25.13	6.2	0	693	干
R21	102.92	178.33	5.18	8.86	—	—	—	湿
R123	152.93	183.68	3.66	27.82	1.3	0.02	77	等熵
R601a	72.15	187.2	3.38	27.83	0.01	0	~20	干
R601	72.15	196.55	3.37	36.06	0.01	0	~20	干
R11	137.37	197.96	4.41	23.71	45	1.0	4 750	等熵
R141b	116.95	204.35	4.21	32.05	9.3	0.12	725	等熵
R113	187.38	214.06	3.39	47.59	85	1.0	6 130	等熵
己烷	86.18	234.67	3.03	68.71	—	—	—	干

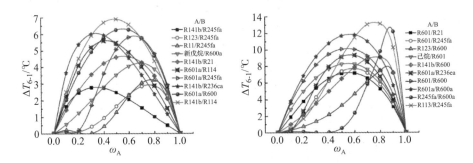

图 1-12　泡点温度为 35℃时不同工质的温度滑移曲线[62]

当工业锅炉的烟气余热温度为 150℃，流量为 10 kg/s，冷源为 20℃的空气时，通过建立的 ORC 系统热力学和经济性模型，对 ORC 系统的输出功率和经济成本进行了估算。分析时设定涡轮入口的过热度为零，对混合工质等于蒸发过程的泡点温度。换热器的成本根据换热器面积进行估算，通常采用经验传热关联式计算对流换热系数，并基于此近似得到总换热系数。当采用混合工质 R245fa/R600a（0.7/0.3）时，分析得到的 ORC 系统的净输出功率、热效率和平均发电成本（EPC）随涡轮入口温度的变化特性如图 1-13 所示。

随着涡轮入口温度的升高，热效率持续增大，而净输出功率先增大后减小，平均发电成本的变化趋势与净输出功率正好相反。

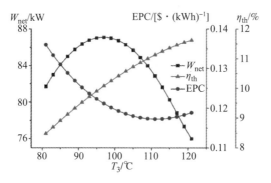

图 1 – 13　ORC 系统的净输出功率、热效率和平均发电成本随涡轮入口温度的变化特性[62]

由于冷凝过程的设定条件会影响分析结果，以蒸发过程的泡点温度为优化变量，可分析 3 种不同设定条件下 ORC 系统的热经济性能：（1）冷凝过程的露点温度保持固定；（2）冷凝过程的泡点温度保持固定；（3）蒸发过程和冷凝过程的工作压力保持固定。在条件（1）和（2）下的分析结果如图 1 – 14

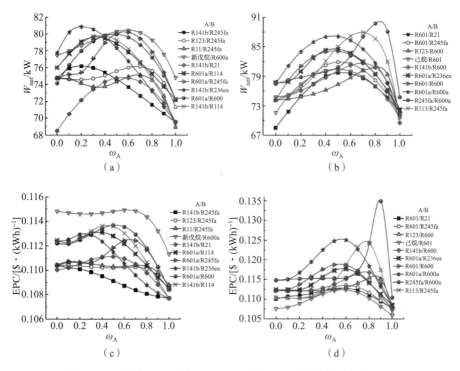

图 1 – 14　条件（1）下 ORC 系统的净输出功率和平均发电成本
随混合工质组分质量分数的变化特性[62]

和图 1 – 15 所示。在条件（1）下采用非共沸混合工质可提高 ORC 系统的净输出功率，在条件（2）下仅有混合工质 R245fa/R600a 和 R601a/R245fa 的净输出功率有轻微提高，而两种条件下的平均发电成本均没有明显改善。在条件（3）下分析得到的纯工质组分的经济性性能优于对应的非共沸混合工质。

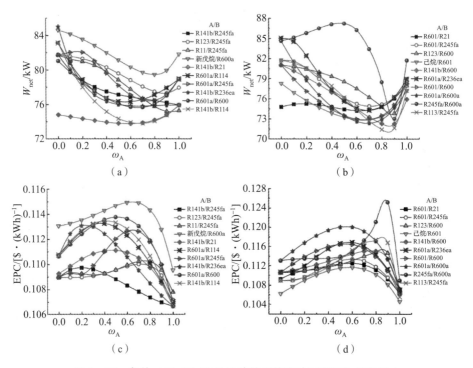

图 1 – 15　条件（2）下 ORC 系统的净输出功率和平均发电成本随混合工质组分质量分数的变化特性[62]

对于采用非共沸混合工质时的工质选择问题，与纯工质选择问题相比更加复杂，除了要考虑 ORC 系统的工作参数匹配，还需要对组分的质量比进行优化。当热源温度一定时，根据上节的内容已经知道优选的纯工质临界温度需要与热源温度匹配，才能获得最佳的 ORC 系统的热力学性能。非共沸混合工质的临界温度等热物性可通过改变组分质量比来调节，通过合理选择组分浓度比，使混合工质的临界温度等特征属性接近某个理想值，可有效减少混合工质优选时的工作量。根据上述原理，Zhai 等介绍了一种非共沸混合工质的优选方法[63]，主要步骤如下：

首先，计算不同纯工质的 ORC 系统性能，获得最佳的纯工质及其临界温度，判定工质的临界温度与热源温度之间的对应关系。例如，当热源温度为 150℃ ~ 350℃时，冷却水出口温度为 30℃ ~ 60℃时，可根据式（1 – 86）选择纯工质的临界温度范围[64]：

$$\frac{T_{\text{hs}} - T_{P_{\text{eva}}} - 29.026}{1.066\ 9} < T_{\text{c}} < \frac{T_{\text{hs}} - T_{P_{\text{eva}}} - 20.169}{1.098\ 2}, \quad (1-86)$$

式中，T_{hs} 为热源温度（℃），$T_{P_{\text{eva}}}$ 为工质蒸发器出口温度（℃）。

接着，在满足临界温度要求的基础上，使混合工质在冷凝过程中的滑移温度与冷却介质的温升匹配。随着相变过程中工质压力的增加，对应的滑移温度减小，因此，冷凝过程的温度滑移大于蒸发过程，同时蒸发相变潜热小于冷凝相变，最终导致冷凝过程的温度滑移对 ORC 系统性能的影响大于蒸发过程。因此，保证冷凝过程的温度滑移匹配可实现 ORC 系统㶲效率的最大提升。考虑到冷凝过程中温度滑移以及冷却介质的进、出口温度，换热过程的温度匹配存在图 1-16 所示的 4 种情形：图 1-16（a）所示为不存在温度滑移，工质在冷凝过程中保持恒温，这是纯工质的冷凝换热；图 1-16（b）所示为工质温度滑移与冷却介质温升匹配，此时冷却介质温升等于工质的温度滑移，整个过程平均换热温差最小；图 1-16（c）所示为工质温度滑移过小，此时冷却介质温升大于工质的温度滑移，换热过程夹点温差出现在冷却介质出口处；图 1-16（d）所示为工质温度滑移过大，此时冷却介质温升小

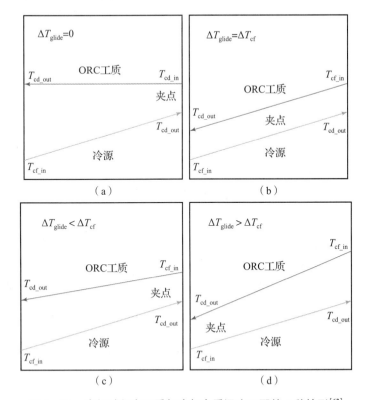

图 1-16　冷凝过程中工质与冷却介质温度匹配的 4 种情形[63]

于工质的温度滑移，换热过程夹点温差出现在冷却介质入口处。通过合理选择工质及其组分，尽可能保证冷凝过程的温度滑移匹配，即图 1 - 16（b）所示的情形，最大限度地减小冷凝过程的㶲损。

最后，考虑工质的环保和安全属性，综合考虑得到优化的非共沸混合工质。表 1 - 9 给出了热源温度为 210℃ 的计算结果，得到优化的两种非共沸混合工质㶲效率与纯工质 R236ea 相比可提升 6% 以上。

表 1 - 9　热源温度为 210℃ 时工质优选结果[63]

工质	$T_{P_{eva}}$/K	T_c/K	ΔT_{glide}/K	η_{ex}/%	提升效果/%
R236ea	406.88	412.44	0	41.77	—
R227ea/R245fa(0.2/0.8)	411.95	416.70	7.39	44.30	6.1
R1234ze(E)/R245fa(0.3/0.7)	405.17	412.20	10.48	44.45	6.4

针对非共沸混合工质的优选问题，更多的学者采用多变量优化算法进行求解，虽然这样会增大计算工作量，但可以保证在选定的工质范围内进行全面分析，降低了遗漏可行工质的可能性。在多变量优选算法中，遗传算法作为一种广泛使用的随机优化算法，也被作为混合工质的优选算法。针对温度为 120℃ 和 90℃ 的低温地热水，Andreasen 等以净输出功率为优化目标，采用遗传算法对 ORC 系统进行了工质的优化选择[65]。对混合工质，将工质组分及其浓度作为优化变量之一。具体考虑的优化变量包括：膨胀机入口温度 T_3、膨胀机入口压力 P_3、热源出口温度 $T_{hf,o}$、非共沸混合工质组分、工质浓度 X_{wf}。

在分析过程中，定义归一化净输出功率为

$$\dot{W}_n = \frac{\dot{W}_{net}}{\dot{m}_{hf}c_{P,hf}T_{hf,i}} \tag{1-87}$$

热回收效率为

$$\varepsilon = \frac{h_{hf,i} - h_{hf,o}}{h_{hf,i} - h_{hf,ref}} \tag{1-88}$$

ORC 系统热效率为

$$\eta_{th} = \frac{\dot{W}_{net}}{\dot{m}_{hf}(h_{hf,i} - h_{hf,o})} \tag{1-89}$$

在分析过程中，除考虑 ORC 系统的净输出功率之外，还考虑了涡轮的体积膨胀比（VFR）和 SP 值两个设计参数。VFR 定义为

$$VFR = \frac{\dot{V}_4}{\dot{V}_3} \tag{1-90}$$

SP 定义为

$$SP = \frac{\sqrt{\dot{V}_4}}{(\Delta h_s)^{0.25}} \qquad (1-91)$$

为了保证轴流式涡轮的高效率，采用 Astolfi 提出的限制条件[66]：单级膨胀比不大于 4，且单级焓降不超过 65 kJ/kg。设定的备选工质范围为 Refprop9.0 中所有 ODP 值为 0 的纯工质和混合工质，对两种热源温度利用遗传算法优化计算的结果分别见表 1-10 和表 1-11。表中上标"sc"表示超临界有机朗肯循环，"tc"表示跨临界有机朗肯循环，下标"sh"和"sat"表示涡轮入口分别处于过热和饱和状态。对工质的安全等级采用 HMIS 分级标准[67]评估，包括健康危害（h）、易燃性（f）、物理危害（p）等 3 个方面。

当热源温度为 120℃时，R218 为最佳工质，净输出功率最大。R218 的最高工作压力较低，安全等级较好，但是其 GWP 值和换热器 UA 值很高，涡轮的 SP 值和 VFR 值也较高。混合工质 R422A（R125/R134a/异丁烷，质量比为 0.851/0.115/0.034）的净输出功率也较高，优于相应的纯工质组分 R125。当热源温度为 90℃时，优化结果显示二元混合工质的净输出功率高于纯工质，对应的最高工作压力和换热器 UA 值更大。最佳工质为乙烷/丙烷，其他以乙烷为主的混合工质性能也较好。与亚临界有机朗肯循环相比，跨临界有机朗肯循环的净输出功率明显提升，因为此时热回收效率和 ORC 系统的热效率都较高。对低温热源而言，常用的工质 R134a 并不在最佳工质名单内，R143a 也仅在热源温度为 120℃下时可行。

对于低温热源，采用混合工质可增大循环净输出功率，同时降低 ORC 系统的最高工作压力。当采用包含乙烷的混合工质时，与纯乙烷相比，净输出功率可明显增加，例如采用乙烷/丙烷混合工质时净输出功率可相对提高 11%以上。如果考虑工质的环保性能，最佳工质名单中仅二氧化碳（120℃热源）和 R1234yf（90℃热源）能同时满足低危险和低 GWP 值要求。当热源温度一定时，将不同工质的净输出功率和临界温度数据画出来，可得到图 1-17 所示的结果。对于跨临界有机朗肯循环，当工质的临界温度接近热源入口温度的一半时 ORC 系统有最大净输出功率。对于亚临界有机朗肯循环，当工质的临界温度与热源温度相差约 30K 时，ORC 系统的净输出功率较大。

设计 ORC 系统时，除了要考虑系统的净输出功率、热效率和烟效率等热力学指标外，还需要考虑投资成本、系统体积和工质安全性等因素。因此，采用多目标优化算法往往能进行多个维度的衡量，有利于全面地分析问题。NGSA-Ⅱ作为一种基于遗传算法的多目标优化算法[68]，在 ORC 系统的优化分析中得到广泛应用。针对热源为温度为 80℃~180℃的地热水，以净输出功率、烟效率和换热器 UA 值为优化目标，Sanchez 等基于 NGSA-Ⅱ优化算法对

表 1-10 热源温度为 120℃ 的地热水时工质的优选结果[65]

流体	$\dot{W}_{\text{net}}\cdot10^2$	η_1 /%	ε /%	X_{wf} /%	P_{boil} /bar	P_{cond} /bar	T_3 /℃	$T_{\text{hf,o}}$ /℃	ΔT_g /℃	$\dot{V}_4/\dot{V}_3$	$\sqrt{\dot{V}_4/\Delta h_s^{1/4}}$ /cm	$UA_{\text{total}}/(\dot{m}c_p)_{\text{hs}}$	危险性 $(f/h/p)$	GWP
R218[tc]	5.76	8.8	79.4		46.5	8.5	102.9	40.7		9.18	13.32	16.5	1/2/1	8 830
R422A[tc]	5.71	9.5	72.9		57.4	12.3	102.2	47.2	1.4	6.27	10.04	15.5	4/1/0	3 143
R125[tc]	5.66	9.2	74.2		57.7	13.7	100.8	45.9		5.45	9.95	15.0	1/1/0	3 500
eth./prop.[tc]	5.53	8.9	75.3	87.5	89.7	32.5	110.0	44.8	6.3	2.67	5.83	17.2	4/1/0	3
R41[tc]	5.53	9.3	71.9		97.0	37.6	110.0	48.2		2.21	5.38	14.4	3/2/2	92
R143a[tc]	5.46	9.5	69.4		49.3	12.6	97.2	50.7		4.86	9.37	13.4	1/1/0	4 470
eth./ibut.[tc]	5.38	8.7	75.2	95.9	93.9	35.5	110.0	44.9	6.9	2.52	5.74	17.1	4/1/0	3
eth./but.[tc]	5.37	8.7	75.1	96.4	94.9	35.7	110.0	45.0	8.0	2.53	5.71	17.0	4/1/0	3
eth./ipent.[tc]	5.30	8.5	75.5	97.4	93.2	36.1	110.0	44.6	10.3	2.46	5.74	16.6	4/1/0	3
eth./pent. tc	5.26	8.4	76.3	97.9	89.7	36.4	110.0	43.8	13.0	2.36	5.78	16.3	4/2/0	3
eth./hex.[tc]	5.22	8.4	75.2	98.9	93.9	37.4	110.0	44.9	15.8	2.38	5.71	16.4	4/2/0	3
SF$_6$[tc]	5.21	8.3	76.1	99.3	78.3	22.8	106.4	44.0	21.8	3.90	8.94	15.2	0/1/0	22 800
eth./hept.[tc]	5.19	8.5	74.2		97.1	38.0	110.0	45.9		2.41	5.65	16.3	4/1/0	3
ethane[tc]	4.90	8.2	72.1		96.2	40.2	110.0	48.0		2.25	5.64	14.1	4/1/0	3
R32$_{\text{sh}}^{\text{sc}}$	4.87	10.3	57.1		53.1	16.8	110.0	63.0		2.84	6.36	10.1	4/1/1	675

续表

流体	$\dot{W}_{net}\cdot10^2$	η_1 /%	ε /%	X_{wf} /%	P_{boil} /bar	P_{cond} /bar	T_3 /℃	$T_{hf,o}$ /℃	ΔT_g /℃	$\dot{V}_4/\dot{V}_3$	$\sqrt{\dot{V}_4}/\Delta h_s^{1/4}$ /cm	$UA_{total}/(\dot{m}c_p)_{hs}$	危险性 $(f/h/p)$	GWP
$CO_2/ibut.^{tc}$	4.86	7.2	81.4	88.6	100.0	49.3	110.0	38.7	15.7	1.84	5.79	14.8	4/1/0	1
$CO_2/but.^{tc}$	4.86	7.1	81.8	90.9	100.0	50.5	110.0	38.3	15.8	1.79	5.80	15.0	4/1/0	1
$R1234yf^{sc}_{sat}$	4.83	9.3	63.2		24.2	6.8	79.0	57.0		4.51	12.21	11.1	0/2/0	4
$R227ea^{sc}_{sat}$	4.78	9.4	61.5		18.7	4.5	80.2	58.7		5.41	14.57	10.6	-/-/-	3 220
$C_4F_{10}{}^{sc}_{sat}$	4.75	8.6	67.0		10.6	2.6	75.9	53.1		5.00	19.96	11.3	0/1/0	8 860
$prop./ibut.^{sc}_{sat}$	4.75	9.5	60.8	80.2	23.0	7.3	76.0	59.4	5.2	3.52	9.56	13.2	4/1/0	3
$CO_2/prop.^{sc}_{sh}$	4.74	9.1	63.2	2.1	29.7	9.7	78.7	56.9	5.0	3.45	8.67	12.0	4/1/0	3
$prop./but.^{sc}_{sh}$	4.73	9.4	61.1	89.2	24.1	7.7	76.4	59.0	6.0	3.45	9.32	13.0	4/1/0	3
$prop./ipent.^{sc}_{sh}$	4.69	9.1	62.3	94.6	24.2	8.1	76.9	57.9	9.2	3.27	9.30	12.6	4/1/0	3
$prop./pent.^{sc}_{sh}$	4.69	9.3	61.4	96.7	25.3	8.4	78.0	58.8	7.9	3.33	9.09	12.5	4/2/0	3
$prop./hex.^{sc}_{sh}$	4.63	9.3	60.2	98.1	25.6	8.5	83.2	59.9	14.2	3.26	8.86	11.8	4/2/0	3
$ibut./ipent.^{sc}_{sat}$	4.56	9.2	60.1	82.0	8.9	2.6	73.8	60.0	7.7	3.54	14.64	12.0	4/1/0	3
$but./ipent.^{sc}_{sat}$	4.55	9.4	58.5	71.9	6.4	1.7	72.1	61.6	5.4	3.77	16.97	12.4	4/1/0	3
$but./pent.^{sc}_{sat}$	4.53	9.2	59.4	81.4	6.4	1.8	72.3	60.8	7.0	3.64	16.76	12.1	4/2/0	3
$propylene.^{sc}_{sh}$	4.49	9.5	57.2		34.8	11.5	86.1	63.0		3.28	7.69	9.8	4/1/1	3

表1-11 热源温度为90℃地热水时工质的优选结果[65]

流体	$\dot{W}_{net}\cdot10^2$	η_1 /%	ε /%	X_{wf} /%	P_{boil} /bar	P_{cond} /bar	T_3 /℃	$T_{hf,o}$ /℃	ΔT_{glide} /℃	$\dot{V}_4/\dot{V}_3$	$\sqrt{\dot{V}_4/\Delta h_s^{1/4}}$ /cm	$UA_{total}/(\dot{m}c_P)_{hs}$	危险性 (f/h/p)	GWP
eth./prop.^{tc}	3.21	6.1	68.5	86.9	60.3	32.3	80.0	42.1	6.5	1.87	5.40	11.1	4/1/0	3
CO$_2$/but.^{tc}	3.15	5.6	72.4	94.8	95.0	53.8	80.0	39.3	7.2	1.60	4.92	11.9	4/1/0	1
eth./ibut.^{tc}	3.13	5.7	70.7	95.6	62.8	35.3	79.8	40.5	7.5	1.77	5.46	11.3	4/1/0	3
eth./but.^{tc}	3.12	5.7	70.3	95.7	63.1	35.2	79.9	40.8	9.5	1.78	5.41	11.0	4/1/0	3
eth./ipent.^{tc}	3.10	5.7	70.6	97.7	64.5	36.5	80.0	40.6	8.9	1.75	5.43	11.2	4/1/0	3
eth./pent.^{tc}	3.09	5.7	70.5	98.2	65.1	36.9	80.0	40.7	10.9	1.74	5.40	11.1	4/2/0	3
R41^{tc}	3.07	6.5	60.6		74.2	37.9	79.9	47.6		1.76	4.64	8.8	3/2/2	92
SF$_6^{tc}$	3.06	6.0	65.5		51.2	23.1	75.5	44.2		2.61	8.17	9.5	0/1/0	22 800
CO$_2$/prop.^{tc}	3.05	5.3	73.9	82.1	85.1	50.1	80.0	38.3	6.1	1.58	5.26	11.9	4/1/0	1
ethane^{tc}	2.89	5.8	64.8		74.2	40.6	80.0	44.7		1.78	5.18	9.6	4/1/0	3
R218$^{sc}_{sat}$	2.78	6.2	57.8		20.3	8.6	60.1	49.6		3.24	11.50	7.7	1/2/1	8 830
R419A$^{sc}_{sh}$	2.77	6.4	55.8	64.7	21.7	9.7	57.8	51.0	5.4	2.47	9.06	9.0	4/1/2	2 967
R32/134a$^{sc}_{sh}$	2.75	6.8	52.6		24.3	11.4	80.0	53.2	5.3	2.09	7.16	8.3	4/1/1	1 066
CO$_2^{sc}$	2.74	5.1	69.5		100.0	62.2	80.0	41.3		1.46	4.91	9.5	0/1/0	1
R125/R152a$^{sc}_{sh}$	2.72	6.6	53.6	56.3	20.6	9.3	65.8	52.5	4.8	2.33	8.63	8.7	4/1/1	2 489

续表

流体	$\dot{W}_{net}\cdot 10^2$	η_I /%	ε /%	X_{wf} /%	P_{boil} /bar	P_{cond} /bar	T_3 /°C	$T_{hf,o}$ /°C	ΔT_{glide} /°C	$\dot{V}_4/\dot{V}_3$	$\sqrt{\dot{V}_4}/\Delta h_s^{1/4}$ /cm	$UA_{total}/(\dot{m}c_p)_{hs}$	危险性 ($f/h/p$)	GWP
R143a/R152a$^{sc}_{sh}$	2.68	6.5	53.0	34.9	16.1	7.5	77.7	53.0	4.4	2.14	8.66	8.3	4/1/1	1 888
R32/R152a$^{sc}_{sh}$	2.68	6.7	51.7	19.7	15.1	6.9	77.2	53.8	4.9	2.13	8.46	7.7	4/1/1	213
R125/R134a$^{sc}_{sh}$	2.67	6.3	54.4	54.0	20.6	9.4	65.1	52.0	3.6	2.34	8.98	8.3	1/1/0	2 630
prop./ibut.$^{sc}_{sat}$	2.66	6.6	51.9	77.3	15.0	7.1	57.0	53.7	5.6	2.20	8.39	8.3	4/1/0	3
but./ipent.$^{sc}_{sat}$	2.65	6.6	51.7	67.0	4.0	1.6	55.7	53.9	5.9	2.43	15.26	8.1	4/1/0	3
R32/R125$^{sc}_{sh}$	2.65	6.6	52.3	3.5	33.1	13.9	65.9	53.5	0.1	2.87	7.99	6.9	4/1/1	3 456
ibut./ipent.$^{sc}_{sat}$	2.64	6.7	51.0	81.5	6.1	2.6	58.2	54.3	7.8	2.38	12.58	7.7	4/1/0	3
prop./but.$^{sc}_{sh}$	2.64	6.6	51.8	86.0	15.6	7.4	62.3	53.8	7.4	2.17	8.09	7.9	4/1/0	3
ibut./pent.$^{sc}_{sat}$	2.62	6.6	51.3	84.8	6.2	2.6	59.5	54.1	9.8	2.36	12.49	7.5	4/2/0	3
prop./ipent.$^{sc}_{sh}$	2.61	6.5	52.0	93.3	16.4	7.9	61.3	53.6	11.2	2.15	7.97	7.7	4/1/0	3
R125/R143a$^{sc}_{sh}$	2.61	6.3	53.1	90.1	30.6	13.5	63.6	52.9	0.1	2.69	8.22	6.9	1/1/0	3 569
prop./pent.$^{sc}_{sh}$	2.60	6.5	52.0	94.3	16.5	8.0	63.5	53.6	13.0	2.13	7.92	7.7	4/2/0	3
hept./oct.$^{sc}_{sat}$	2.60	6.6	50.7	39.9	0.1	0.0	56.0	54.6	6.3	4.08	89.03	7.2	3/2/0	3
R125$^{sc}_{sh}$	2.59	5.7	58.4		28.4	13.8	58.0	49.1		2.41	8.94	7.6	1/1/0	3 500
R143a/R134a$^{sc}_{sh}$	2.59	6.5	51.9	57.7	19.4	9.1	76.1	53.7	2.8	2.20	8.46	7.4	1/1/0	3 038

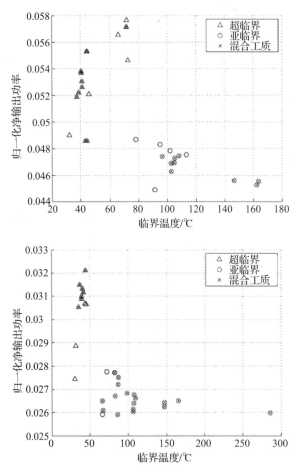

图 1-17　不同工质的净输出功率与临界温度的关系[65]

(a) 热源温度 120℃；(b) 热源温度为 90℃

ORC 系统的混合工质进行了优选[69]。换热器 UA 值包括蒸发器和冷凝器，基于对数平均温差采用分段进行计算。备选的工质范围见表 1-12，包含 6 种碳氢类工质和 2 种氢氟烃类工质。分别选取碳氢类工质和氢氟烃类工质组成二元混合工质，一方面利用碳氢类工质的良好环保属性，另一方面利用氢氟烃类工质作为阻燃剂提高混合工质的安全性。

表 1-12　中低温地热能发电用 ORC 系统备选工质[69]

流体	T_c/℃	P_c/kPa	干/湿
戊烷	196.6	3 370	干
异戊烷	187.2	3 380	干
新戊烷	160.6	3 196	干

续表

流体	$T_c/℃$	P_c/kPa	干/湿
R245fa	154	3 650	干
丁烷	152	3 796	干
异丁烷	134.7	3 630	干
R134a	119	4 640	湿
丙烷	96.7	4 250	湿

整个优化问题的目标函数为

$$\max \quad \dot{W}_{net} \tag{1-92}$$

$$\max \quad \eta_{ex} \tag{1-93}$$

$$\min \quad UA_{total} \tag{1-94}$$

优化变量的约束条件包括：

$$P_2 \in [100 \text{ kPa}, \quad 0.9P_c] \tag{1-95}$$

$$T_{co} \in [28℃, \quad T_{bubble}(P_2) - 10℃] \tag{1-96}$$

$$\Delta T_{min} \in [4℃, \quad 15℃] \tag{1-97}$$

$$x \in [0.01, \quad 0.99] \tag{1-98}$$

$$T_{2,wet} \in [T_{dew}(P_2), \quad T_{hs,in} - 10℃] \tag{1-99}$$

其中式（1-95）限定工质在膨胀机入口的压力范围，式（1-96）限定工质在冷凝器出口的温度范围，式（1-97）设定换热器内的夹点温差范围，式（1-98）设定混合工质的组分变化范围，当工质为湿工质时，式（1-99）设定工质在膨胀机入口的温度范围。NSGA-Ⅱ算法可用于非线性目标函数，连续或离散变量的优化问题。设遗传算法的种群数为 600，迭代数为 60，交叉分数为 0.7，传播到下一代的精英数为 10。采用 NSGA-Ⅱ算法进行优化计算可获得最优解的 Pareto 前锋面。当热源温度为 180℃时优化的 Pareto 前锋面如图 1-18（a）所示，图中包含了 28 种二元混合工质的结果，每一个点代表一次优化计算的结果，深色为湿工质，浅色为干工质。每一种工质的优化 Pareto 前锋面在优化目标组成的三维空间形成空间弧形曲线，对应的二维投影如图 1-18（b）、（c）、（d）所示。从图中可以看出，增大㶲效率和净输出功率会导致换热器 UA 值增大，不利于 ORC 系统成本的降低，反之降低换热器 UA 值会导致 ORC 系统的㶲效率和净输出功率减小。同时，在换热器 UA 值一定时，干工质的净输出功率和㶲效率高于湿工质。对于所有的混合工质，当净输出功率大于一定值时，所需的换热器 UA 值会出现快速增长。

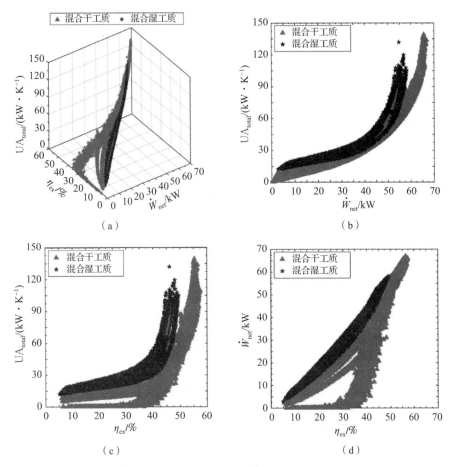

图 1-18　热源温度为 180℃时混合工质的多目标优化结果[69]

采用非支配排序（Non-Dominated Sorting, NDS）算法，将 28 种混合工质的 Pareto 前锋画在一起得到一个包含 884 个点的单一 Pareto 前锋面，如图 1-19（a）所示，图中包含 22 种混合干工质的优化结果，同时还给出了不同热源温度下的优化结果。当热源温度为 160℃时，干工质仍然明显优于湿工质，当热源温度为 140℃时，R134a 和丙烷的混合工质开始出现在最优 Pareto 前锋面中。图 1-19（b）所示为 180℃下混合工质与纯工质的 Pareto 前锋面对比，采用混合工质在增大换热器 UA 值的同时可获得比纯工质更高的净输出功率。

图 1-20 显示了热源温度为 180℃时优化的 ORC 系统工作参数在 Pareto 前锋面上的分布情况，图 1-20（a）所示为冷源质量流量，图 1-20（b）所示为冷凝器出口的混合工质温度。沿着 Pareto 前锋面，随着净输出功率的增加，冷源流量逐渐增大，但冷凝器出口工质温度逐渐降低。图 1-20（c）所

示为蒸发压力变化情况，由于 Pareto 前锋面上包含了多种混合工质，蒸发压力沿 Pareto 前锋面的分布不连续，大部分蒸发压力在相应混合工质临界温度的 0.3~0.9 倍之间。

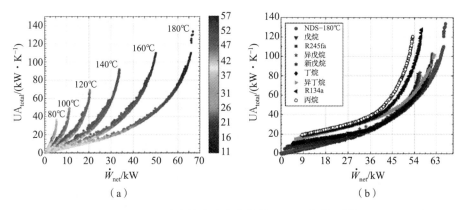

（a）　　　　　　　　　　　（b）

图 1-19　随净输出功率变化的 Pareto 前锋面[69]

（a）不同热源温度结果对比；（b）热源温度为 180℃时混合工质与纯工质结果对比

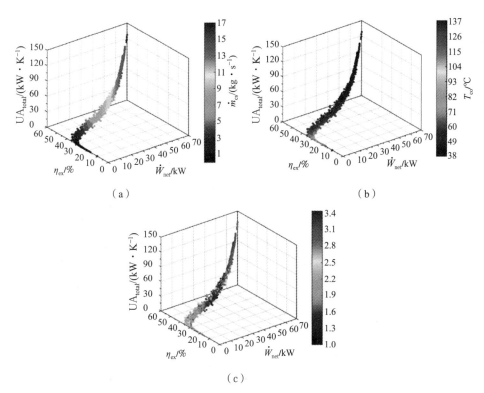

（a）　　　　　　　　　　　（b）

（c）

图 1-20　热源温度为 180℃时 ORC 系统工作参数的 Pareto 前锋面[69]

（a）冷源流量；（b）冷凝器出口工质温度；（c）工质蒸发压力

在同时考虑净输出功率和换热器 UA 值的条件下，以单位 UA 值的净输出功率为优化目标，在不同热源温度下可得到优选混合工质。当热源温度从 80℃变化到 180℃时，不同温度下的优选混合工质基本都包含戊烷/异戊烷，但是具体的组分质量分数比和蒸发压力等参数变化很大。随着热源温度升高，优选混合工质的可选范围逐渐变窄。低温下的优选混合工质均为碳氢混合工质；高温下，R245fa/戊烷混合工质成为可行的选择。

对 ORC 系统的优化求解，除采用遗传算法等随机优化算法外，还可以利用建立的 ORC 系统热力学模型，采用带约束条件的非线性规划求解。针对 140℃的低温地热水，基于 Aspen 软件建立的简单 ORC 系统模型，Satanphol 等采用序列二次规划（Sequential Quadratic Programming，SQP）算法研究了不同纯工质和混合工质的工作性能[69]。在同时考虑亚临界有机朗肯循环和超临界有机朗肯循环的条件下，以净输出功率为目标，通过对蒸发压力、冷凝压力、过热度、工质流量等工作参数和工质组分浓度比的优化，可对不同工质的工作性能进行对比分析。备选的 24 种纯工质见表 1 – 13，主要为 ASHRAE 的 R400 系列混合工质的组分和 REFPROP 中的碳氢化合物。

采用 SQP 算法的纯工质优选结果见表 1 – 14。由于设定热源温度为 140℃，因此临界温度低于 100℃的工质更适于跨临界有机朗肯循环。此时，最佳的工质临界温度接近 0.7 倍的热源温度，与文献[52]，[71]中的结果接近。从表 1 – 14 中可以看出，采用跨临界有机朗肯循环的净输出功率大于亚临界有机朗肯循环，表 1 – 14 的前 10 行列出了 10 种跨临界有机朗肯循环的纯工质计算结果，其中 R227ea、R115、R143a、R125 和 R32 的净输出功率较高，相应的热效率为 8.78% ~ 9.73%。从第 11 行起的工质均工作在亚临界有机朗肯循环，其中 R22、R236fa、R124、R12 和 R600a 的净输出功率最大，相应的热效率为 8.74% ~ 10.30%。热效率的结果与净输出功率的排序不一定成正比，这主要是因为当 ORC 系统的净输出功率最大时，对应的热效率不一定最高。由于跨临界有机朗肯循环的工质在蒸发器内与热源的温度匹配更好，其热回收效率较好，另一方面，跨临界有机朗肯循环的最高工作压力明显大于亚临界有机朗肯循环，使涡轮的输出功率增大，最终导致净输出功率高于亚临界有机朗肯循环。

当将混合工质的最大组分数设为 6 时，采用 SQP 算法优选的混合工质见表 1 – 15。所得结果中混合工质均工作在亚临界有机朗肯循环，优选工质的组分数均减小到 4。混合工质 R218/R227ea/RC318/R245fa（32.1/13.4/38.8/15.7）各组分的临界温度差别较大，R245fa 与 R218 之间的临界温度比达到了 2.14，但是其热力学性能最好，净输出功率达到 461.6 kW，比纯工质 R227ea 的结果高 8.2%，虽然其热效率比 R227ea 低 0.22%。同时，R245fa 的安全等级为 B1，具有一定的毒性，按质量加权后的混合工质 GWP 值为 7 475，并不

表 1-13　采用 SQP 算法的备选工质[70]

工质	化学式	P_c/MPa	T_c/°C	T_B/°C	类型	MW	ASHRAE34 安全性	ODP	GWP (100 年)	大气寿命 /年
R32	CH_2F_2	5.78	78.105	-51.70	湿	52.02	A2L	0	716	5.2
R125	CHF_2CF_3	3.62	66.015	-48.11	湿	120.02	A1	0	3 420	28.2
R1270	$CH_3CH = CH_2$	4.6	91.7	-47.7	湿	42.08	A3	0	<20	0.001
R143a	CH_3CF_3	3.76	72.73	-47.34	干	84.04	A2L	0	4 180	47.1
R290	$CH_3CH_2CH_3$	4.25	96.68	-42.08	湿	44.10	A3	0	~20	0.041
R22	$CHClF_2$	4.97	96.15	-40.83	湿	86.47	A1	0.04	1 790	11.9
R115	$CClF_2CF_3$	3.16	80	-39.11	干	154.47	A1	0.57	7 230	1 020
R218	$CF_3CF_2CF_3$	2.68	71.9	-36.70	等熵	188.02	A1	0	8 830	2 600
R12	CCl_2F_2	4.13	111.8	-29.79	等熵	120.91	A1	0.82	10 900	100
R134a	CH_2FCF_3	4.06	101.03	-26.07	湿	102.03	A1	0	1 370	13.4
RE170	CH_3OCH_3	5.37	126.95	-24.84	湿	46.07	A3	0	–	0.015
R152a	CH_3CHF_2	4.52	113.29	-24.02	湿	66.05	A2	0	133	1.5
R227ea	CF_3CHFCF_3	2.91	101.68	-16.36	干	170.03	A1	0	3 580	38.9
R124	$CHClFCF_3$	3.66	122.5	-12.10	等熵	136.48	A1	0.02	619	5.9
R600a	$CH(CH_3)_2CH_3$	3.63	134.65	-11.87	等熵	58.12	A3	0	~20	0.016
RC318	$-(CF2)_4-$	2.78	115.22	-5.98	等熵	200.03	A1	0	10 300	3 200
R236fa	$CF_3CH_2CF_3$	3.22	124.92	-1.45	等熵	152.04	A1	0	9 820	242
R600	$CH_3CH_2CH_2CH_3$	3.80	151.97	-0.55	干	58.12	A3	0	~20	0.018

工质	化学式	P_c/MPa	T_c/℃	T_B/℃	类型	MW	ASHRAE34 安全性	ODP	GWP (100 年)	大气寿命/年
R245fa	$CHF_2CH_2CF_3$	3.64	154.05	15.30	干	134.05	B1	0	1 050	7.7
R245ca	$CH_2FCF_2CHF_2$	3.93	174.42	25.25	干	134.05	—	0	726	6.5
R123	$CHCl_2CF_3$	3.66	183.79	27.83	干	152.93	B1	0.01	77	1.3
R601a	$(CH_3)_2CHCH_2CH_3$	3.38	187.25	27.84	干	72.15	A3	0	~20	0.009
R142b	CH_3CClF_2	4.04	137.14	32.00	等熵	100.50	A2	0.06	2 220	17.2
R601	$CH_3CH_2CH_2CH_2CH_3$	3.37	196.55	36.06	干	72.15	A3	0	~20	0.009

表 1-14 采用 SQP 算法的纯工质优选结果[70]

排序	工质	W_{net}/kW	Eff/%	Q_{evap}/kW	M_{WF}/(kg·h⁻¹)	$T_{HW,out}$/℃	$T_{evap,in}$/℃	$T_{T,in}$/℃	D_{SPH}/℃	$T_{T,out}$/℃	$P_{T,in}$/MPa	$P_{T,out}$/MPa	有机朗肯循环类型
1	R227ea	426.56	9.12	4 677	143 221	60.2	46.5	111.3	—	51.6	3.37	0.79	跨临界
2	R115	413.35	9.17	4 506	152 383	63.2	48.8	124.6	—	60.2	5.94	1.42	跨临界
3	R143a	411.96	9.59	4 297	83 729	66.8	49.0	127.8	—	66.5	6.38	1.96	跨临界
4	R125	402.26	8.78	4 584	120 753	61.8	48.7	125.4	—	72.3	6.75	2.11	跨临界
5	R32	398.19	9.73	4 092	52 993	70.3	49.2	128.8	—	57.3	7.35	2.73	跨临界
6	R218	397.40	8.37	4 750	160 795	59.0	47.3	125.6	—	74.5	5.93	1.32	跨临界
7	RC318	382.16	9.37	4 078	116 947	70.5	44.6	104.7	1.0	64.2	2.21	0.54	亚临界
8	R1270	381.64	9.37	4 074	45 570	70.6	49.3	114.3	—	45.1	5.53	1.84	跨临界

续表

排序	工质	W_{net}/kW	Eff /%	Q_{evap} /kW	M_{WF} /(kg·h⁻¹)	$T_{\text{HW,out}}$ /°C	$T_{\text{evap,in}}$ /°C	$T_{\text{T,in}}$ /°C	D_{SPH} /°C	$T_{\text{T,out}}$ /°C	$P_{\text{T,in}}$ /MPa	$P_{\text{T,out}}$ /MPa	有机朗肯循环类型
9	R290	379.46	9.15	4 148	45 792	69.4	48.3	108.4	—	45.0	4.56	1.53	跨临界
10	R134a	379.24	9.66	3 925	81 015	73.2	47.6	111.8	—	45.0	4.29	1.16	跨临界
11	R22	364.82	10.30	3 541	67 081	79.8	48.1	125.1	—	53.6	5.30	1.71	跨临界
12	R236fa	335.23	9.05	3 703	83 069	77.0	44.9	94.8	1.0	57.0	1.70	0.49	亚临界
13	R124	327.17	9.06	3 610	84 433	78.6	45.6	94.5	1.0	51.0	2.09	0.67	亚临界
14	R12	321.79	8.74	3 680	95 747	77.4	46.7	96.3	4.7	45.0	2.86	1.08	亚临界
15	R600a	318.38	9.08	3 505	34 706	80.4	45.1	93.4	1.2	56.6	1.71	0.59	亚临界
16	R152a	313.66	8.79	3 568	46 329	79.3	46.5	98.1	8.0	45.0	2.88	1.04	亚临界
17	R245fa	307.57	9.16	3 357	55 660	82.9	44.4	96.5	5.7	62.4	1.02	0.29	亚临界
18	RE170	307.22	9.54	3 220	23 929	85.3	44.6	126.9	37.3	80.3	2.70	0.97	亚临界
19	R600	306.39	9.16	3 344	29 330	83.2	44.7	94.6	3.7	60.5	1.27	0.42	亚临界
20	R142b	306.04	9.38	3 263	53 617	84.6	45.3	98.3	5.9	54.8	1.79	0.59	亚临界
21	R245ca	303.15	8.85	3 425	53 561	81.3	44.4	90.4	2.2	61.2	0.70	0.20	亚临界
22	R601a	302.20	8.97	3 370	30 187	82.7	44.2	89.9	1.0	63.3	0.56	0.17	亚临界
23	R601	296.68	8.99	3 300	27 158	83.9	44.0	95.9	7.3	69.1	0.46	0.13	亚临界
24	R123	294.61	8.98	3 281	60 322	84.2	44.3	97.1	9.4	64.6	0.59	0.18	亚临界

满足第四代制冷剂所要求的 GWP 值低于 150 的要求[72]。随后，在考虑 GWP 值限制的条件下，以 9 种纯工质 R1270、R290、RE170、R152a、R600a、R600、R123、R601a、R601 为组分，经优化分析得到另一组混合工质 R290/R152a/R600a/R601a（35.1/38.1/22.4/4.4），其净输出功率低于第一组混合工质，但热效率有所提高，且混合工质的加权 GWP 值仅为 63，远远低于第一组混合工质。随后，基于得到的四元混合工质分析减少混合工质组分的可能性，发现随着混合工质组分数的降低，ORC 系统的净输出功率明显下降。三元混合工质中，R218/RC318/R245fa、R218/R227ea/R245fa 和 R290/R152a/R600a 的净输出功率较高。

表 1−15 采用 SQP 算法的多组分混合工质优选结果[70]

混合工质	W_{net} /kW	Eff /%	Q_{evap} /kW	M_{WF} /(kg·h⁻¹)	$T_{HW,out}$ /℃	$T_{Evap,in}$ /℃	$T_{T,in}$ /℃	D_{SPH} /K	$T_{T,out}$ /℃	$P_{T,in}$ /MPa	$P_{T,out}$ /MPa	有机朗肯循环类型
R218/R227ea/RC318/R245fa (32.1/13.4/38.8/15.7)	461.61	8.90	5 188	145 775	51.4	36.5	102.3	1.0	53.9	2.73	0.68	亚临界
R290/R152a/R600a/R601a (35.1/38.1/22.4/4.4)	403.88	9.59	4212	47 987	68.2	39.7	105.2	6.3	46.5	3.65	1.14	亚临界

采用㶲分析方法可对不同工质的㶲效率进行分析，对纯组分工质而言，亚临界有机朗肯循环中泵、膨胀机和冷凝器的㶲效率与跨临界有机朗肯循环相差不多，但是蒸发器的㶲效率差别较大。跨临界有机朗肯循环的蒸发器㶲效率为 82%~87%，明显大于亚临界有机朗肯循环的㶲效率，导致跨临界有机朗肯循环的总㶲效率也明显优于亚临界有机朗肯循环。对混合工质而言，泵和膨胀机的㶲效率与纯工质接近，冷凝器的㶲效率高于纯工质情形，但是混合工质的蒸发器㶲效率虽然优于亚临界有机朗肯循环的纯工质，但低于超临界有机朗肯循环的纯工质㶲效率。

当考虑不同的工作目标时，对设计的 ORC 系统的工质优选问题也可以采用多目标非线性规划算法求解。与单目标非线性规划算法相比，多目标非线性规划算法的计算量会成倍增长，在计算过程中也更容易出错。通过建立ORC 系统和混合工质热物性计算的数学模型，Molina－Thierry 和 Flores－Tlacuahuac 采用多目标非线性规划算法对 ORC 系统的工质优选问题进行了求解[73]，该算法对混合工质组分质量分数和 ORC 系统工作参数可进行同步优化。该优化问题可描述为：给定热源和冷源工况，在一组备选工质范围内选择非共沸混合工质的组分，对 ORC 系统的膨胀机入口温度和入口压力等工作参数和混合工质的组分质量分数比进行优化，使 ORC 系统的综合性能达到最优。考虑的优化目标包括：（1）蒸发相变过程工质的焓变；（2）净输出功率；（3）热效率；（4）烟效率；（5）换热过程的烟损。

　　混合工质的选择问题十分复杂，需要结合具体的热源条件和应用工况综合考虑热力学、经济性、体积、安全性和环保要求。随着计算机技术的不断发展，求解复杂的优化问题逐渐变得高效可行。针对具体的应用要求，结合ORC 系统的结构设计和工作参数优化，同时进行多目标全方位的综合寻优将是未来的发展趋势。

1.4　碳氢混合工质

　　随着人们对臭氧层保护和降低温室气体排放要求的日益严格，工质的环保属性逐渐成为强制性指标。蒙特利尔协议和京都议定书决定控制 ODP 值不为零的气体和高 GWP 值的气体排放量，这使在用的氯氟烃类、氢氯氟烃类和氢氟烃类工质被逐渐淘汰，欧盟计划到 2030 年将某些含氟气体的排放量降低80% 。碳氢类工质的 ODP 值等于零，GWP 值也比含氟的氢氟烃工质低很多，因此，采用天然的碳氢工质的 ORC 系统日益受到关注。表 1－16 显示了早期ORC 系统中碳氢类工质的相关研究，这些研究主要针对地热水等中低温热源，基本集中于纯工质的选择和工作性能分析。用于 ORC 系统的碳氢类工质主要为烷烃和芳香烃。烷烃包括直链烷烃、支链烷烃和环烷烃，其碳原子数基本不大于6；芳烃包括苯、甲苯、乙苯等。

表 1－16　早期 ORC 系统中碳氢类工质的相关研究

设定条件	备选工质	研究结论
针对温度低于 450K 的地热水	异丁烷、异戊烷、R245fa 和 R227ea	异戊烷和异丁烷的烟效率可达 29%，系统烟效率可达 50% 以上[74]

设定条件	备选工质	研究结论
最高工作温度为140℃，最高工作压力为1.5 MPa	正戊烷、HFE7000 和 HFE7100	正戊烷的热效率最高[75]
温度范围为 335 ~ 415K 的地热能	RC318、R227ea、R113、异丁烷、正丁烷、正己烷、异戊烷、新戊烷、R245fa、R236ea、C5F12、R236fa	正己烷的热效率最高，异戊烷是 R113 的良好替代物，正戊烷比 C_5F_{12} 的性能好，正丁烷的热效率比 RC318、R236fa 和 R245fa 高。同时工质的临界温度对有机朗肯循环的性能有重要影响[76]
最高工作压力小于2 MPa，冷凝压力大于0.1 MPa，带回热器的ORC系统	顺 - 1,2 - 二甲基环己烷、四甲基戊烷、四乙基硅烷、乙苯、对二甲苯、1,3,5 - 三甲基苯、1,2,4 - 三甲基苯、正丙苯、间二乙苯、邻二乙苯、邻 - 异丙基苯、辛烷、壬烷、癸烷、十一烷、十二烷、六甲基环三硅氧烷、八甲基三硅氧烷、八甲基环四硅氧烷、十甲基四硅氧烷、十甲基环五硅氧烷	对温度在 100℃ 左右的余热源，异戊烷和正戊烷的热效率比制冷剂更高；对余热源温度在 300℃ 以上，顺 - 1,2 - 二甲基环己烷和四甲基戊烷具有最高的热效率[77]
针对 70℃ ~ 90℃ 的地热水，工质沸点为 -47.59℃ ~ 47.59℃	R1270、R143a、R290、R22、R115、R218、R717、R12、R1234yf、R134a、E170（二甲醚）、R152a、R227ea、R124、R600a、R142b、RC318、R236fa、R600、R114、R236ea、R245fa、R11、R245ca、R123、R141b、R113	评价指标包括：单位工质流量净输出功率、总换热面积对净输出功率的比和发电成本，E170、R600 具有较好的结果[78]

设定条件	备选工质	研究结论
简单 ORC 系统和带回热器的抽气回热式 ORC 系统，循环最高工作温度为 120℃	正戊烷、苯、正丁烷、正己烷、异丁烷、异戊烷、异己烷、全氟正戊烷、R113、R123、R141b、R236ea、R245ca、R245fa、R365mfc、甲苯	苯和甲苯具有最好的性能[79]
ORC 系统蒸发温度为 85℃ 和 130℃	丙酮、苯、丁烷、丁烯、C4F10、C5F12、顺丁烯、环己烷、癸烷、十二烷、E134、庚烷、己烷、异丁烷、异丁烯、异己烷、异戊烷、新戊烷、壬烷、辛烷、戊烷、R218、R227ea、R236ea、R236fa、R245ca、R245fa、R365mfc、RC318、甲苯、反丁烯、R413A、R423A、R426A	苯、环戊烷和丙酮的性能较好[80]
ORC 系统涡轮入口压力为 1.5～3.5 MPa，涡轮入口工质温度为 480～600K	R113、R245fa、异丁烷、甲苯、环己烷和异戊烷	甲苯和环己烷的性能较好[81]
小型固体生物质热发电动力装置，最大工作压力小于 2 MPa	DIPPR（the Design Institute for Physical PRoperties）数据库中的 700 多种物质	烷基苯具有最高的效率，具体为八甲基三硅氧烷热效率为 22.5%，甲苯热效率为 23.2%，乙苯热效率为 24.3%，丙苯热效率为 24.9%，丁苯热效率为 25.3%[82]
最高工作温度为 250℃～300℃ 的 ORC 系统，工质临界温度大于 150℃，工质自燃温度大于 250℃	正丁烷、正戊烷、环戊烷、MM、MDM、甲苯、MD2M、对二甲苯、间二甲苯、乙苯、MD3M、邻二甲苯、丁苯	对于简单 ORC 系统，甲苯、对二甲苯、间二甲苯、邻二甲苯热效率较高；对于带回热器的 ORC 系统，丁苯和 MD3M 热效率较高[83]

由于碳氢类工质具有合适的临界温度和临界压力，近年来也有研究尝试将碳氢类工质用于高温 ORC 系统。Shu 等以温度为 519℃ 的柴油机排气为热源，分析了采用烷烃类工质的亚临界 ORC 系统性能[84]。考虑的工质包括直链烷烃、支链烷烃和环烷烃，见表 1 – 17。表中 ξ 为 $T-s$ 图上工质气态饱和特性线上的 ds/dT，其大于 0 时为干工质，小于 0 时为湿工质，接近 0 时为等熵工质，可以看出适于高温 ORC 系统的烷烃工质基本为干工质。

表 1 – 17 高温 ORC 用碳氢工质[84]

名称	n	T_c /℃	P_c /kPa	ξ/[J · (kg · K^2)$^{-1}$]	类型	M /(g · mol^{-1})	ODP	GWP
戊烷	5	196.55	3 370	1.715 1	干	72.149	0	非常低
己烷	6	234.67	3 034	1.967 5	干	86.175	0	非常低
庚烷	7	266.98	2 736	2.114 1	干	100.2	0	非常低
辛烷	8	296.17	2 497	2.194 3	干	114.23	0	非常低
壬烷	9	321.4	2 281	2.250 0	干	128.26	0	非常低
癸烷	10	344.55	2 103	2.276 5	干	142.28	0	非常低
异戊烷	5	187.2	3 378	1.809 8	干	72.149	0	非常低
异己烷	6	224.55	3 040	2.122 7	干	86.175	0	非常低
环戊烷	5	238.54	4 515	0.190 2	等熵	70.133	0	非常低
环己烷	6	280.49	4 075	0.774 0	等熵	84.161	0	非常低

图 1 – 21 所示为采用不同工质的 ORC 系统性能随蒸发压力的变化情况。对于某一个具体的工质，其最大蒸发压力设为饱和气态特性线上熵值最大时对应的压力，图中 x 轴为实际蒸发压力相对最大蒸发压力的比值。图 1 – 21 (a) 所示为 ORC 系统膨胀机的 VFR 变化曲线，随着蒸发压力的增大，VFR 先快速增大，后升高率逐渐减小。当相对蒸发压力一定时，随着工质碳原子数的增大，对应的 VFR 也较高。当碳原子数一定时，直链烷烃的 VFR 稍高于支链烷烃，而环烷烃的 VFR 最大。对于涡轮膨胀机，为保持较高的工作效率，单级膨胀比不宜超过 50。考虑这一要求时，戊烷、异戊烷、环戊烷、己烷和异己烷基本能满足要求，而其他工质的 VFR 在很大蒸发压力范围内大于 50，需要采用多级涡轮。计算的 SP 值随蒸发压力的变化如图 1 – 21 (b) 所示，随着蒸发压力的升高，SP 值先迅速增大，后缓慢减小。工质的碳原子数越大，对应的 SP 值越大，说明涡轮尺寸相对较大。

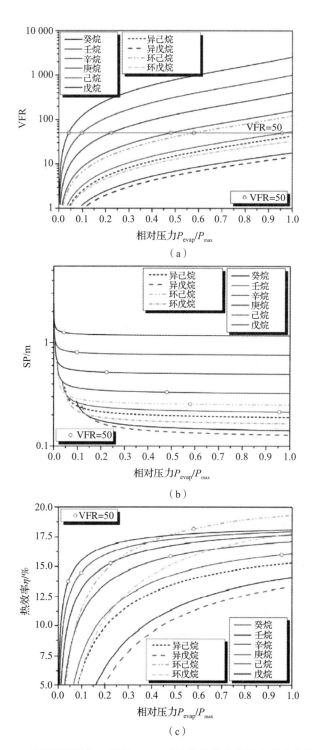

图 1 - 21 采用不同烷烃工质的 ORC 系统性能随蒸发压力的变化情况[84]

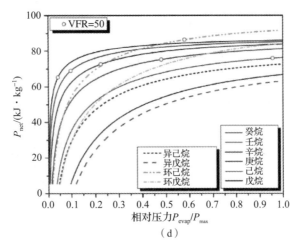

图 1 - 21　采用不同烷烃工质的 ORC 系统性能随蒸发压力的变化情况[84]（续）

ORC 系统热效率随蒸发压力的变化如图 1 - 21（c）所示，随着蒸发压力的增大，热效率先快速增大，但随后升高率逐渐减小，工质碳原子数越大，后期升高率越小。对于直链烷烃，热效率随着工质碳原子数的增大而升高。在相对蒸发压力较高时，环己烷和环戊烷的热效率接近，甚至高于正癸烷和正壬烷。根据 ORC 系统净输出功率与排气质量流量的比值计算的比净功 P_{net} 随蒸发压力的变化如图 1 - 21（d）所示，其变化趋势总体上与热效率类似。对于高温热源的亚临界 ORC 系统，采用环戊烷和环己烷的热效率和比净功较高，而 VFR 和涡轮 SP 值较小，是相对可行的选择。

对于高温热源应用，采用碳氢有机工质的超临界 ORC 系统能减小换热㶲损，具有比亚临界 ORC 系统更好的热力学性能。例如，Lai 等的研究显示，对于高温 ORC 系统，采用环戊烷的超临界 ORC 系统的性能优于采用硅氧烷等工质[85]。但是，对于长时间工作在高温环境下的工质需要考虑其热稳定性问题。工质在高温下会发生热裂解，产生无法冷凝的气体，降低换热效果，严重时会损坏部件，降低系统安全性。Dai 等通过试验研究了己烷、戊烷、异戊烷、环戊烷、丁烷和异丁烷等碳氢化合物的热稳定性[86]。通过气相色谱仪测得的气体成分来判断工质发生分解的温度，发现己烷、环戊烷和异戊烷在 280℃时已经开始分解，戊烷在 300℃下发生分解，丁烷和异丁烷在 320℃下发生分解。由此可以看出，对于分子结构相似的烷烃，分子链越长，其热稳定性越差，己烷的临界温度为 267℃，这说明碳原子数大于 6 的链烃已经不适合用于超临界 ORC 系统。对于同分异构体，由于 C－C 键的能量减小，更易于热分解。环烷烃的化学温度性较好，但其热分解温度也明显降低，接近其临界温度，因此不宜用于超临界 ORC 系统。

当热源温度较高时，采用碳氢工质的超临界 ORC 系统，可避免蒸发过程恒温相变过程带来的换热器㶲损过大问题，提高系统㶲效率。针对 150℃ ~ 300℃的烟气余热能回收，Braimakis 等研究了采用天然碳氢化合物为工质的 ORC 系统性能[87]，考虑的纯工质包括：丁烷、丙烷、戊烷、环戊烷、己烷。在此基础上，他们考虑了 10 组二元混合工质，具体见表 1 - 18，表中混合物的临界压力和临界温度为组分摩尔浓度比为 0.5∶0.5 时的值。

表 1 - 18　组分摩尔浓度比为 0.5/0.5 时二元碳氢混合工质的临界压力和临界温度[87]

代号	组分	P_c/MPa	T_c/℃
C4/cC5	丁烷/环戊烷	3.941	197.4
C4/C6	丁烷/己烷	3.597	198.7
C4/C5	丁烷/戊烷	3.243	168.3
C4/C3	丁烷/丙烷	3.764	123.2
cC5/C6	环戊烷/己烷	3.148	223.9
cC5/C5	环戊烷/戊烷	3.394	204.9
cC5/C3	环戊烷/丙烷	5.246	184.2
C6/C5	己烷/戊烷	2.838	207.9
C6/C3	己烷/丙烷	4.323	192.0
C5/C3	戊烷/丙烷	4.181	158.4

当热源温度从 150℃逐渐升高到 300℃时，采用不同工质的亚临界和超临界 ORC 系统的㶲效率如图 1 - 22 所示，图中二元混合工质为优化的组分浓度下的结果。㶲效率最高的优选工质与热源的温度有强相关性；对于采用纯工质的 ORC 系统，当热源温度低于 180℃时，丙烷优于其他工质，当热源温度高于 180℃时，丁烷和戊烷的㶲效率较高，进一步增大热源温度到大于 300℃，己烷和环戊烷的性能最好。

对于组分一定的混合工质，随着热源温度的升高，ORC 系统的㶲效率逐渐增大，进一步增大热源温度，㶲效率的增加速度逐渐放缓，甚至开始有轻微的下降。当混合工质组分一定时，随着热源温度升高，最佳的组分摩尔浓度也会随之变化。对于采用混合工质的亚临界 ORC 系统，当热源温度低于 200℃时，丁烷/丙烷、丁烷/环戊烷、戊烷/丙烷效率较高，在中高温度范围内，丁烷/环戊烷、丁烷/戊烷、丁烷/己烷优于其他混合工质。热源温度接近 300℃时，环戊烷/戊烷、环戊烷/己烷、己烷/戊烷效率较好。采用混合工质的超临界 ORC 系统结果与亚临界 ORC 系统相似。与碳氢混合工质相比，R245fa 仅在热源温度 200℃ ~230℃范围内具有竞争力。超临界 ORC 系统相对亚临界 ORC 系统的㶲效率提升效果如图 1 - 23 所示。对于纯工质丁烷和丙烷，

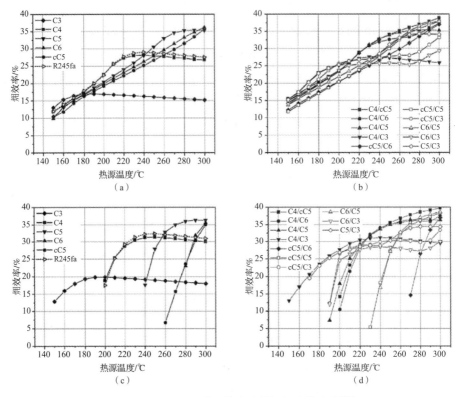

图 1-22　ORC 系统㶲效率随热源温度的变化[87]

（a）纯工质的亚临界 ORC；（b）混合工质的亚临界 ORC；
（c）纯工质的超临界 ORC；（d）混合工质的超临界 ORC

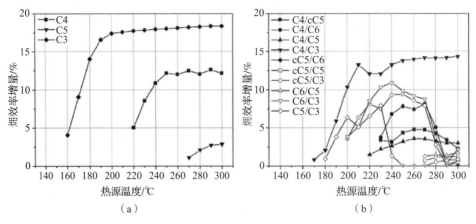

图 1-23　不同热源温度下超临界 ORC 系统相对亚临界 ORC 系统的㶲效率提升效果[87]

（a）纯工质；（b）混合工质

当热源温度分别高于 250℃ 和 200℃ 时，超临界 ORC 系统的㶲效率可提升 12% ～ 18%。采用混合工质的超临界 ORC 系统的㶲效率相比亚临界 ORC 系统也有改善，丁烷/丙烷的提升幅度达 14%，但大部分提升幅度小于 10%。

采用二元混合工质与采用相应的纯工质的 ORC 系统的㶲效率对比如图 1–24 所示。对于亚临界 ORC 系统，采用混合工质的㶲效率改善效果与热源温度有很大相关性，己烷/戊烷、戊烷/丙烷的改善幅度最大，可达 35%。对于丁烷/异戊烷、丁烷/己烷、丁烷/戊烷等混合工质，提升幅度存在两个峰值点，一个在热源温度为 150℃，另一个位于热源温度 180℃ ～ 300℃ 区间内。当热源温度在中低温范围内，采用混合工质的提升效果最明显。对于超临界 ORC 系统，当热源温度较高时提升效果较好。与纯工质相比，采用混合工质对 ORC 系统㶲效率的提升效果比亚临界 ORC 系统更加明显，最高可达 60%。综合来看，当热源温度大于 170℃ 时，采用混合碳氢工质的超临界 ORC 系统可获得最好的性能，与通常采用 R245fa 的亚临界 ORC 系统相比，热效率可提高 10% ～ 45%。但是采用 R245fa 工质的 ORC 系统的体积流量比、膨胀机转速和换热器 UA 值小于采用碳氢工质的 ORC 系统。

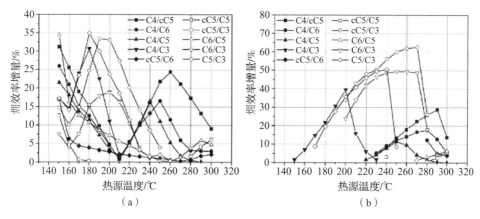

图 1–24　不同热源温度下混合工质相对效率较高的组分的㶲效率提升效果[87]
(a) 亚临界 ORC 系统；(b) 超临界 ORC 系统

虽然碳氢工质有良好的环保性能，但是碳氢工质易燃，对高温热源 ORC 系统来说存在安全风险。将不易燃的制冷剂工质作为阻燃剂，与碳氢化合物混合组成非共沸混合工质，既可降低蒸发和冷凝过程的㶲损，还可提高 ORC 系统的安全性。对于烟气余热发电的高温 ORC 应用，环己烷、苯和甲苯是效率较高的 3 种工质，但其易燃性限制了在安全性要求严格场合的应用。针对船用柴油机的余热回收，Song 和 Gu 分析了采用 R141b 和 R11 作为阻燃剂时 ORC 系统的工作性能[88]。整个 ORC 系统利用船用柴油机的冷却水预热高压过冷工质，随后利用排气余热蒸发工质。柴油机的输出功率为 996 kW，排气温度为300℃，排气流量为7 139 kg/h，从机体流出的冷却水温度为95℃，流入机体的冷却水温度为65℃，冷却水的质量流量为6 876 kg/h。3 种采用碳氢纯工质的 ORC 系统工作参数随船用柴油机排气出口温度的变化如图 1 - 25 所示。对于每一种工质，随着排气出口温度的升高，优化的蒸发压力也随之增大，环己烷的蒸发压力比苯和甲苯的高，工质质量流量的变化趋势与蒸发压力正好相反。在温度低于410K 时，环己烷的净输出功率高于其他两种工质，温度越低优势越明显。对于每一种工质，存在一个最佳的排气出口温度使净输出功率最大。随着排气出口温度的增大，虽然 3 种工质在预热器内的吸热量均减小，但是热效率逐渐升高，环己烷的热效率在大部分温度范围内高于苯和甲苯。㶲效率结果如图 1 - 25 (f) 所示，其变化趋势与净输出功率类似。

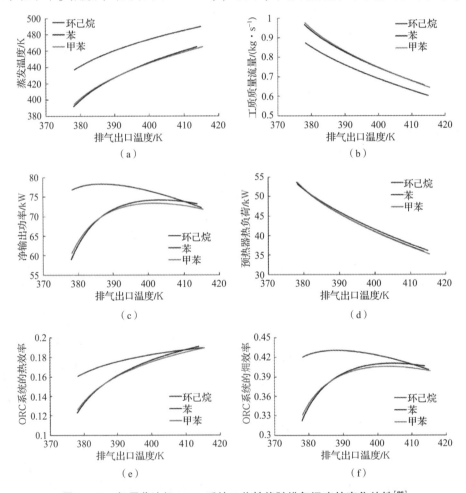

图 1 - 25 船用柴油机 ORC 系统工作性能随排气温度的变化特性[88]

(a) 蒸发温度；(b) 工质质量流量；(c) 净输出功率；(d) 预热器负荷；
(e) ORC 系统的热效率；(f) ORC 系统的㶲效率

当采用不易燃的 R141b 作为阻燃剂时，分析得到的采用环己烷/R141b 混合工质的 ORC 系统的工作性能随发动机排气温度的变化特性如图 1 - 26 所示。为了保证阻燃效果，设定阻燃剂的质量分数下限为 0.2，上限为 0.5。同时设定整个 ORC 系统工作在亚临界状态，工质最高工作温度不超过 475K。当组分质量比一定时，ORC 系统工作参数随排气温度的变化趋势与纯工质的情形类似。随着 R141b 质量分数的增大，对应的蒸发压力升高，质量流量增大，ORC 系统的净输出功率、热效率和㶲效率也逐渐增加。另一方面，采用环己烷/R141b(0.5/0.5) 混合工质时，与采用纯环己烷工质的系统相比，净输出功率可提高 13.3%。

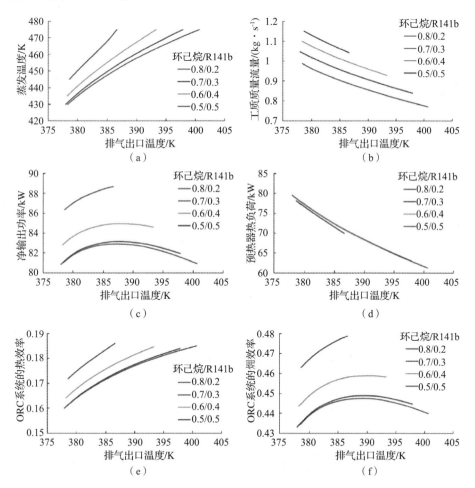

图 1 - 26　采用环己烷/R141b 混合工质的 ORC 系统的工作性能随排气温度的变化特性[88]

（a）蒸发温度；（b）工质质量流量；（c）净输出功率；
（d）预热器负荷；（e）ORC 系统的热效率；（f）ORC 系统的㶲效率

针对发动机排气余热回收的高温 ORC 系统，也可采用制冷剂如 R11 和 R123 作为阻燃剂，与环戊烷、环己烷和苯等碳氢类工质组成二元混合工质[89]，对于简单 ORC 系统和带回热器的 ORC 系统，可研究阻燃剂质量分数和蒸发温度对 ORC 系统性能的影响。当蒸发温度为 450 K 时，采用不同混合工质的简单 ORC 系统的热效率随组分质量分数的变化如图 1 - 27（a）所示。采用含有环戊烷的混合工质的 ORC 系统的热效率明显高于采用其他混合工质的 ORC 系统，随着阻燃剂质量分数的增加，热效率逐渐降低。采用苯和环己烷的混合工质的 ORC 系统的热效率随着阻燃剂质量分数的增加先增大后迅速减小，采用混合工质可在一定质量比范围内提高热效率，降低 ORC 系统的㶲损；同时，对于这些混合工质，存在一个最优质量比使热效率最大。

当考虑蒸发温度变化时，采用苯/R11 的混合工质的 ORC 系统的热效率如图 1 - 27（b）所示。对带回热器的 ORC 系统和不带回热器的简单 ORC 系统，随着蒸发温度的升高，ORC 系统的热效率均逐渐增大。另外，对于高温 ORC 应用，带回热器的 ORC 系统的热效率明显提高。当蒸发温度为 500 K 时，采用苯/R11(0.7/0.3) 的混合工质，ORC 系统的热效率可达 16.7%。

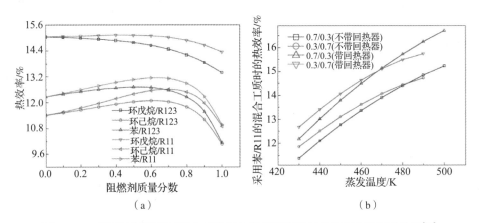

图 1 - 27　不同热源温度下混合工质相对效率较高的组分的㶲效率提升效果[89]
（a）亚临界 ORC 系统；（b）超临界 ORC 系统

1.5　基于 CAMD 的工质设计

传统的工质选择方法需要先选定一个备选工质范围，从中根据不同的标准挑选合适的工质，最后根据 ORC 系统性能筛选优化的工质。备选工质范围常根据经验从已知的传统工质中选取，导致工质选择的范围不能覆盖所有可能的工质选项，限制了 ORC 系统性能的进一步提升。基于 CAMD 的方法可用于不同应用场合的流体分子设计。Papadopoulos[90]和 Lampe[91]等将基于 CAMD

方法应用于 ORC 系统工质设计,利用分子结构和基团贡献法,基于 CAMD 方法可计算纯工质或混合工质的热物性值。在此基础上,结合 ORC 系统的性能评估模型,可获得高性能的新型分子结构工质,或发现已存在,但以前忽略的工质。

与纯工质的筛选相比,采用基于 CAMD 方法的混合工质筛选的计算工作量大很多,采用的优化算法需要确定混合工质每一种组分的分子结构和质量分数。另一方面,还需要考虑混合工质设计和筛选过程的不确定度,在基团贡献法计算的基础上尽量避免过高或过低估计 ORC 系统性能。因此,需要采用灵敏度分析方法进一步评估筛选出的工质性能。通过采用基于 CAMD 方法的多目标工质筛选方法,考虑的优化目标包括 ORC 系统的热效率、㶲效率、经济性等。同时,基于工质的分子结构,还可评估工质的可燃性、ODP 等环保安全指标。在优化分析得到的 Pareto 前锋面上,综合评估工质的各项性能,选择最终的混合工质。

Papadoloupos 的设计方法分为两步:混合工质设计和灵敏度分析。在混合工质设计阶段,采用与纯工质 CAMD 设计相同的方法首先确定二元混合工质的第一组分的分子结构。随后,根据分子结构的化学可行性确定第二组分的分子结构,并采用多目标优化算法计算二元混合工质的组分质量比。最后,对计算得到的二元混合工质,通过估算沸点,对临界温度和临界压力施加一个扰动,分析工质的热物性参数不确定度对 ORC 系统性能的影响灵敏度。具体计算时,先预设一个基团范围,从中选择一组基团组成设计组分,并对组分分子结构进行化学可行性判定。接着,基于基团贡献法计算两种组分的分子热物性,进而基于 ORC 系统模型计算 ORC 系统的性能。利用多目标优化算法可获得优化目标的 Pareto 前锋面。

整个混合工质的多目标优选模型为

$$\max(\eta_{th}, \eta_{ex}) \tag{1-100}$$
$$\min(RF_1, RF_2) \tag{1-101}$$
$$s.t.\ T_{max}^{ORC} < T_c^{mix} \tag{1-102}$$
$$T_{min}^{ORC} > \max\{T_{m,1}, T_{m,2}\} \tag{1-103}$$
$$T_{out}^{Tr} > T_{dew}\mid_{P_{out}^{Tr}} \tag{1-104}$$
$$P_{max}^{ORC} < P_c^{mix} \tag{1-105}$$
$$P_{min}^{ORC} > 1 \tag{1-106}$$
$$\frac{\gamma_1^\infty P_1^{sat}\mid_{T_{2,fp}}}{P_{1,fp}^{sat}} > 1 \wedge \frac{\gamma_2^\infty P_2^{sat}\mid_{T_{1,fp}}}{P_{2,fp}^{sat}} < 1 \tag{1-107}$$
$$\frac{y_1^{vap}}{y_1^{liq}} \neq \frac{y_2^{vap}}{y_2^{liq}} \neq 1 \tag{1-108}$$

式中，η_{th} 为 ORC 系统的热效率；η_{ex} 为 ORC 系统的㶲效率；RF 为工质的可燃性指标，计算公式如下[92]：

$$RF = \left(\frac{F_{lm}}{1 - F_{lm}}\right)\frac{\Delta H_c}{M} \qquad (1-109)$$

$$F_{lm} = 1 - \frac{LFL}{c_{st}[1 + 0.00472(M - 32)]} \qquad (1-110)$$

$$LFL = c_0 \frac{S_r}{\Delta H_c^2} \qquad (1-111)$$

优化问题的限制条件包括：最高工作温度低于混合工质的临界温度 [式（1-102）]；最低工作温度高于单组分的熔点温度 [式（1-103）]；最高工作压力低于混合工质的临界压力 [式（1-105）]；最低工作压力高于 1bar [式（1-106）]；限制条件式（1-104）表示工质在蒸发器出口温度大于对应压力下的露点温度；限制条件式（1-107）表示避免形成最低或最高闪点的二元混合物；限制条件式（1-108）表示避免形成二元共沸混合物。

　　针对低温地热能发电的简单 ORC 系统，Papadopoulos 采用基于 CAMD 方法优化计算得到了 10 组性能较好的二元混合工质，具体见表 1-19 中的 M1~M9 和 M11 所示。传统的混合工质选择方法中异丁烷/异戊烷混合工质具有较好的热力学性能，表 1-19 中的混合工质与异丁烷/异戊烷相比，热效率和㶲效率均稍高，同时可燃性得到了有效的降低。针对太阳能用 ORC 系统，Mavrou 等比较了传统选择方法和基于 CAMD 方法得到的混合工质性能[93]。考虑的性能指标包括：ORC 系统的热效率、ORC 系统的净输出功率、VFR、工质质量流量、工质在蒸发器内的温度滑移、蓄热罐温降、年工作时间、单位功率集热器面积和不可逆损失。结果表明混合工质新戊烷/2-氟甲氧基-2-甲基丙烷（0.7/0.3）具有较好的综合性能。其余性能较好的混合工质见表 1-19。混合工质 E1~E4 为传统的烷烃混合工质，M1~M10 为采用基于 CAMD 方法设计的新型工质。基于基团贡献法，以热效率和㶲效率以及可燃性为评价指标，在备选基团 ｜-CH3，>CH2，>CH-，>C<，FCH2O-，-CF3，>CF2，>CF-｜ 中经优化选择得到 M1~M10。在对比分析中采用的传统工质也包含这些相同的基团。

表 1-19　分析的混合工质组分化学式[93]

ID	组分 1 名称/化学式	组分 2 名称/化学式
M1	1,1,1-三氟丙烷/$CH_3 - CH_2 - CF_3$	2-氟甲氧基甲基丙烷/$FCH_2 - O - CH - (CH_3)_2$
M2	1,1,1-三氟丙烷/$CH_3 - CH_2 - CF_3$	1-氟甲氧基丙烷/$FCH_2 - O - CH_2 - CH_2 - CH_3$

ID	组分 1 名称/化学式	组分 2 名称/化学式
M3	1, 1, 1, 3, 3, 3 - 六氟丙烷/CF_3 - CH_2 - CF_3	1 - 氟甲氧基 - 2, 2, 2 三氟乙烷/FCH_2 - O - CH_2 - CF_3
M4	新戊烷/$(CH_3)_4$ - C	1, 1, 1 - 三氟 - 2 - 三氟甲基丁烷/CH_3 - CH_2 - CH - $(CF_3)_2$
M5	新戊烷/$(CH_3)_4$ - C	2 - 氟甲氧基 - 2 - 甲基丙烷/FCH_2 - O - C - $(CH_3)_3$
M6	新戊烷/$(CH_3)_4$ - C	1, 1, 1 - 三氟戊烷/CH_3 - CH_2 - CH_2 - CH_2 - CF_3
M7	1, 1, 1 - 三氟丁烷/CH_3 - CH_2 - CH_2 - CF_3	1, 1, 1 - 三氟戊烷/CH_3 - CH_2 - CH_2 - CH_2 - CF_3
M8	1, 1, 1 - 三氟丁烷/CH_3 - CH_2 - CH_2 - CF_3	1 - 氟甲氧基 - 2 - 三氟甲基丙烷/FCH_2 - O - CH_2 - $CH(CF_3)$ - CH_3
M9	1, 1, 1 - 三氟 - 2 - 三氟甲基丙烷/CF_3 - $CH(CH_3)$ - CF_3	2, 2 - 双氟己烷/CH_3 - CH_2 - CH_2 - CH_2 - CF_2 - CH_3
M10	新戊烷/$(CH_3)_4$ - C	1, 1, 1, 3, 3, 5, 5, 5 - 八氟戊烷/CF_3 - CH_2 - CF_2 - CH_2 - CF_3
M11	新戊烷/$(CH_3)_4$ - C	1, 1, 1, 2, 2, 4, 4, 5, 5, 5 - 十氟戊烷/CF_3 - CF_2 - CH_2 - CF_2 - CF_3
E1	异戊烷/CH_3 - $CH(CH_3)$ - CH_2 - CH_3	异丁烷/CH_3 - CH - $(CH_3)_2$
E2	丁烷/CH_3 - CH_2 - CH_2 - CH_3	戊烷/CH_3 - CH_2 - CH_2 - CH_2 - CH_3
E3	丁烷/CH_3 - CH_2 - CH_2 - CH_3	异戊烷/CH_3 - $CH(CH_3)$ - CH_2 - CH_3
E4	异丁烷/CH_3 - CH - $(CH_3)_2$	戊烷/CH_3 - CH_2 - CH_2 - CH_2 - CH_3

　　不同混合工质的平均净输出功率随工质质量流量的变化特性如图 1 - 28（a）所示。当工质流量小于 0.06 kg/s 时，所有工质的平均净输出功率均迅速上升。进一步增加工质流量，净输出功率的增加幅度很小，当工质流量大于 0.1 kg/s 时，大部分工质的净输出功率有所下降。图 1 - 28（b）所示为蒸发器内混合工质温度滑移对平均净输出功率的影响，当温度滑移为 16 K 时，可获得最大净输出功率。平均净输出功率与平均热效率的关系如图 1 - 28（c）所示。对所有的混合工质，当组分质量分数比接近 0.5：0.5 时，平均净输出

功率最大而平均热效率稍低，当接近纯工质时平均热效率达到最大，但平均净输出功率有所降低。净输出功率最大的工作点与热效率最大的工作点并不对应，选择时需要在二者之间权衡。平均净输出功率随 VFR 的变化如图 1－28（d）所示，当 VFR 接近 2.5 时，平均净输出功率有最大值。对获得混合工质而言，对应最大净输出功率的平均热效率为 4%～5%，VFR 为 2.0～2.5，工质质量流量范围为 0.05～0.09 kg/s，蒸发过程温度滑移为 16～18 K。

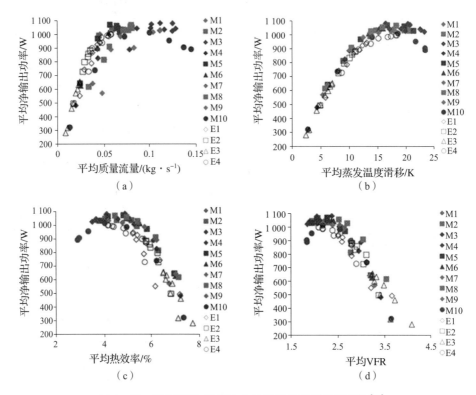

图 1－28　采用基于 CAMD 方法设计的工质性能对比[93]
（a）平均净输出功率随工质质量流量的变化趋势；
（b）混合工质蒸发过程温度滑移对平均净输出功率的影响；
（c）平均热效率与平均净输出功率的变化关系；
（d）平均净输出功率随膨胀机的 VFR 的变化趋势

参 考 文 献

[1] Morrison G. The Shape of the Temperature Entropy Saturation Boundary [J]. International Journal of Refrigeration,1994,17(7):494－504.

[2]Garrido M J,Quinteros - Lama H,Mejia A,et al. A Rigorous Approach for Predicting the Slope and Curvature of the Temperature - Entropy Saturation Boundary of Pure Fluids[J]. Energy,2012,45(1):888 - 899.

[3]Lemmon E W. Equations of State for Mixtures of R - 32,R - 125,R - 134a,R - 143a,and R - 152a[J]. Journal of Physical and Chemical Reference Data,2004,33(2):593 - 620.

[4]Kunz O,Wagner W. The GERG - 2008 Wide - Range Equation of State for Natural Gases and Other Mixtures:An Expansion of GERG - 2004[J]. Journal of Chemical & Engineering Data,2012,57(11):3032 - 3091.

[5]Jaeschke M,Schley P. Ideal - Gas Thermodynamic Properties for Natural - Gas Applications[J]. International Journal of Thermophysics,1995,16:1381 - 1392.

[6]Bell I H,Lemmon E W. Automatic Fitting of Binary Interaction Parameters for Multi - Fluid Helmholtz - Energy - Explicit Mixture Models[J]. Journal of Chemical & Engineering Data,2016,61:3752 - 3760.

[7]Su W,Hwang Y,Shao Y,et al. Error Analysis of ORC Performance Calculation Based on the Helmholtz Equation with Different Binary Interaction Parameters of Mixture[J]. Energy,2019,166:414 - 425.

[8]Albornoz J,Mejía A,Quinteros - Lama H,et al. A Rigorous and Accurate Approach for Predicting the Wet - to - Dry Transition for Working Mixtures in Organic Rankine Cycles[J]. Energy,2018,156:509 - 519.

[9]Chang,C H,Zhao,X. A New Generalized Equation for Predicting Volumes of Compressed Liquids[J]. Fluid Phase Equilibria,1990,58(3):231 - 238.

[10]Watson K. Prediction of Critical Temperatures and Heats of Vaporization[J]. Industrial and Engineering Chemistry,1931,23(4):360 - 364.

[11]Calm J M,Didion D A. Trade - Offs in Refrigerant Selections:Past,Present,and Future[J]. International Journal of Refrigeration,1998,21(4):308 - 321.

[12]朱明善,王鑫. 制冷剂的过去、现状和未来[J]. 制冷学报,2002,1:14 - 20.

[13]赵亮,王长悦,安江波. 制冷剂的运用和发展趋势[J]. 内燃机与动力装置,2009,6:84 - 108.

[14]Chen H,Goswami D Y,Stefanakos E K. A Review of Thermodynamic Cycles and Working Fluids for the Conversion of Low - Grade Heat[J]. Renewable and Sustainable Energy Reviews,2010,14:3059 - 3067.

[15]Stijepovic M Z,Linke P,Papadopoulos A I,et al. On the Role of Working Fluid Properties in Organic Rankine Cycle Performance[J]. Applied Thermal Engineering,2012,36:406 - 413.

[16] Hung T C, Shai T Y, Wang S K. A Review of Organic Rankine Cycles(ORCs)for the Recovery of Low－Grade Waste Heat[J]. Energy,1997,22(7):661－667.

[17] Hung T C, Wang S K, Kuo C H, et al. A Study of Organic Working Fluids on System Efficiency of an ORC Using Low－Grade Energy Sources[J]. Energy, 2010,35(3):1403－1411.

[18] Angelino G, Invernizzi C. Experimental Investigation on the Thermal Stability of Some New Zero ODP Refrigerants[J]. International Journal of Refrigeration, 2003,26:51－58.

[19] Badr O, O'callaghan P W, Probert S D. Thermodynamic and Thermophysical Properties of Organic Working Fluids for Rankine－Cycle Engines[J]. Applied Energy,1985,19(1):1－40.

[20] Badr O, Probert S D, O'callaghan P W. Selecting a Working Fluid for a Rankine－Cycle Engine[J]. Applied Energy,1985,21(1):1－42.

[21] Tchanche B F, Papadakis G, Lambrinos G, et al. Fluid Selection for a Low－Temperature Solar Organic Rankine Cycle[J]. Applied Thermal Engineering, 2009,29(11－12):2468－2476.

[22] 刘杰,陈江平,祁照岗. 低温有机朗肯循环的热力学分析[J]. 化工学报, 2010,61(S2):9－14.

[23] Roy J P, Mishra M K, Misra A. Parametric Optimization and Performance Analysis of a Waste Heat Recovery System Using Organic Rankine Cycle[J]. Energy,2010,35:5049－5062.

[24] Roy J P, Mishra M K, Misra A. Performance Analysis of an Organic Rankine Cycle with Superheating Under Different Heat Source Temperature Conditions [J]. Applied Energy,2011,88:2995－3004.

[25] Roy J P, Misra A. Parametric Optimization and Performance Analysis of a Regenerative Organic Rankine Cycle Using R－123 for Waste Heat Recovery [J]. Energy,2012,39:227－235.

[26] Guo T, Wang H X, Zhang S J. Selection of Working Fluids for a Novel Low－Temperature Geothermally－Powered ORC Based Cogeneration System[J]. Energy Conversion and Management,2011,52:2384－2391.

[27] Mikielewicz D, Mikielewicz J. A Thermodynamic Criterion for Selection of Working Fluid for Subcritical and Supercritical Domestic Micro CHP[J]. Applied Thermal Engineering,2010,30:2357－2362.

[28] Schuster A, Karellas S, Aumann R. Efficiency Optimization Potential in Super-critical Organic Rankine Cycles[J]. Energy,2010,35:1033－1039.

[29] He C,Liu C,Gao H,et al. The Optimal Evaporation Temperature and Working Fluids for Subcritical Organic Rankine Cycle[J]. Energy,2012,38:136 - 143.

[30] Liu C,He C,Gao H,et al. The Optimal Evaporation Temperature of Subcritical ORC Based on Second Law Efficiency for Waste Heat Recovery[J]. Entropy, 2012,14:491 - 504.

[31] Mago P J,Chamra L M,Somayaji C. Performance Analysis of Different Working Fluids for Use in Organic Rankine Cycles[J]. Proc. IMechE Part A:J. Power and Energy,2007,221(3):255 - 263.

[32] Lakew A A,Bolland O. Working Fluids for Low - Temperature Heat Source [J]. Applied Thermal Engineering,2010,30(10):1262 - 1268.

[33] Wang Z Q,Zhou N J,Guo J,et al. Fluid Selection and Parametric Optimization of Organic Rankine Cycle Using Low Temperature Waste Heat[J]. Energy, 2012,40:107 - 115.

[34] Saleh B,Koglbauer G,Wendland M,et al. Working Fluids for Low - Temperature Organic Rankine Cycles[J]. Energy,2007,32:1210 - 1221.

[35] 徐建,董奥,陶莉,等. 利用低品位热能的有机物朗肯循环的工质选择[J]. 节能技术,2011,29(3):204 - 210.

[36] Zhang S,Wang H,Guo T. Performance Comparison and Parametric Optimization of Subcritical Organic Rankine Cycle(ORC)and Transcritical Power Cycle System for Low - Temperature Geothermal Power Generation[J]. Applied Energy, 2011,88:2740 - 2754.

[37] United Nations Environment Programme. The Montreal Protocol on Substances that Deplete the Ozone Layer[R]. (2000). https://www. epa. gov/.

[38] United Nations. Kyoto Protocol to the United Nations Framework Convention on Climate Change[R]. (1997 - 12 - 10). https://unfccc. int/documents/2409.

[39] Calm,J M. Toxicity Data to Determine Refrigerant Concentration Limits[R]. Office of Entific & Technical Information Technical Reports,2000.

[40] Tsai W T. An Overview of Environmental Hazards and Exposure Risk of Hydrofluorocarbons(HFCs)[J]. Chemosphere,2005,61:1539 - 1547.

[41] Kim K H,Shon Z H,Nguyen H T,et al. A Review of Major Chlorofluorocarbons and Their Halocarbon Alternatives in the Air[J]. Atmospheric Environment, 2011,45:1369 - 1382.

[42] Yamada N,Mohamadb M N A,Kien T T. Study on Thermal Efficiency of Low - to Medium - Temperature Organic Rankine Cycles Using HFO - 1234yf[J]. Renewable Energy,2012,41:368 - 375.

[43] Rajendran R,许懿. 美国制冷剂应用发展[J]. 制冷与空调,2010, 10:152 – 155.

[44] 马一太,王伟. 制冷剂的替代与延续技术[J]. 制冷学报,2010,31 (5):11 – 23.

[45] 吴晓阳. 氟利昂制冷剂的替代与发展探讨[J]. 宁波化工,2009(2):9 – 11.

[46] Invernizzi C,Iora P,Silva P. Bottoming Micro – Rankine Cycles for Micro – gas Turbines[J]. Applied Thermal Engineering,2007,27(1):100 – 110.

[47] Fernández F J,Prieto M M,Suárez I. Thermodynamic Analysis of High – temperature Regenerative Organic Rankine Cycles Using Siloxanes as Working Fluids[J]. Energy,2011,36:5 239 – 5 249.

[48] Ringler J,Seifert M,Guyotot V,et al. Rankine Cycle for Waste Heat Recovery of IC Engines[J]. SAE International Journal of Engines,2009,2(1):67 – 76.

[49] Yamamoto T,Furuhata T,Arai N,et al. Design and Testing of the Organic Rankine Cycle[J]. Energy,2001,26(3):239 – 251.

[50] Nguyen T Q,Slawnwhite J D,Goni Boulama K. Power Generation from Residual Industrial Heat[J]. Energy Conversion and Management,2010,51:2220 – 2229.

[51] Liu B T,Chien K H,Wang C C. Effect of Working Fluids on Organic Rankine Cycle for Waste Heat Recovery[J]. Energy,2004,29(8):1207 – 1217.

[52] Vetter C,Wiemer H J,Kuhn D. Comparison of Sub – and Supercritical Organic Rankine Cycles for Power Generation from Low – Temperature/Low – Enthalpy Geothermal Wells,Considering Specific Net Power Output and Efficiency[J]. Applied Thermal Engineering,2013,51(1 – 2):871 – 879.

[53] Andreasen J G,Larsen U,Knudsen T,et al. Selection and Optimization of Pure and Mixed Working Fluids for Low Grade Heat Utilization Using Organic Rankine Cycles[J]. Energy,2014,73:204 – 213.

[54] Ayachi F,Ksayer E B,Zoughaib A,et al. ORC Optimization for Medium Grade Heat Recovery[J]. Energy,2014,68:47 – 56.

[55] Xu J,Yu C. Critical Temperature Criterion for Selection of Working Fluids for Subcritical Pressure Organic Rankine Cycles[J]. Energy,2014,74:719 – 733.

[56] Harvig J,Sorensen K,Condra T J. Guidelines for Optimal Selection of Working Fluid for an Organic Rankine Cycle in Relation to Waste Heat Recovery[J]. Energy,2016,96:592 – 602.

[57] Miao Z,Zhang K,Wang M,et al. Thermodynamic Selection Criteria of Zeotropic Mixtures for Subcritical Organic Rankine Cycle[J]. Energy,2019,167:484 – 497.

[58] Habka M, Ajib S. Evaluation of Mixtures Performances in Organic Rankine Cycle When Utilizing the Geothermal Water with and Without Cogeneration [J]. Applied Energy,2015,154:567 - 576.

[59] Chys M, van den Broek M, Vanslambrouck B, et al. Potential of Zeotropic Mixtures as Working Fluids in Organic Rankine Cycles [J]. Energy, 2012, 44:623 - 632.

[60] Lecompte S, Ameel B, Ziviani D, et al. Exergy Analysis of Zeotropic Mixtures as Working Fluids in Organic Rankine Cycles[J]. Energy Conversion and Management,2014,85:727 - 739.

[61] Reinhard Radermacher R. Thermodynamic and Heat Transfer Implications of Working Fluid Mixtures in Rankine Cycles[J]. International Journal of Heat and Fluid Flow,1989,10(2):90 - 102.

[62] Li Y R, Du M T, Wu C M, et al. Potential of Organic Rankine Cycle Using Zeotropic Mixtures as Working Fluids for Waste Heat Recovery[J]. Energy,2014, 77:509 - 519.

[63] Zhai H, An Q, Shi L. Zeotropic Mixture Active Design Method for Organic Rankine Cycle[J]. Applied Thermal Engineering,2018,129:1171 - 1180.

[64] Zhai H, An Q, Shi L. Analysis of the Quantitative Correlation Between the Heat Source Temperature and the Critical Temperature of the Optimal Pure Working Fluid for Subcritical Organic Rankine Cycles[J]. Applied Thermal Engineering,2016,99:383 - 391.

[65] Andreasen J G, Larsen U, Knudsen T, et al. Selection and Optimization of Pure and Mixed Working Fluids for Low Grade Heat Utilization Using Organic Rankine Cycles[J]. Energy,2014,73:204 - 213.

[66] Astolfi M, Romano M C, Bombarda P, et al. Binary ORC (Organic Rankine Cycles) Power Plants for the Exploitation of Medium - Low Temperature Geothermal Sources e Part B:Techno - Economic Optimization[J]. Energy,2014, 66:435 - 446.

[67] American Coatings Association. Hazardous Materials Identification System [R]. (2014 - 05). www. paint. org/publications/labeling. html.

[68] Deb K, Pratap A, Agarwal S, et al. A Fast and Elitist Multiobjective Genetic Algorithm:NSGA - Ⅱ [J]. IEEE Transactions on Evolutionary Computation, 2002,6(2):182 - 197.

[69] Sanchez C J, Gosselin L, da Silva A K. Designed Binary Mixtures for Subcritical Organic Rankine Cycles Based on Multiobjective Optimization[J]. Energy Con-

version and Management,2018,156:585 – 596.

[70] Satanphol K, Pridasawas W, Suphanit B. A Study on Optimal Composition of Zeotropic Working Fluid in an Organic Rankine Cycle(ORC) for Low Grade Heat Recovery[J]. Energy,2017,123:326 – 339.

[71] Ayachi F, Boulawz Ksayer E, Zoughaib A, et al. ORC Optimization for Medium Grade Heat Recovery[J]. Energy,2014,68:47 – 56.

[72] Calm J M, Hourahan G C. Physical, Safety, and Environmental Data for Current and Alternative Refrigerants[C]//The 23rd International Congress of Refrigeration. Prague, Czech Republic,2011.

[73] Molina – Thierry D P, Flores – Tlacuahuac A. Simultaneous Optimal Design of Organic Mixtures and Rankine Cycles for Low – Temperature Energy Recovery [J]. Industrial & Engineering Chemistry Research, 2015, 54 (13): 3367 – 3383.

[74] Heberle F, Bruggemann D. Exergy Based Fluid Selection for a Geothermal Organic Rankine Cycle for Combined Heat and Power Generation[J]. Applied Thermal Engineering,2010,30:1326 – 1332.

[75] Preißinger M, Heberle F, Dieter Brüggemann. Thermodynamic Analysis of Double – Stage Biomass Fired Organic Rankine Cycle for Micro – Cogeneration [J]. International Journal of Energy Research,2012,36(8):944 – 952.

[76] Drescher U, Bruggemann D. Fluid Selection for the Organic Rankine Cycle (ORC) in Biomass Power and Heat Plants[J]. Applied Thermal Engineering, 2007,27(1):223 – 228.

[77] Liu H, Shao Y, Li J. A Biomass – Fired Micro – Scale CHP System with Organic Rankine Cycle(ORC) – Thermodynamic Modelling Studies[J]. Biomass and Bioenergy,2011(35):3985 – 3994.

[78] Guo T, Wang H X, Zhang S J. Fluids and Parameters Optimization for a Novel Cogeneration System Driven by Low – Temperature Geothermal Sources[J]. Energy,2011,36:2639 – 2649.

[79] Desai N B, Bandyopadhyay S. Process Integration of Organic Rankine Cycle [J]. Energy,2009,34:1674 – 1686.

[80] Rayegan R, Tao Y X. A Procedure to Select Working Fluids for Solar Organic Rankine Cycles(ORCs)[J]. Renewable Energy,2011,36:659 – 670.

[81] Chacartegui R, Sánchez D, Muñoz J M, et al. Alternative ORC Bottoming Cycles for Combined Cycle Power Plants[J]. Applied Energy,2009,86:2162 – 2170.

[82] Aljundi I H. Effect of Dry Hydrocarbons and Critical Point Temperature on the

Efficiencies of Organic Rankine Cycle [J]. Renewable Energy, 2011, 36:1196 – 1202.

[83] Lai N A, Wendland M, Fischer J. Working Fluids for High – Temperature Organic Rankine Cycles[J]. Energy,2011,36:199 – 211.

[84] Shu G,Li X,Tian H,et al. Alkanes as Working Fluids for High – Temperature Exhaust Heat Recovery of Diesel Engine Using Organic Rankine Cycle[J]. Applied Energy,2014,119:204 – 217.

[85] Lai NA, Wendland M, Fischer J. Working Fluids for High – Temperature Organic Rankine Cycles[J]. Energy,2011,36:199 – 211.

[86] Dai X,Shi L,An Q,et al. Screening of Hydrocarbons as Supercritical ORCs Working Fluids by Thermal Stability[J]. Energy Conversion and Management, 2016,126:632 – 637.

[87] Braimakis K, Preißinger M, Brüggemann D, et al. Low Grade Waste Heat Recovery with Subcritical and Supercritical Organic Rankine Cycle Based on Natural Refrigerants and Their Binary Mixtures[J]. Energy,2015,88:80 – 92.

[88] Song J,Gu C. Analysis of ORC(Organic Rankine Cycle)Systems with Pure Hydrocarbons and Mixtures of Hydrocarbon and Retardant for Engine Waste Heat Recovery[J]. Applied Thermal Engineering,2015,89:693 – 702.

[89] Shu G,Gao Y,Tian H,et al. Study of Mixtures Based on Hydrocarbons Used in ORC(Organic Rankine Cycle)for Engine Waste Heat Recovery[J]. Energy, 2014,74:428 – 438.

[90] Papadopoulos A I,Stijepovic M,Linke P. On the Systematic Design and Selection of Optimal Working Fluids for Organic Rankine Cycles[J]. Applied Thermal Engineering,2010,30:760 – 769.

[91] Lampe M,Stavrou M,Bücker, H. M,et al. Simultaneous Optimization of Working Fluid and Process for Organic Rankine Cycles Using PC – SAFT[J]. Industrial & Engineering Chemistry Research,2014,53(21):8821 – 8830.

[92] Kondo S, Takahashi A, Tokuhashi K, et al. RF Number as a New Index for Assessing Combustion Hazard of Flammable Gases[J]. Journal of Hazardous Materials,2002,93(3):259 – 267.

[93] Mavrou P,Papadopoulos AI,Stijepovic MZ,et al. Novel and Conventional Working Fluid Mixtures for Solar Rankine Cycles:Performance Assessment and Multi – Criteria Selection[J]. Applied Thermal Engineering,2015,75:384 – 396.

第2章
ORC 系统性能

在设计 ORC 系统时需要针对具体的应用对 ORC 系统构型进行优化以获得最佳的工作性能。本章首先介绍了 ORC 系统设计时需要关注的两个方面：工质与热源之间的热端换热匹配和工质与冷源之间的冷端换热优化，随后分析了采用混合工质对 ORC 系统性能的提升效果，最后，对 ORC 系统的热力学和经济性分析方法进行了介绍。

2.1　工质与热源匹配

整个 ORC 系统的工作效率受到有机朗肯循环热效率的限制，还受到蒸发器内工质与热源之间换热过程的热回收效率影响。因此，针对具体的热源，有必要对工质与热源之间的温度匹配情况进行分析。根据具体应用场合的不同，ORC 系统在进行工质选择时需要考虑工质临界温度等热物性与热源的匹配。通过分析蒸发器内工质与热源之间的换热过程，可以更详细地了解整个吸热过程的热回收效率，以及 ORC 系统工作参数变动对吸热过程和 ORC 系统工作性能的影响。

夹点分析法是分析工质与热源匹配情况的有力工具，根据设定的夹点温差，对工质与热源之间的换热过程进行分段计算，可以确定具体的夹点位置，以及整个换热过程的温度匹配情况。以亚临界 ORC 系统为例，可分析热源温度与工质临界温度之间的匹配特性。图 2 - 1 所示为采用 R1234yf 工质的亚临界 ORC 系统的热效率和比净输出功率随蒸发温度的变化曲线[1]。随着蒸发温度的增加，ORC 系统的热效率单调上升，但是比净输出功率在靠近临界温度时出现逐渐下降趋势，存在一个最优的蒸发温度使比净输出功率最大。这是因为随着蒸发温度升高，对应的蒸发压力增大，有机朗肯循环热效率增大，但进一步增大蒸发压力，会导致蒸发器的热回收效率下降。因此，对于亚临界 ORC 系统来说，当蒸发温度位于临界温度附近某个最优值时，比净输出功率最大。

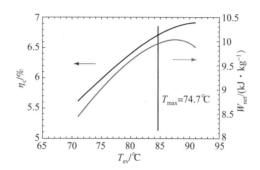

图 2-1　ORC 系统性能随蒸发温度的变化[1]

对采用纯工质的亚临界 ORC 系统，工质临界温度与热源入口温度的差值会影响蒸发器内的夹点温差位置。当热源入口温度远高于工质临界温度时，蒸发器内的夹点出现在工质入口处。随着热源入口温度与工质临界温度的差值逐渐减小，夹点会转移到饱和液态状态点。两种情况的夹点位置如图 2-2 所示。只有当热源入口温度与工质临界温度的差值处于某一个优化值附近时，蒸发器内的热回收效率才会达到最大值。

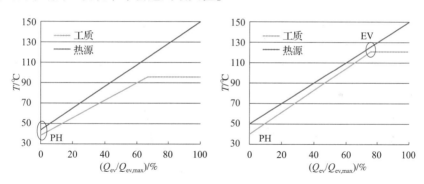

图 2-2　亚临界 ORC 系统工质与热源之间的换热[1]

(a) 夹点位于工质入口处；(b) 夹点位于工质饱和液态状态点

定义热源入口温度与工质临界温度的差值为

$$\Delta T_c = T_{hs,in} - T_c \tag{2-1}$$

设使 ORC 系统比净输出功率最大的蒸发温度（最优系统蒸发温度）为 $T_{ev,S,opt}$，定义最优循环蒸发温度与最优系统蒸发温度的差值为

$$\Delta T_{C \to S,opt} = T_{ev,C,opt} - T_{ev,S,opt} \tag{2-2}$$

针对温度为 150℃ 的地热水，不同工质的优化计算结果如图 2-3 所示。图 2-3 (a) 所示为最优系统蒸发温度、最优循环蒸发温度以及两种蒸发温度差值随工质临界温度的变化，图 2-3 (b) 所示为循环热效率 η_c、热回收效率 ε_{hr} 和系统总热效率 η_{sys} 的结果。随着工质临界温度与热源入口温度差的变化，两种最优蒸发温度的差和系统总热效率均呈现有规律的变化。

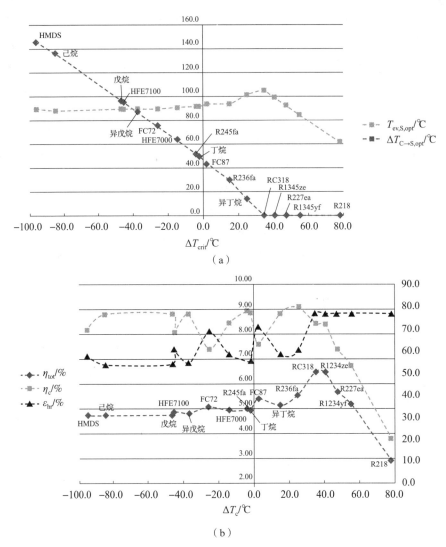

图 2-3　亚临界 ORC 系统性能随工质临界温度的变化[1]

（a）$T_{ev,S,opt}$ 与 $\Delta T_{C \to S,opt}$；（b）循环热效率、热回收效率和系统总热效率

（1）当工质的临界温度很低时，$\Delta T_{crit} > 40℃ \sim 45℃$，蒸发器内换热温差夹点位于工质入口处，$\Delta T_{C \to S,opt} = 0$，最优循环蒸发温度等于最优系统蒸发温度。此时，随着工质临界温度的升高，系统循环热效率会逐渐增加而热回收效率不受影响，但由于此时工质的临界温度偏低，系统总热效率仍然较低。

（2）当工质临界温度接近热源入口温度时，蒸发器内的温差夹点位置会从工质入口处转换到饱和液态状态点处。随着工质临界温度的升高，最优循环蒸发温度逐渐增大，而最优系统蒸发温度受到热源温度的限制基本保持不变，$\Delta T_{C \to S,opt}$ 会逐渐增大。系统总热效率最大需要对循环热效率和热回收效率进行平衡，当夹点正好从热源入口转换到饱和液态状态点时，系统总热效率最大。此时的工质临界温度约比热源入口温度低 35℃。

（3）当工质临界温度进一步增大时，$\Delta T_{C \to S,opt}$ 继续呈线性增大，意味着无法同时满足最优循环热效率和高的热回收效率的要求，此时最优系统蒸发温度基本保持在恒定值，约为 90℃。而对于不同工质而言，当蒸发潜热较大时，循环热效率较高，而此时的热回收效率会较小，反之亦然。总体上，系统总热效率有轻微减小的趋势。

采用夹点分析法不仅可以判断工质与热源之间的温度匹配情况，还可以对蒸发器的换热面积进行估算，进而评估 ORC 系统的经济性。对夹点分析法的每一段换热过程，采用对数平均温差法，结合具体的传热关联式，可以对每一段的换热面积进行计算。由于蒸发器内存在相变过程，其换热过程包括热源与单相工质的换热以及热源与气液两相工质的换热。在具体应用时需要选择合适的传热关联式，注意具体的应用条件范围，最好利用试验对传热关联式的精度进行验证。尤其对工质的气液两相换热过程，传热关联式的精度可能存在较大误差。例如，针对生物质发电应用，Weith 等分析了采用 MM 和 MDM 的非共沸混合工质的对流换热系数计算精度[2]；对蒸发器内的换热过程，采用 Kandlikar 关联式[3],[4]估算了预热器和蒸发器面积。预测硅氧烷类高温工质在不同蒸气干度和质量流量下换热系数的变化趋势时，直管内的流动沸腾换热系数可表示为

$$\alpha_{TP} = \max(\alpha_{NBD}, \alpha_{CBD}) \qquad (2-3)$$

式中，核态沸腾换热系数为

$$\alpha_{NBD} = 0.668\,3Co^{-0.2}(1-x)^{0.8}\alpha_{lo} + 1\,058.0Bo^{0.7}(1-x)^{0.8}F_{Fl}\alpha_{lo} \qquad (2-4)$$

对流沸腾换热系数为

$$\alpha_{CBD} = 1.136Co^{-0.9}(1-x)^{0.8}\alpha_{lo} + 667.2\,Bo^{0.7}(1-x)^{0.8}F_{Fl}\alpha_{lo} \qquad (2-5)$$

式中，x 为蒸气干度，Co 为对流数，Bo 为沸腾数，F_{Fl} 为流体表面参数。

对于单相换热系数，当 $0.5 \leqslant Pr_L \leqslant 2\,000$ 且 $10^4 \leqslant Re_{LO} \leqslant 5 \times 10^6$ 时，采用 Petukhov – Popov 关联式：

$$\alpha_{LO,PaP} = \frac{\lambda_1}{d_i} \cdot \frac{Re_{LO}Pr_L(f/2)}{1.07 + 12.7(Pr_L^{2/3} - 1)(f/2)^{0.5}} \qquad (2-6)$$

当 $0.5 \leqslant Pr_L \leqslant 2\,000$ 且 $2\,300 \leqslant Re_{LO} \leqslant 10^4$ 时，采用 Gnielinski 关联式：

$$\alpha_{LO,G} = \frac{\lambda_1}{d_i} \cdot \frac{(Re_{LO} - 1\,000)Pr_L(f/2)}{1.07 + 12.7(Pr_L^{2/3} - 1)(f/2)^{0.5}} \qquad (2-7)$$

式中，摩擦因子 f 为

$$f = [1.58\ln(Re_{LO}) - 3.28]^{-2} \qquad (2-8)$$

对于混合工质，Kandlikar 根据挥发性参数 V_1 和沸腾数 Bo 分为 3 个区域：

（1）近共沸区：$V_1 \leq 0.03$，采用纯工质的关联式计算；

（2）中度扩散诱导的抑制区：当 $0.03 < V_1 < 0.2$ 且 $Bo > 10^{-4}$ 时，换热系数主要由对流换热决定，采用 Petukhov - Popov 关联式；

（3）高度扩散诱导的抑制区：$0.03 < V_1 < 0.2$ 且 $Bo \leq 10^{-4}$，或者 $V_1 \geq 0.2$，考虑大浓度差引起的质量扩散阻力，对对流传热式进行修正，引入扩散诱导的抑制因子 FD：

$$\alpha_{CBD} = 1.136 Co^{-0.9}(1-x)^{0.8}\alpha_{LO} + 667.2 Bo^{0.7}(1-x)^{0.8}F_{Fl}\alpha_{LO}F_D \quad (2-9)$$

$$F_D = \frac{0.678}{1 + V_1} \quad (2-10)$$

挥发性参数定义为

$$V_l = \frac{c_{P,1}}{\Delta h_{LG}}\left(\frac{\kappa}{D_{12}}\right)^{0.5}\left|(y_1 - x_1)\left(\frac{dT}{dx_1}\right)\right| \quad (2-11)$$

对于不锈钢直管，试验结果与采用传热关联式计算结果的对比表明二者之间存在一定的偏差，在同样的压力和温度下，试验结果比计算结果低 46% ~ 58%。因此，采用流体表面参数 F_{Fl} 来修正结果。混合工质的 F_{Fl} 计算式为

$$F_{Fl,mix} = x_{MM}F_{Fl,MM} + x_{MDM}F_{Fl,MDM} \quad (2-12)$$

设定 MM 的流体表面参数为 0.1，MDM 的流体表面参数为 0.8，在保持蒸发压力或蒸发器出口温度不变时，不同混合工质浓度比下采用式（2-12）修正以后的混合工质对流换热系数的计算结果与试验结果的对比如图 2-4 所示，二者的平均偏差仍然达到 17%。仅采用高度扩散诱导的抑制区的传热关联式进行计算，发现计算结果与试验结果的偏差减小到 10%。因此，在具体进行蒸发器面积估算时，需要对采用的传热关联式精度进行评估，减小工质与热源换热过程中的对流换热系数的估算偏差。采用 Kandlikar 关联式估算预热器和蒸发器面积时，采用混合工质后其换热面积比 MM 工质分别增大了 0.9% 和 14%。

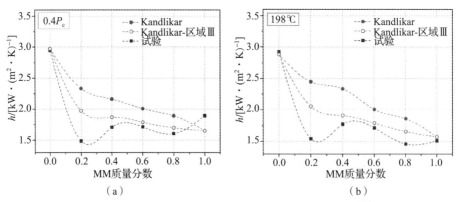

图 2-4 对流换热系数的计算结果与试验结果的对比[2]

（a）工作压力等于 $0.4P_c$；（b）混合工质饱和气态温度等于 198℃

2.2   冷端换热分析

对 ORC 系统的工作过程而言，工质在冷凝器内的冷端换热过程对循环的工作性能有非常重要的影响。对于采用纯工质的 ORC 系统，降低工质的冷凝温度，可以有效减小冷凝压力，从而增大膨胀比和循环热效率。但是由于受到夹点温差的限制，工质的冷凝温度总是与冷源温度存在一定的差值。减小冷凝器内的夹点温差有利于提高 ORC 系统的热效率，但也会增大冷凝器的换热面积，给经济性带来不利影响。对某些工质而言，为避免空气进入循环管路导致 ORC 系统性能降低，还需要考虑冷凝压力不能低于环境压力的限制条件。在很多情况下，冷源为冷却水或空气，其温度会随环境温度的变化而变化。当环境温度升高时，工质的冷凝温度也需要相应增大，导致循环热效率降低。Sohel 等[5] 和 Wei 等[6],[7] 的研究表明，夏季环境的 ORC 系统热效率相对冬季环境可能降低 30%。总之，在设计 ORC 系统时，在考虑各种约束条件下需要使工质的冷凝温度尽可能接近冷源温度，以保证高的循环热效率。

当工质为混合工质时，其在冷凝器内与冷源之间的换热过程分析比纯工质复杂得多。此时，需要考虑混合工质在相变过程中的温度滑移，保证冷源的温升与工质的温度滑移匹配，从而降低换热过程的平均温差，减小系统㶲损。

对于逆流式换热器，根据 ε - NTU 方法，传热有效度 ε 与传热单元数 NTU 的关系为

$$\varepsilon = \frac{1 - \exp[-NTU(1 - R)]}{1 - R_c \exp[-NTU(1 - R)]} \qquad (2-13)$$

根据 ORC 系统的工作条件，可计算出传热有效度 ε：

$$\varepsilon = \delta t_{max}/(t_1' - t_2'), \qquad (2-14)$$

式中，t_1' 为工质的冷凝器入口温度，t_2' 为冷却水的入口温度。

设热容比 R 为

$$R = \frac{W_{min}}{W_{max}} \qquad (2-15)$$

式中，W_{min} 为换热流体中相对较小的流体热容，W_{max} 为相对较大的流体热容。

根据 NTU 的定义可求得冷凝器的 UA 值：

$$NTU = \frac{UA}{W_{min}} \qquad (2-16)$$

进而得到单位 UA 值的净输出功率为

$$\varphi = \frac{W_{net}}{UA_{total}} \qquad (2-17)$$

利用上面的模型可分析冷却水的温升与混合工质在冷凝过程中的温度滑移

之间的匹配情况。图 2－5 所示为 R227ea/R245fa、丁烷/R245fa、RC318/R245fa 等 3 种混合工质在蒸发器和冷凝器内的温度滑移特性[8]。由于冷凝压力比蒸发压力低，冷凝过程的温度滑移大于蒸发过程。丁烷/R245fa 混合工质存在共沸点，当丁烷的质量分数小于 0.5 时存在较明显的温度滑移，R227ea/R245fa 的温度滑移量在 3 种混合工质中是最大的。混合工质的组分质量分数变化会引起冷凝过程中的温度滑移量的变化，进而影响 ORC 系统的工作性能。ORC 系统的热效率和㶲效率随混合工质质量分数的变化如图 2－6 所示。不同混合工质的热效率随第一组分质量分数的增大的变化趋势存在差异。对于 R227ea/R245fa 工质，热效率先随着组分质量分数的增大先增加后减小，当质量分数增大到 0.6 左右时热效率又稍有增加，之后明显减小。丁烷/R245fa 的热效率先增加后减小，当质量分数大于 0.5 后，热效率又逐渐增加。RC318/R245fa 的热效率先稍有增加后逐渐减小。热效率曲线中极值点的个数与冷凝器内混合工质与冷却水的温度匹配情况相关。对于 R227ea/R245fa，热效率的两个极值点正好对应于混合工质的温度滑移接近冷却水的温升值 5℃。而 RC318/R245fa 仅在 0.3/0.7 的浓度比时温度滑移接近 5℃。㶲效率曲线的变化趋势与热效率曲线相似。由此可以看出，对混合工质而言，通过合理设定混合工质的组分质量分数，使冷凝过程中的温度滑移量与冷源的温升匹配，可有效提高 ORC 系统的热力学性能。

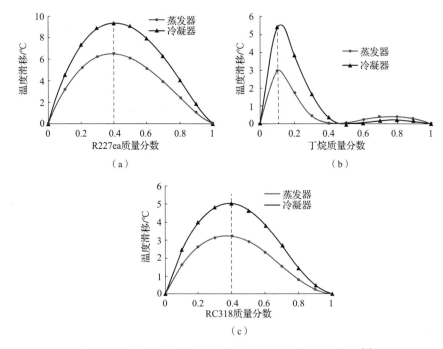

图 2－5　混合工质在蒸发器和冷凝器内的温度滑移特性[8]

（a）R227ea/R245fa；（b）丁烷/R245fa；（c）RC318/R245fa

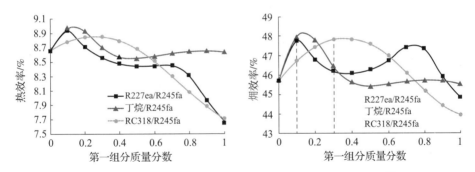

图 2 - 6　混合工质的组分质量分数对 ORC 系统性能的影响[8]

（a）热效率；（b）㶲效率

设冷凝过程中工质和冷源的 c_P 值为常数，则换热过程的夹点可能会出现在两个不同的位置，如图 2 - 7 所示。基于简单 ORC 系统，以丁烷/戊烷的非共沸混合工质为例，设冷却水的温升为 ΔT_w，冷凝器的夹点温差为 ΔT_c，非共沸混合工质温度滑移为 T_{glide}，则当 $T_{glide} < \Delta T_w$ 时，冷凝过程的夹点出现在工质露点处，当 $T_{glide} \geq \Delta T_w$ 时，换热过程的夹点出现在工质泡点处，冷凝器内的夹点位置分别如图中状态点 2′ 和 2 所示。

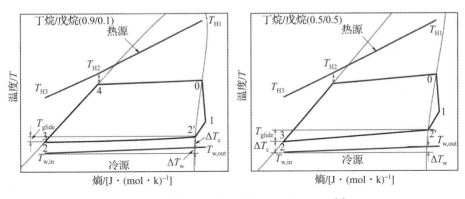

图 2 - 7　混合工质冷凝过程中的夹点位置[9]

（a）夹点位于工质露点 2′；（b）夹点位于工质泡点 2

基于上面的两种情形，Liu 等针对采用非共沸混合工质的 ORC 系统提出了一种冷凝压力的计算方法[9]。当 $T_{glide} < \Delta T_w$ 时，

$$T_2' = T_{w,in} + \Delta T_w + \Delta T_c \qquad (2-18)$$

$$P_{cond} = P_{dew}(T_2', x) \qquad (2-19)$$

此时冷凝压力由露点温度和相应的混合工质组分浓度计算。

当 $T_{glide} \geq \Delta T_w$ 时，

$$T_2 = T_{w,in} + \Delta T_c \qquad (2-20)$$

$$P_{cond} = P_{bubble}(T_2, x) \qquad (2-21)$$

此时根据泡点温度 T_2 和混合工质组分质量分数 x 可计算出相应的冷凝压力。

针对温度为140℃的地热水，当蒸发过程的泡点温度固定为80℃时，分析得到的 R600/R601 混合工质的热效率随低沸点组分浓度变化曲线如图2-8（a）所示。当 R600 的摩尔分数从0开始逐渐增加时，热效率先增加后减小，进一步增加 R600 浓度，热效率又开始增加，随后减小。在整个浓度范围内，热效率出现两个峰值点，对应的冷凝过程的温度滑移均接近冷却水温升，这说明此时冷凝器内的温度匹配达到最佳。净输出功率随低沸点组分浓度变化曲线如图2-8（b）所示。随着 R600 的摩尔分数的增加，净输出功率也出现了两个峰值点，对应的 R600 组分浓度与热效率峰值点一致。在两个峰值点中，R600 组分浓度高的峰值点的净输出功率稍高。这是由于在左侧的极值点的热源出口温度较高，导致净输出功率稍低于右侧的极值点。

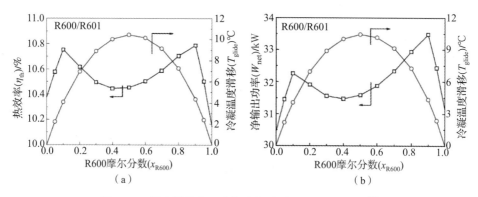

**图2-8　温度滑移大于冷却水温升时 ORC 系统性能[9]
随组分浓度的变化曲线**
（a）热效率；（b）净输出功率

对非共沸混合工质而言，当冷凝过程的温度滑移大于冷源的温升时，随着混合工质组分浓度的变化，ORC 系统热效率和净输出功率会出现两个极值点。如果非共沸混合工质的温度滑移较小，在整个组分浓度变化范围内一直小于冷源的温升，则 ORC 系统热效率和净输出功率在整个组分浓度变化范围内只有一个极值点，此时混合工质的组分浓度对应于最大温度滑移时的值。针对温度为300℃的导热油热源，采用辛烷/癸烷混合工质的带回热器的 ORC 系统，当冷却水温升一直大于冷凝过程混合工质的温度滑移时的结果如图2-9所示。ORC 系统热效率和净输出功率如图2-9所示。可以看出，随着低沸点组分浓度的升高，ORC 系统热效率和净输出功率均仅有一个最大值点，此时对应的混合工质组分浓度与温度滑移最大时的组分浓度一致。

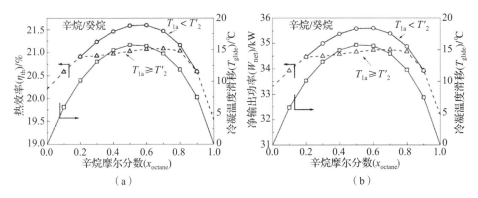

图 2 – 9 温度滑移小于冷却水温升时 ORC 系统性能随组分浓度的变化曲线

（a）热效率；（b）净输出功率[9]

针对逆流、交叉流和同流等不同布置形式的冷凝器，可以采用㶲经济分析方法分析换热器的㶲损，以及冷凝器尺寸设计对经济性的影响。设冷凝过程中的平均比热容 $c_{P,\text{h}}$ 为

$$c_{P,\text{h}} = \frac{h_{\text{fg}}}{T_{\text{d}} - T_{\text{b}}} \tag{2-22}$$

式中，h_{fg} 为混合工质冷凝过程的蒸发潜热；T_{b}，T_{d} 分别为对应的泡点温度和露点温度。

设冷凝器进、出口工质和冷源的参数如图 2 – 10 所示，则冷凝器内的熵产为

$$S_{\text{gen}} = m_{\text{c}} c_{P,\text{c}} \ln \frac{T_{\text{co}}}{T_{\text{ci}}} + m_{\text{h}} c_{P,\text{h}} \ln \frac{T_{\text{b}}}{T_{\text{d}}} \tag{2-23}$$

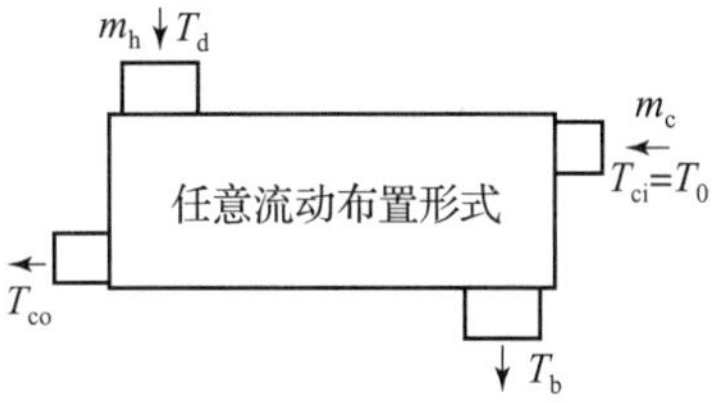

图 2 – 10 不同布置形式的冷凝器

对应的㶲损率为

$$\Delta E_{\text{l}} = T_0 S_{\text{gen}} \tag{2-24}$$

忽略散热损失，根据能量方程有

$$m_{\text{c}} c_{P,\text{c}} (T_{\text{co}} - T_{\text{ci}}) = m_{\text{h}} c_{P,\text{h}} (T_{\text{d}} - T_{\text{b}}) \tag{2-25}$$

设冷源与工质的入口温度比为

$$N_{T\text{cid}} = \frac{T_{\text{ci}}}{T_{\text{d}}} \tag{2-26}$$

工质的出口与入口温度比为

$$N_{T\text{bd}} = \frac{T_{\text{b}}}{T_{\text{d}}} \tag{2-27}$$

将式（2 – 26）和式（2 – 27）代入式（2 – 23），得到单位传热功率的㶲损率为

$$N_{E_1} = \frac{N_{T\mathrm{cid}}}{1 - N_{T\mathrm{bd}}} \left\{ \frac{1}{R} \ln \left[1 + \frac{R}{N_{T\mathrm{cid}}} (1 - N_{T\mathrm{bd}}) \right] + \ln N_{T\mathrm{bd}} \right\} \qquad (2-28)$$

式中，R 为热容比：

$$R = \frac{m_{\mathrm{h}} c_{P,\mathrm{h}}}{m_{\mathrm{c}} c_{P,\mathrm{c}}} = \frac{T_{\mathrm{co}} - T_{\mathrm{ci}}}{T_{\mathrm{d}} - T_{\mathrm{b}}} \qquad (2-29)$$

单位传热率的㶲损率 N_{E_1} 可表示为热容比 R、$N_{T\mathrm{cid}}$ 和 $N_{T\mathrm{bd}}$ 的函数。另一方面，冷凝器的传热有效度可表示为

$$\varepsilon = \frac{m_{\mathrm{h}} c_{P,\mathrm{h}} (T_{\mathrm{d}} - T_{\mathrm{b}})}{m_{\mathrm{h}} c_{P,\mathrm{h}} (T_{\mathrm{d}} - T_{\mathrm{ci}})} = \frac{1 - N_{T\mathrm{bd}}}{1 - N_{T\mathrm{cid}}} \qquad (2-30)$$

而传热单元数定义为

$$\mathrm{NTU} = \frac{KA}{m_{\mathrm{h}} c_{P,\mathrm{h}}} \qquad (2-31)$$

对于同流、逆流和交叉流等不同布置形式的冷凝器，传热有效度的计算公式见表 2-1。利用式（2-28）和表 2-1 中的 $\varepsilon - \mathrm{NTU} - R$ 关系，可将单位传热率的㶲损率 N_{E_1} 表示为传热单元数 NTU，$N_{T\mathrm{cid}}$ 和 $N_{T\mathrm{bd}}$ 的函数。当冷凝器的布置形式确定后，就可以分析冷凝器的㶲损 N_{E_1} 随传热单元数 NTU 的变化曲线。图 2-11（a）显示当 $N_{T\mathrm{bd}} = 0.95$，$N_{T\mathrm{cid}} = 0.9$ 时，不同布置形式的冷凝器 N_{E_1} 与 NTU 之间的关系[10]。随着 NTU 的增大，对应的冷源出口温度 T_{co} 增大，传热过程的对数平均温差减小，导致单位传热率的㶲损率减小。当 NTU 超过 4 以后，N_{E_1} 的减小趋势逐渐趋于平缓。当传热单元数 NTU 和传热有效度 ε 相同时，逆流式冷凝器具有最高的热容比和最小的对数平均温差，对应的单位传热率的㶲损率最小。进一步利用㶲经济分析方法，可分析不同布置形式的冷凝器的投资成本与传热单元数 NTU 之间的变化关系。

冷凝器的年均总成本包括投资成本和㶲损失成本，可表示为

$$c_{\mathrm{t}} = 3\,600\tau c_{\mathrm{e}} \Delta E_l + \beta c_A A \qquad (2-32)$$

表 2-1 不同布置形式冷凝器的 $\varepsilon - \mathrm{NTU} - R$ 关系[10]

冷凝器布置形式	$\varepsilon - \mathrm{NTU} - R$ 关系
逆流式	$\varepsilon = \dfrac{1 - \exp[-\mathrm{NTU}(1-R)]}{1 - R\exp[-\mathrm{NTU}(1-R)]}$ $(R \neq 1)$
	$\varepsilon = \dfrac{\mathrm{NTU}}{1 + \mathrm{NTU}}$ $(R = 1)$
同流式	$\varepsilon = \dfrac{1 - \exp[-\mathrm{NTU}(1+R)]}{1 + R}$
交叉流式	$\varepsilon = \dfrac{1}{R}\{1 - \exp[-R(1 - \exp(-\mathrm{NTU}))]\}$

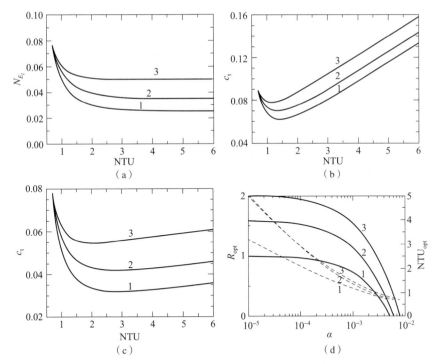

图 2 - 11 不同布置形式的冷凝器性能随 NTU 的变化曲线

(1：逆流式；2：交叉流式；3：同流式；$N_{Tbd} = 0.95$，$N_{Tcid} = 0.9$)

(a) N_{E_1} 曲线；(b) $\alpha = 0.001$ 的 c_t 曲线；(c) $\alpha = 0.0001$ 的 c_t 曲线；

(d) 优化的 R 值和 NTU 随 α 的变化曲线[10]

进而得到无量纲的年均总成本为

$$c_t = \frac{N_{Tcid}}{1 - N_{Tbd}}\left(\frac{1}{R}\ln\left[1 + \frac{R}{N_{Tcid}}(1 - N_{Tbd})\right] + \ln N_{Tbd} + \alpha \text{NTU}\right) \quad (2-33)$$

系数 α 定义为

$$\alpha = \frac{\beta c_A}{3\,600 \tau c_e K T_0} \quad (2-34)$$

根据式（2-33），无量纲的年均总成本可表示为 NTU、N_{Tcid}、N_{Tbd} 和 α 的函数。当 $N_{Tbd} = 0.95$，$N_{Tcid} = 0.9$，$\alpha = 0.001$ 和 0.000 1 时计算得到的 c_t 随 NTU 的变化曲线分别如图 2 - 11（b）和（c）所示。从图中可以看出，当 NTU 较小时，㶲损失成本占主要部分，当 NTU 增大时，投资成本比例逐渐增大。因此，c_t 随着 NTU 的增大先减小后增大，存在一个最优的 NTU 值使 c_t 值最小。随着 α 的增大，c_t 值增大。3 种布置形式的冷凝器中逆流式的㶲损失最小，相应的 c_t 值也最小。图 2 - 11（d）显示了对应 c_t 值最小的优化 NTU 值和优化 R 值随 α 的变化曲线。随着 α 的增大，对应的优化 NTU 值和优化 R 值均减小。这是因为，单位换热面积的投资成本增加，或㶲成本、年均工作时间、换热系数的减小均会导致 α 增大。由于逆流式冷凝器具有最小的对数平均温差和㶲损，因此其对应的优化 NTU 值最大，优化 R 值也最大。

2.3 混合工质的工作特性

混合工质的工作特性在前面章节已经有了介绍，本节对几种特殊情况的混合工质工作特性进行讨论。首先介绍含 CO_2 的混合工质的工作特性，随后分别讨论大温度滑移混合工质和多元混合工质的工作特性。

由于 GWP 值大于 150 的工质在 2022 年以后会被限制使用，因此要求 ORC 系统选取的有机工质的 GWP 值小于 150。另一方面，为了保护臭氧层要求 ODP 值为 0。因此近来具有高环境友好度的天然工质重新引起人们的重视，与碳氢工质相比，CO_2 的不易燃特性更适合某些特殊场合的应用。目前，欧盟计划在车用空调系统中采用 CO_2 工质。但是，CO_2 的临界温度为 31.1℃，采用 CO_2 作为工质的 ORC 系统需要工作在超临界状态。而 CO_2 的临界压力为 7.38 MPa，导致 ORC 系统的最高工作压力很大，提高了蒸发器和膨胀机等部件的设计难度和成本。同时，当环境温度过高时，CO_2 工质难以冷凝，甚至只能采用布雷顿循环工作模式。

采用含 CO_2 的混合工质可以降低 ORC 系统的最高工作压力，提高冷凝温度，在保证 ORC 系统工作性能的同时可降低部件的设计难度。CO_2 还可以作为阻燃剂，与易燃的碳氢工质组成混合工质，从而用于某些对安全要求严格的应用场合。Wu 等针对温度为 100℃~150℃的低温地热水，分析了含有 CO_2 的不同混合工质的跨临界系统性能[11]。选取了 11 种有机工质与 CO_2 组成混合工质，具体见表 2-2。当泡点温度为 20℃时，11 种有机工质与 CO_2 的非共沸混合物的温度滑移曲线如图 2-12 所示。可以看出，这些二元混合工质的最大温度滑移与两种工质之间的沸点差呈正相关。为了避免出现工质分离，限定最大温度滑移小于 50℃，得到 6 种备选混合工质：R152/CO_2、R161/CO_2、R290/CO_2、R1234yf/CO_2、R1234ze/CO_2、R1270/CO_2。

表 2-2 含 CO_2 混合工质的组分热物性[11]

ASHRAE 号	名称	摩尔质量 /[g·mol^{-1}]	T_b /℃	T_{cr} /℃	P_{cr} /MPa	LEL /%	ASHREA 34 安全等级	ODP	GWP（100 年）
R744	二氧化碳	44.01	-78.4	31.1	7.38	无	A1	0	1
R1270	丙烯	42.08	-47.6	91.1	4.56	2.7	A3	0	<20

续表

ASHRAE 号	名称	摩尔质量 /[g·mol⁻¹]	T_b /℃	T_{cr} /℃	P_{cr} /MPa	LEL /%	ASHREA 34 安全等级	ODP	GWP (100 年)
R290	丙烷	44.10	-42.1	96.74	4.25	2.1	A3	0	~20
R161	氟化乙酯	48.06	-37.6	102.2	5.09	3.8	—	0	12
R1234yf		114.04	-29.5	94.7	3.38	6.2	A2L	0	<4.4
R152a	1,1 二氟乙烷	66.05	-24.0	113.3	4.52	4.8	A2	0	133
R1234ze		114.04	-19.0	109.4	3.64	7.6	—	0	6
R600a	异丁烷	58.12	-11.7	134.66	3.63	1.6	A3	0	~20
R600	丁烷	58.12	-0.5	151.98	3.80	2.0	A3	0	~20
R601b	新戊烷	72.15	9.5	160.6	3.20	1.4	—	0	~20
R601a	异戊烷	72.15	27.8	187.20	3.38	1.3	A3	0	~20
R601	戊烷	72.15	36.1	196.55	3.37	1.2	A3	0	~20

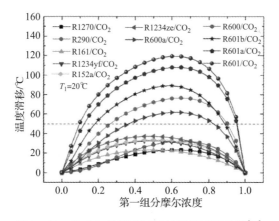

图 2-12　含 CO_2 的混合工质的温度滑移曲线[11]

图 2-13（a）显示了 6 种混合工质的临界温度随第一组分摩尔浓度的变化曲线，随着有机工质第一组分摩尔浓度的升高，混合工质的临界温度逐渐增大。相应的临界压力曲线如图 2-13（b）所示。对于 R1234yf/CO_2、R1234ze/CO_2 和 R1270/CO_2 混合工质，临界压力随第一组分摩尔浓度的增加先增大后减小；R152/CO_2、R161/CO_2 和 R290/CO_2 混合工质的临界压力逐渐减小。

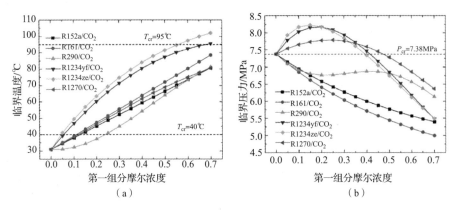

图 2 - 13　含 CO_2 混合工质的临界温度和临界压力
随第一组分摩尔浓度的变化曲线[11]

　　在不同的地热水和冷却水入口温度下，以净输出功率为优化目标，采用 PSA 算法[12]对系统的涡轮入口压力和温度等工作参数进行优化，得到的净输出功率随第一组分摩尔浓度的变化曲线如图 2 - 14 所示。从图中可以看出，

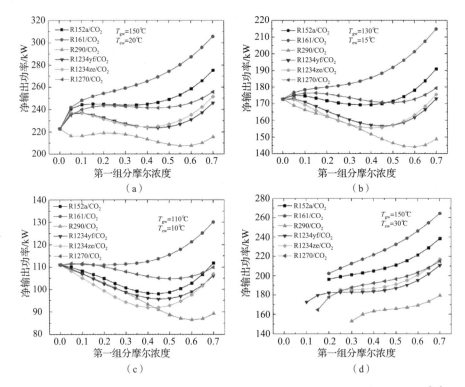

图 2 - 14　不同工况下 ORC 系统的净输出功率随第一组分摩尔浓度的变化曲线[11]

（a）$T_{gw}=150℃$，$T_{cw}=20℃$；（b）$T_{gw}=130℃$，$T_{cw}=15℃$；

（c）$T_{gw}=110℃$，$T_{cw}=10℃$；（d）$T_{gw}=150℃$，$T_{cw}=30℃$

冷、热源的温度对跨临界 ORC 系统的最优组分浓度有较大影响。在不同工况下，R161/CO_2 混合工质的净输出功率在 6 种工质中是最高的，而且，随着有机工质组分浓度的升高，R161/CO_2 的净输出功率逐渐升高。在热源温度为 150℃，冷却水温度为 20℃时，优化得到的涡轮入口压力和冷凝压力如图 2 - 15 所示。随着有机工质组分浓度的升高，涡轮入口压力和冷凝压力均明显降低。对应的总换热面积和单位净功成本（CPP）如图 2 - 16 所示。随着有机工质组分浓度的升高，6 种混合工质的换热面积均增加。虽然混合工质的密度和热容均大于纯 CO_2 工质，由于有机工质的黏度大于 CO_2，相应的换热器流道尺寸也需要增大以保持压降不变，这也是导致换热器体积增加的原因之一。单位净功成本随着有机工质组分浓度的升高而降低，这主要是最大工作压力迅速下降，导致膨胀机和泵的成本降低造成的。

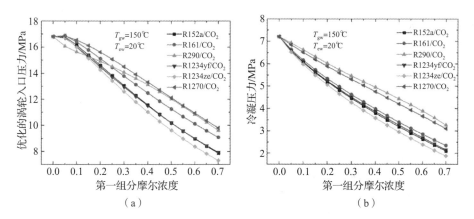

图 2 - 15　优化的涡轮入口压力和冷凝压力随第一组分摩尔浓度的变化曲线[11]

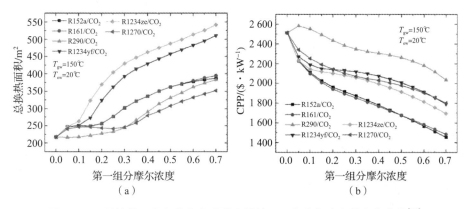

图 2 - 16　总换热面积和单位净功成本随第一组分摩尔浓度的变化曲线[11]

　　综合来看，在 6 种含 CO_2 的混合工质中，R161/CO_2 的热经济性最好。与纯 CO_2 工质相比，采用 R161/CO_2 混合工质，当 R161 的摩尔浓度为 0.7 时，净输出功率增加 14.43% ~ 59.46%，而单位净功成本下降 27.96% ~ 48.72%。选用含 CO_2 的混合工质，虽然换热面积会增加，但是单位净功成本会减小，同时，含 CO_2 的混合工质的最高工作压力明显低于纯 CO_2 工质，允许的冷凝温度范围也比纯 CO_2 工质大。当冷却水温度较低时，R152a/CO_2 混合工质的性能也较好。

通常 ORC 系统的冷源为接近环境温度的冷却水或空气，在与 ORC 系统工质的换热过程中，其温升不是很大。但是，当采用基于 ORC 系统的热电联供时，冷却水经过 ORC 系统的冷凝器后温度升高很多，随后被泵送到建筑内作为冬季供热热源或平时生活热水。对于这种高冷却水温升的情形，可采用大温度滑移的非共沸混合工质以提高整个 ORC 系统的能效。

以高温烟气为热源，Oyewunmi 等分析了采用大温度滑移的非共沸混合工质的热电联供系统性能[13]。当冷却水温度从 20℃ 升高到 90℃ 时，采用丁烷/癸烷混合工质的 ORC 系统的工作性能随丁烷摩尔浓度的变化曲线如图 2 – 17 所示。在不同的蒸发压力下，采用混合工质的净输出功率和热效率均高于对应的两种纯工质，蒸发压力越高，净输出功率和热效率的提升效果越明显。当蒸发压力较低时，最大净输出功率对应的丁烷摩尔浓度约为 50%，随着蒸发压力的升高，对应的优化摩尔浓度逐渐增大到 80%。混合工质在不同蒸发压力和冷凝压力下的温度滑移如图 2 – 17（b）所示。在设定冷凝压力下的最大温度滑移约为 140℃，而低蒸发压力下的温度滑移也接近 130℃。随着蒸发压力的升高，最大温度滑移逐渐减小。如此大的温度滑移可实现混合工质在冷凝过程中与冷却水的大温升匹配，减小冷凝过程的不可逆损失，提高 ORC 系统的净输出功率和热效率。图 2 – 17（d）显示了估算的单位净功成本，在最大输出功率对应的摩尔浓度范围内，混合工质的单位净功成本与对应的纯工质结果接近。

二元非共沸混合工质在相变过程中的温度滑移特性可提高换热器内与热源或冷源之间的温度匹配，降低系统㶲损。但实际二元非共沸混合工质在蒸发/冷凝过程的温度变化不一定是图 2 – 7 所示的直线，因此实际的夹点位置可能出现在泡点和露点之间的某个位置。采用三元以上的多元非共沸混合工质，可在一定范围内进一步改善工质相变过程的温度变化曲线，提高其线性度，从而改善与热源或冷源之间的温度匹配情况。Prasad 等研究了多元非共沸混合工质的工作性能[14]。对采用多元非共沸混合工质的 ORC 系统，基于 Aspen Plus 软件，以 ORC 系统的㶲效率和膨胀机比体积膨胀功的最大化为目标，采用序列二次规划 SQP 算法，得到了多元非共沸混合工质的组分及其摩尔浓度比。备选的纯工质见表 2 – 3，优化得到的多元非共沸混合工质见表 2 – 4。

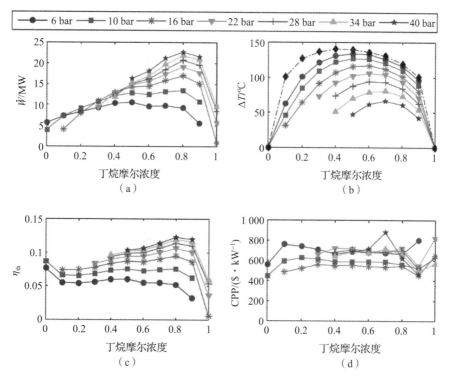

图 2 – 17　采用丁烷/癸烷混合工质的 ORC 系统性能随丁烷摩尔浓度的变化曲线[13]

（a）净输出功率；（b）蒸发过程（实线）和冷凝过程（虚线）的温度滑移；

（c）循环热效率；（d）单位净功成本

表 2 – 3　多元非共沸混合工质的备选范围[14]

序号	名称	T_{NBP}/K	T_c/K	$(T_{NBP}/T_c)/(K \cdot K^{-1})$
P1	环己烷	353. 87	553. 60	0. 64
P2	己烷	341. 86	507. 82	0. 67
P3	异己烷	333. 36	497. 70	0. 67
P4	环戊烷	322. 41	511. 72	0. 63
P5	戊烷	309. 21	469. 70	0. 66
P6	异戊烷	300. 98	460. 35	0. 65
P7	环丁烷	285. 65	460. 15	0. 62
P8	R245fa	288. 29	427. 16	0. 67
P9	R236ea	279. 32	412. 44	0. 68
P10	丁烷	272. 66	425. 13	0. 64
P11	异丁烷	261. 40	407. 81	0. 64

表 2 - 4 采用序列二次规划 SQP 算法优选得到的多元非共沸混合工质[14]

混合物	组分	摩尔百分比
M1	异戊烷/环戊烷/环己烷	4.6/64.7/30/7
M2	异丁烷/戊烷/异戊烷/环己烷	3.7/48.1/40.3/6.9
M3	异丁烷/环丁烷/异戊烷/环己烷	10.3/3.9/83.7/2.1
M4	丁烷/异丁烷/戊烷/异戊烷	36.1/3.2/18.0/42.7
M5	丁烷/异丁烷/戊烷/异戊烷	38.1/2.7/18.2/41.0
M6	异丁烷/R236ea/异戊烷/环己烷	24.0/39.6/36.1/0.3
M7	丙烷/丁烷/异丁烷/戊烷/异戊烷/环己烷	5.5/26.9/21.6/25.4/19.5/2.1
M8	丁烷/异定烷/戊烷/异戊烷	29.4/50.3/15.8/4.5
M9	异丁烷/R236ea/异戊烷/环己烷	56.5/33.1/8.4/1.9
M10	丙烷/丁烷/异戊烷	35.1/37.3/27.2

定义 ORC 系统膨胀机的比体积膨胀功为

$$W_v = \frac{W_{exp}}{V_4} = \rho_4(h_3 - h_4) \tag{2-35}$$

式中，W_{exp} 为膨胀机输出功率，V_4 为膨胀机出口的工质体积流量。

比体积膨胀功越大，说明需要的膨胀机体积越小，越有利于降低 ORC 系统成本。分析得到的包括单组分和多组分工质的㶲效率和膨胀机入口压力如图 2 - 18 所示。从图 2 - 18（a）中可以看出，在相同的㶲效率下混合工质的比体积膨胀功更大，说明采用混合工质的膨胀机尺寸更小。表 2 - 4 中的混合工质在㶲效率和比体积膨胀功等方面比纯工质更有优势。例如，在㶲效率接近的条件下，混合工质 M10 的比体积膨胀功比纯工质 P5 和 P6 高出一个数量级。从图 2 - 18（b）可以看出，在同样的比体积膨胀功条件下，混合工质的膨胀机入口压力也明显大于纯工质。

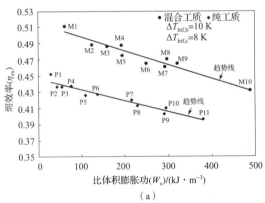

(a)

图 2 - 18 采用多元非共沸混合工质的 ORC 系统性能随比体积膨胀功的变化曲线[14]

(a) 㶲效率

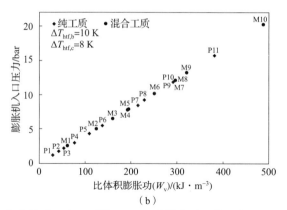

（b）

图 2-18　采用多元非共沸混合工质的 ORC 系统性能随比体积膨胀功的变化曲线[14]（续）

（b）膨胀机入口压力

2.4　热力学性能

在进行 ORC 系统工作性能优化时，需要考虑热源和冷源的温度匹配，因此需要对蒸发压力、冷凝压力和过热度等参数进行优化，对于混合工质还要考虑工质组分的质量分数。通过建立 ORC 系统的热力学理论模型，可以使分析这些参数对 ORC 系统性能影响的过程更加易于理解。图 2-19 所示为采用纯工质的简单 ORC 系统的温熵图，其中，P_H 为蒸发压力，P_L 为冷凝压力，T_H 为蒸发温度，T_L 为冷凝温度。

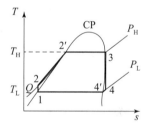

图 2-19　采用纯工质的简单 ORC 系统的温熵图

根据图 2-19 标识的 ORC 系统工作过程的状态点，有机工质在饱和蒸汽状态 3 的比熵为

$$s^V = s_0 + \Delta s_{02} + \Delta s_{22'} + \Delta s_{2'3} \tag{2-36}$$

状态 0 的比熵可表示为

$$s_0 = s_0(P_H, T_L) \tag{2-37}$$

状态 3 的比熵可根据式（2-38）计算：

$$s^V = s_3(P_H, T_H) \tag{2-38}$$

由蒸发潜热的定义有

$$\Delta s_{2'3} = L/T_H \tag{2-39}$$

$$L = L(T_H) \tag{2-40}$$

0→2 和 2→2′的熵变由热力学关系式有

$$\Delta s = \int \left[\frac{c_P}{T} \mathrm{d}T - \left(\frac{\partial v}{\partial T} \right)_P \mathrm{d}P \right] \tag{2-41}$$

式中，c_P 为定压比热容，T 为工质温度，v 为工质的比容，P 为工质压力。

忽略液体比容的变化，则有

$$\Delta s \approx \int \frac{c_P}{T} \mathrm{d}T \tag{2-42}$$

假定 $s_0 = 0$，有

$$s^V = \int_{T_\mathrm{L}}^{T_\mathrm{H}} \frac{c_P}{T} \mathrm{d}T + \frac{L}{T_\mathrm{H}} \tag{2-43}$$

当冷凝温度固定，蒸发温度变化时，有

$$\frac{\mathrm{d}s^V}{\mathrm{d}T} = \frac{c_P}{T} + \frac{1}{T} \cdot \frac{\mathrm{d}L}{\mathrm{d}T} - \frac{L}{T^2} \tag{2-44}$$

根据 Watson 公式可得到蒸发潜热 L 与工质温度 T 的关系[15]：

$$L = L_\mathrm{bp} \left(\frac{1 - T/T_\mathrm{cr}}{1 - T_\mathrm{bp}/T_\mathrm{cr}} \right)^{\kappa} \tag{2-45}$$

$$\kappa = \left(0.002\,64 \frac{L_\mathrm{bp}}{RT_\mathrm{bp}} + 0.879\,4 \right)^{10} \tag{2-46}$$

根据式（2-45）和式（2-46）得到

$$\frac{\mathrm{d}L}{\mathrm{d}T} = -\kappa L \frac{1/T_\mathrm{c}}{1 - T/T_\mathrm{c}} \tag{2-47}$$

代入式（2-44）得到 s^V 与温度 T 的关系：

$$\frac{\mathrm{d}s^V}{\mathrm{d}T} = \frac{c_P}{T} - \frac{L}{T^2} \left(\frac{\kappa T/T_\mathrm{cr}}{1 - T/T_\mathrm{cr}} + 1 \right) \tag{2-48}$$

从而得到 ORC 系统的热效率为

$$\eta_\mathrm{ORC} = 1 - \frac{h_4 - h_1}{h_3 - h_2} = 1 - \frac{\Delta h_{44'} + \Delta h_{4'1}}{\Delta h_{2'3} + \Delta h_{22'}} \tag{2-49}$$

从图 2-19 中可以看出

$$\Delta h_{44'} \ll \Delta h_{4'1} \tag{2-50}$$

因此

$$\Delta h_{44'} + \Delta h_{4'1} \approx \Delta h_{4'1}. \tag{2-51}$$

对等熵、微干和微湿工质有

$$T_2 \approx T_1 = T_\mathrm{L} \tag{2-52}$$

忽略泵加压过程的温升，则有

$$\eta_\mathrm{ORC} = 1 - \frac{L_\mathrm{L}}{L_\mathrm{H} + c_{Pm} (T_\mathrm{H} - T_\mathrm{L})}$$

$$= 1 - \left[\frac{L_{\mathrm{H}}}{L_{\mathrm{L}}} + \frac{L_{\mathrm{m}} c_{P\mathrm{m}}}{L_{\mathrm{L}} L_{\mathrm{m}}} (T_{\mathrm{H}} - T) \right]^{-1} \tag{2-53}$$

定义平均工作温度 T_{m} 为

$$T_{\mathrm{m}} = (T_{\mathrm{H}} + T_{\mathrm{L}})/2 \tag{2-54}$$

对等熵、微干和微湿工质有

$$\frac{\mathrm{d}s^V}{\mathrm{d}T} = 0 \tag{2-55}$$

根据式（2-48）和式（2-55），得

$$\frac{c_P}{L} = \left(\frac{\kappa T/T_{\mathrm{cr}}}{1 - T/T_{\mathrm{cr}}} + 1 \right) \Big/ T \tag{2-56}$$

由式（2-53）和式（2-56）可得[16]

$$\eta_{\mathrm{ORC}} = 1 - \left[\left(\frac{1 - T_{\mathrm{H}}/T_{\mathrm{cr}}}{1 - T_{\mathrm{L}}/T_{\mathrm{cr}}} \right)^{\kappa} + \left(\frac{1 - T_{\mathrm{m}}/T_{\mathrm{cr}}}{1 - T_{\mathrm{L}}/T_{\mathrm{cr}}} \right)^{\kappa} \left(\frac{\kappa T_{\mathrm{m}}/T_{\mathrm{cr}}}{1 - T_{\mathrm{m}}/T_{\mathrm{cr}}} + 1 \right) \frac{T_{\mathrm{H}}/T_{\mathrm{cr}} - T_{\mathrm{L}}/T_{\mathrm{cr}}}{T_{\mathrm{m}}/T_{\mathrm{cr}}} \right]^{-1} \tag{2-57}$$

从式（2-57）可以看出，ORC 系统的冷凝温度主要出现在括号内的分母中，而相应的蒸发温度主要出现在分子中。当冷凝温度和蒸发温度变化相同的幅值时，$\mathrm{d}\eta_{\mathrm{ORC}}/\mathrm{d}T_{\mathrm{L}} > \mathrm{d}\eta_{\mathrm{ORC}}/\mathrm{d}T_{\mathrm{H}}$，说明冷凝温度变化对 ORC 系统热效率的影响比蒸发温度要大。因此，对于 ORC 系统，在工作中将冷凝温度降低到接近环境温度，可有效提高热效率。

对于采用非共沸混合工质的 ORC 系统，优先保证冷源的温度匹配同样有利于提升 ORC 系统性能。针对煤粉火力发电厂排出的温度为 130℃ 的烟气余热能，Guo 等分析了采用非共沸混合工质时，热源和冷源的温度匹配对 ORC 系统性能的影响[17]。设热源出口温度为 90℃，冷却水入口温度为 20℃，冷却水温升为 6℃，蒸发器和冷凝器的夹点温差分别为 10℃ 和 6℃。ORC 系统采用的非共沸混合工质为 R600a/R601，当热源和冷源的温度匹配分别达到最优时对应的混合工质组分质量分数见表 2-5。针对简单 ORC 系统和带回热器的 ORC 系统，计算得到的热效率随蒸发压力的变化曲线如图 2-20 所示。从图中可以看出，当非共沸混合工质的温度滑移与冷端匹配时，可获得最大的热效率。同时，当非共沸混合工质的温度滑移与热端匹配时，ORC 系统的热效率也优于采用纯工质时。对于简单 ORC 系统而言，采用混合工质 R600a/R601（0.9/0.1）的最大热效率比采用 R600a/R601（0.64/0.36）和 R600a 分别高 6.01% 和 7.91%。对带回热器的 ORC 系统，这一比例也分别达到 4.01% 和 8.81%。因此，合理选择非共沸混合工质的组分，使冷凝过程的温度滑移与冷端匹配比保证混合工质与热端匹配更重要，有利于提高 ORC 系统的热效率。

表 2 – 5   ORC 系统性能随蒸发压力的变化[17]

	组分	质量分数	冷凝压力/kPa	冷凝温度/℃
与冷端匹配	R600a/R601	0.9/0.1	327	25 ~ 31
与热端匹配	R600a/R601	0.64/0.36	263	25 ~ 40

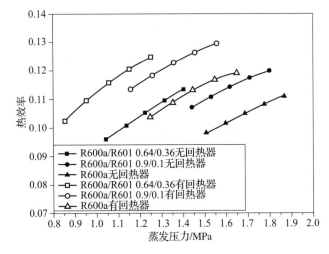

图 2 – 20   冷源和热源的温度匹配对采用混合工质的 ORC 系统热效率的影响[17]

　　根据 ORC 系统的工作条件,利用建立的数学模型,可以对蒸发压力、冷凝压力和混合工质组分浓度等关键工作参数进行优化分析,并分析其对 ORC 系统性能的影响。针对低温地热能发电应用,基于 R600a/R601a 非共沸混合工质的 ORC 系统,Liu 等分析了蒸发压力、冷凝压力、工质组分浓度和冷却水温升等工作参数对 ORC 系统性能的影响[18]。

　　根据设定的工作条件,在不同的组分浓度下,以净输出功率为优化目标,采用广义梯度下降法（Generalized Reduced Gradient, GRG）[19],[20]作为优化算法,计算最优蒸发压力、最优冷凝压力以及对应的冷端温度匹配,得到的优化结果如图 2 – 21 所示。在不同的热源温度下,最优蒸发压力和最优冷凝压力均随着 R600a 质量分数的增大而升高。另一方面,不同热源温度下的最优冷凝压力相同,说明此时热源温度变化对冷凝压力优化没有影响。优化的冷却水温升及相应的混合工质冷凝温度滑移如图 2 – 21（c）所示。在 R600a 的质量分数小于 0.1 或大于 0.85 时,冷却水温升过小会导致冷却水泵功耗过大,此时优化的冷却水温升接近 4.4℃。当 R600a 的质量分数在 0.1 ~ 0.5 范围内时,优化的冷却水温升与混合工质的冷凝温度滑移一致。当 R600a 的质量分数在 0.5 ~ 0.85 范围内时,受到冷凝器内夹点温差的限制,优化的冷却水温升小于相应的混合工质冷凝温度滑移。

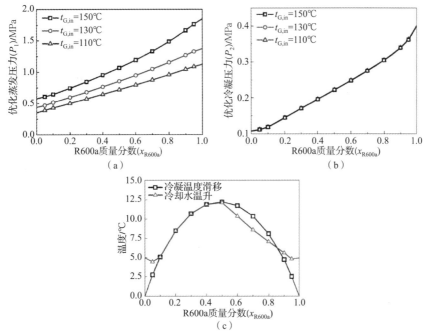

图 2 - 21 采用 R600a/R601a 非共沸混合工质的 ORC 系统
优化工作参数随组分质量分数的变化曲线[18]
（a）最优蒸发压力；（b）最优冷凝压力；（c）冷源温度匹配

优化的 ORC 系统的净输出功率随 R600a 质量分数的变化曲线如图 2 - 22 所示。图中上侧曲线表示涡轮输出功率，下侧曲线表示净输出功率，中间阴影部分表示工质泵和冷却水泵的耗功。在热源入口温度为 110℃ 和 130℃ 时，当 R600a 的质量分数从 0 增加到 0.2 时，净输出功率逐渐增大。当 R600a 的质量分数在 0.2 ~ 0.8 范围内时，净输出功率基本保持不变，与 R600a 纯工质相比，净输出功率提升幅度在 10% 左右。进一步增加 R600a 的浓度，净输出功率逐渐下降。当热源入口温度为 150℃ 时，存在左、右两个不同的优化质量分数使净输出功率达到极大值，其中右侧的极值点的涡轮输出功较大，对应的净输出功率大于左侧极值点。在热源入口温度分别为 110℃、130℃、150℃ 的条件下，采用 R600a/R601a 非共沸混合工质的 ORC 系统的最大净输出功率比采用 R600a 纯工质的 ORC 系统分别高出 11%、7% 和 4%。

对于实际的 ORC 系统，除需要考虑热效率、㶲效率和净输出功率等热力学性能，还需要对 ORC 系统的体积和经济性指标进行评估。ORC 系统的体积主要取决于蒸发器和冷凝器等换热器的体积，通常采用合适的传热关联式来估算 ORC 系统换热器的面积。为了准确计算 ORC 系统换热器的面积，对预热器、蒸发器和冷凝器等换热器需采用分段计算方法，得到每段的对流换热系数后再基于对数平均温差法计算出每段的换热面积，进而求得总换热面积。

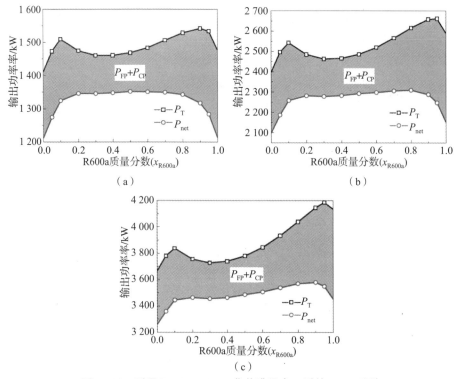

图 2-22 采用 R600a/R601a 非共沸混合工质的 ORC 系统
优化性能随 R600a 质量分数的变化曲线[18]

（a）热源入口温度为 110℃；（b）热源入口温度为 130℃；（c）热源入口温度为 150℃

设所有换热器为管壳式，管侧为地热水或冷却水，壳侧为混合工质。对于壳侧的单相混合工质，可采用 Churchill - Bernstein 传热关联式[21]计算努赛尔数 Nu：

$$Nu = 0.3 + \frac{0.62Re^{1/2}Pr^{1/3}}{[1+(0.4/Pr)^{2/3}]^{1/4}}\left[1+\left(\frac{Re}{282\,000}\right)^{5/8}\right]^{4/5} \qquad (2-58)$$

混合工质在蒸发器内的蒸发过程为池沸腾，可采用 Thome - Shakir 提出的关联式计算对流换热系数[22]：

$$\frac{\alpha}{\alpha_{id}} = \frac{1}{1+K} \qquad (2-59)$$

$$K = \frac{\Delta T_{bp}}{\Delta T_{id}}\left[1-\exp\left(-\frac{\dot{q}}{\beta_1\rho_L h_{LV}}\right)\right] \qquad (2-60)$$

式中，ΔT_{bp} 为温度滑移，$\dot{q}$ 为热流通量，ρ_L 为液体密度，h_{LV} 为蒸发潜热，$\beta_L = 0.000\,3$ m/s，ΔT_{id} 为理想过热度，定义为在同样压力和热通量条件下计算的两种纯工质过热度的平均值[23]：

$$\Delta T_{id} = x_1\Delta T_1 + (1-x_1)\Delta T_2 \qquad (2-61)$$

$$\frac{1}{\alpha_{id}} = \frac{\Delta T_{id}}{\dot{q}} \tag{2-62}$$

$$\frac{1}{\alpha_1} = \frac{\Delta T_1}{\dot{q}} \tag{2-63}$$

$$\frac{1}{\alpha_2} = \frac{\Delta T_2}{\dot{q}} \tag{2-64}$$

其中，下标 1，2 分别表示组分 1 和组分 2。

理想对流换热系数的计算式为

$$\frac{1}{\alpha_{id}} = \frac{x_1}{\alpha_1} + \frac{1-x_1}{\alpha_2} \tag{2-65}$$

R600a 和 R601a 纯工质的核态池沸腾换热系数可由 Stephan - Abdelsalam 提出的关联式[24]计算：

$$\alpha = 0.054\ 6 \frac{\lambda_L}{D_d} \left[\left(\frac{\rho_V}{\rho_L} \right)^{0.5} \left(\frac{\dot{q} D_d}{\lambda_L T_s} \right) \right]^{0.67} \left(\frac{h_{LV} D_d^2}{a_L^2} \right)^{0.248} \left(\frac{\rho_L - \rho_V}{\rho_L} \right)^{-4.33} \tag{2-66}$$

其中，气泡偏离直径[25]为

$$D_d = 0.014\ 6\theta \left[\frac{2\sigma}{g(\rho_L - \rho_V)} \right]^{0.5} \tag{2-67}$$

式中，σ 为表面张力；g 为重力加速度；θ 为接触角，设为 35°。

冷凝器内混合工质经历的膜态冷凝过程的对流换热系数可采用 Silver[26]提出并由 Bell 和 Ghaly[27]完善的计算方法计算：

$$\frac{1}{\alpha_m} = \frac{1}{\alpha_c} + \frac{Z_g}{\alpha_g} \tag{2-68}$$

式中，α_m 为混合工质对流换热系数，α_c 为液态工质对流换热系数，α_g 为修正的气相换热系数。α_c 和 α_g 采用单相传热关联式，但热力学和输运参数采用混合工质组分进行计算。Z_g 为蒸气冷却显热对总冷却换热量的比值，其计算式为

$$Z_g = x c_{P,g} \frac{dT}{dh} \tag{2-69}$$

式中，x 为蒸气质量分数，$c_{P,g}$ 为气态混合工质的定压比热容，dT/dh 为冷凝过程的温焓曲线斜率。

最后，对液态的地热水和冷却水的对流换热系数采用 Gnielinski 关联式[28]计算努赛尔数。

图 2 - 23 所示为单位净输出功率的总换热面积随 R600a 质量分数的变化曲线。随着 R600a 质量分数的增大，单位净输出功率的总换热面积先逐渐增大，在质量分数为 0.5 时达到最大值，随后逐渐减小。在整个浓度范围内，蒸发器换热面积占总换热面积的 8% ~ 15%，冷凝器换热面积的比例为 50% ~ 70%。与

纯 R600a 工质相比，单位净输出功率的总换热面积增加了 30% ~ 40%。这主要是因为混合工质在冷凝和蒸发过程中的对流换热系数小于纯工质，相应的对数平均温差也小，导致混合工质的换热面积比纯工质的大。

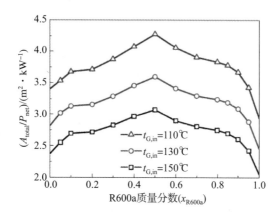

图 2 - 23 单位净输出功率的总换热面积随 R600a 质量分数的变化曲线[18]

有些学者也将 ORC 系统的工作性能表示为 Jacob 数的函数。Mikielewicz 和 Mikielewicz 曾提出利用 Jacob 数预测采用纯工质的 ORC 系统的性能[29]。Drescher 等[30] 和 Stijepovic 等[31] 也研究了 ORC 系统性能与 Jacob 数的关系。工质的 Jacob 数定义为蒸发过程显热与潜热的比值：

$$Ja = \frac{c_P \Delta T}{h_{\mathrm{fg}}} \qquad (2-70)$$

式中，c_P 为根据蒸发温度和冷凝温度的平均值计算的定压比热容，ΔT 为蒸发温度与冷凝温度的差，h_{fg} 为蒸发温度下工质的潜热。

简单 ORC 系统的热效率可表示为

$$\eta_{\mathrm{therm}} = 1 - \frac{Ja \cdot \ln \mathrm{REC}\,(\mathrm{REC}-1)^{-1} + 1/\mathrm{REC}}{1 + Ja} \qquad (2-71)$$

式中，REC 为蒸发过程平均温度与冷凝过程平均温度的比值：

$$\mathrm{REC} = \frac{\overline{T}_{\mathrm{e}}}{\overline{T}_{\mathrm{c}}} \qquad (2-72)$$

ORC 系统的净输出功率为

$$W_{\mathrm{net}} = \overline{c}_P m_{\mathrm{hs}} \left(T_{\mathrm{h\_in}} - T_{\mathrm{sat\_l}} - \Delta T_{\mathrm{PP}} \right) \left\{ Ja \left[1 - \ln \mathrm{REC}\,(\mathrm{REC}-1)^{-1} \right] + 1 - 1/\mathrm{REC} \right\} \qquad (2-73)$$

ORC 系统的㶲效率为

$$\eta_{\mathrm{ex}} = \frac{\overline{c}_P \left(T_{\mathrm{h\_in}} - T_{\mathrm{sat\_l}} - \Delta T_{\mathrm{PP}} \right) \left\{ Ja \left[1 - \ln \mathrm{REC}\,(\mathrm{REC}-1)^{-1} \right] + 1 - 1/\mathrm{REC} \right\}}{h_{\mathrm{h\_in}} - h_0 - T_0 \left(s_{\mathrm{h\_in}} - s_0 \right)} \qquad (2-74)$$

对于采用纯工质的 ORC 系统，热效率与 Jacob 数存在负相关性，即 Jacob 数越小，ORC 系统的热效率越高。

基于 Jacob 数，Kuo 等提出了 ORC 系统的无量纲优值（Figure of Merit，FOM）来评价采用纯工质的 ORC 系统的工作性能[32]，建立了工质热力学属性与 ORC 系统热效率之间的关系。FOM 为 Jacob 数、蒸发温度和冷凝温度的函数，具体定义为

$$\mathrm{FOM} = Ja^{0.1}\left(\frac{T_{\mathrm{cond}}}{T_{\mathrm{evap}}}\right)^{0.8} \tag{2-75}$$

对于采用纯工质的 ORC 系统，FOM 越小，ORC 系统的热效率越高。设定 ORC 系统的蒸发温度范围为 80℃ ~130℃，冷凝温度范围为 25℃ ~40℃，假定工质泵和膨胀机的等熵效率均为 1，Deethayat 等计算了采用纯工质 R245fa、R245ca、R236ea 和 R123 的理想 ORC 系统的热效率随 FOM 的变化曲线[33]，具体结果如图 2 -24（a）所示。

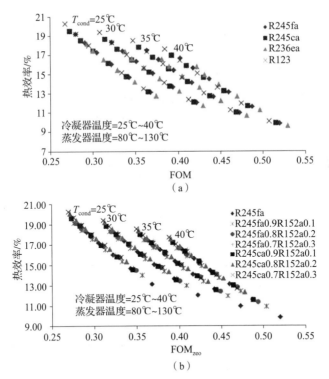

图 2 - 24　ORC 系统的热效率随 FOM 的变化曲线[33]

（a）纯工质；（b）二元非共沸混合工质

基于图 2 - 24 拟合得到如下经验公式：

$$\eta_{\mathrm{thideal}} = (40.44 - 0.17T_{\mathrm{cond}} + 0.0035T_{\mathrm{cond}}^2) +$$

$$(-132.76 + 3.604T_{cond} - 0.042\,8T_{cond}^2)\text{FOM} \quad (2-76)$$

进一步，Deethayat 等定义非共沸混合工质的 FOM_{zeo} 为

$$\text{FOM}_{zeo} = F(\text{FOM}_{single}) \quad (2-77)$$

式中，FOM_{single} 为二元非共沸混合工质中质量分数较大的工质的 FOM，F 为基于混合工质温度滑移 T_g 的校正因子：

$$F = (1 - D) = 1 - (0.000\,4T_g^2 + 0.000\,4T_g + 0.004\,7) \quad (2-78)$$

随后，Deethayat 等研究了采用二元非共沸混合工质的 ORC 系统的热效率与 FOM 的关系。考虑的非共沸混合工质包括：R245fa/R152a、R245fa/R227ea、R245fa/R236ea、R245ca/R152a、R245ca/R227ea 和 R245ca/R236ea。分析得到不同冷凝温度下采用非共沸混合工质的 ORC 系统的热效率随 FOM_{zeo} 的变化曲线，如图 2 – 24（b）所示。

在此基础上，可得到采用非共沸混合工质的 ORC 系统的热效率拟合公式：

$$\eta_{th} = (40.44 - 0.17T_{cond} + 0.003\,5T_{cond}^2) + (-132.76 +$$
$$3.604T_{cond} - 0.042\,8T_{cond}^2)\text{FOM}_{zeo} \quad (2-79)$$

对于混合工质，ORC 系统的热效率与 FOM 之间也存在负相关性，FOM 值越大，热效率越低。但是，混合工质的 FOM 不能简单等于其组分的 FOM，而需要进行一定的修正。基于 Jacob 数、ORC 系统的蒸发温度和冷凝温度，Zhao 和 Bao 也提出了估算采用混合工质的 ORC 系统的热效率，净输出功率和㶲效率的方法[34]。在此基础上，研究发现热源入口温度对混合工质的选择以及优化的组分浓度有较大影响。

采用非共沸混合工质的 ORC 系统的性能评估比采用纯工质的 ORC 系统复杂很多，因为增加了混合工质的组分浓度这个维度。对采用混合工质的 ORC 系统，还需要考虑 ORC 系统工作过程中混合工质的组分迁移问题。蒸发器和冷凝器内气液两相流的浓度存在差异，且气态与液态混合工质之间存在速度滑移，使实际工作时蒸发器和冷凝器内工质的组分浓度比与静止时的混合工质浓度比之间存在一定的偏差。对于采用混合工质的 ORC 系统，在确定充灌的混合工质组分浓度时需要考虑这一差异[35]。

此外，对于采用混合工质的 ORC 系统，还需要评估工质泄漏对 ORC 系统性能的影响。Wang 等通过建立储液罐等的数学模型，分析了液态和气态工质泄漏对 ORC 系统工作性能的影响[36]。结果表明，工质泄漏会影响 ORC 系统的性能，其中蒸气泄漏的影响大于液体泄漏。随着泄漏率的增加，净输出功率会逐渐减小。将储液罐作为一个独立的模块，建立的泄漏模型如图 2 – 25 所示。假设储液罐内工质处于气液平衡状态，且泄漏为等温过程。组分 i 的总摩尔分数 z_i 可表示为

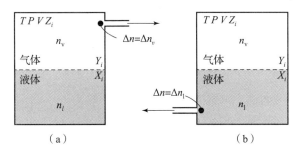

图 2 – 25　ORC 系统储液罐的泄漏模型简图[36]

$$z_i \,=\, (n_{li} + n_{vi})/n \,=\, \frac{(X_i/M_i)(1 - x_v)}{\sum (X_i/M_i)} + \frac{(Y_i/M_i)\,x_v}{\sum (Y_i/M_i)} \qquad (2-80)$$

式中，n_{li} 和 n_{vi} 为组分 i 的液态和气态摩尔数，X_i 和 Y_i 为组分 i 的液态和气态质量，x_v 为蒸气的质量分数。

当气态工质泄漏量为 Δn_v 时，发生泄漏后组分 i 的总摩尔分数为

$$z_i' = \frac{x_i n_1 + y_i (n_v - \Delta n_v)}{n - \Delta n} = \frac{1}{1 - \varepsilon}\left[\frac{X_i/M_i}{\sum (X_i/M_i)}(1 - x_v) + \right.$$

$$\left. \frac{Y_i/M_i}{\sum (Y_i/M_i)}(x_v - \varepsilon)\right] \qquad (2-81)$$

式中，ε 为泄漏率。

当液态工质泄漏量为 Δn_1 时，发生泄漏后组分 i 的总摩尔分数为

$$z_i' = \frac{x_i (n_1 - \Delta n_1) + y_i n_v}{n - \Delta n} = \frac{1}{1 - \varepsilon}\left[\frac{X_i/M_i}{\sum (X_i/M_i)}(1 - x_v - \varepsilon) + \right.$$

$$\left. \frac{Y_i/M_i}{\sum (Y_i/M_i)}x_v\right] \qquad (2-82)$$

对于采用 R290/R245fa 混合工质的 ORC 系统，当 R290/R245fa 的质量分数比为 0.59/0.41 时，气态和液态工质泄漏率对 ORC 系统性能的影响分别如图 2 – 26 和图 2 – 27 所示。气态工质在 40% 的最大泄漏率下，R290 的质量分数可降低 17.05%，但净输出功率的下降幅度较小，为 0.56%。液态工质在 40% 的最大泄漏率下，R290 的质量分数仅降低了 2.93%，而净输出功率的变化幅度更小。气态工质在 40% 的泄漏率下，不同的 R290 初始质量分数对发生泄漏后 ORC 系统性能降低的影响如图 2 – 28 所示。R290 的质量分数越低，气态工质泄漏引起的净输出功率下降越明显，最大下降率可达 51.83%。

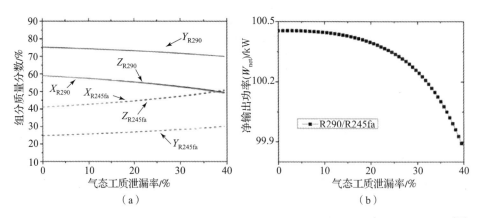

图 2 - 26　不同气态工质泄漏率对采用 R290/R245fa 混合工质的 ORC 系统性能的影响[36]

（a）组分质量分数；（b）净输出功率

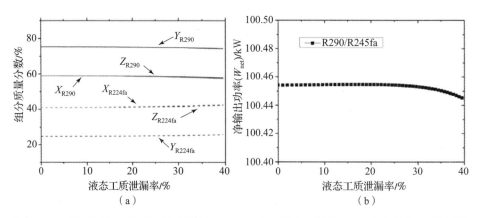

图 2 - 27　不同液态工质泄漏率对采用 R290/R245fa 混合工质的 ORC 系统性能的影响[36]

（a）组分质量分数；（b）净输出功率

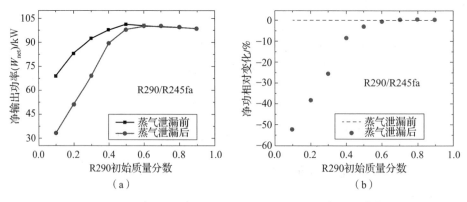

图 2 - 28　初始 R290 质量分数对 ORC 系统泄漏的影响[36]

（a）净输出功率；（b）净功相对变化

2.5　经济性分析

在 ORC 系统的实际应用中，投资成本、资本回收期和净现值等经济性指标可能是投资者更为关注的问题，因此有必要对 ORC 系统的经济性进行分析。在进行 ORC 系统的经济性分析时，常采用 Turton 提出的化工设备成本估算方法[37]来计算各主要部件的成本。对工质泵和膨胀机根据其额定功率来估算成本，对蒸发器和冷凝器等换热器根据其换热面积来估算成本，因此精准估算 ORC 系统的换热器面积是保证经济性分析精度的前提。与纯工质相比，混合工质的热力学性能有一定程度的提高，但通常认为采用混合工质的 ORC 系统的经济性会比采用纯工质的 ORC 系统低。这主要是因为采用混合工质后，由于蒸发器和冷凝器内的平均温差更小，而气、液界面之间的组分浓度差会降低工质的对流换热系数，导致换热器面积更大，使换热器的成本增加。

针对温度为 100℃ ~180℃ 的中低温地热能发电应用，烷烃类和氢氟烃类纯工质的㶲效率随热源温度的变化曲线如图 2 – 29 所示[38]。当热源温度低于 100℃ 时，不同工质之间的㶲效率差异很小。当热源温度为 100℃ ~145℃ 时，丙烷的㶲效率明显高于其他烷烃类工质，热源温度为 140℃ 时丙烷的㶲效率达到最大。当热源温度进一步升高时，异丁烷的㶲效率明显高于其他纯工质。对于氢氟烃类工质，当热源温度为 100℃ ~145℃ 时，R227ea 的㶲效率最高，R134a 在热源温度为 140℃ 时效率也较高。当热源温度高于 145℃ 时，R236fa 的㶲效率变成最高。

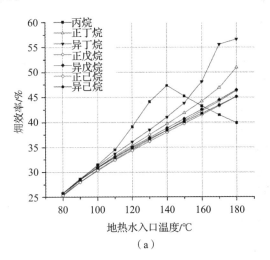

（a）

图 2 – 29　采用纯工质的 ORC 系统的㶲效率随热源温度的变化曲线[38]

（a）烷烃类工质

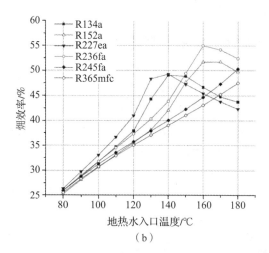

图 2 – 29　采用纯工质的 ORC 系统的㶲效率随热源温度的变化曲线[38]（续）

（b）氢氟烃类工质

　　对于采用二元非共沸混合工质的 ORC 系统，不同热源温度下的㶲效率如图 2 – 30 所示。图中的每一个热源温度下的㶲效率均为非共沸混合工质的组分质量分数优化后的最大㶲效率。对于烷烃类工质，当热源温度低于 120℃ 时，非共沸混合工质的㶲效率之间差异较小，但明显高于对应的纯工质。例如，与异丁烷相比，丙烷/异丁烷的㶲效率提高了 18.6% 。当热源温度为 120℃ ~ 170℃ 时，丙烷/异丁烷的㶲效率仍然明显高于其他工质，与丙烷相比，最大㶲效率可提高 20.6% 。当热源温度为 180℃ 时，异丁烷/异戊烷的㶲效率最大。对于氢氟烃类工质，在大部分热源温度范围内，R227ea/R245fa 的㶲效率最大，与对应的㶲效率较高的纯工质相比，㶲效率最大可提高 17.3% 。当热源温度低于 120℃ 时，不同混合工质之间的㶲效率差异不大。当热源温度高于 170℃ 时，R236fa/R365mfc 和 R236fa/R245fa 的㶲效率也较高。

　　通常换热器的夹点温差会影响换热器内的温度匹配情况和 ORC 系统的工作性能，夹点温差越小，换热器的㶲损越小，但所需要的换热面积也越大。因此，在进行 ORC 系统设计时，需要合理确定换热器的夹点温差。对采用异丁烷/异戊烷混合工质的 ORC 系统，不同的冷凝器夹点温差下㶲效率随低沸点组分摩尔分数的变化曲线如图 2 – 31 所示[39]。对于图中的纯工质，夹点温差每增加 5K，㶲效率约下降 10% 。对于混合工质，随着夹点温差的增大，对应㶲效率的极值点逐渐由 2 个变成 1 个，当夹点温差为 20℃ 时，㶲效率极值点仅出现在摩尔分数为 0.5 处。这主要是因为异丁烷/异戊烷在冷凝过程中的最大温度滑移为 12.4K，当夹点温差小于此值时，存在两个不同的摩尔分数使冷凝器内的温度匹配较好，当夹点温差大于此值时，仅在等摩尔分数时冷凝器内的温度匹配较好。

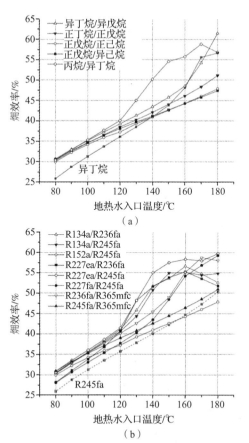

（a）

（b）

图 2-30　滑移温度小于冷却水温升时 ORC 系统性能随组分浓度的变化曲线[38]

（a）烷烃类混合工质；（b）氢氟烃类混合工质

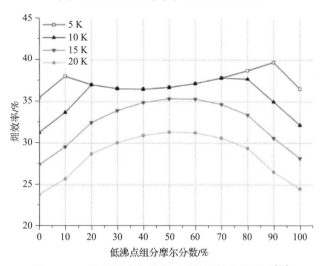

图 2-31　冷凝器夹点温差对系统㶲效率的影响[38]

ORC 系统的热力学性能计算是进行经济性评估的基础。利用热力学性能计算得到的工质热力学状态和流量参数，可建立换热器的传热模型，对蒸发器和冷凝器等的换热面积进行估算。ORC 系统的换热器采用管壳式。对于蒸发器，为了降低地热水堵塞的风险，管侧流体为地热水，壳侧流体为有机工质。对于冷凝器，管侧流体为有机工质，壳侧流体为冷却水。为了计算换热器的换热面积，管侧单相流体采用如下关联式计算努塞尔数 Nu[40]：

$$Nu = 0.027Re^{0.8}Pr^{0.33} \tag{2-83}$$

壳侧单相流体的努塞尔数 Nu 为[41]

$$Nu = 0.36Re^{0.55}Pr^{0.33} \tag{2-84}$$

平直管内纯工质蒸发过程的对流换热系数由 Stephan - Abdelsalam 池沸腾关联式[24]计算：

$$Nu = 207 \left(\frac{\dot{q}\,d}{\lambda_1 T_s} \right)^{0.745} \left(\frac{\rho_g}{\rho_1} \right)^{0.581} \left(\frac{v_1}{a_1} \right)^{0.533} \tag{2-85}$$

对于二元非共沸混合工质，采用 Schlunder 模型校正对流换热系数[42]：

$$\frac{\alpha_{id}}{\alpha} = 1 + \frac{\alpha_{id}}{\dot{q}}(T_{s2} - T_{s1})(y_1 - x_1)\left[1 - \exp\left(-B_0 \frac{\dot{q}}{\rho_1 \beta \Delta h_v}\right)\right] \tag{2-86}$$

对于平直管内的纯工质冷凝过程，采用 Shah 关联式计算 Nu[43]：

$$Nu = 0.023Re_l^{0.8}Pr_l^{0.4}\left[(1-x)^{0.8} + \frac{3.8x^{0.76}(1-x)^{0.04}}{p^{*0.38}}\right] \tag{2-87}$$

式中，x 为蒸气干度，$p*$ 为相对压力。

随后采用下式对混合工质的对流换热系数[27],[44]进行校正：

$$\frac{1}{\alpha_{eff}} = \frac{1}{\alpha(x)} + \frac{Z_g}{\alpha_g} \tag{2-88}$$

式中，α_{eff} 为混合工质的对流换热系数，$\alpha(x)$ 为基于混合工质的热物性由式 (2-87) 计算的对流换热系数，α_g 为气相对流换热系数，Z_g 为混合工质冷凝过程中显热与潜热的比。气相对流换热系数 α_g 和 Z_g 根据下式进行计算：

$$Nu = 0.023Re_g^{0.8}Pr_g^{0.4} \tag{2-89}$$

$$Z_g = x\,c_{P,g}\frac{\Delta T_{cond}}{\Delta h} \tag{2-90}$$

式中，ΔT_{cond} 和 Δh 分别为冷凝过程的温度滑移和对应焓变。

根据上面的模型可以计算出 ORC 系统所有换热器的换热面积，结合工质泵和膨胀机的额定输出功率，就可以评估 ORC 系统的经济性。当地热水温度为 120℃时，采用丙烷/异丁烷、异丁烷/异戊烷、R227ea/R245fa 3 种非共沸混合工质时，ORC 系统的所有换热器 UA 值和㶲效率随低沸点组分质量分数的变化曲线如图 2-32 所示。对所选的 3 种混合工质，存在两个不同的质量分数使 ORC 系统的㶲效率和所有换热器 UA 值达到极大值，对应㶲效率最高的质量分数下的 UA 值也最大，并且此时混合工质的㶲效率明显高于对应的纯工质。对于丙烷/异丁烷混合工质，丙烷质量分数为 0.8 时㶲效率最高；对于异丁烷/异戊烷混合工质，异丁烷质量分数为 0.9 时㶲效率最高；采用 R227ea/R245fa 混合工质的㶲效率改善效果相对较小。另一方面，对低温地热发电 ORC 系统，所有换热器的 UA 值变化趋势主要受到冷凝器 UA 值的影响，对异丁烷/异戊烷混合工质，冷凝器 UA 值占所有换热器 UA 值的 76.7%。

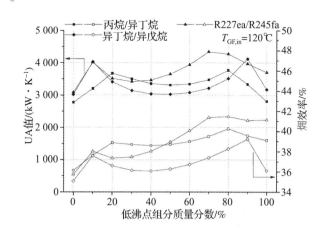

图 2 - 32　地热水温度为 120℃ 时㶲效率和所有换热器 UA 值
随低沸点组分质量分数的变化曲线[38]

　　分析得到的不同混合工质的对流换热系数随低沸点组分质量分数的变化曲线如图 2 - 33（a）所示。混合工质在冷凝过程中的对流换热系数的下降幅度相对较小，对于异丁烷/异戊烷混合工质，最大下降幅度为 18%。对于丙烷/异丁烷和 R227ea/R245fa 混合工质，最大下降幅度约为 8%。由于混合工质在蒸发器内的传热为池沸腾，其对流换热系数下降幅度比冷凝过程大很多。对于异丁烷/异戊烷、丙烷/异丁烷两种混合工质，在等质量分数时下降幅度达到最大，分别为 45% 和 48%。对于 R227ea/R245fa 混合工质，最大下降幅度也达到了 37%。包含回热器、预热器、蒸发器和冷凝器的总换热面积随低沸点组分质量分数的变化曲线如图 2 - 33（b）所示。总换热面积的极大值点对应的质量分数与图 2 - 32 中的 UA 值曲线一致。

　　针对太阳能发电用低温 ORC 系统的性能分析，结果也表明混合工质的热力学性能优于纯工质，但纯工质的经济性更好[45]。ORC 系统采用的混合工质分别为己烷/戊烷、异己烷/戊烷、丁烷/戊烷，设定的 ORC 系统工作条件见表 2 - 6，对应的混合工质在冷凝过程中的温度滑移如图 2 - 34（a）所示。ORC 系统的净输出功率、热效率、㶲效率和单位 UA 值的净功分别如图 2 - 34（b）~（e）

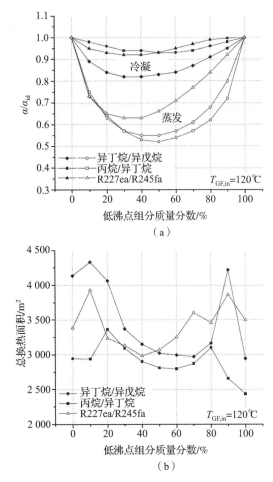

图 2-33　蒸发和冷凝过程的对流换热系数和总换热面积
随低沸点组分质量分数的变化曲线[38]

所示。从图中可以看出，随着混合工质第一组分质量分数的增加，净输出功率、热效率和㶲效率均先增大后减小。净输出功率最大时对应的第一组分质量分数与最大温度滑移的第一组分质量分数一致。采用丁烷/戊烷混合工质的 ORC 系统的净输出功率最大，对应第一组分质量分数比为 0.44/0.56，采用丁烷/戊烷混合工质的 ORC 系统的热效率也是最大的，达到 9.92%。在设定的分析条件下，采用非共沸混合工质使蒸发器内的吸热量增加，导致膨胀机内的焓降增大，从而提高了 ORC 系统的热力学性能。单位 UA 值的净功随第一组分质量分数的增加先减小后增大，因此，从经济性上分析，3 种混合工质的经济性均低于相应纯工质的经济性，其中丁烷/戊烷的经济性最差。随后，以㶲效率最大和 UA 值最小为优化目标，采用遗传算法进行多目标优化计算，得到 3 种混合工质的 Pareto 前锋面，如图 2-34（f）所示。从图中可以看出，随着烟效率从 0.44 逐渐增大，UA 值先小幅升高，当烟效率从 0.52 继续增加时，UA 值则迅速增大。因此，在实际设计中，需要在 ORC 系统的热力学性能和经济性之间进行平衡，合理选择换热器的尺寸。

表 2-6 设定的 ORC 系统工作条件[45]

输入参数	值
涡轮等熵效率（η_t）	0.8
蒸发泡点温度（T_{ev}）/℃	80
泵等熵效率（η_p）	0.7
冷凝露点温度（T_{cond}）/℃	35
环境温度（T_o）/℃	20
热源流量/（kg·s^{-1}）	5
冷却水流量/（kg·s^{-1}）	6
冷却水入口温度/℃	20
冷却水温升/℃	5
热源入口温度（T_h）/℃	100
蒸发器夹点温差/℃	5
冷凝器夹点温差/℃	5

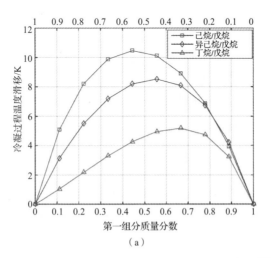

（a）

图 2-34 太阳能发电用低温 ORC 系统的工作性能[45]

（a）冷凝过程温度滑移

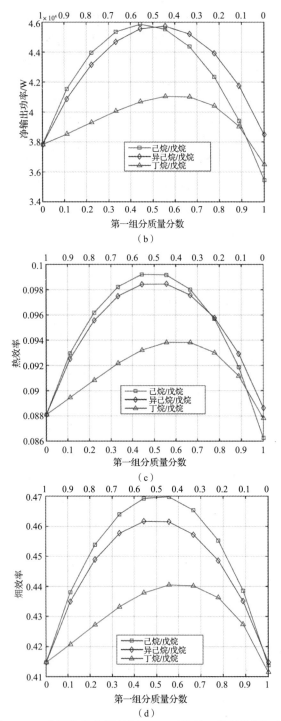

图 2 – 34　太阳能发电用低温 ORC 系统的工作性能[45]（续）

（b）净输出功率；（c）热效率；（d）㶲效率

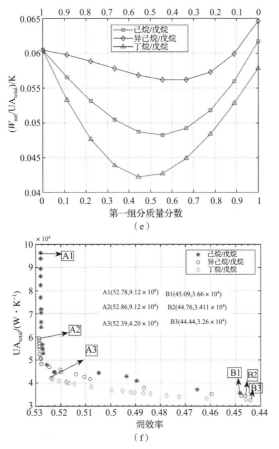

图 2 - 34　太阳能发电用低温 ORC 系统的工作性能[45] (续)

(e) 单位 UA 值的净功；(f) 以㶲效率和 UA 值为目标的优化 Pareto 前锋面

有些 ORC 系统采用管式换热器，如图 2 - 35 所示，换热器采用同轴双管结构，工质在内管内流动，内、外管之间的环形区域为热水或冷却水。对外侧的水，可采用 Gnielinski 关联式计算对流换热系数。对于单相混合工质，可采用 Dittus - Boelter 关联式计算，而蒸发和冷凝的相变过程可采用 Bivens - Yokozeki 关联式[46]计算。对于纯工质的蒸发过程，有

$$h = (A^{2.5} + B^{2.5})^{1/2.5} \tag{2-91}$$

$$A = \frac{55Q^{0.67}P_r^{0.12}}{\sqrt{m}(-\lg P_r)^{0.55}} \tag{2-92}$$

$$B = \begin{cases} 2.838h_{lx}Fr^{0.2}(0.29 + 1/X_{tt})^{0.85}, & Fr \leqslant 0.25 \\ 2.15h_{lx}(0.29 + 1/X_{tt})^{0.85}, & Fr > 0.25 \end{cases} \tag{2-93}$$

$$Fr = \frac{(G/\rho_1)^2}{9.80665D} \qquad (2-94)$$

$$X_{tt} = (1/x-1)^{0.9} \sqrt{\rho_v/\rho_1}(\eta_1/\eta_v)^{0.1} \qquad (2-95)$$

$$h_{1x} = 0.23 \frac{\lambda_1}{D} Re_x^{0.8} P_r^{0.4} \qquad (2-96)$$

$$Re_x = GD(1-x)/\eta_1 \qquad (2-97)$$

$$P_r = c_s \eta_1/\lambda_1 \qquad (2-98)$$

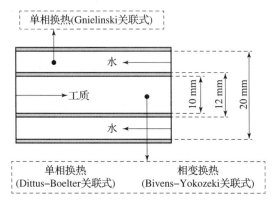

图 2-35 同轴双管换热器示意[47]

式中，m 为分子量，Q 为热流密度（W/m²），P_r 为相对压力，x 为干度，D 为直径（m），G 为质量通量（kg/m²s），λ 为热导率 [W/(mK)]，η 为黏度（Pa·s），ρ 为密度（kg/m³），c_s 为液体比热容 [J/(kgK)]，下标 v 表示气态，下标 l 表示液态。

对于混合工质，有

$$h_{mix} = \frac{h_{id}}{1 + h_{id}F/Q} \qquad (2-99)$$

$$F = 0.175(T_d - T_b)\left[1 - \exp\left(-\frac{Q}{1.3 \times 10^{-4}\rho_1 H_{vp}}\right)\right] \qquad (2-100)$$

式中，T_d 为露点温度，T_b 为泡点温度，H_{vp} 为蒸发潜热（J/kg）。

对于纯工质的冷凝过程，有

$$h/h_1 = (1-x)^{0.8} + 3.8x^{0.76}(1-x)^{0.04}(P_c/P_s)^{0.38} \qquad (2-101)$$

$$h_1 = 0.23 \frac{\lambda}{D} Re^{0.8} P_r^{0.4} \qquad (2-102)$$

$$Re = GD/\eta \qquad (2-103)$$

$$P_r = c_s \eta/\lambda \qquad (2-104)$$

$$h_{con} = hF \tag{2-105}$$

$$F = 0.787\,38 + 6\,187.89G^{-2} \tag{2-106}$$

式中，P_c 为临界压力，P_s 为饱和压力，G 为质量流量 $[kg/(m^2 s)]$，c_s 为液体热容 $[J/(kgK)]$，h_{con} 为冷凝过程对流换热系数 $[W/(m^2 K)]$。

对于混合物，有

$$h_{mix} = \left[\sum_{i=1}^{n} \left(\frac{y_i}{h_i} \right)^c \right]^{-1/c} \tag{2-107}$$

$$c = \begin{cases} 0.85 - 0.014\,545(T_d - T_b) & G \geqslant 160 \\ (0.106\,76 + 0.12\,483\ln G)[1.25 - 0.045\,45(T_d - T_b)] & G < 160 \end{cases} \tag{2-108}$$

式中，y_i，h_i 为组分 i 的摩尔浓度和换热系数，n 为总组分数。

图 2 - 36 所示为当热源温度为 100℃ 时，R245fa、R113 与混合工质 R245fa/R113（0.44/0.56）的对流换热系数随蒸气干度的变化曲线[47]。随着干度的增加，3 种工质的对流换热系数均增大，但混合工质的对流换热系数小于纯工质，尤其在蒸发过程中更为明显，混合工质在蒸发过程中的对流换热系数约为 8.44 kW/(m² K)，仅为 R245fa 的 21.31% 或 R113 的 19.55%。

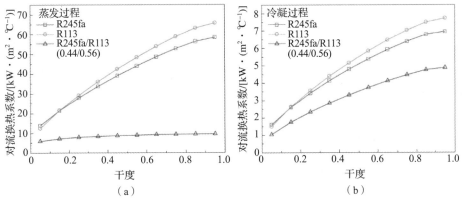

图 2 - 36　对流换热系数随蒸气干度的变化曲线[47]

(a) 蒸发过程；(b) 冷凝过程

对于采用 R245fa/R113 混合工质的 ORC 系统，根据对数平均温差计算的不同组分质量分数下的蒸发器和冷凝器的换热面积如图 2 - 37 所示。随着 R245fa 质量分数的增加，总换热面积先增大后减小，其中冷凝器的显热部分对应的换热面积随组分质量分数的变化最大。总换热面积的变化趋势与净输出功率基本一致。结果表明混合工质可提高 ORC 系统的净输出功率，但需要的换热面积也比纯工质大。如果采用同样的换热面积，采用纯工质的 ORC 系统由于夹点温差小于混合工质，其净输出功率也稍高于采用混合工质的 ORC 系统。

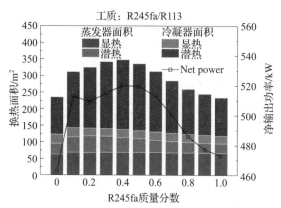

图 2 - 37　采用 R245fa/R113 混合工质的 ORC 系统的净输出功率和
换热面积随 R245fa 质量分数的变化趋势[47]

目前大多数研究认为采用混合工质后虽然可提高 ORC 系统的净输出功率和热效率等热力学性能,但与采用纯工质相比,换热器面积增大,导致经济性不如相应的采用纯工质的 ORC 系统。然而,也有研究者认为在某些条件下,采用混合工质的 ORC 系统的经济性优于相应的采用纯工质的 ORC 系统。针对大型船用柴油机尾气余热回收,Yang 分析了采用不同非共沸混合工质的 ORC 系统的经济性[48]。船用柴油机型号为瓦锡兰 RT - flex96C,在 85% 负荷下的输出功率为 80.08 MW,排气初始温度为 308℃,经过涡轮增压器和经济器后排气温度降低到 160℃ 左右,该工况的燃油消耗率为 167 g/kWh。分析的工质包括:R236fa、R245fa、R600、R1234ze 以及它们的二元非共沸混合工质。设定的 ORC 系统工作条件见表 2 - 7。

表 2 - 7　设定的船用柴油机排气余热回收 ORC 系统的工作条件[49]

参数	值
排气质量流量/$(kg \cdot s^{-1})$	173
排气入口温度/℃	160
冷却入口温度/℃	24
膨胀机入口温度 (T_2)/℃	75 ~ 105
冷凝温度 (T_6)/℃	28 ~ 40
蒸发器夹点温差 $(\Delta T_{eva,min})$/℃	30
冷凝器夹点温差 $(\Delta T_{con,min})$/℃	4
工质泵和膨胀机效率 (η_{pum}, η_{exp})	0.75
蒸发器和冷凝器校正因子 (F)	0.9

冷凝器出口温度 T_6 保持 30℃不变，预热器出口即蒸发器入口温度 T_2 对系统净输出功率的影响如图 2 - 38（a）所示。随着 T_2 从 76℃升高到 100℃，不同工质的净输出功率均先增加后减小，存在一个最佳的 T_2 值使净输出功率最大。R1234ze、R236fa/R1234ze、R236fa 的净输出功率稍高于其他工质。ORC系统总成本随 T_2 的变化曲线如图 2 - 38（b）所示。R1234ze、R236fa/R1234ze 和 R236fa 的总成本明显高于其他工质，R600/R1234ze 和 R236fa/R245fa 的总成本最低。随着 T_2 的增大，R1234ze 和 R236fa/R1234ze 的总成本基本不变，而其他工质的总成本逐渐减小。这主要是因为随着 T_2 的增大，ORC 系统吸收的排气余热能逐渐减小。ORC 系统主要部件的采购成本变化曲线如图 2 - 38（c）所示，膨胀机的成本最高，蒸发器和冷凝器的成本也占有很大比例。ORC 系统的资本回收期随 T_2 的变化曲线如图 2 - 38（d）所示，由于受到净输出功率和 ORC 系统总成本的双重影响，资本回收期先减小后增加，

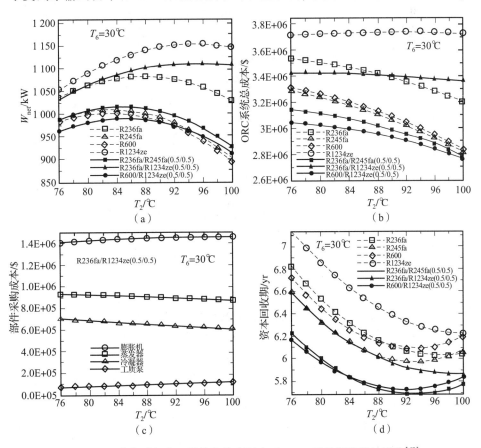

图 2 - 38　蒸发过程中工质饱和液态温度对 ORC 系统经济性的影响[48]

（a）净输出功率；（b）ORC 系统总成本；（c）部件采购成本；（d）资本回收期

存在一个最优 T_2 值对应的资本回收期最小。在所有考虑的工质中，R236fa/R245fa 和 R600/R1234ze 的资本回收期最短。与 R236fa、R245fa、R600、R1234ze、R236fa/R245fa 和 R236fa/R1234ze 相比，R600/R1234ze 的资本回收期分别缩短了 7.55%、6.47%、9%、9.17%、0.9%、2.88%。另一方面，R236fa/R600、R245fa/R600 和 R245fa/R1234ze 的经济性低于对应的纯工质，但 R236fa/R245fa、R236fa/R1234ze 和 R600/R1234ze 的经济性优于对应的纯工质。

除蒸发温度外，其他工作参数如冷凝温度、膨胀机效率和组分质量分数等也会影响 ORC 系统的经济性。Yang 等对采用 R1234yf/R32 非共沸混合工质的跨临界 ORC 系统，对这些工作参数的分析也表明优化后的混合工质经济性优于对应的纯工质[49]。当排气温度为 180℃、涡轮入口压力为 6 MPa、入口温度为 150℃、冷凝器出口温度为 30℃时，分析得到的净输出功率和总成本随 R32 质量分数的变化如图 2 - 39（a）所示。随着 R32 质量分数的增加，净输出功率和 ORC 系统总成本均下降。对应的平均发电成本和工质流量曲线如图 2 - 39（b）所示。工质质量流量随 R32 质量分数的增加而逐渐下降，当 R32 质量分数为 0.2 左右时，平均发电成本达到最小。

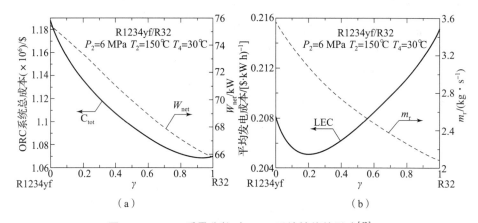

图 2 - 39　R32 质量分数对 ORC 系统性能的影响[49]

（a）ORC 系统总成本和净输出功率；（b）平均发电成本和工质质量流量

当膨胀机的效率变化时，对应平均发电成本最小的优化 R32 质量分数也会随之改变。4 种不同膨胀机效率下得到的优化 R32 质量分数及相应的 $T-s$ 图如图 2 - 40（a）所示。随着膨胀机效率从 0.85 逐渐降低到 0.55，优化的 R32 质量分数逐渐从 0.16 增大到 0.75，膨胀机内的熵增逐渐变大而温降逐渐减小。当膨胀机入口压力为 6 MPa、入口温度为 150℃时，分析得到冷凝器出口温度对平均发电成本的影响，如图 2 - 40（b）所示。冷凝器出口温度越低，对应的优化 R32 质量分数越大。当冷凝器出口温度从 36℃降低到 28℃

时，最小平均发电成本对应的 R32 质量分数从 0.08 增加到 0.28。当涡轮入口温度为 150℃、冷凝器出口温度为 30℃时，不同 R32 质量分数下涡轮入口压力对平均发电成本的影响如图 2–40（c）所示。当 R32 质量分数一定时，平均发电成本随着涡轮入口压力的增加先减小后增大，存在一个最优的涡轮入口压力使平均发电成本最小。随着 R32 质量分数的增大，对应的最优涡轮入口压力逐渐升高。当涡轮入口压力为 6 MPa、冷凝器出口温度为 30℃时，不同 R32 质量分数下涡轮入口温度对平均发电成本的影响如图 2–40（d）所示。当 R32 质量分数一定时，涡轮入口温度对平均发电成本的影响与涡轮入口压力类似，但最优涡轮入口温度随着 R32 质量分数的增加仅有轻微的减小。当 R32 质量分数为 0.2 时，优化的平均发电成本最低。

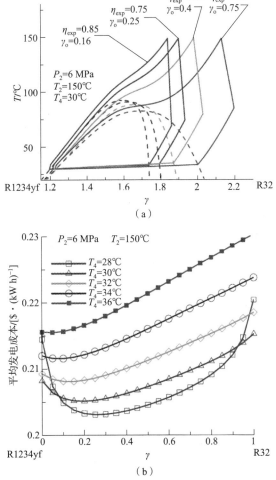

图 2–40　ORC 系统工作参数对平均发电成本的影响[49]

（a）膨胀机效率；（b）冷凝温度

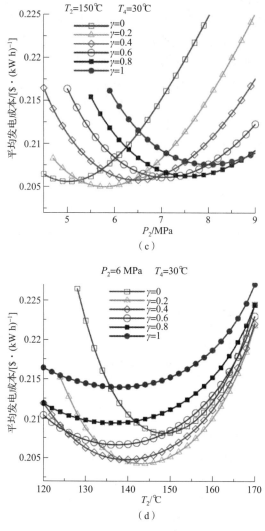

图 2 - 40 ORC 系统工作参数对平均发电成本的影响[49]（续）

（c）涡轮入口压力；（d）涡轮入口温度

当冷凝器出口温度为 30℃时，对应的平均发电成本最小的涡轮入口压力和温度曲线如图 2 - 41 所示。随着 R32 质量分数的增大，对应的涡轮入口压力和温度逐渐升高，但是平均发电成本先减小后增大，存在一组优化的涡轮入口压力和温度使平均发电成本在整个工作范围内最小。

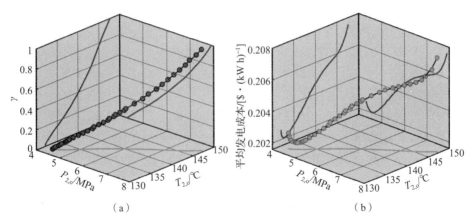

图 2-41　优化的 R32 质量分数和平均发电成本
随涡轮入口压力和温度的变化趋势[49]

（a）优化的 R32 质量分数；（b）平均发电成本

参 考 文 献

［1］Vivian J，Manente G，Lazzaretto A. A General Framework to Select Working Flu-
id and Configuration of ORCs for Low - to - Medium Temperature Heat Sources
［J］. Applied energy，2015，156：727 - 746.

［2］Weith T，Heberle F，Preißinger M，et al. Performance of Siloxane Mixtures in a
High - Temperature Organic Rankine Cycle Considering the Heat Transfer Char-
acteristics During Evaporation［J］. Energies，2014，7（9）：5548 - 5565.

［3］Kandlikar，S G. Boiling Heat Transfer With Binary Mixtures：Part Ⅱ—Flow Boil-
ing in Plain Tubes［J］. Journal of Heat Transfer，1998，120（2）：388 - 394.

［4］Weith T，Heberle F，Brüggemann D. Experimental Investigation of Flow Boiling
Characteristics of Siloxanes and Siloxane Mixtures in a Horizontal Tube［C］//
International Symposium on Convective Heat and Mass Transfer，June 8 - 12，
2014，Kusadasi，Turkey：Begell House，c2014：965 - 978.

［5］Sohel M I，Sellier M，Brackney L J，et al. An Iterative Method for Modelling the
Air - Cooled Organic Rankine Cycle Geothermal Power Plant［J］. International
Journal of Energy Research，2011，35（5）：436 - 448.

［6］Wei D，Lu X，Lu Z，et al. Performance Analysis and Optimization of Organic
Rankine Cycle（ORC）for Waste Heat Recovery［J］. Energy Conversion and
Management，2007，48（4）：1113 - 1119.

[7] 魏东红,陆震,鲁雪生,等. 环境温度对余热驱动的有机朗肯循环系统性能的影响[J]. 兰州理工大学学报,2006,32(6):59-62.

[8] Wu Y,Zhu Y,Yu L. Thermal and Economic Performance Analysis of Zeotropic mixtures for Organic Rankine Cycles[J]. Applied Thermal Engineering,2016,96:57-63.

[9] Liu Q,Duan Y,Yang Z. Effect of Condensation Temperature Glide on the Performance of Organic Rankine Cycles with Zeotropic Mixture Working Fluids[J]. Applied Energy,2014,115:394-404.

[10] Li Y,Du M,Wu S,et al. Exergoeconomic Analysis and Optimization of a Condenser for a Binary Mixture of Vapors in Organic Rankine Cycle[J]. Energy,2012,40:341-347.

[11] Wu C,Wang S,Jiang X,et al. Thermodynamic Analysis and Performance Optimization of Transcritical Power Cycles using CO_2 - Based Binary Zeotropic Mixtures as Working Fluids for Geothermal Power Plants[J]. Applied Thermal Engineering,2017,115:292-304.

[12] Michael R,Torczon L V. A Globally Convergent Augmented Lagrangian Pattern Search Algorithm for Optimization with General Constraints and Simple Bounds[J]. SIAM Journal on Optimization,2002,12(4):1075-1089.

[13] Oyewunmi O A,Taleb A I,Haslam A J,et al. On the Use of SAFT - VR Mie for Assessing Large - Glide Fluorocarbon Working - Fluid mixtures in Organic Rankine Cycles[J]. Applied Energy,2016,163:263-282.

[14] Prasad G S C,Kumar C S,Murthy S S,et al. Performance of an Organic Rankine Cycle with Multicomponent Mixtures[J]. Energy,2015,88:690-696.

[15] Poling B E. The Properties of Gases and Liquids[M]. McGraw - Hill,1977.

[16] Teng H,Regner G,Cowland C. Waste Heat Recovery of Heavy - Duty Diesel Engines by Organic Rankine Cycle Part Ⅱ:Working Fluids for WHR - ORC[J]. SAE Technical Paper,2007-01-0543.

[17] Guo C,Du X,Yang L,et al. Organic Rankine Cycle for Power Recovery of Exhaust Flue Gas[J]. Applied Thermal Engineering,2015,75:135-144.

[18] Liu Q,Shen A,Duan Y. Parametric Optimization and Performance Analyses of Geothermal Organic Rankine Cycles Using R600a/R601a Mixtures as Working Fluids[J]. Applied Energy,2015,148:410-420.

[19] Lasdon L S,Fox R L,Ratner M W. Nonlinear Optimization Using the Generalized Reduced Gradient Method[J]. RAIRO - Rech Oper,1974,8:73-103.

[20] Lasdon L S,Warren A D,Jain A,et al. Design and Testing of a Generalized Re-

duced Gradient Code for Nonlinear Programming[J]. ACM Trans Math Softw, 1978,4(1):34 – 50.

[21] Churchill S W, Bernstein M. A Correlating Equation for Forced Convection From Gases and Liquids to a Circular Cylinder in Crossflow[J]. ASME Transactions Journal of Heat Transfer,1977,99(2):300 – 306.

[22] Thome J R,Shakir S. A New Correlation for Nucleate Pool Boiling of Aqueous Mixtures[J]. AIChE Symp Ser,1987,83:46 – 51.

[23] Cioulachtjian S,Lallemand M. Nucleate Pool Boiling of Binary Zeotropic Mixtures[J]. Heat Transfer Engineering,2004,25(4):32 – 44.

[24] Stephan K,Abdelsalam M. Heat – Transfer Correlations for Natural Convection Boiling[J]. International Journal of Heat and Mass Transfer, 1980, 23 (1): 73 – 87.

[25] Collier J G,Thome J R. Convective Boiling and Condensation. 3rd ed[M]. Oxford University Press,1994.

[26] Silver L. Gas Cooling with Aqueous Condensation[J]. Transactions of the Institution of Chemical Engineers,1947,25:30 – 42.

[27] Bell K J,Ghaly M A. An Approximate Generalized Design Method for Multicomponent/Partial Condenser[J]. AIChE Symp Ser,1973,69:72 – 79.

[28] Gnielinski V. New Equations for Heat and Mass Transfer in Turbulent Pipe and Channel Flow. International Chemical Engineering,1976,16:359 – 368.

[29] Mikielewicz D, Mikielewicz J. A Thermodynamic Criterion for Selection of Working Fluid for Subcritical and Supercritical Domestic Micro CHP[J]. Applied Thermal Engineering,2010,30(16):2357 – 2362.

[30] Drescher U,Dieter Brüggemann. Fluid Selection for the Organic Rankine Cycle (ORC)in Biomass Power and Heat Plants[J]. Applied Thermal Engineering, 2007,27(1):223 – 228.

[31] Stijepovic M Z,Linke P,Papadopoulos A I,et al. On the Role of Working Fluid Properties in Organic Rankine Cycle Performance[J]. Applied Thermal Engineering,2012,36:406 – 413.

[32] Kuo C R,Hsu S W,Chang K H,et al. Analysis of a 50kW Organic Rankine Cycle System[J]. Energy,2011,36(10):5877 – 5885.

[33] Deethayat T,Asanakham A,Kiatsiriroat T. Performance Analysis of Low Temperature Organic Rankine Cycle with Zeotropic Refrigerant by Figure of Merit (FOM)[J]. Energy,2016,96:96 – 102.

[34] Zhao L,Bao J. Thermodynamic Analysis of Organic Rankine Cycle Using Zeo-

tropic Mixtures[J]. Applied Energy,2014,130:748 – 756.

[35]Zhao L, Bao J. The Influence of Composition Shift on Organic Rankine Cycle (ORC) with Zeotropic Mixtures [J]. Energy Conversion and Management, 2014,83:203 – 211.

[36]Wang S, Liu C, Zhang C, et al. Thermodynamic Evaluation of Leak Phenomenon in Liquid Receiver of ORC Systems[J]. Applied Thermal Engineering,2018, 141:1110 – 1119.

[37]Turton R, Bailie R C, Whiting W B, et al. Analysis, Synthesis, and Design of Chemical Process[M]. Prentice – Hall,2009.

[38]Heberle F, Brüggemann. Thermo – Economic Evaluation of Organic Rankine Cycles for Geothermal Power Generation Using Zeotropic Mixtures [J]. Energies,2015,8(3):2097 – 2124.

[39]Heberle F, Preibinger M, Brüggemann D. Zeotropic Mixtures as Working Fluids in Organic Rankine Cycles for Low – Enthalpy Geothermal Resources[J]. Renewable Energy,2012,37(1):364 – 370.

[40]Sieder E N, Tate G E. Heat Transfer and Pressure Drop of Liquids in Tubes [J]. Industial and Engineering Chemistry,1936,28:1429 – 1435.

[41]Kern D. Process Heat Transfer[M]. McGraw – Hill,1950.

[42]Schlünder E U. Heat Transfer in Nucleate Boiling of Mixtures[J]. International Chemical Engineering,1983,23:589 – 599.

[43]Shah M M. A General Correlation for Heat Transfer During Film Condensation inside Pipes[J]. International Journal of Heat and Mass Transfer, 1979, 22 (4):547 – 556.

[44]Silver R S. An Approach to a General Theory of Surface Condensers[J]. AR-CHIVE Proceedings of the Institution of Mechanical Engineers 1847 – 1982, 1963,178:339 – 376.

[45]Tiwari D, Sherwani A F, Kumar N. Optimization and Thermo – Economic Performance Analysis of Organic Rankine Cycles Using Mixture Working Fluids Driven by Solar Energy[J]. Energy Sources,2019,41:1890 – 1907.

[46]Bivens D B, Yokozeki A. Heat Transfer Coefficients and Transport Properties for Alternative Refrigerants[C]//International Refrigeration and Air Conditioning Conference, Paper 263,1994, Purdue University.

[47]Dong B, Xu G, Li T, et al. Thermodynamic and Economic Analysis of Zeotropic Mixtures as Working Fluids in Low Temperature Organic Rankine Cycles[J]. Applied Thermal Engineering,2018,132:545 – 553.

[48] Yang M H. Payback Period Investigation of the Organic Rankine Cycle with Mixed Working Fluids to Recover Waste Heat from the Exhaust Gas of a Large Marine Diesel Engine [J]. Energy Conversion and Management, 2018, 162:189 – 202.

[49] Yang M, Yeh R, Hung T. Thermo – Economic Analysis of the Transcritical Organic Rankine Cycle using R1234yf/R32 Mixtures as the Working Fluids for Lower – grade Waste Heat Recovery[J]. Energy,2017,140:818 – 836.

第3章
有机朗肯循环设计

为了提高 ORC 系统的㶲效率，需要从工质选择和冷、热源的温度匹配等方面进行优化设计。但是，热源和冷源的实际工作条件可能会随工况或环境的变化而发生变动，如何能在不同工作条件下保持高的㶲效率，是有效提高ORC 系统工作性能的一个重要方面。本章介绍了提升有机朗肯循环性能的 3种设计方法：双压蒸发、分液冷凝和组分可调。双压蒸发方法可以改善有机工质与热源的温度匹配，减少热端换热的㶲损。分液冷凝技术可以减小冷凝器内的流动阻力，减小冷凝器换热面积，提升 ORC 系统的经济性。在环境温度变动的情况下，组分可调方法可提高有机工质与冷源的温度匹配，提高ORC 系统的整体工作性能。

3.1 双压蒸发策略

对于采用纯工质的亚临界 ORC 系统，纯工质在蒸发过程中的等温相变特性，使纯工质与热源之间的换热平均温差较高，蒸发器内的㶲损较大。采用混合工质可在一定程度上改善热源的温度匹配，减小蒸发器内的㶲损。本节介绍一种改善亚临界 ORC 系统热源温度匹配的策略——双压蒸发。双压蒸发系统实际上是一个串联式两级 ORC 系统，与蒸气压缩制冷循环的自复叠系统相似，利用它可以更好地实现能量的高效利用。

图 3-1 所示为针对地热能发电的 3 种 ORC 系统[1]，包括：简单 ORC 系统、并联两级式 ORC 系统，串联两级式 ORC 系统。并联式两级 ORC 系统中，从冷凝器出口的饱和液体分别经泵 1 和泵 2 被加压，高压工质 2 和中压工质 5在蒸发器 1 和 2 中吸热蒸发，随后进入膨胀机的不同入口进行膨胀输出功率。在串联式两级 ORC 系统中，冷凝器出口的饱和液态工质加压后进入蒸发器 2，在蒸发器 2 中被地热水加热的一部分饱和气态工质进入膨胀机做功，另一部分饱和液态工质经泵 2 加压后进入蒸发器 1 吸热，随后进入膨胀机对外输出有用功。图 3-1 还显示了采用非共沸混合工质的 ORC 系统对应的 $T-s$ 图。

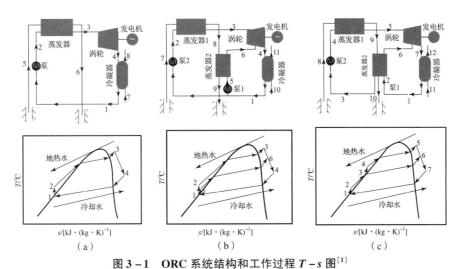

图 3 - 1　ORC 系统结构和工作过程 $T - s$ 图[1]

(a) 简单 ORC 系统；(b) 并联式两级 ORC 系统；(c) 串联式两级 ORC 系统

　　针对表 3 - 1 所选的传统非共沸混合工质以及纯工质 R245fa 可分析此 3 种 ORC 系统的热力学性能，热力学性能对比见表 3 - 2，其中 ORC 表示简单 ORC 系统，PTORC 表示并联式两级 ORC 系统，STORC 表示串联式两级 ORC 系统。在涡轮入口和出口热力学状态相同的条件下，简单 ORC 系统的工质流量最低，而串联式两级 ORC 系统的工质流量最高。相应地，串联式两级 ORC 系统的净输出功率最大，而简单 ORC 系统的净输出功率最小。串联式两级 ORC 系统中蒸发器 2 的工质流量大于并联式两级 ORC 系统。因为，对串联式两级 ORC 系统而言，泵 2 出口的工质压力和焓值更高，使蒸发器 1 出口的地热水温度比并联式两级 ORC 系统高，从而串联式两级 ORC 系统的蒸发器 2 中工质可吸收的地热能增大，导致流经蒸发器 2 的工质流量增大。膨胀机 SP 值的变化趋势与工质流量类似。另一方面，与简单 ORC 系统相比，采用两级 ORC 系统的地热水出口温度更低，能吸收更多的地热能。并联式两级 ORC 系统的地热水出口温度最低，但其烟效率最小。另外，与纯 R245fa 工质相比，采用非共沸混合工质的 3 种 ORC 系统的发电量分别提升了 27. 76%、24. 98%、24. 79%，且膨胀机 SP 值也比纯 R245fa 工质的小。

表 3 - 1　传统非共沸工质热物性[1]

工质	组分		化学式	临界温度/℃	临界压力/kPa	安全等级	ODP	GWP	工质类型
R402A	R125/290/22	(60/2/38)	CHF2CF3/CH3CH2CH3/CHC1F2	75. 5	4181	A1	0. 019	2 330	湿工质

工质	组分		化学式	临界温度/℃	临界压力/kPa	安全等级	ODP	GWP	工质类型
R404A	R125/143a/134a	(44/52/4)	CHF2CF3/CH3CF3/CH2FCF3	72.1	3 651	A1	0	3 260	等熵工质
R407A	R32/125/134a	(20/40/40)	CH2F2/CHF2CF3/CH2FCF3	82.8	4 480	A1	0	1 770	湿工质
R410A	R32/125	(50/50)	CH2F2/CHF2CF3	71.4	4 801	A1	0	1 730	湿工质
R422A	R125/134a/600a	(85.1/11.5/3.4)	CHF2CF3/CH2FCF3/(CH3)3CH	71.73	3 749	A1	0	3 040	等熵工质
R438A	R125/134a/32/600/601a	(45/44.2/8.5/1.7/0.6)	CHF2CF3/CH2FCF3/CH2F2/C4H10/C5H12	85.5	4 096	A1	0	2 265	等熵工质
R402B	R125/290/22	(38/2/60)	CHF2CF3/CH3CH2CH3/CHClF2	82.6	4 402	A1	0.03	2 080	湿工质
R403B	R290/22/218	(5/56/39)	CH3CH2CH3/CHClF2/C3F8	90	3 807	A1	0.028	3 680	湿工质
R422D	R125/134a/600a	(65.1/31.5/3.4)	CHF2CF3/CH2FCF3/(CH3)3CH	79.58	3 749	A1	0	2 620	等熵工质
R22M	R125/134a/600a	(46.6/50.0/3.4)	CHF2CF3/CH2FCF3/(CH3)3CH	89.9	3 840	A1	0	1 950	等熵工质
R245fa	纯工质	纯工质	C3H3F5	154.1		B1	0	1 030	干工质

表 3 - 2　三种 ORC 系统的热力学性能对比[1]

ORC	净输出功率/kW	热效率/%	㶲效率/%	膨胀机 SP/m	地热水出口温度/℃	工质流量/(kg·s⁻¹)	㶲损/kW
R22M	643.60	8.75	50.06	0.076	64.81	41.30	609.01
R402A	757.83	7.52	47.37	0.083	51.80	65.65	803.10
R402B	645.49	8.43	48.73	0.071	63.38	45.18	645.95
R403B	745.38	7.32	46.31	0.088	51.32	67.83	826.0
R404A	774.59	6.98	45.78	0.091	46.95	69.09	877.86
R407A	700.14	8.71	51.01	0.071	61.57	41.47	636.48
R410A	741.93	7.02	45.09	0.073	49.48	54.39	865.74
R422A	807.59	6.78	45.87	0.097	43.20	82.75	911.69
R422D	770.21	7.90	49.06	0.087	53.55	59.99	760.18
R438A	678.08	8.74	50.71	0.074	62.91	41.62	624.22
R245fa	542.90	9.19	50.28	0.14	71.76	24.81	508.81

PTORC	净输出功率/kW	热效率/%	㶲效率/%	膨胀机 SP/m	地热水出口温度/℃	蒸发器1工质流量/(kg·s⁻¹)	蒸发器2工质流量/(kg·s⁻¹)
R22M	833.97	6.97	47.25	0.097 8	42.90	41.68	26.89
R402A	825.05	6.27	44.81	0.096 2	37.22	66.05	20.88
R402B	798.10	6.42	44.40	0.092	40.67	45.54	29.56
R403B	802.69	5.91	43.09	0.102	35.23	68.21	23.69
R404A	813.08	5.98	43.62	0.101	35.14	69.45	16.17
R407A	872.19	7.03	48.57	0.089	40.78	41.80	23.52
R410A	784.93	5.75	42.05	0.083	34.88	54.67	16.61
R422A	833.07	6.03	44.44	0.105	34.08	82.75	14.07
R422D	858.03	6.73	47.23	0.100 4	39.22	59.99	19.49
R438A	861.05	7.02	48.20	0.094	41.46	41.97	25.22
R245fa	697.84	8.49	49.94	0.16	60.88	25.00	9.8

STORC	净输出功率/kW	热效率%	㶲效率/%	膨胀机 SP/m	地热水出口温度/℃	蒸发器1工质流量/(kg·s⁻¹)	蒸发器2工质流量/(kg·s⁻¹)
R22M	908.73	8.55	54.91	0.099 3	49.35	41.68	28.95
R402A	866.24	7.43	49.75	0.096 6	44.44	66.05	21.57

STORC	净输出功率 /kW	热效率 /%	㶲效率 /%	膨胀机 SP/m	地热水出口温度 /℃	蒸发器1工质流量 /(kg·s⁻¹)	蒸发器2工质流量 /(kg·s⁻¹)
R402B	859.02	7.83	50.99	0.092 1	47.74	45.54	29.77
R403B	845.41	7.01	47.74	0.102 1	42.53	68.21	23.92
R404A	843.83	6.98	47.58	0.101 4	42.35	69.45	16.19
R407A	940.30	8.53	55.63	0.090 3	47.44	41.80	25.18
R410A	817.65	6.72	45.98	0.083 8	42.03	54.66	17.13
R422A	857.59	6.97	47.96	0.105 9	42.22	82.74	15.03
R422D	913.99	8.06	53.25	0.102 4	45.93	59.99	22.73
R438A	933.79	8.56	55.58	0.095 7	48.01	41.97	27.15
R245fa	753.66	8.85	52.54	0.21	59.40	25.00	19.18

对于串联式两级 ORC 系统，其主要工作参数对系统净输出功率的影响如图 3-2 所示。随着蒸发器1工作压力的增加，系统净输出功率逐渐增大，如图 3-2（a）所示。对 R402B 和 R22M 等工质而言，存在一个最佳的蒸发压力使净输出功率最大。这主要是膨胀机压比和工质流量变化的双重影响导致的。蒸发器2工作压力对净输出功率的影响如图 3-2（b）所示，对所有工质存在一个最佳的工作压力使净输出功率最大。换热器夹点温差对净输出功率的影响如图 3-2（c）所示，随着换热器夹点温差的增大，净输出功率逐渐减小。这是由于工质流量和吸热量随换热器夹点温差的增大而逐渐减小。涡轮入口的工质过热度对净输出功率的影响如图 3-2（d）所示，在分析的范围内，涡轮入口的工质过热度对净输出功率的影响总体上比较小。

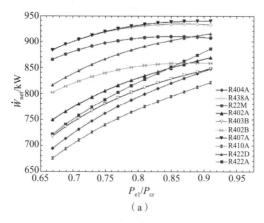

图 3-2　工作参数对串联式两级 ORC 系统净输出功率的影响[1]

（a）蒸发器1工作压力

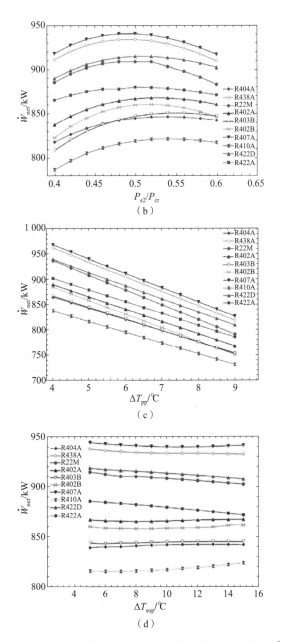

图 3 - 2　工作参数对串联式两级 ORC 系统净输出功率的影响[1]（续）

（b）蒸发器 2 工作压力；（c）换热器夹点温差；（d）涡轮入口的工质过热度

以净输出功率和膨胀机 SP 值为优化目标，对采用 R407A 为工质的串联式两级 ORC 系统进行多目标优化分析，决策变量为蒸发器 1 和 2 的工作压力、换热器夹点温差和工质过热度。计算得到的 Pareto 前锋面如图 3 - 3 所示。综合平衡两个优化目标，选取图中 C 点作为最终的优化结果，对应的串联式两级 ORC 系统的工作参数见表 3-3。蒸发器 1 工作压力为 4.032 MPa，蒸发器 2 工作压力为 2.643 MPa，换热器夹点温差为 6.53℃，工质的过热度为 14.83℃，系统的热效率为 9.79%。

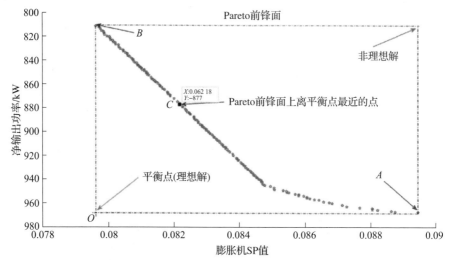

图 3-3　采用 R407A 为工质的串联式两级 ORC 系统多目标优化结果[1]

表 3-3　优化的串联式两级 ORC 系统的工作参数[1]

参数	值
P_{e1}/P_{cr}	0.90
P_{e2}/P_{cr}	0.59
蒸发器 1 工作压力/kPa	4032
蒸发器 2 工作压力/kPa	2 643.3
换热器夹点温差/℃	6.53
工质的过热温度/℃	14.83
冷凝器温度/℃	25
净输出功率/kW	877
膨胀机 SP/m	0.082 18
热效率/%	9.79
㶲效率/%	59.10
地热流体温度/℃	57.35
蒸发器 1 工质流量/(kg·s⁻¹)	34.90
蒸发器 2 工质流量/(kg·s⁻¹)	19.57

　　图 3 - 4 所示为针对燃气轮机尾气余热回收应用的串联式两级 ORC 系统的工作性能[2]。系统采用环己烷/R245fa 为工质，当环己烷/R245fa 的质量分数为 0.8/0.2 时，串联式两级 ORC 系统的净输出功率和热效率随蒸发器 1 和 2 的工作压力变化如图 3 - 4（a）所示。不同的蒸发器 1 工作压力所对应的蒸发器 2 工作压力范围存在差异。当蒸发器 2 工作压力小于 500kPa 时，随着蒸发器 1 工作压力的升高，净输出功率先增大后逐渐减小。当蒸发器 2 工作压力大于 600kPa 时，随着蒸发器 1 工作压力的升高，净输出功率近似线性减小。当蒸发器 1 工作压力一定时，随着蒸发器 2 工作压力的升高，净输出功率增

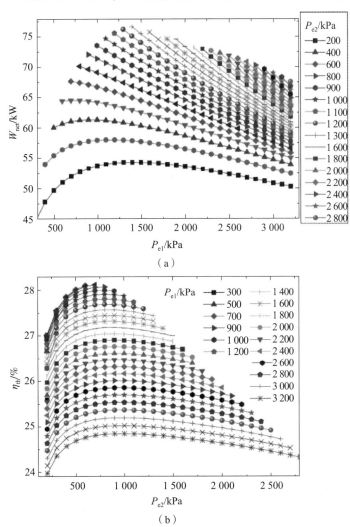

（a）

（b）

图 3 - 4　蒸发器工作压力对串联式两级 ORC 系统工作性能的影响[2]

（a）净输出功率；（b）热效率

大。当蒸发器 1 工作压力为 1.4 MPa，蒸发器 2 工作压力为 1.3 MPa 时，系统有最大净输出功率 76.6 kW。热效率的变化曲线如图 3 - 4 （b） 所示，当蒸发器 1 工作压力一定时，随着蒸发器 2 工作压力的增大，热效率先迅速升高后逐渐减小。总体上，随着蒸发器 1 工作压力的增大，热效率逐渐减小。当蒸发器 1 工作压力为 800 kPa，蒸发器 2 工作压力为 700 kPa 时，热效率达到最大值 28.12%。

采用环己烷/R245fa 为工质时，优化的两级串联式 ORC 系统与单级简单 ORC 系统的优化性能对比见表 3 - 4。对于简单 ORC 系统，采用 R245fa 为工质时，最佳蒸发压力为 1.7 MPa，净输出功率为 52.56 kW；采用环己烷/R245fa 混合工质时，最佳蒸发压力为 1.6 MPa，净输出功率为 44.57 kW，热效率为 26.8%。对于采用环己烷/R245fa （0.8/0.2） 的串联式两级 ORC 系统，优化的净输出功率和热效率分别为 70.97 kW 和 27.43%，对应的蒸发器 1 和 2 的工作压力为 1.5 MPa 和 1 MPa。串联式两级 ORC 系统的净输出功率和㶲效率均优于简单 ORC 系统。与不包含 ORC 系统的原燃气轮机相比，采用环己烷/R245fa （0.8/0.2） 为工质的串联式两级 ORC 系统使总效率提高了 35.48%，联合系统的发电效率可达 44.71%。

表 3 - 4 串联式两级 ORC 系统与简单 ORC 系统的优化性能对比[2]

参数	STORC	ORC	
工质	环己烷/R245fa （0.8/0.2）	环己烷/R245fa （0.8/0.2）	R245fa
蒸发压力/kPa	1 500/1 000	1 600	1 700
净输出功率/kW	70.97	44.57	52.56
热效率/%	27.43	26.84	26.42
㶲效率/%	83.98	67.12	70.16
热传导量/(kW·℃⁻¹)	175.02	96.95	209.63
体积流量比	22.80	28.17	9.61
膨胀机 SP	0.000 145	0.000 147	0.000 275
目标函数	7.055	7.127	4.87
出口温度/K	320	412	379

双压蒸发策略应用于串联式或并联式两级 ORC 系统，采用两个不同的压力分别蒸发部分工质（双压蒸发），与传统的单压蒸发 ORC 系统相比，可明显减少工质吸热过程的㶲损，提高系统能效。基于 100℃ ~ 200℃ 的热源，Li

等分析了采用双压蒸发策略的纯工质 ORC 系统的性能[3]，其提出的双压蒸发
ORC 系统与串联式两级 ORC 系统类似，如图 3 – 5 所示。来自工质泵 1 出口
的中压过冷液态工质在预热器中被加热到饱和液态，随后一部分进入低压蒸
发器蒸发，另一部分饱和液态工质被高压工质泵送入高压蒸发器。高压气态
工质在膨胀机高压段膨胀后与中压气态工质混合继续在低压级膨胀，最后在
冷凝器中冷凝完成整个循环。对应的 $T – s$ 图如图 3 – 6（a）所示。与单压蒸
发 ORC 系统相比，双压蒸发 ORC 系统的 $T – Q$ 图如图 3 – 6（b）所示。对纯
工质而言，双压蒸发过程的温度匹配优于单压蒸发过程，可减少热源与工质
换热过程的㶲损，在夹点温差一定的条件下，还可降低热源出口的温度，有
利于充分利用热源的能量。

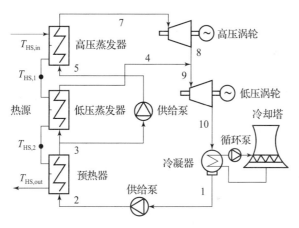

图 3 – 5　一种采用双压蒸发策略的 ORC 系统[3]

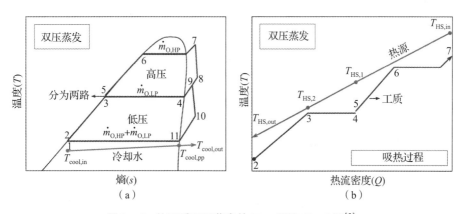

图 3 – 6　纯工质双压蒸发的 $T – s$ 图和 $T – Q$ 图[3]

考虑表 3 – 5 所示的纯工质，可分析不同工质的 ORC 系统的工作参数对系
统性能的影响。图 3 – 7 所示为采用 R600a 为工质的双压蒸发 ORC 系统的结

果。图 3-7 （a） 所示为优化的蒸发器 1 和 2 的工作压力随热源入口温度的变化曲线。当热源温度为 100℃~154℃时，蒸发器 1 和 2 的优化工作压力均随着热源温度的升高而增大，此时热源与工质的换热过程的温度夹点在饱和液态点。当热源温度进一步升高时，由于受到设定的 R600a 的最高工作压力为临界压力的 0.9 倍这一条件的限制，此时蒸发器 1 工作压力已经达到最大值，因此不再随热源温度变化，而蒸发器 2 工作压力随着热源入口温度的升高逐渐下降，直到达到允许的最低值。可以看出，双压蒸发 ORC 系统的蒸发器 1 的优化工作压力高于单压蒸发 ORC 系统的工作压力。对应的优化的蒸发器出口温度如图 3-7 （b） 所示。当热源入口温度小于 154℃时，两个蒸发器出口温度与蒸发压力的变化趋势相同，但当热源入口温度高于 172℃时，蒸发器 1 的出口温度随热源入口温度的升高而逐渐升高。

表 3-5　双压蒸发 ORC 系统考虑的纯工质[3]

工质名称	临界温度/℃	临界压力/MPa	ODP	GWP
R227ea	101.75	2.93	0	3 220
R236ea	139.29	3.50	0	1 370
R245fa	154.01	3.65	0	1 030
R600	151.98	3.80	0	~20
R600a	134.66	3.63	0	~20
R601	196.55	3.37	0	~20
R601a	187.20	3.38	0	~20
R1234yf	94.70	3.38	0	4
R1234ze（E）	109.37	3.64	0	6

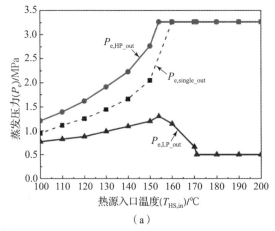

（a）

图 3-7　采用 R600a 为工质的双压蒸发 ORC 系统的优化工作参数随热源温度的变化[3]

（a） 蒸发压力

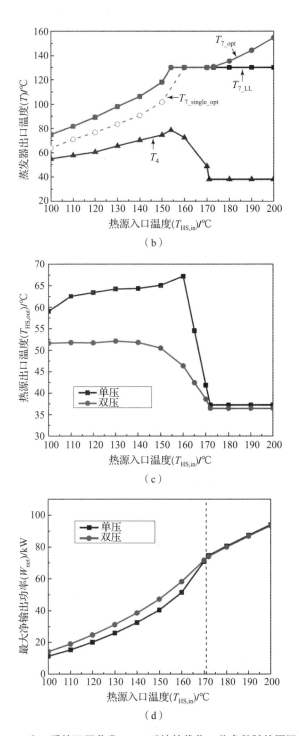

图 3 - 7　采用 R600a 为工质的双压蒸发 ORC 系统的优化工作参数随热源温度的变化[3]（续）

（b）蒸发器出口温度；（c）热源出口温度；（d）最大净输出功率

当热源入口温度较高时，保持较高的蒸发器 1 工作压力和较低的蒸发器 2 工作压力，有利于提高系统的热效率，但是蒸发器 2 工作压力过高会导致热源出口温度增大。双压蒸发 ORC 系统的热源出口温度变化如图 3 – 7（c）所示，与单压蒸发 ORC 系统相比，当热源入口温度小于 172℃ 时，双压蒸发 ORC 系统能明显降低热源出口温度。图 3 – 7（d）所示为双压蒸发 ORC 系统与单压蒸发 ORC 系统之间的净输出功率对比，当热源入口温度低于 172℃ 时，双压蒸发 ORC 系统的净输出功率大于单压蒸发 ORC 系统。

基于表 3 – 6 所选的 9 种纯工质，双压蒸发 ORC 系统的净输出功率相对单压蒸发 ORC 系统的最大提升比例见表 3 – 6，表中还给出了相应的热源温度区间。从表中可以看出，工质的临界温度越高，对应的适于双压蒸发 ORC 系统的热源温度上限越大，二者近似呈线性关系，可表示为如下拟合公式：

$$T_{\mathrm{HS,in,max}} = 1.041\,6T_{\mathrm{c}} + 30.629℃ \qquad (3-1)$$

表 3 – 6　不同纯工质的双压蒸发 ORC 系统性能提升比例[3]

工质名称	双压蒸发 ORC 系统净输出功率大于单压蒸发时热源入口温度/℃	[（双压蒸发 ORC 系统净输出功率 – 单压蒸发 ORC 系统净输出功率)/单压蒸发 ORC 系统净输出功率的最大值]/%
R227ea	100 ~ 131	21.4
R236ea	100 ~ 175	25.1
R245fa	100 ~ 191	26.3
R600	100 ~ 189	26.4
R600a	100 ~ 171	25.6
R601	100 ~ 200	26.7
R601a	100 ~ 200	26.5
R1234yf	100 ~ 131	21.8
R1234ze（E）	100 ~ 149	24.3

在不同的热源入口温度下，双压蒸发 ORC 系统的最优工质及对应的最大净输出功率如图 3 – 8 所示。随着热源入口温度的升高，对应的最大净输出功率逐渐升高。不同的热源入口温度范围下存在不同的最优工质，大体上热源入口温度与对应的最优工质的临界温度存在一定的正相关性。

双压蒸发策略可以减少亚临界 ORC 系统工质在吸热过程中的不可逆损失，对于纯工质而言，由于相变过程的等温特性，蒸发器内仍然存在很大的㶲损，研究表明蒸发过程的㶲损占到总㶲损的 55.75%[4]，此比例甚至能达到

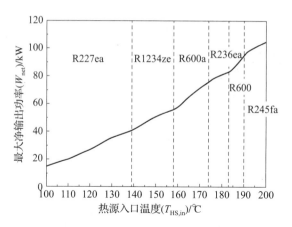

图 3 - 8　不同热源入口温度下双压蒸发 ORC 系统的最优工质及最大净输出功率[3]

61.58% [5]。采用三压以上的多压蒸发 ORC 系统可以进一步减少吸热过程中热源与工质之间换热温差，提高 ORC 系统性能[6],[7]。但是，由于纯工质的等温相变所带来的㶲损仍然存在，ORC 系统的复杂性会大大增加。利用非共沸混合工质的非等温相变特性可进一步降低吸热过程的不可逆损失。采用异丁烷/异戊烷非共沸混合工质的双压蒸发 ORC 系统的吸热过程 $T-Q$ 图如图 3 - 9 所示[8]。利用非共沸混合工质的温度滑移特性，低压相变过程 2 - 3 和高压相变过程 5 - 6 的热源与工质间的平均换热温差进一步减小，从而减小了吸热过程的㶲损。

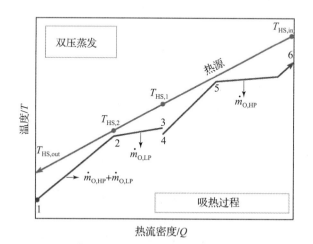

图 3 - 9　采用异丁烷/异戊烷非共沸混合工质的双压蒸发 ORC 系统
的吸热过程 $T-Q$ 图[8]

在不同异丁烷质量分数下，简单 ORC 的优化蒸发压力和蒸发温度，双压蒸发 ORC 系统的蒸发器 1 和 2 的优化工作压力和热源出口温度等工作参数随热源入口温度的变化曲线如图 3 - 10 所示。从图中可以看出，与单压蒸发 ORC 系统相比，不同热源入口温度下双压蒸发 ORC 系统的蒸发器 1 工作压力高于单压蒸发 ORC 系统的优化值，而蒸发器 2 工作压力低于单压蒸发 ORC 系统的优化值。当异丁烷的质量分数较高时，受到最高工作压力的限制，蒸发器 1 工作压力达到上限，此时蒸发器 2 优化工作压力会逐渐降低直至达到下限值。对应的蒸发器出口温度基本上与工作压力的变化趋势相似，仅在异丁烷质量分数较高时由于受到工作压力的限制，蒸发器 1 出口温度的优化值会有所升高。

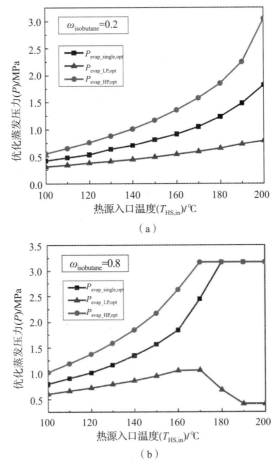

图 3 - 10　双压蒸发 ORC 系统优化的蒸发器工作压力和
出口温度随热源入口温度的变化曲线[8]
（a）异丁烷质量分数为 0.2 时的蒸发压力；
（b）异丁烷质量分数为 0.8 时的蒸发压力

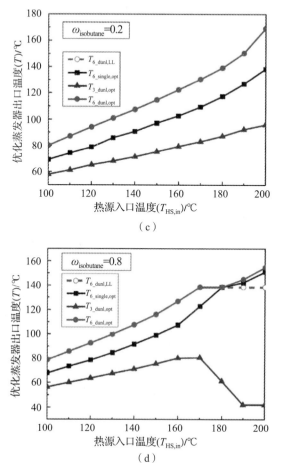

（c）

（d）

图 3 – 10　双压蒸发 ORC 系统优化的蒸发器工作压力和
出口温度随热源入口温度的变化曲线[8]（续）
（c）异丁烷质量分数为 0.2 时的蒸发器出口温度；
（d）异丁烷质量分数为 0.8 时的蒸发器出口温度

　　在优化工作条件下，双压蒸发 ORC 系统的热源出口温度和净输出功率随热源入口温度的变化曲线如图 3 – 11 所示，图中还给出了对应的单压蒸发 ORC 系统的结果。当异丁烷质量分数较低时，双压蒸发 ORC 系统的热源出口温度明显低于单压蒸发 ORC 系统，净输出功率则比单压蒸发 ORC 系统有所提高。当异丁烷质量分数较高时，随着热源入口温度的升高，仅在蒸发器 1 工作压力达到上限时，双压蒸发 ORC 系统才失去对单压蒸发 ORC 系统的优势。

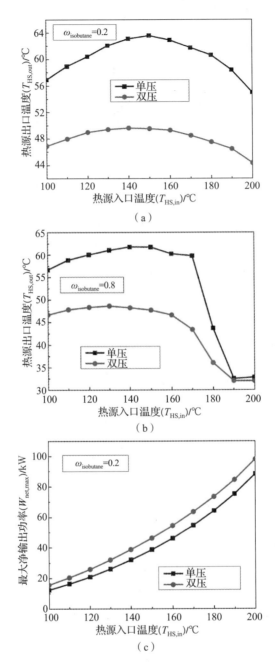

图 3-11　双压蒸发 ORC 系统的热源出口温度和最大净输出功率
随热源入口温度的变化曲线[8]

（a）异丁烷质量分数为 0.2 时的热源出口温度；
（b）异丁烷质量分数为 0.8 时的热源出口温度；
（c）异丁烷质量分数为 0.2 时的最大净输出功率

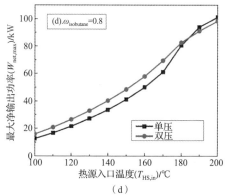

（d）

图 3 - 11　双压蒸发 ORC 系统的热源出口温度和最大净输出功率
随热源入口温度的变化曲线[8]（续）

（d）异丁烷质量分数为 0.8 时的最大净输出功率

双压蒸发 ORC 系统的蒸发器 1 和 2 的优化工作压力和蒸发器出口温度随异丁烷质量分数和热源入口温度的变化曲线如图 3 - 12（a）和（b）所示。当热源入口温度不超过 150℃时，一定热源入口温度下，优化的蒸发器 1 和 2 的工作压力均随异丁烷质量分数的增加而增大。当热源入口温度大于 160℃后，蒸发器 1 的优化工作压力随热源入口温度的升高先增大，达到上限后不再增加。由于混合工质的临界温度随组分质量分数变化有一定的改变，所以图 3 - 12（a）所示的压力上限也有一定的变化。当蒸发器 1 工作压力达到上限后，对应的蒸发器 2 的优化工作压力逐渐减小直至达到设定的下限值。图 3 - 12（c）所示为蒸发器 1 的出口温度优化值，其中阴影部分表示蒸发器 1 的优化出口温度等于设定的下限值。当热源入口温度小于 150℃时，优化的蒸发器 1 出口温度随异丁烷质量分数的增加先增大后减小，总体上变化幅度不大。当热源入口温度大于 160℃时，受到蒸发器 1 工作压力的限制，蒸发器 1 出口温度达到最大值后会有所下降。对应的蒸发器 2 的优化出口温度如图 3 - 12（d）所示，基本上与蒸发器 2 工作压力的优化值的变化趋势相近。

采用异丁烷/异戊烷为工质的双压蒸发 ORC 系统的最大净输出功率如图 3 - 13（a）所示，当热源入口温度一定时，异丁烷质量分数的变化对最大净输出功率的影响不明显，尤其是当热源入口温度较低时。随着热源入口温度的升高，最大净输出功率逐渐增大。与单压蒸发 ORC 系统相比，采用异丁烷/异戊烷为工质的双压蒸发 ORC 系统的最大净输出功率的提高比例如图 3 - 13（b）所示。热源入口温度对双压蒸发 ORC 系统的工作性能影响明显，当热源入口温度低于 120℃时，双压蒸发 ORC 系统的净输出功率相比于单压蒸发 ORC 系统可提高 24%左右。随着热源入口温度的升高，改善的程度逐渐降低，当热源入口温度高于 180℃且异丁烷的质量分数较高时，双压蒸发 ORC 系统与单压蒸发 ORC 系统相比不再具有优势。

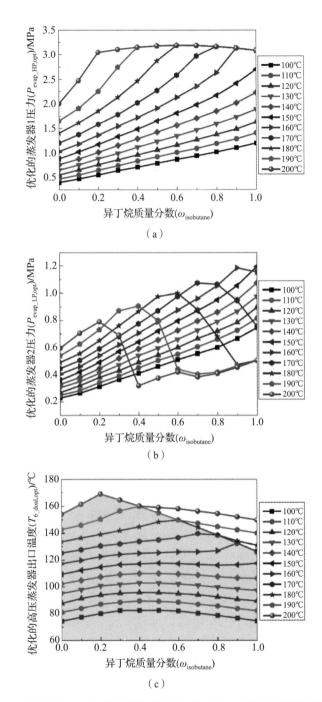

图 3 - 12 双压蒸发 ORC 系统蒸发器的优化工作压力和出口温度的优化曲线[8]

（a）蒸发器 1 工作压力；（b）蒸发器 2 工作压力；

（c）蒸发器 1 出口温度

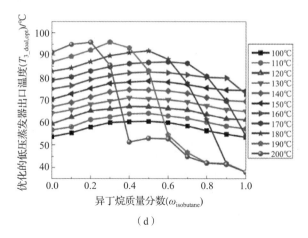

图 3-12　双压蒸发 ORC 系统蒸发器的优化工作压力和出口温度的优化曲线[8]（续）

（d）蒸发器 2 出口温度

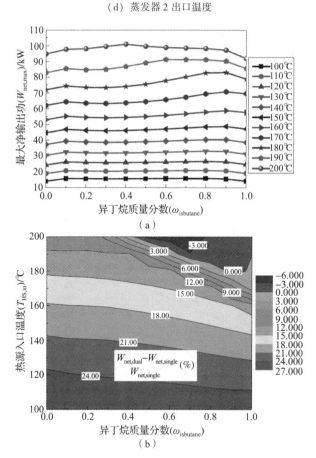

（a）

（b）

图 3-13　采用异丁烷/异戊烷为工质的双压蒸发 ORC 系统的工作性能[8]

（a）最大净输出功率；（b）最大净输出功率相对单压蒸发 ORC 系统的提高比例

借鉴 Kalina 循环中的分流蒸发方法[9]，可采用针对 ORC 系统的分开蒸发方法来改善亚临界有机朗肯循环的吸热过程的温度匹配[10]，该方法可在一定程度上降低蒸发器内的平均换热温差，提高 ORC 系统的工作性能。设计的带分流蒸发功能的回热式 ORC 系统如图 3-14（a）所示。工质泵出口的高压液态工质经回热器后被加热到气液两相状态，低沸点组分浓度较高的饱和气态工质经冷凝后被加压到状态 13，之后经预热器被进一步加热到状态 14。同时，分离器中低沸点组分浓度较低的液态溶液被加压到状态 9，状态 9 和状态 14 的温度相等。随后两股分开的不同浓度的工质流在蒸发器 1 中被加热后混合，继续进入蒸发器 2 和过热器被进一步加热到设定的状态，最后经膨胀机膨胀输出有用功。回热式 ORC 系统中混合工质与地热水的换热过程的 $T-Q$

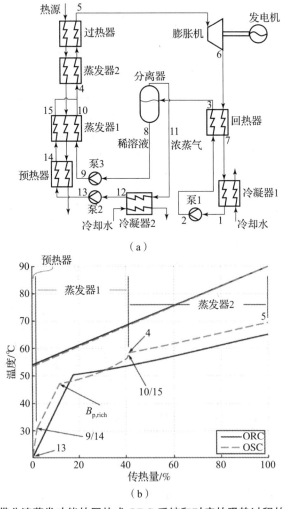

（a）

（b）

图 3-14 带分流蒸发功能的回热式 ORC 系统和对应的吸热过程的 $T-Q$ 图[10]

图如图 3 - 14 （b）所示。对于分流蒸发 ORC 系统，由于浓的混合工质流 14 能在比传统 ORC 系统更低的温度下开始蒸发，可降低蒸发器 1 内夹点处对应的温度，在同样的夹点温差设定条件下，可提高工质泵 2 和工质泵 3 的出口压力。与传统 ORC 系统相比，采用分流蒸发可提高整个过程中工质的工作压力，减小换热平均温差，从而达到提高系统㶲效率的目标。

采用多目标优化算法对膨胀机入口压力和温度、非共沸混合工质组分浓度、中间压力和蒸发器 1 出口温度进行参数优化，可得到优化的 ORC 系统热力学性能。当地热水温度为 120℃时，采用异丁烷/戊烷为工质的分流蒸发 ORC 系统的净输出功率比传统 ORC 系统提高了 6.4%。针对 90℃的低温地热水，采用异丁烷/戊烷为工质的分流蒸发 ORC 系统的净输出功率相比传统 ORC 系统提高了 14.5%，说明当地热水的温度降低时，采用分流蒸发方法对 ORC 系统性能的改善更加明显。另外，分流蒸发 ORC 系统的浓溶液的比例相对较低，有利于减小冷凝器 2 的换热量，降低 ORC 系统的㶲损。

针对温度为 90℃的地热水，采用浓度比为 0.62/0.38 的异丁烷/戊烷混合工质，设工质在涡轮入口的状态点 5 为饱和气态，稀溶液在蒸发器 1 出口的状态点 10 为饱和液态，分析状态点 5 和 2 的压力对 ORC 系统性能的影响，如图 3 - 15 （a）所示，图中方框点表示蒸发器 1 的夹点在混合工质的泡点处，星号表示夹点在蒸发器 1 的出口处。从图中可以看出，P_2 过低或过高都会导致净输出功率下降，当 $P_5 = 5.3$ bar 且 $P_2 = 2.6$ bar 时，ORC 系统的净输出功率达到最大。当 P_5 等于 5.3 bar，不同 P_2 值下蒸发器 1 和 2 的换热情况如图 3 - 15 （b）所示。随着 P_2 的增大，浓溶液对应的异丁烷浓度逐渐增大，相应的泡点温度逐渐下降，当 P_2 等于 2.6 bar 时，存在两个夹点，分别为蒸发器 1 的出口处和浓溶液的泡点处，此时蒸发器内的温度匹配效果最好。

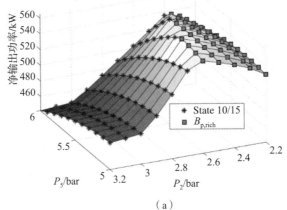

（a）

图 3 - 15　采用异丁烷/戊烷为工质的分流蒸发 ORC 系统的工作性能[10]

（a）净输出功率

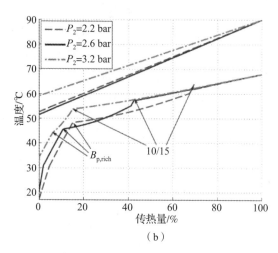

图 3-15 采用异丁烷/戊烷为工质的分流蒸发 ORC 系统的工作性能[10]（续）

（b）热端换热过程

在相同的冷、热源条件下，图 3-16 显示了传统的亚临界 ORC 系统、分流蒸发 ORC 系统和跨临界 ORC 系统的净输出功率。在热源入口温度为 120℃和 90℃下，跨临界 ORC 系统的净输出功率是最高的，但其蒸发压力也明显高于亚临界 ORC 系统。对于亚临界 ORC 系统，通过采用分流蒸发策略，可在一定程度上提高净输出功率。从结果来看，热源入口温度越低，采用分流蒸发方法对净输出功率的提高效果越明显。

双压蒸发 ORC 系统可提高热源㶲的利用效率，对于某些冷㶲利用的 ORC 系统，采用双压冷凝的方法也可以改善工质与冷源之间的温度匹配，提高冷㶲的利用效率。图 3-17 所示为一种针对液化天然气（LNG）气化过程冷㶲利用的双压冷凝 ORC 系统[11]。温度为 -162℃的低温 LNG 首先经过 ORC 系统，将冷㶲传递给 ORC 系统，随后进一步被海水加热气化。ORC 系统的热源为海水，冷源为低温 LNG。工质在蒸发器内从海水吸热气化后，分成两股，分别膨胀到两个不同的冷凝压力，接着在冷凝器 1 和 2 内，被低温 LNG 冷却到两个不同的饱和液态。随后，这两股低温饱和液体被分别加压后再在混合器中混合，最后送入蒸发器开始下一个循环。对应工作过程的 $T-s$ 图如图 3-18 所示。在整个 ORC 系统中，低温液态 LNG 依次流过冷凝器 1、冷凝器 2、加热器，发生气化后在膨胀机 3 中减压并进入再热器进一步升温后变成天然气输出。

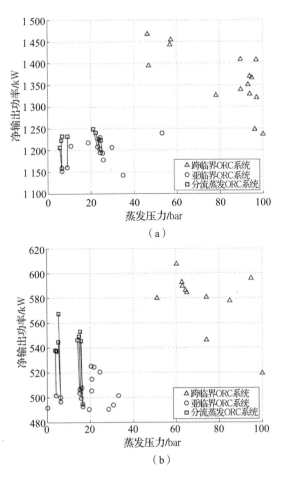

图 3-16 传统亚临界 ORC 系统、分流蒸发 ORC 系统和
跨临界 ORC 系统的净输出功率对比[10]

（a）热源入口温度为 120℃；（b）热源入口温度为 90℃

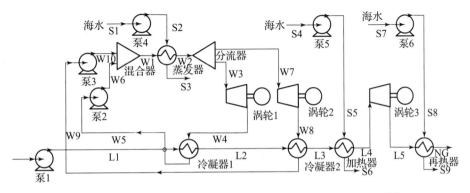

图 3-17 针对 LNG 气化过程冷㶲利用的双压冷凝 ORC 系统[11]

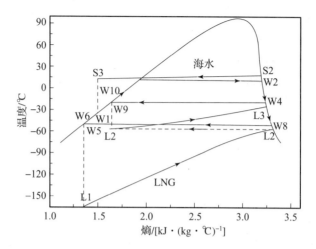

图 3 – 18　双压冷凝 ORC 系统的 $T-s$ 图[11]

　　以净输出功率为目标，采用遗传算法对蒸发温度、冷凝温度、膨胀机入口温度和混合工质组分浓度等工作参数进行优化计算，可得到双压冷凝 ORC 系统的优化工作性能。基于表 3 – 7 的 11 种纯工质，对蒸发温度、膨胀机入口温度、冷凝器 1 和 2 的冷凝温度进行优化，净输出功率的结果见表 3 – 8，戊烷、丁烷和丁烯的净输出功率最大。不同纯工质的临界温度和净输出功率的对应关系如图 3 – 19 所示，净输出功率与工质的临界温度存在一定正相关性，工质的临界温度越高，净输出功率越大。

表 3 – 7　双压冷凝 ORC 系统考虑的纯工质[11]

工质名称	化学式	临界温度/℃	临界压力/bar	标准沸点/℃	三相点温度/℃
R170	C2H6	32.17	48.72	– 8.82	– 182.78
R1270	C3H6	91.06	45.55	– 47.62	– 185.20
R290	C3H8	96.74	42.51	– 42.11	– 187.62
—	i – C4H8	144.94	40.09	– 7.00	– 185.35
R600	n – C4H10	151.98	37.96	– 0.49	– 138.25
R601	n – C5H12	196.55	33.70	36.06	– 129.68
R23	CHF3	26.14	48.32	– 82.09	– 155.13
R134a	C2H2F4	101.06	40.59	– 26.07	– 103.30
R125	C2HF5	66.02	36.18	– 48.09	– 100.63
R116	C2F6	19.88	30.48	– 78.09	– 100.05
R218	C3F8	71.87	26.40	– 36.79	– 147.70

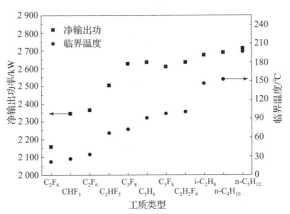

图 3 - 19　双压冷凝 ORC 系统的净输出功率与工质临界温度的对应关系[11]

　　采用混合工质能改善换热过程的温度匹配，降低换热过程的㶲损。采用二元非共沸混合工质的双压冷凝 ORC 系统的工作性能如图 3 - 20 所示。包含戊烷的二元非共沸混合工质的净输出功率随戊烷摩尔浓度而变化，随着戊烷摩尔浓度的增大，净输出功率先明显增大后逐渐减小，存在一个优化的摩尔浓度，使 ORC 系统的净输出功率最大。这是因为采用二元非共沸混合工质以后，冷凝器内工质与 LNG 换热过程的㶲损明显减小。以戊烷/丙烯混合工质为例，不同的戊烷摩尔浓度下混合工质与海水和 LNG 的换热过程如图 3 - 21 所示，虽然采用非共沸混合工质后蒸发器内的换热过程温差大于纯工质，但是在冷凝换热过程中，通过两级冷凝，考虑非共沸混合工质的温度滑移特性，可有效减少混合工质与 LNG 之间的换热温差，从而提高 ORC 系统的净输出功率。当采用不同的二元混合工质组合以及三元以上的多元混合工质组合时，ORC 系统性能的提高程度见表 3 - 8，采用优化组分浓度的非共沸混合工质的 ORC 系统的净输出功率优于纯工质，当采用碳氢混合工质时最佳的混合工质组分数目为 3。

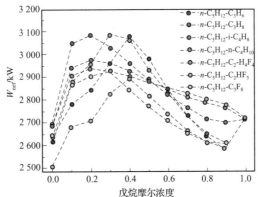

图 3 - 20　含戊烷的二元非共沸混合工质双压冷凝 ORC 系统的净输出功率随戊烷摩尔浓度的变化曲线[11]

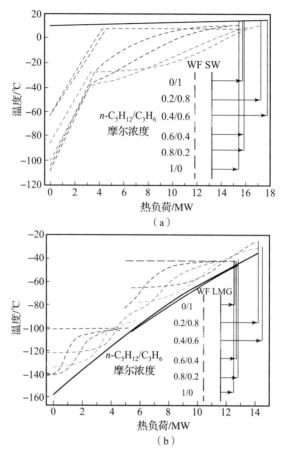

图 3 - 21 不同摩尔浓度的戊烷/丙烯混合工质的换热过程[11]

（a）热端与海水的换热；（b）冷端与 LNG 的换热

表 3 - 8 采用不同混合工质的双压冷凝 ORC 系统优化结果[11]

（a）纯工质

工质名称	蒸发器温度/℃	冷凝器1温度/℃	冷凝器1压力/kPa	冷凝器2温度/℃	冷凝器2压力/kPa	压力/kPa	净输出功率/kW	热效率/%	㶲效率/%
$n-C_5H_{12}$	8.34	100.14	0.01	41.45	2.55	10 930.71	2 712.41	10.54	25.91
$n-C_4H_{10}$	8.37	99.46	0.19	41.05	16.02	10 885.54	2 688.17	10.45	25.68
$i-C_4H_8$	8.36	98.96	0.33	40.78	22.46	10 983.42	2 676.07	10.41	25.56

(b) 混合物

工质名称	组分比例	蒸发器温度/℃	冷凝器1温度/℃	冷凝器2温度/℃	压力/kPa	热效率/%	㶲效率/%
HC + HC 二元混合物							
$C_3H_8/n-C_5H_{12}$	0.636 6/0.363 4	11.98	−131.57	−77.48	10 171.30	11.89	29.71
$C_3H_6/n-C_5H_{12}$	0.597 2/0.402 8	12.00	−133.43	−77.62	10 255.04	11.79	29.43
$C_2H_6/i-C_4H_8$	0.630 2/0.369 8	11.96	−132.39	−73.95	10 632.73	11.48	28.53
HFC + HFC 二元混合物							
$CHF_3/C_2H_2F_4$	0.738 7/0.261 3	11.99	−118.53	−64.79	10 282.57	10.95	27.06
$C_2H_2F_4/C_2F_6$	0.238 1/0.761 9	12.00	−120.99	−61.98	10 901.19	10.77	26.54
$C_2H_2F_4/C_3F_8$	0.557 5/0.442 5	10.94	−99.10	−40.20	10 680.22	10.50	25.81
HC + HFC 二元混合物							
$n-C_5H_{12}/$ $C_2H_2F_4$	0.167 2/ 0.832 8	12.00	−118.13	−59.00	9 667.43	11.84	29.56
$C_2H_6/C_2H_2F_4$	0.748 7/0.251 3	11.96	−126.67	−69.66	10 051.73	11.62	28.94
$i-C_4H_8/CHF_3$	0.343 3/0.656 7	12.00	−130.69	−76.98	10 143.44	11.34	28.16
碳氢类三元混合物							
$C_3H_6/n-C_4H_{10}/$ $n-C_5H_{12}$	0.626 0/0.170 0/ 0.204 0	12.00	−130.14	−74.57	10 224.49	12.17	30.50
$C_3H_6/i-C_4H_8/$ $n-C_5H_{12}$	0.581 2/0.198 6/ 0.220 2	12.00	−131.28	−75.04	9 722.89	12.14	30.43
$C_3H_8/n-C_4H_{10}/$ $n-C_5H_{12}$	0.657 7/0.136 0/ 0.206 3	12.00	−128.17	−71.77	9 631.62	12.12	30.36
碳氢类四元混合物							
$C_3H_6/i-C_4H_8/$ $n-C_4H_{10}/$ $n-C_5H_{12}$	0.629 7/0.022 8/ 0.166 4/0.181 1	12.00	−129.60	−73.49	10 150.06	12.17	30.50
$C_3H_8/i-C_4H_8/$ $n-C_4H_{10}/$ $n-C_5H_{12}$	0.662 5/0.007 6/ 0.128 5/0.201 4	12.00	−127.23	−70.84	9 896.40	12.12	30.37

工质名称	组分比例	蒸发器温度/℃	冷凝器1温度/℃	冷凝器2温度/℃	压力kPa	热效率/%	㶲效率/%
碳氢类四元混合物							
$C_2H_6/C_3H_6/$ $i-C_4H_8/$ $n-C_4H_{10}$	0.534 6/0.232 2/ 0.037 2/0.196 0	12.00	−136.57	−79.87	10 311.13	11.93	29.81
碳氢类五元混合物							
$C_3H_6/C_3H_8/$ $i-C_4H_8/$ $n-C_4H_{10}/$ $n-C_5H_{12}$	0.629 7/0/ 0.022 8/ 0.166 4/0.181 1	12.00	−129.60	−73.49	10 150.06	12.17	30.50
$C_2H_6/C_3H_6/$ $i-C_4H_8/$ $n-C_4H_{10}/$ $n-C_5H_{12}$	0/0.629 7/ 0.022 8/ 0.166 4/0.181 1	12.00	−129.60	−73.49	10 150.06	12.17	30.50
$C_2H_6/C_3H_6/$ $C_3H_8/n-C_4H_{10}/$ $n-C_5H_{12}$	0/0.626/0/ 0.170 0/0.204 0	12.00	−130.14	−74.57	10 224.49	12.17	30.50

3.2 分液冷凝方法

为了提高 ORC 系统的㶲效率，人们希望将冷凝器内工质与冷源之间的温差降低到尽可能低的水平，但是这会导致 ORC 系统冷凝器的体积和成本过大。如果能够减小冷凝器的换热面积，就可以有效减小整个系统的体积，从而提高 ORC 系统的经济性。分液冷凝是一种提高冷凝过程的换热效果，同时降低冷凝器换热面积的可行方法。Cavallini 等通过试验测量了 R134a、R125、R236ea 和 R32 等工质在光管内冷凝过程的换热系数和压力损失，发现在大流量条件下随着工质干度的增加，冷凝工质的对流换热系数迅速增大[12]。高流量和高干度有利于提高对流换热效果，但也会引起管内的压降升高[13]。为了提高冷凝器的换热效果同时降低流动压降，Peng 提出了一种采用分液冷凝的冷凝器设计方法[14]。分液冷凝方法对冷凝器内的气液两相流中已经冷凝的液体进行分离，可以提高冷凝过程的对流换热系数，减少冷凝器的换热面积和流动阻力。分液冷凝技术已被应用于空调系统。Wu 等采用 R22 工质的空调系统，研究发现分液冷凝可减少冷凝器的换热面积达 37%[15]。Chen 等的研究也显示在同样制冷能力和能效比的情况下，分液冷凝可以减少 33% 的冷凝器换热面积[16]。

图 3 - 22 所示为分液冷凝器、平行流冷凝器、蛇形管冷凝器等 3 种不同冷凝器的结构[17]。带蛇形管冷凝器的结构总体上与平行流冷凝器类似，整个冷凝器分成多个管程，每一个管程包含多根并行的直管，在这些直管的两端用铜管接头连接在一起。对于分液冷凝器而言，在管程之间用带孔的铜片隔开，这些铜片上分布有不同直径的小孔用于实现气液分离功能。在分离出冷凝的液体后，流入下一个管程的工质流量减小，对应该管程的直管数目会减

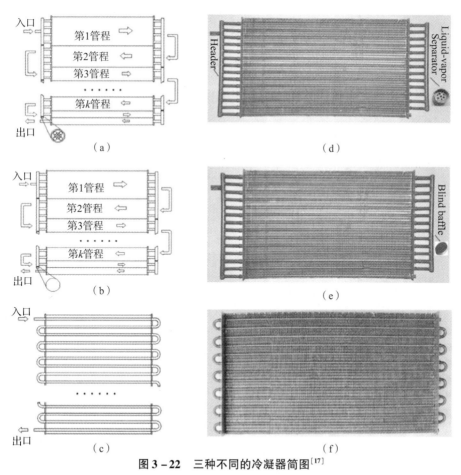

图 3 - 22 三种不同的冷凝器简图[17]

（a）分液冷凝器；（b）平行流冷凝器；（c）蛇形管冷凝器；（d）分液冷凝器实物；
（e）平行流冷凝器实物；（f）蛇形管冷凝器实物

小。这会导致管程之间的工质流量和压降可能会出现不连续的变化,需要在分析时加以考虑。冷凝器的对流换热系数可采用分段方法计算,基于有限体积法沿流动方向将整个冷凝器分段,计算出每一个小段的对流换热系数,再根据面积平均计算出总的平均对流换热系数。

$$\alpha_{i,tot} = \frac{\sum_{k=1}^{n}(\alpha_{i,k}A_{i,k})}{\sum_{k=1}^{n}A_{i,k}} \tag{3-2}$$

对于蛇形管冷凝器的换热过程,通常采用经验关联式计算对流换热系数和压降。管内的对流换热系数可采用 Cavallini 提出的关联式计算[18]:

$$\alpha = [\alpha_A^3 + \alpha_D^3]^{0.333} \tag{3-3}$$

$$\alpha_A = \alpha_{AS}A \cdot C \tag{3-4}$$

$$\alpha_{AS} = \alpha_{LO}\left[1 + 1.128\,x^{0.817}\left(\frac{\rho_L}{\rho_G}\right)^{0.3685}\left(\frac{\mu_L}{\mu_G}\right)^{0.2363}\left(1 - \frac{\mu_G}{\mu_L}\right)^{2.144}Pr_L^{-0.1}\right] \tag{3-5}$$

$$\alpha_{LO} = 0.023\frac{\lambda_L}{D}Re_{LO}^{0.8}Pr_L^{0.4} = 0.023\frac{\lambda_L}{D}\left(\frac{GD}{\mu_L}\right)^{0.8}Pr_L^{0.4} \tag{3-6}$$

$$A = 1 + 1.119Fr^{-0.3821}(Rx-1)^{0.3586} \tag{3-7}$$

$$Fr = \frac{G^2}{gD(\rho_L-\rho_G)^2} \tag{3-8}$$

$$Rx = \frac{1}{\cos\beta}\left\{1 + \frac{2h \cdot n_g[1-\sin(\gamma/2)]}{\pi D\cos(\gamma/2)}\right\} \tag{3-9}$$

$$C = 1,\ (n_{opt}/n_g)\geqslant 0.8 \tag{3-10}$$

$$C = (n_{opt}/n_g)^{1.904},\ (n_{opt}/n_g)<0.8 \tag{3-11}$$

$$n_{opt} = 4064.4D + 23.257 \tag{3-12}$$

$$\alpha_D = C[2.4\,x^{0.1206}(Rx-1)^{1.466}C_1^{0.6875}+1]\alpha_{D,S} + C(1-x^{0.087})Rx \cdot \alpha_{LO} \tag{3-13}$$

$$\alpha_{D,S} = \frac{0.725}{1+0.741\left[\frac{1-x}{x}\right]^{0.3321}}\left[\frac{\lambda_L^3\rho_L(\rho_L-\rho_G)g \cdot h_{LG}}{\mu_L D \cdot T}\right]^{0.25} \tag{3-14}$$

$$C_1 = 1,\ J_G\geqslant J_G^* \tag{3-15}$$

$$C_1 = J_G/J_G^*,\ J_G<J_G^* \tag{3-16}$$

$$J_G^* = 0.6\left[2.5^{-3}+\left(\frac{7.5}{1+4.3\,X_{tt}^{1.111}}\right)^{-3}\right]^{-0.3333} \tag{3-17}$$

管内的气液两相工质可采用 Cavallini 等提出的关联式计算压降[19]:

$$(dp/dz)_{f,cond} = (dp/dz)_{f,adiab}\Theta \tag{3-18}$$

$$(dp/dz)_{f,adiab} = \Phi_{LO}^2(dp_f/dz)_{LO} = \Phi_{LO}^2 2f_{LO}G^2/d\rho_L \tag{3-19}$$

$$\Phi_{LO}^2 = E + 3.23FH / (Fr^{0.045}We^{0.035}) \tag{3-20}$$

$$E = (1-x)^2 + x^2 \rho_L f_{GO} / (\rho_G f_{LO}) \tag{3-21}$$

$$F = 0.224x^{0.78}(1-x) \tag{3-22}$$

$$H = (\rho_L / \rho_G)^{0.91} (\mu_G / \mu_L)^{0.19} (1 - \mu_G / \mu_L)^{0.7} \tag{3-23}$$

$$Fr = G^2 / (gD\rho_m^2) \tag{3-24}$$

$$We = G^2 D / (\sigma \rho_m^2) \tag{3-25}$$

空气侧的对流换热系数由 Robinson – Briggs 关联式[20]计算:

$$M_{air} = \frac{Q}{c_{pa}(T_{in} - T_{out})} \tag{3-26}$$

$$Nu_a = \frac{\alpha_{a0} d_r}{\lambda} = 0.134 Re^{0.68} Pr^{\frac{1}{3}} \left(\frac{H}{S}\right)^{-0.2} \left(\frac{Y}{S}\right)^{-0.12} \tag{3-27}$$

$$\alpha_a = \alpha_{a0} \eta_0 \tag{3-28}$$

$$\eta_0 = 1 - \frac{A_f}{A_{tot}}(1 - \eta_f) \tag{3-29}$$

$$A_f = 2N_f \frac{\pi}{4}(d_f^2 - d_r^2) + \pi d_f Y N_f \tag{3-30}$$

$$A_{tot} = \pi d_r (1 - Y N_f) + A_f \tag{3-31}$$

相应的压降计算式为

$$\Delta P_a = f \frac{N G_{max}^2}{2\rho} \tag{3-32}$$

$$f = 37.86 \left(\frac{G_{max} d_r}{\mu}\right)^{-0.316} \left(\frac{P_t}{d_r}\right)^{-0.972} \left(\frac{P_t}{P_1}\right)^{0.515} \tag{3-33}$$

$$Re_a = \frac{G_{max} d_r}{\mu_{air}} \tag{3-34}$$

$$G_{max} = \frac{M_{air}}{A_{min}} \tag{3-35}$$

$$A_{min} = N_t l (P_t - d_r - 2 N_f HY) \tag{3-36}$$

$$U = 1 / \left(\frac{\sum A_i}{A_{tot}} \cdot \frac{1}{\alpha_{i,tot}} + \frac{1}{\alpha_0 \eta_0}\right) \tag{3-37}$$

基于建立的传热模型,可对管路内径、管路长度和每个管程的直管数布置等参数进行优化分析,优化的冷凝器布置参数见表 3 – 9。3 种冷凝器的管路内径、管路长度和总管数相同,对分液冷凝器和平行流冷凝器均采用 17 – 15 – 10 – 5 – 1 的管程布置。分液冷凝器的压降显著减小而换热系数明显升高,说明在同样的换热量条件下,采用分液冷凝器能减小换热面积。

表 3 - 9   3 种不同冷凝器的优化结果[17]

布置参数 \ 冷凝器形式	分液冷凝器	平行流冷凝器	蛇形管冷凝器
每个管程的直管数	17 - 15 - 10 - 5 - 1	17 - 15 - 10 - 5 - 1	1 - 1 - 1 … - 1
管路内径/mm	11	11	11
壁面温度/℃	33.88	33.43	34.08
总直管数	48	48	48
管路长度/m	1.5	1.5	1.5
单位长度翅片数	370	393	367
最大空气质量速度/$[kg \cdot (m^2 \cdot s)^{-1}]$	2.43	2.45	2.51
管侧换热系数/$[W \cdot (m^2 \cdot K)^{-1}]$	6 288	4 488	7 908
壳侧换热系数/$[W \cdot (m^2 \cdot K)^{-1}]$	34.2	33.6	34.9
总换热系数/$[W \cdot (m^2 \cdot K)^{-1}]$	31.1	29.4	32.3
管侧入口压降/kPa	6.1	10.7	158.3
管侧加速压降/Pa	4.0	4.1	4.2
管侧换热面积/m^2	2.49	2.49	2.49
壳侧换热面积/m^2	43.69	46.26	42.05
管束最小流通面积/m^2	1.38	1.37	1.34
冷凝器功耗/W	35.7	58	120.9
投资成本/元	6 573.4	6 780.1	6 378
运行成本/元	218.9	232.8	741.3
折旧成本/元	1 966.3	2 091.3	6 659.0
总成本/元	8 539.7	8 871.4	13 037.0

采用不同冷凝器的 ORC 系统的热效率随管路内径、管路长度和管程布置的变化曲线如图 3 - 23 所示。对于分液冷凝器和平行流冷凝器，随着管路内径的增加，受到管内压降和空气侧压降的影响，ORC 系统的热效率先稍有增加后减小。而蛇形管冷凝器的热效率随管路内径的增加而增大。采用 3 种冷凝器的 ORC 系统热效率均随着管路长度的增加而增大。但是，随着管程数的增加，受到管内压降增加的影响，采用平行流冷凝器的 ORC 系统热效率明显下降，而采用分液冷凝器和蛇形管冷凝器的 ORC 系统热效率基本维持不变。可以看到，在不同的几何参数下，采用分液冷凝器的 ORC 系统热效率均有明显的提高。

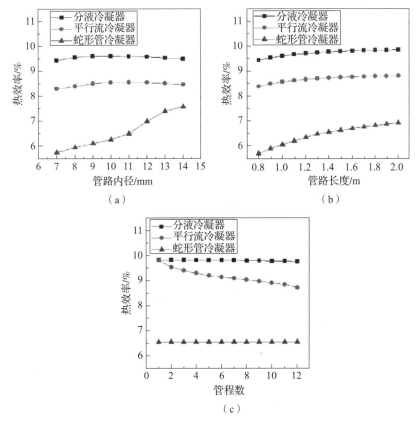

图 3-23 冷凝器几何参数对 ORC 系统热效率的影响[17]

(a) 管路内径；(b) 管路长度；(c) 管程数

利用建立的冷凝器传热模型，可进一步分析分液冷凝器改善冷端换热的机理[21]。分液冷凝改善对流换热系数的原理如图 3-24 所示。传统的冷凝过程中随着气态工质的不断冷凝，管壁周围的液膜厚度会不断增大，导致工质与管壁之间的对流换热系数不断下降。当采用分液冷凝后，在不同的管程出口处对积聚的液体进行分离，可有效降低液膜厚度，提高下一阶段冷凝过程的对流换热系数。

从图 3-24 所示的分液冷凝工作原理可以看出，分液位置的选取对提高对流换热系数的效果非常重要，需要合理选择分液位置，以实现对流换热系数提升效能的最大化。与纯工质的分液冷凝不同，采用混合工质的分液冷凝过程中，当冷凝后的液态工质分离出去以后，剩下的气液两相流的组分浓度会发生变化，导致相应的冷凝温度也会发生变化。因此，需要调整 ORC 系统的工作参数以实现混合工质与冷却水的最佳温度匹配。对常用的逆流式换热器，设分液的相对位置 x 为冷却水入口到分液位置长度与总长度的比值。对

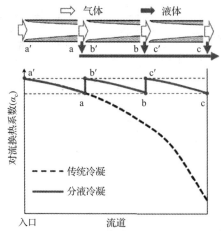

图 3-24　分液冷凝提高对流换热系数的原理[21]

于不同的分液位置 x，ORC 系统的优化蒸发压力和冷凝压力随 R600a 质量分数的变化曲线如图 3-25 所示。随着 R600a 质量分数的增加，优化蒸发压力值逐渐升高。从图 3-25（a）可以看出，分液位置变化对 ORC 系统的优化蒸发压力没有影响。图 3-25（b）所示的优化冷凝压力曲线表明，随着 R600a 质量分数的增加，不同分液位置的优化冷凝压力均逐渐升高。随着分液位置逐渐靠近工质入口，优化冷凝压力逐渐下降。这主要是由于随着 x 的逐渐减小，分液后的两相流中 R600a 质量分数逐渐升高，产生的温度滑移也较大，需要提高冷凝压力以保证冷凝过程中的夹点温差不小于 5K。在不同分液位置下，最大净输出功率随 R600a 质量分数的变化趋势如图 3-25（c）所示。当 R600a 质量分数大于 0.8 时，分液冷凝对净输出功率的影响较小。当 R600a 质量分数小于 0.8 时，采用分液冷凝后的净输出功率有所下降，分液位置越靠近冷却水入口，净输出功率下降越大，这是主要是冷凝压力的升高造成的。

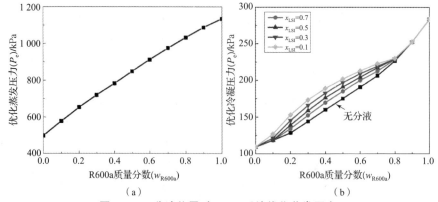

（a）　　　　　　　　　　　（b）

图 3-25　分液位置对 ORC 系统优化蒸发压力、
优化冷凝压力和最大净输出功率的影响[21]

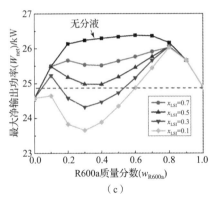

图 3 – 25　分液位置对 ORC 系统优化蒸发压力、
优化冷凝压力和最大净输出功率的影响[21]（续）

图 3 – 26（a）所示为不同分液位置的冷凝器平均换热系数随 R600a 质量分数的变化曲线。当分液位置一定时，随着 R600a 质量分数增加，平均换热系数先减小后增加。随着分液位置的减小，相同 R600a 质量分数的平均换热系数先增加后稍有减小，当 x 处于 0.1 ~ 0.3 时，平均换热系数有最好的改善效果。与无分液的情形相比，平均换热系数最大可提高 23.8%，而采用 R600a 和 R601a 纯工质的冷凝器，采用分液冷凝方法后平均换热系数也可分别提高 18.9% 和 14.3%。冷凝器换热面积变化趋势如图 3 – 26（b）所示。从图中可以看出，整个变化趋势与平均换热系数正好相反。采用分液冷凝后，与无分液情形相比冷凝器换热面积最大可降低 44.1%。在净输出功率相同的条件下，冷凝器换热面积也可减小 11.6%。对采用 R600a 和 R601a 纯工质的 ORC 系统，冷凝器换热面积可分别减小 12.5% 和 15.9%。总体来看，对采用非共沸混合工质的单级分液冷凝器，分液位置的选取对性能的影响较大。对采用 R600a/R601a 为工质的 ORC 系统，当分液位置 x 位于 0.1 ~ 0.3 时，冷凝器的换热性能有较好的改善。

上面的分析是针对蛇形管冷凝器，对板式冷凝器也可采用分液冷凝方法。图 3 – 27（a）所示为基于采用板式冷凝器的 ORC 系统，它采用了分液冷凝的方法[22]。在板式冷凝器 1 和 2 之间设置有气液分离器，用于对板式冷凝器 1 出口的气液两相工质进行气液分离。针对温度为 150℃ 的地热水，对设计的带分液冷凝功能的 ORC 系统，当采用 R245fa/戊烷为工质时，组分质量比为 0.4/0.6 时有最大温度滑移 7.4℃，接近冷却水的温升。整个工作过程的 $T – s$ 图如图 3 – 27（b）所示。从膨胀机出口流出的气态混合工质进入板式冷凝器 1，板式冷凝器 1 出口的经过部分冷凝的气液两相流体进入气液分离器，饱和气相混合工质继续进入板式冷凝器 2 完成冷凝过程，气液分离器出口的饱和液态工质与板式冷凝器 2 出口的液态工质混合后送入工质泵，随后在蒸发器

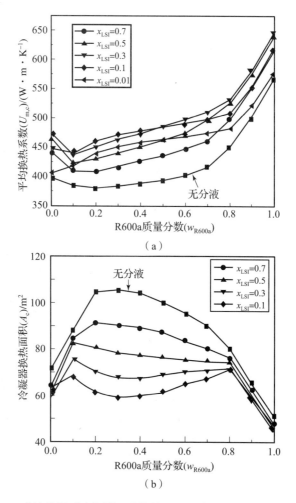

图 3 – 26　分液位置对冷凝器平均换热系数和冷凝器换热面积的影响[21]

中完全蒸发进入膨胀机做功。蒸发器、板式冷凝器 1 和 2 均为逆流式的板式冷凝器，具体的板式冷凝器 1 和 2 的流道布置如图 3 – 28 所示。对应的板式冷凝器的板片几何参数如图 3 – 29 所示。

板式冷凝器的传热模型需要分别考虑过热区和气液两相区的传热，采用基于对数平均温差的方法可计算出需要的换热面积。单相换热的对流换热系数可采用以下传热关联式[23]计算：

$$Nu = 1.615 \left[\frac{f Re^2 Pr\, d_h \sin(2\beta)}{64 p_{co}} \right]^{0.333} \qquad (3-38)$$

$$\frac{1}{\sqrt{f}} = \frac{1 - \cos\beta}{\sqrt{f_1}} + \frac{\cos\beta}{\sqrt{0.18\tan\beta + 0.36\sin\beta + f_0/\cos\beta}} \qquad (3-39)$$

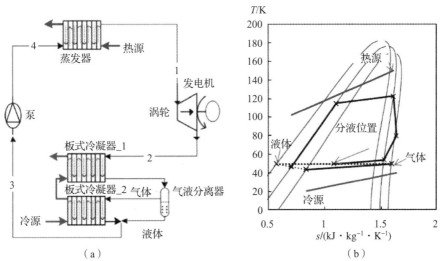

（a）　　　　　　　　　　　　　　　（b）

图 3 - 27　一种基于板式换热器的分液冷凝 ORC 系统

和工作过程的 $T - s$ 图[22]

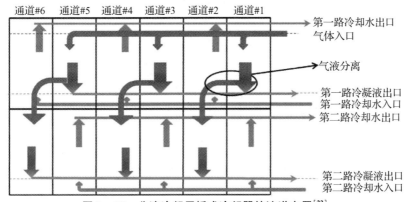

图 3 - 28　分液冷凝用板式冷凝器的流道布置[22]

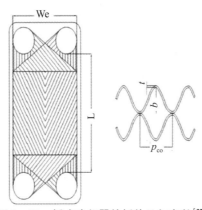

图 3 - 29　板式冷凝器的板片几何参数[22]

对于层流流动（$Re < 2\,000$）有

$$f_0 = \frac{64}{Re} \qquad (3-40)$$

$$f_1 = 3.8 \left(\frac{597}{Re} + 3.85 \right) \qquad (3-41)$$

对于湍流流动（$Re \geqslant 2\,000$）有

$$f_0 = (1.8 \lg Re - 1.5)^{-2} \qquad (3-42)$$

$$f_1 = \frac{148.2}{Re^{0.289}} \qquad (3-43)$$

对应的换热器摩擦压降可根据下式计算：

$$\Delta P_f = \frac{2f\,G^2 L}{\rho Deq} \qquad (3-44)$$

$$d_h = \frac{2b}{\Phi} \qquad (3-45)$$

$$\Phi = \frac{1}{6} \left(1 + \sqrt{1 + X^2} + 4\sqrt{1 + \frac{X^2}{2}} \right) \qquad (3-46)$$

$$X = \frac{\pi b}{p_{co}} \qquad (3-47)$$

气液两相区的换热，采用分段计算方法以提高模型的精确度。气液两相区的对流换热系数计算可采用 Mancin 等的方法[24]计算：

$$\alpha_{tp} = 1.074\,\alpha_c \left(T_{sat} - T_{wall} \right)^{-0.386} \qquad (3-48)$$

$$\alpha_c = \sqrt{\alpha_A^2 + \alpha_{Nu}^2} \qquad (3-49)$$

$$\alpha_A = \alpha_{LO} \left[1 + 1.128\, x^{0.817} \left(\frac{\rho_1}{\rho_v} \right)^{0.3685} \left(\frac{\mu_1}{\mu_v} \right)^{0.2363} \left(1 - \frac{\mu_v}{\mu_1} \right)^{2.144} Pr^{-0.1} \right] \qquad (3-50)$$

$$\alpha_{Nu} = 0.943 \left[\frac{\rho_1 (\rho_1 - \rho_v) g \Delta J_{lv} \lambda_1^3}{\mu_1 L (T_{sat} - T_{wall})} \right]^{0.25} \qquad (3-51)$$

相应的摩擦压降计算公式如下[25]：

$$\Delta P_f = \varphi_1^2 \Delta P_1 \qquad (3-52)$$

$$\Delta P_1 = f_1 \frac{L_{tp}}{D_h} \cdot \frac{G^2 (1-x)^2}{2\rho_1} \qquad (3-53)$$

$$\Delta P_v = f_v \frac{L_{tp}}{D_h} \frac{G^2 x^2}{2\rho_v} \qquad (3-54)$$

$$f_1 = 0.56 Re_1^{-0.12} \qquad (3-55)$$

$$f_v = 0.56 Re_v^{-0.12} \qquad (3-56)$$

$$\varphi_1^2 = 1 + \frac{16}{X} + \frac{1}{X^2} \qquad (3-57)$$

$$X^2 = \frac{\Delta P_1}{\Delta P_v} \tag{3-58}$$

换热器的加速压降 ΔP_{ac}、重力压降 ΔP_{elev} 和端口压降 ΔP_{port} 的计算公式如下：

$$\Delta P_{ac} = G^2 x (v_1 - v_v) \tag{3-59}$$

$$\Delta P_{elev} = g \rho_m L_{tp} \tag{3-60}$$

$$\Delta P_{port} = \frac{1.5 \, G^2 v_m}{2} \tag{3-61}$$

对板式蒸发器内的流动沸腾换热系数采用 Amalfi 等提出的模型计算[26]。

$$Nu_{tp} = 982 \beta^{*1.101} We_m^{0.315} Bo^{0.32} \rho^{*0.224}, \quad Bd < 4 \tag{3-62}$$

$$Nu_{tp} = 18.495 \beta^{*0.248} Re_v^{0.135} Re_{LO}^{0.351} Bd^{0.235} Bo^{0.198} \rho^{*0.223}, \quad Bd \geq 4 \tag{3-63}$$

$$We_m = \frac{G^2 D_h}{\rho_m \sigma} \tag{3-64}$$

$$Bo = \frac{q}{G \Delta J} \tag{3-65}$$

$$Re_{LO} = \frac{G D_h}{\mu_1} \tag{3-66}$$

$$Re_{vo} = \frac{G D_h}{\mu_v} \tag{3-67}$$

$$\rho^* = \frac{\rho_1}{\rho_v} \tag{3-68}$$

$$\beta^* = \frac{\beta}{\beta_{max}} \tag{3-69}$$

$$Re_1 = \frac{G(1-x) D_h}{\mu_1} \tag{3-70}$$

$$Re_v = \frac{G x D_h}{\mu_v} \tag{3-71}$$

$$Bd = \frac{(\rho_1 - \rho_v) g \, d_h^2}{\sigma} \tag{3-72}$$

板式蒸发器的摩擦压降为

$$\Delta P_f = \frac{2 f G^2 L_{tp}}{\rho_m d_h} \tag{3-73}$$

$$f_{tp} = 15.698 C We_m^{-0.475} Bd^{0.255} \rho^{*-0.571} \tag{3-74}$$

$$C = 0.955 + 2.125 \beta^{*9.993} \tag{3-75}$$

设气液分离器入口工质的干度为 0.5，对比分析气液分离对冷凝器换热性能的影响，图 3-30（a）所示为冷凝器换热面积随 R245fa 质量分数的变化曲线，图中 LZORC 表示采用气液分离的 ORC 系统，BZORC 表示不采用气液分离的 ORC 系统。随着 R245fa 质量分数的增加，冷凝器换热面积先增加后稍有减小。当工质的温度滑移与冷却水的温升匹配较好时，换热器平均温差减小导致冷凝器换热面积增大。另一方面，当 R245fa 质量分数较大时，冷凝器的换热量也较大，因此当 R245fa 质量分数大于 0.8 时，冷凝器换热面积也有所增大。在整个范围内，与不带气液分离器的 ORC 系统相比，带气液分离器的冷凝器换热面积减少了 10% ~ 20%。另外，与采用 R245fa 纯工质的冷凝器相比，采用混合工质后两种 ORC 系统冷凝器换热面积均有明显增加。

当 R245fa/戊烷的质量分数比为 0.4/0.6 时，计算的冷凝器换热面积随气液分离器入口工质干度的变化曲线如图 3 - 30 （b） 所示。随着气液分离器入口工质干度的减小，冷凝器换热面积先明显减小后稍有增加。在气液分离器入口工质干度小于 0.5 时，采用气液分离可有效减小冷凝器换热器面积。这是因为当气液两相流的干度很小时，冷凝器的对流换热系数明显降低而导致换热面积增大，通过气液分离可有效提高工质干度，从而提高工质的对流换热系数。在同样的工作条件下，采用气液分离的 ORC 系统与传统 ORC 系统相比，冷凝器换热面积可减小 17.6%，单位净输出功率的投资成本可降低 13.3% ~ 18.4%，同时 ORC 系统的㶲效率可提高 4.2%。

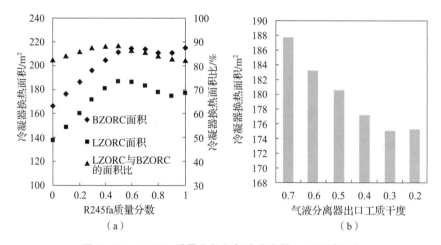

图 3 - 30 R245fa 质量分数和气液分离器入口工质干度
对冷凝器换热面积的影响[22]

气液分离可改善 ORC 系统冷端的换热，减小冷凝器换热面积，提高 ORC 系统的㶲效率，双压蒸发可提高 ORC 系统热端的换热，降低蒸发器的㶲损。同时采用双压蒸发和分液冷凝的 ORC 系统的工作性能将会得到进一步的提升。Luo 等研究了采用气液分离与双压蒸发的 ORC 系统的工作性能[27]，该 ORC 系统采用非共沸混合工质，在气液分离器出口的混合工质组分浓度与冷凝器 2 出口的组分浓度存在差异，将这两股饱和液体分别加压后蒸发，可实现蒸发过程工质与热源之间更好的温度匹配，提高 ORC 系统的净输出功率。分析结果表明，采用气液分离和双压蒸发的 ORC 系统的净输出功率比传统的简单 ORC 系统提高了 13.05% ~ 26.18%，与仅采用双压蒸发的 ORC 系统相比，净输出功率可提高 3.57%，同时系统成本也有所下降。

对 ORC 系统而言，换热器的体积和成本在整个系统中的占比非常大，为了减小换热器的换热面积，需要提高其换热能力。采用分液冷凝可以在一定程度上提高换热系数，减小换热面积。另一种思路是采用金属泡沫填充的换热器来提高换热系数。对采用有机工质的板式换热器，换热器内工质的质量流量和干度对换热系数的影响较大，而热流密度和工作压力的影响相对较小[28],[29]。内部填充有金属泡沫的换热器，工质流动的摩擦因子和换热系数受到金属泡沫的渗透性和孔隙率的影响。采用金属泡沫可提高换热系数，进而提高换热器的紧凑度[30]。与不填充金属泡沫的情形相比，试验表明填充铜金属泡沫的换热器的换热性能可提高 1.8 ~ 4.8 倍[31],[32]。图 3 - 31 所示为某种金属泡沫的扫描隧道显微镜照片。Abadi 和 Kim 通过试验研究了采用多孔金属泡沫对换热器性能的提高程度[33]。试验采用内部填充多孔金属泡沫的板式换热器，工质分别为 R245fa 纯工质、摩尔浓度比为 0.6/0.4 的 R245fa/R134a 混合工质。采用金属泡沫可明显提高板式换热器的总换热系数和换热量，但是换热器的压降会有所增加。试验用板式换热器的铝板厚度为 3 mm，间隔为 5 mm，板片长为 245 mm，宽为 100 mm。流道内填满孔隙率为 0.9 的铜金属泡沫，铜金属泡沫的 PPI 分别为 20、30 和 60。

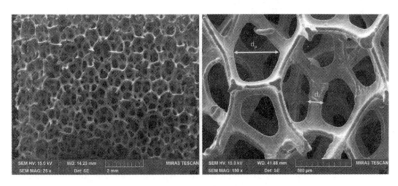

图 3 - 31　铜金属泡沫的扫描隧道显微镜照片[33]

采用 R245fa 纯工质时，其换热系数随工质流量的变化曲线如图 3 - 32 (a) 所示。随着工质流量的加大，换热系数逐渐升高。与无金属泡沫的情形相比，采用金属泡沫可提高换热系数。在试验的范围内，随着金属泡沫 PPI 值的增大，换热系数逐渐降低。采用 PPI 值为 20 的金属泡沫的换热系数最大，与无金属泡沫的情形相比，PPI 值为 20 的金属泡沫可使换热系数提高 2.3 倍，PPI 值为 40 和 PPI 值为 60 的金属泡沫可使换热系数提高 2 倍和 1.3 倍。试验得到的采用 R245fa/R134a 混合工质的换热系数结果如图 3-32（b）所示。其总体变化趋势与纯工质的情形类似，但是同样条件下，非共沸混合工质的换热系数比对应的纯工质低。与无金属泡沫的情形相比，采用 PPI 值分别为 20、30、60 的金属泡沫最大可使换热系数提高 2.3 倍、1.9 倍和 1.28 倍。在相同的工作条件下，采用非共沸混合工质时填充金属泡沫的提升效果稍低于采用纯工质时。

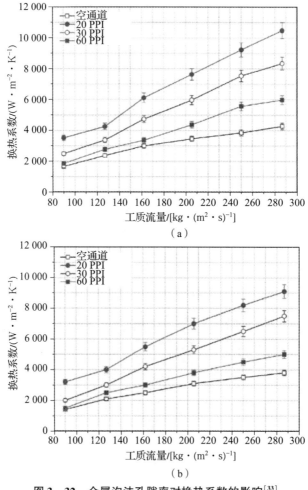

图 3-32　金属泡沫孔隙率对换热系数的影响[33]

（a）R245fa 纯工质；（b）R245fa/R134a（0.6/0.4）混合工质

换热器的有效度随工质流量的变化曲线如图 3-33 所示。随着工质流量的增加，换热器有效度逐渐下降。采用金属泡沫可提高换热器的有效度，在试验范围内，随着 PPI 值的增加，换热器有效度的提高效果逐渐降低。在相同的工作条件下，采用非共沸混合工质的换热器有效度大于纯工质，采用不同 PPI 值的金属泡沫后，有效度的降低幅度也明显小于纯工质。采用非共沸混合工质的传热有效度的增加主要得益于换热器烟损的降低。

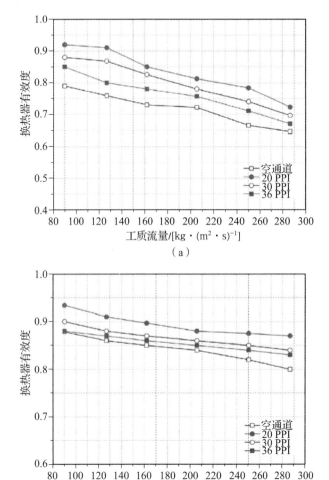

(a)

(b)

图 3 - 33　换热器有效度随工质流量的变化曲线[33]

(a) R245fa 纯工质；(b) R245fa/R134a (0.6/0.4) 混合工质

试验得到的换热器内工质侧的压降随工质流量的变化曲线如图 3 - 34 所示。随着工质流量的增加，压降明显升高。采用金属泡沫后会明显增大工质流动过程的压降，尤其在高工质流量条件下。金属泡沫的 PPI 值越高，流动过程的压降也越大。对 PPI 值为 60 的金属泡沫，最大工质流量下的压降比无金属泡沫时大 6 倍，对 PPI 值为 30 和 20 的金属泡沫，压降也分别增加了 4 倍和 2.5 倍。虽然在同样的工作条件下，采用非共沸混合工质的压降大于纯工质，但对采用非共沸混合工质的换热而言，压降随工质流量的增大而升高幅度稍低。与无金属泡沫的换热相比，采用 PPI 值为 60、30 和 20 的金属泡沫，在最大工质流量下的压降增大倍数分别为 4.5、3 和 2。采用 R245fa/R134a 混合工质的压降在相同的工作条件下比 R245fa 纯工质高 20%~30%，这主要是因为混合工质在流道内更早出现气态，其蒸发的气态工质比例高于纯工质，气态工质的流速较快，导致换热器内的压降升高也较大。

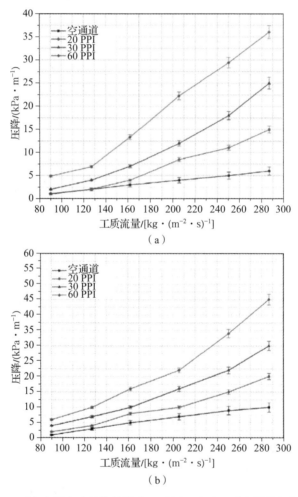

图 3-34 采用金属泡沫的换热器内工质侧压降随工质流量的变化曲线[33]

(a) R245fa 纯工质；(b) R245fa/R134a (0.6/0.4) 混合工质

3.3　组分调节方法

热力循环的理想情况为卡诺循环，其热效率是采用同样冷、热源的热力循环所能达到的极限。造成实际热力循环与理想的卡诺循环之间存在差异的原因有：（1）实际循环总是在有限时间、有限温差和有限换热面积下完成的[34]～[36]，无法接近理想的换热情形；（2）实际工质工作过程中存在不可逆损失，如膨胀和压缩过程。工质与冷、热源之间的换热㶲损占整个热力循环㶲损的比例非常大，通常采用调节工质流量、压力和温度等工作参数的方法，对工质与冷、热源之间的换热而言，仍然存在一定的㶲损。采用非共沸混合工质后，ORC 系统工作过程的优化变量增加了一个组分浓度的维度。对传统的采用非共沸混合工质的 ORC 系统，组分浓度一旦确定，在实际工作过程中将保持固定。这样的设计一方面难以同时实现冷、热源与工质换热的最佳匹配，也限制了冷、热源存在变动情形的 ORC 系统的热力学性能提升。在组分可调的 ORC 系统中，采用某种组分调节手段对非共沸混合工质的组分浓度进行调节，可进一步降低ORC 系统的㶲损，同时提升环境条件变动下 ORC 系统的工作性能。

基于传统的 $T-s$ 图，增加一个工质热物性的维度，可形成一个图 3-35所示的三维循环图[37]。基于此图，可说明通过改变非共沸混合工质组分来逼近卡诺循环的原理。针对 ORC 系统的 4 个主要工作过程，通过改变每一个工作过程的混合工质组分浓度，可降低该过程的不可逆损失，提高整个 ORC 系统的热效率。在不同的混合工质组分浓度下，对应的 $T-s$ 图中的饱和气态特性线存在一定差异，通过切换 ORC 系统 4 个工作过程的混合工质组分浓度，可将每一个工作过程的不可逆损失降到最低限度。

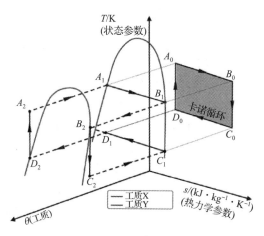

图 3-35　通过组分调节逼近卡诺循环的原理[37]

　　采用非共沸混合工质的 ORC 系统可通过如下方法调节混合工质组分浓度：（1）传统的气液相分离；（2）基于化学作用的分离；（3）基于分子间力作用的物理分离。其中传统的气液相分离可采用 T 形管、气液分离器和分馏塔。非共沸混合工质在气液相平衡时，气相和液相工质组分浓度存在差异，因此通过传统的气液相分离可实现混合工质组分浓度的调节。在 T 形管中，气、液两相工质从左端流入 T 形管，在重力作用下，液相和气相工质分别从右侧的下端和上端两个出口流出，实现气液相分离。T 形管的进、出口条件，管径，工质组分，气相 Froude 数等参数会影响分离效率[28]，[29]。气液分离器的体积比 T 形管大得多，可允许气液相充分分离，因此其分离效率通常取100%。对于温度滑移较小的非共沸混合工质，可采用分馏塔进行组分分离。分馏塔内气、液两相工质经过多级气液相平衡过程，可实现高纯度的组分分离。在化学作用分离中，混合工质的目标组分被溶剂吸收，其他组分则不受影响。目前吸收式分离主要用于水/溴化锂、氨/水等混合工质，对其他混合工质的适用性还有待开发。在物理分离中，分子间的范德华力使气态吸附质被固态吸附剂大量吸附，实现混合工质中某一组分的分离。该方法通常应用于吸附式制冷中，常用的吸附剂有活性炭、硅胶和沸石等。混合工质组分浓度调节方法如图 3-36 所示。

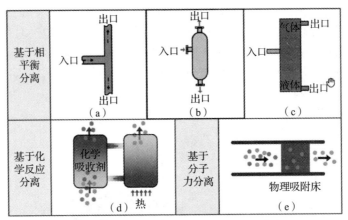

图 3-36　混合工质组分浓度调节方法[37]

　　ORC 系统的冷源为冷却水或空气，冷源的温度接近环境温度。通常，环境温度会随季节和时间变化，如果采用组分调节方法来降低 ORC 系统冷凝器与冷源之间的换热㶲损，可有效提高全天或全年内的输出功率和平均效率。传统的地热能发电 ORC 系统根据地热水温度和当地的最高环境温度来确定 ORC 系统的设计工作点，实际工作过程中冷凝器出口的工质冷凝温度保持固定。图 3-37 所示为一种组分可调型 ORC 系统[40]，在保持冷凝压力不变的条件下，通过调节非共沸混合工质组分浓度来改变冷凝器出口的工质冷凝温度，以降低冷凝器在不同环境温度下工作时的烟损。

　　整个 ORC 系统的结构如图 3－37（a）所示，与传统的简单 ORC 系统相比，组分可调型 ORC 系统在冷凝器出口和工质泵入口之间增加了组分调节子系统。该子系统的结构如图 3－37（b）所示，来自冷凝器出口的非共沸混合工质被送入冷却塔，高浓度低沸点工质的混合物从分馏塔顶部流出后被冷凝储存在储液罐 1 内，低浓度低沸点工质的混合物从分馏塔底部流出被储存到储液罐 2 中。根据具体的环境温度，控制储液罐 1 和 2 中流出的工质流量就可以配制出所需的不同浓度的混合工质，随后送入工质泵的入口。

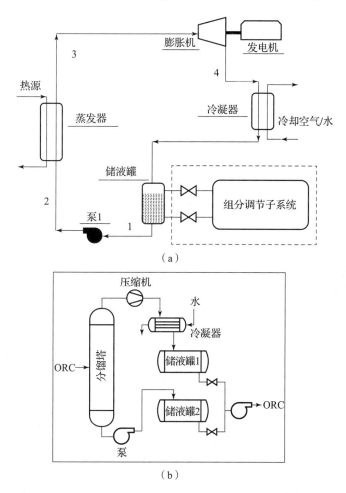

（a）

（b）

图 3－37　采用分馏塔的组分可调型 ORC 系统[40]

（a）系统结构；（b）组分调节子系统

　　二元非共沸混合工质的组分调节原理如图 3－38 所示。当环境温度升高时，通过调节 R134a 质量分数，使冷凝器出口的工质温度从 A 点升高到 C 点，以保证工质与冷源的夹点温差不变。与此同时，蒸发器出口的工质温度保持不变，通过减小蒸发压力，使相应的工质露点温度从 D 点移动到 F 点。当环境温度降低时，通过调节 R134a 质量分数，可使冷凝器出口的泡点温度从 A 点移动到 B 点，以保证工质与冷源的夹点温差不变，而蒸发器出口的工质露点温度从 D 点移动到 E 点。

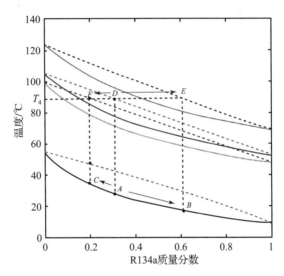

图 3 – 38　二元非共沸混合工质的组分调节原理[41]

图 3 – 39 所示为组分可调型 ORC 系统的工作性能。2013 年北京市全年各月份的平均气温数据如图 3 – 39（a）所示，最高月平均气温为 28℃，最低月平均气温为 –6℃。根据北京市的年气温变化数据，分析得到采用 R134a/R245fa 混合工质的组分可调型 ORC 系统的 R134a 质量分数优化值如图 3 – 39（b）所示。当气温升高时 R134a 质量分数降低，最高气温对应的 R134a 质量分数为10%；当气温降低时，R134a 质量分数升高，最低气温对应的 R134a 质量分数为90%。针对低温地热能发电应用，在地热水温度为 150℃ 和 75℃ 下，计算得到组分可调型 ORC 系统和传统 ORC 的热效率对比如图 3 – 39（c）所示，可以看出，随着气温的降低热效率逐渐升高，气温越低，组分调节方法的热效率改善效果越大。根据月平均气温计算的年平均热效率可提高23%。

组分调节子系统采用分馏塔装置来分馏二元混合工质中的高沸点和低沸点组分，实际工作中气液分离需要一定的时间，当环境温度发生变化时，要考虑组分调节的动态响应特性是否可以满足 ORC 系统的要求。通过建立组分调节子系统的动态模型，可分析组分可调子系统的动态响应性能[41]。首先，根据组分调节原理在不同的环境温度下计算出对应的最佳组分质量分数。接着，根据环境温度的变化曲线，采用线性规划的优化算法可计算出从 ORC 系

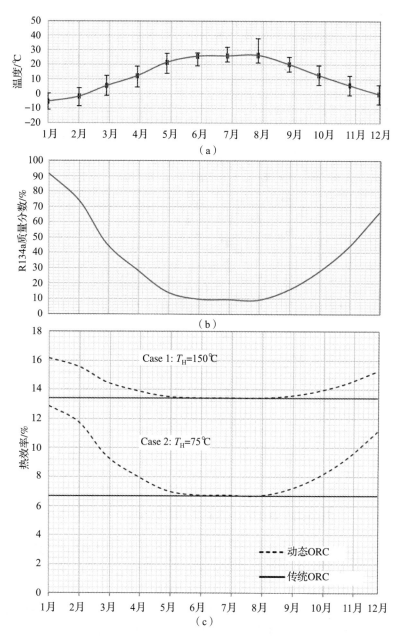

图 3 – 39　组分可调型 ORC 系统的工作性能[40]

（a）北京年气温变化数据；（b）R134a 质量分数；（c）全年热效率曲线

统需要抽出和加注的工质流量和组分质量分数。例如，根据德国柏林地区春/秋季某天的温度变化曲线，计算得到的工质流量如图 3 – 40 所示。m_6 为从 ORC 系统抽出的工质流量，m_{10} 和 m_{11} 分别为向 ORC 系统管路加注的浓溶液和稀溶液流量。根据冬季某天的气温数据计算的流量结果如图 3 - 41 （a）~（c）所示，根据夏季某天的气温数据计算的流量结果如图 3 - 41 （d）~（f）所示。当温度升高时，需要增大 ORC 系统中高沸点组分的浓度，当温度降低时，需要增大低沸点组分的浓度。

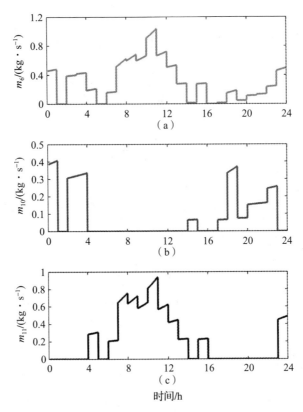

图 3 - 40   根据德国柏林地区春/秋季某天计算的 ORC 系统所需工质流量[41]

采用 Aspen 软件，设计的基于 R134a/R245fa 混合工质的组分调节子系统如图 3 - 42 所示。利用该模型可对组分调节子系统的动态响应时间进行估计，该系统包含 4 路独立的反馈控制回路。控制器 C1_DrumLC 根据冷凝器回流罐的液位需求控制阀 V1 的开度，控制器 C1_SumpLC 根据设定的再沸器液位调节阀 V2 的开度。PI 控制器 C1_CondPC 通过控制分馏塔的冷凝器散热量来调节冷凝器的工作压力。控制器 TC 和 CCxD 组成串级控制器。内环的 PI 控制器 TC 通过调节再沸器的加热量来控制分馏塔内第 9 级的工作温度，控制器 TC 的目标温度由外环的控制器 CCxD 根据分馏塔出口的浓溶液 R245fa 的质量分数来设定。

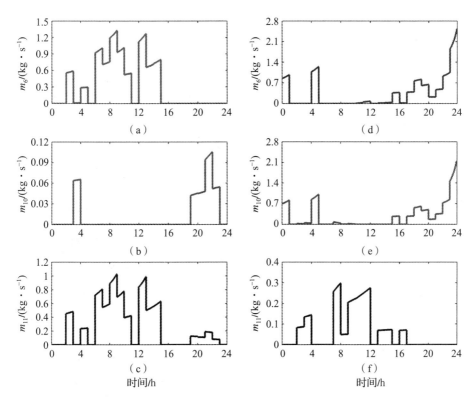

图 3 – 41　根据冬季/夏季某天计算的气温数据计算的流量结果

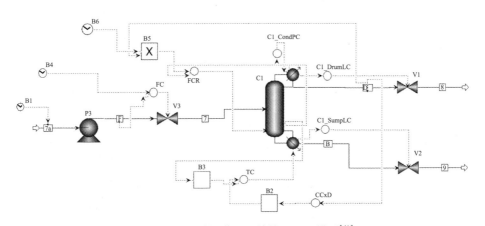

图 3 – 42　组分调节子系统的 Aspen 模型[41]

利用动态仿真模型模拟两种极端条件下组分调节子系统的动态响应时间，图 3 – 43 所示为环境温度突然升高到最高温度的模拟结果。组分调节子系统的入口工质流量如图 3 – 43（a）所示，此时需要的入口工质流量从 0.309 kg/s 突然增加到 0.332 kg/s，同时 R134a 质量分数从 0.366 突降到

0.145。以上述数据输入模型分析得到的组分调节子系统出口的工质流 8 和工质流 9 的质量流量随时间的变化如图 3 - 43（c）和（d）所示，R134a 的浓溶液流量从 0.111 kg/s 迅速下降到 0.044 kg/s，R134a 的稀溶液流量则从 0.197 kg/s 增加到 0.288 kg/s。两股出口工质流的纯度在动态过程中出现波动，最大幅度达到 0.5% 左右。再沸器和冷凝器的换热量也出现了明显的动态变化，具体如图 3 - 43（g）和（h）所示。

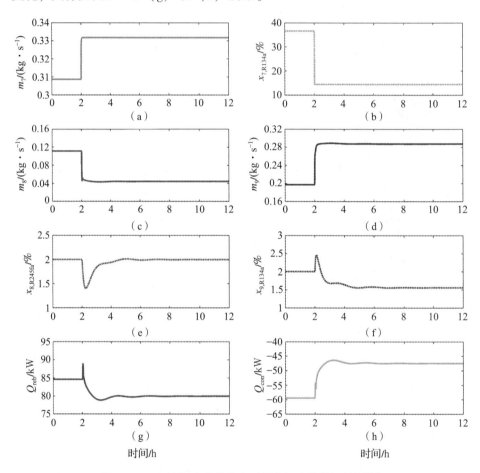

图 3 - 43　环境温度突然升高到最高温度的模拟结果[41]

（a）工质流 7 的流量；（b）工质流 7 的 R134a 质量分数；（c）工质流 8 的流量；

（d）工质流 9 的流量；（e）工质流 8 的 R245fa 质量分数；

（f）工质流 9 的 R134a 质量分数；（g）再沸器吸热量；

（h）冷凝器散热量

图 3 - 44 所示为环境温度突然降低到最低温度时的模拟结果。此时入口工质流量从 0.309 kg/s 增加到 0.339 kg/s，R134a 质量分数从 0.366 升高到

0.783。分析得到的各参数的变化趋势与温度突然升高时的结果相反，两股出口工质流的不纯度的最大波动小于 2%。两种极端动态条件下的组分调节子系统的动态响应时间均小于 6 小时。具体工作时，可增大组分调节子系统进、出口的储液罐容量，使分馏塔可工作在相对稳定的条件下，降低温度波动对组分调节子系统工作的影响。

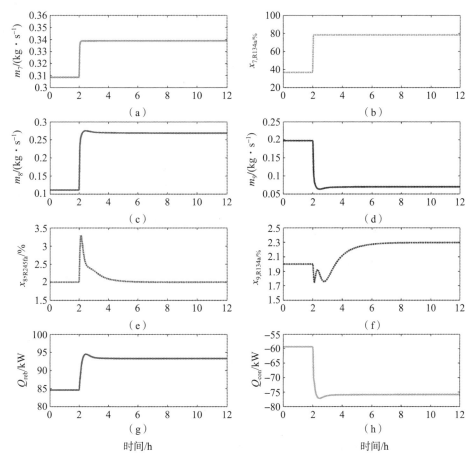

图 3-44　环境温度突然降低到最低温度时的模拟结果[41]
(a) 工质流 7 的流量；(b) 工质流 7 的 R134a 质量分数；
(c) 工质流 8 的流量；(d) 工质流 9 的流量；
(e) 工质流 8 的 R245fa 质量分数；(f) 工质流 9 的 R134a 质量分数；
(g) 再沸器吸热量；(h) 冷凝器散热量

对组分可调型 ORC 系统的动态性能进行更全面的分析，需要建立整个 ORC 系统的动态仿真模型，在此基础上，设计合理的动态控制策略。针对地热水发电用 ORC 系统，Liu 和 Gao 分析了采用纯工质和非共沸混合工质的组分可调型 ORC 系统在非设计点工况下的工作性能[42]。ORC 系统的纯工质采用 R600a，非共沸混合工质为 R600a／R601a。地热水的回注温度设为 70℃ 以上。ORC 系统的控制变量包括蒸发压力、冷凝压力和非共沸混合工质的组分质量分数。需要对 ORC 系统的关键部件如径流式涡轮和板式换热器等建立动态数学模型来计算非设计点工况的性能。

图 3 - 45 所示为 ORC 系统的径流式涡轮示意，其为导叶流通截面积可调的径流式涡轮。基于平均中径模型，对于径流式涡轮的静叶，能量和质量方程为

$$h_{01} + \frac{c_{01}^2}{2} = h_{02} + \frac{c_{02}^2}{2} \qquad (3-76)$$

$$m_{02} = \rho_{02} c_{02} \sin \alpha_{02} A_{\text{out,stator}} \qquad (3-77)$$

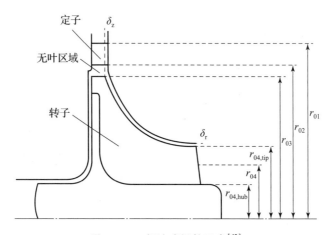

图 3 - 45　径流式涡轮示意[42]

当静叶出口达到超声速流动时，根据临界流量可得修正的静叶出口流动角。

$$\sin \alpha_{02,\text{correct}} = \frac{m_{\text{cr}}}{\rho_{02} c_{02} A_{\text{out,stator}}} \qquad (3-78)$$

在截面 3 处根据切向角动量守恒有

$$c_{02,u} r_{02} = c_{03,u} r_{03} \qquad (3-79)$$

$$m_{03} = \rho_{03} c_{03,r} A_{\text{in,rotor}} \qquad (3-80)$$

对于动叶入口，根据能量方程有

$$h_{03} + \frac{w_{03}^2}{2} - \frac{u_{03}^2}{2} = h_{04} + \frac{w_{04}^2}{2} - \frac{u_{04}^2}{2} \qquad (3-81)$$

$$m_{04} = \rho_{04} c_{04,r} A_{\text{out,rotor}} \qquad (3-82)$$

静叶的损失由下式计算：

$$L_{\text{stator}} = h_{02} - h_{02,s} = \frac{c_{02,s}^2 (1 - K_{\text{stator}}^2)}{2} \qquad (3-83)$$

动叶的损失包括入射角损失 L_i、通道损失 L_p、摩擦损失 L_{df}、间歇损失 L_c、出口损失 L_e，计算公式分别如下：

$$L_i = \frac{w_{03}^2 \sin^2 n}{2} \tag{3-84}$$

$$L_p = K_p \left(\frac{w_{03}^2 \cos^2 n + w_{04}^2}{2} \right) \tag{3-85}$$

$$L_{df} = \frac{0.021\,25\,\rho_{03} u_{03}^2 r_{03}^2}{m (\rho_{03} u_{03} r_{03}/\mu)^{0.2}} \tag{3-86}$$

$$L_c = \frac{u_{03}^3 Z_{rotor}}{8\pi} (K_z \delta_z M_z + K_r \delta_r M_r + K_{zr} \sqrt{\delta_z \delta_r M_z M_r}) \tag{3-87}$$

$$L_e = \frac{c_{04}^2}{2} \tag{3-88}$$

涡轮的等熵效率为

$$\eta_{turbine} = \frac{h_{01}^{st} - h_{04}^{st}}{h_{01}^{st} - h_{04,s}^{st}} \tag{3-89}$$

根据设计点工况的涡轮工作参数，可设计径流式涡轮的几何参数，并利用上述模型计算非设计点工况下的涡轮效率。

对于板式换热器，采用分段模型计算，每一段的传热量可根据对数平均温差求得。

$$Q = UA\Delta T_m \tag{3-90}$$

对应压降为

$$\Delta p = \frac{2fG^2 Pl}{\rho D} \tag{3-91}$$

式中，Pl 为板长，D 为流道水力直径。

对于单相流动，采用下面的传热关联式计算 Nu[43]。

$$Nu = 0.724 \left(\frac{6\theta}{\pi} \right)^{0.646} Re^{0.583} Pr^{1/3} \tag{3-92}$$

摩擦因子为

$$f = 2.99/Re^{0.183} \tag{3-93}$$

对于蒸发过程，采用下式计算 Nu[26]：

当 $Bd < 4$ 时，

$$Nu = 982 \left(\frac{\theta}{\theta_{max}} \right)^{1.101} \left(\frac{G^2 D}{\rho_m \sigma} \right)^{0.315} \left(\frac{\rho_1}{\rho_g} \right)^{-0.224} Bo^{0.32} \tag{3-94}$$

当 $Bd \geqslant 4$，时

$$Nu = 18.495 \left(\frac{\theta}{\theta_{max}} \right)^{0.248} \left(\frac{xGD}{\mu_g} \right)^{0.135} \left(\frac{GD}{\mu_1} \right)^{0.351} \left(\frac{\rho_1}{\rho_g} \right)^{0.223} Bo^{0.198} Bd^{0.235} \tag{3-95}$$

相应的摩擦因子为

$$f = 15.698C \left(\frac{G^2 D}{\rho_m \sigma} \right)^{-0.475} \left(\frac{\rho_1}{\rho_g} \right)^{-0.571} Bd^{0.255} \tag{3-96}$$

式中，

$$Bd = \frac{(\rho_1 - \rho_g) g D^2}{\sigma} \tag{3-97}$$

$$Bo = \frac{q}{G\gamma} \tag{3-98}$$

$$C = 2.125 \left(\frac{\theta}{\theta_{max}} \right)^{9.993} + 0.955 \tag{3-99}$$

对于冷凝过程，Nu 和摩擦因子的计算式为

$$Nu = 4.118 Re_{eq}^{0.4} Pr_1^{1/3} \tag{3-100}$$

$$f = 94.75 \left(\frac{p_m}{p_{cr}} \right)^{0.8} Bo^{0.5} Re^{-0.4} Re_{eq}^{-0.4} \tag{3-101}$$

$$Re_{eq} = \frac{G_{eq} D}{\mu_1} \tag{3-102}$$

$$G_{eq} = G \left[1 - x + x \left(\frac{\rho_1}{\rho_g} \right)^{0.5} \right] \tag{3-103}$$

板式换热器通常采用逆流式单流程布置，可根据设计点工况的工作参数确定蒸发器和冷凝器的几何参数，随后利用上述模型计算非设计点工况的传热性能。

图 3-46 所示为 3 种不同 ORC 系统的净输出功率和热效率随地热水流量的变化曲线，图中 BORC 表示采用 R600a 纯工质的简单 ORC 系统，MORC 表示采用 R600a/R601a 混合工质的简单 ORC 系统，CAORC 表示采用 R600a/R601a 混合工质的组分可调型 ORC 系统。随着地热水流量的增大，3 种 ORC 系统的净输出功率均逐渐升高，而热效率逐渐降低。MORC 和 CAORC 的净输出功率和热效率均高于 BORC，MORC 的净输出功率相对 BORC 平均提高了 3.25%，CAORC 的净输出功率相对 BORC 提高了 3.39%。MORC 通过调节工质泵流量、涡轮导叶开度和冷却水流量，也可使冷、热源的温度匹配效果较好，使其接近 CAORC。

采用分馏塔的组分调节子系统结构复杂且体积很大，不利于某些对体积和质量有严格要求的应用场合，T 形管作为一种结构简单的气液分离设备，用于进行工质组分调节时具有结构简单和系统紧凑的优点。图 3-47 所示为一种采用 T 形管的组分可调型 ORC 系统[44]。用 T 形管代替传统的 Kalina 循环中的气液分离器，需要研究 T 形管压降对采用非共沸混合工质的 ORC 系统工作性能的影响。ORC 系统采用 R245fa/R123 为工质，在蒸发器出口的气液两相

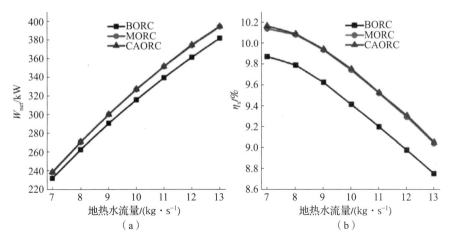

（a）　　　　　　　　　　　（b）

图3-46　不同 ORC 系统的净输出功率和

热效率随地热水流量的变化曲线[42]

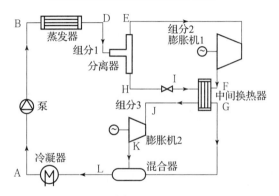

图3-47　采用 T 形管的组分可调型 ORC 系统[44]

工质在 T 形管中分离，饱和气态工质进入膨胀机 1 输出有用功，T 形管另一出口的气液两相工质经膨胀阀、回热器、膨胀机 2 后在混合器中与膨胀机 1 出口的工质混合，整个 ORC 系统内存在 3 处不同组分的工质流，可提高冷端和热端的换热效率。通过建立 T 形管的三维网格模型，采用欧拉模型进行气液两相流数值模拟，通过仿真可得到沿 T 形管中心线的压力分布，具体如图 3 - 48 所示。对于 T 形管的直通管部分，压力从入口开始逐渐下降，到中心点时达到最低，之后迅速升高，随后又稍有下降。对于分支管部分，开始时压力迅速下降，之后在入口段压力逐渐升高，后稍有下降。直通管的压力迅速升高主要由于工质流速快速增大引起，分支管的压力突降主要由流动阻力引起。T 形管作为气液两相分离设备，其压力降对气液两相分离比有影响，最终会影响 ORC 系统的热效率。通过合理设计 T 形管的结构及工作参数，使气液两相分离比处于合理区间，保证 ORC 系统的净输出功率和热效率在一个高水平上。

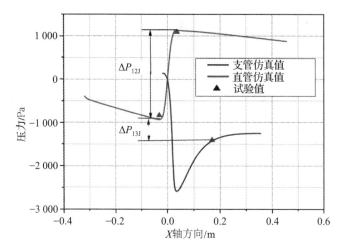

图 3-48 T形管内的压力分布曲线[44]

涡轮膨胀机作为 ORC 系统的关键部件，主要分为轴流式和径流式。轴流式涡轮的单级膨胀比较低，通常用于输出功率较大的场合，而径流式涡轮的单级膨胀比较高，常用于输出功率在 50 kW 以下的 ORC 系统[45]。Martins 等设计了采用 R245fa 的轴流式涡轮，输出功率达到 100 kW 级别[46]。Pini 等分析了采用硅氧烷（MDM）的 MW 级径流式涡轮的性能[47]。在不同工况下保持高的涡轮工作效率对 ORC 系统性能而言十分重要，因此有必要分析组分变动对涡轮工作性能的影响。Sun 等采用部分进气策略来提高涡轮在部分负荷下的工作效率[48]。带部分进气的单级轴流式涡轮的几何结构如图 3-49 所示。整个涡轮共有 30 个动叶片，在流动方向均匀布置有 3 个喷嘴，每个喷嘴对应 10 个动叶片的流动区域。由于涡轮的焓降很大，转子采用冲击式叶片。喷嘴采用渐缩渐扩型流道来减少超声速流动损失，同时尽可能减小前缘楔角和前缘叶片的厚度。

平均中径模型可用于计算涡轮的几何尺寸，但是，详细的内部流动过程还需要采用 CFD 方法来研究，利用 Ansys CFX 软件可建立涡轮的三维模型，进而分析不同的工质组分浓度比对涡轮工作特性的影响。考虑的工质包括 R245fa 和 R123 两种纯工质，以及 R245fa/R123 混合工质，混合工质的组分质量分数比分别为 0.25/0.75、0.5/0.5、0.75/0.25。混合工质中 R245fa 质量分数用 x 表示，图 3-50 所示为不同 x 值下的流场马赫数分布。从图中可以看出，当 x 值一定时，工质经过渐缩管在喉口处达到临界状态，随后在渐扩管中进一步加速达到超声速状态，接着在三角区进一步自由膨胀，但马赫数有所降低，之后进入动叶，速度进一步降低。最大马赫数出现在渐扩喷管的出口处，对 R245fa 和 R123 等纯工质，最大马赫数分别为 1.90 和 1.91，混合工质的最大马赫数有所增加，可达 2.19。

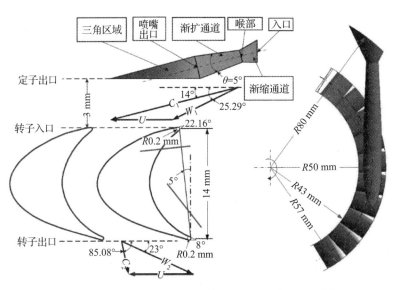

图 3 - 49　带部分进气的单级轴流式涡轮的几何结构[48]

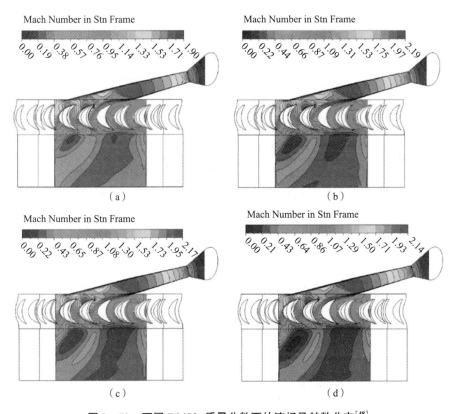

图 3 - 50　不同 R245fa 质量分数下的流场马赫数分布[48]

（a）$x_{R245fa}=0$；（b）$x_{R245fa}=0.25$；（c）$x_{R245fa}=0.5$；（d）$x_{R245fa}=0.75$

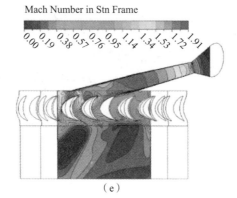

（e）

图 3 – 50　不同 R245fa 质量分数下的流场马赫数分布[48]（续）

（e）$x_{R245fa} = 1$

单个喷嘴对应的 10 个动叶片的压力分布如图 3 – 51 所示，从图中可以看出，仅动叶片 6、7、8 受力较大，能输出正功，其他 7 个动叶片由于没有工质流过，受力很小。根据压力面和吸力面上的压力分布，计算动叶片 6、7、8 的输出功率分别为 0.992 kW、1.96 kW、0.533 kW，其他 7 个动叶片消耗的功率为 0.353 kW。对于动叶片 6，前缘部分的激波会导致靠近前缘的吸力面压力大于压力面。

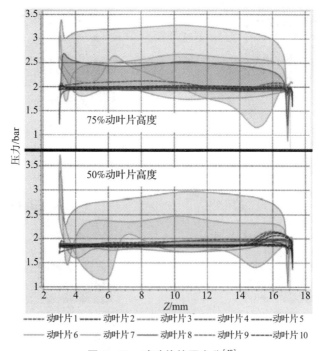

图 3 – 51　动叶片的压力分[48]

不同膨胀比下的涡轮输出功率和工作效率如图 3 - 52 所示。在同样的膨胀比和转速下，随着 R245fa 质量分数的增大，涡轮输出功和等熵效率均逐渐升高，涡轮的转速越大，提高的幅度越明显。这是因为涡轮的等熵焓降随着 R245fa 质量分数的升高而增大。在膨胀比为 6 时，随着涡轮转速的升高，不同 R245fa 质量分数下涡轮的输出功率和等熵效率均呈现先增大后减小的趋势，存在一个最优的转速使涡轮的输出功率和等熵效率达到最大。随着膨胀比的减小，对应的最优转速也逐渐减小。当膨胀比为 6 时，采用 R245fa 纯工质的涡轮对应的最优转速为 20 000 r/min，对应的输出功率和等熵效率为 8.13 kW 和 55.3%。

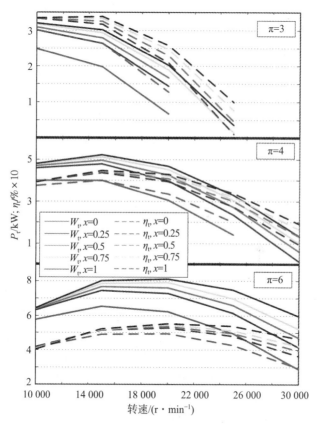

图 3 - 52　不同膨胀比下涡轮的输出功率和效率[48]

参 考 文 献

[1] Sadeghi M, Nemati A, Ghavimi A, et al. Thermodynamic Analysis and Multi -

Objective Optimization of Various ORC (Organic Rankine Cycle) Configurations Using Zeotropic Mixtures[J]. Energy,2016,109:791 – 802.

[2]Li T, Liu J, Wang J, et al. Combination of Two – Stage Series Evaporation with Non – Isothermal Phase Change of Organic Rankine Cycle to Enhance Flue Gas Heat Recovery from Gas Turbine [J]. Energy Conversion and Management, 2019,185:330 – 338.

[3]Li J, Ge Z, Duan Y, et al. Parametric Optimization and Thermodynamic Perform-ance Comparison of Single – Pressure and Dual – Pressure Evaporation Organic Rankine Cycles[J]. Applied Energy,2018,217:409 – 421.

[4]Li T L, Yuan Z H, Li W, et al. Strengthening Mechanisms of Two – Stage Evapo-ration Strategy on System Performance for Organic Rankine Cycle[J]. Energy, 2016,101:532 – 540.

[5]Wang J Q, Xu P, Li T L, et al. Performance Enhancement of Organic Rankine Cycle with Two – Stage Evaporation Using Energy and Exergy Analyses[J]. Geo-thermics,2017,65:126 – 134.

[6]Stijepovic M Z, Papadopoulos A I, Linke P, et al. An Exergy Composite Curves Approach for the Design of Optimum Multi – Pressure Organic Rankine Cycle Processes[J]. Energy,2014,69:285 – 298.

[7]Walraven D, Laenen B, D'Haeseleer W. Comparison of Thermodynamic Cycles for Power Production from Low – Temperature Geothermal Heat Sources[J]. Energy Conversion and Management,2013,66(1):220 – 233.

[8]Li J, Ge Z, Duan Y, et al. Effects of Heat Source Temperature and Mixture Com-position on the Combined Superiority of Dual – Pressure Evaporation Organic Rankine Cycle and Zeotropic Mixtures[J]. Energy,2019,174:436 – 449.

[9]Kalina A I. Method of Generating Energy:US 4548043[P]. 1985 – 10 – 22.

[10]Andreasen J G, Larsen U, Knudsen T, et al. Design and Optimization of a novel Organic Rankine Cycle with Improved Boiling Process [J]. Energy, 2015, 91:48 – 59.

[11]Bao J, Lin Y, Zhang R, et al. Performance Enhancement of Two – Stage Conden-sation Combined Cycle for LNG Cold Energy Recovery Using Zeotropic Mixtures [J]. Energy,2018,157:588 – 598.

[12]Cavallini A, Censi G, Col D D, et al. Experimental Investigation on Condensa-tion Heat Transfer and Pressure Drop of New HFC Refrigerants(R134a, R125, R32, R410A, R236ea) in a Horizontal Smooth Tube[J]. International Journal of Refrigeration,2001,24(1):73 – 87.

［13］Zhang H Y, Li J M, Liu N, et al. Experimental Investigation of Condensation Heat Transfer and Pressure Drop of R22, R410A and R407C in Mini – Tubes ［J］. International Journal of Heat and Mass Transfer, 2012, 55 (13 – 14): 3522 – 3532.

［14］Peng X F, Wu D, Lu G, et al, Liquid – Vapor Separation Air Condenser: PRC 200610113304. 4［P］, 2006.

［15］Wu D, Wang Z, Lu G, et al. High – Performance Air Cooling Condenser with Liquid – Vapor Separation ［J］. Heat Transfer Engineering, 2010, 31 (12): 973 – 980.

［16］Chen X, Chen Y, Deng L, et al. Experimental Verification of a Condenser with Liquid – Vapor Separation in an Air Conditioning System［J］. Applied Thermal Engineering, 2013, 51 (1 – 2): 48 – 54.

［17］Luo X, Yi Z, Chen Z, et al. Performance Comparison of the Liquid – Vapor Separation, Parallel Flow, and Serpentine Condensers in the Organic Rankine Cycle ［J］. Applied Thermal Engineering, 2016, 94: 435 – 448.

［18］Cavallini A, Col D D, Mancin S, et al. Condensation of Pure and Near – Azeo-Tropic Refrigerants in Microfin Tubes: A New Computational Procedure［J］. International Journal of Refrigeration, 2009, 32 (1): 162 – 174.

［19］Col D D, Doretti L, et al. Pressure Drop During Condensation and Vaporisation of Refrigerants inside Enhanced Tubes［J］. Heat and Technology, 1997, 15 (1): 3 – 10.

［20］Robinson K K, Briggs D E. Pressure Drop of Air Flowing Across Triangular Pitch Banks of Finned Tubes［J］. Chemical Engineering Progress Symposium Series, 1966, 62: 177 – 183.

［21］Li J, Liu Q, Duan Y, et al. Performance Analysis of Organic Rankine Cycles U-sing R600/R601a Mixtures with Liquid – Separated Condensation［J］. Applied Energy, 2017, 190: 376 – 389.

［22］Luo X, Liang Z, Guo G, et al. Thermo – Economic Analysis and Optimization of a Zoetropic Fluid Organic Rankine Cycle with Liquid – Vapor Separation During Condensation［J］. Energy Conversion and Management, 2017, 148: 517 – 532.

［23］Martin H. N6 Pressure Drop and Heat Transfer in Plate Heat Exchangers［M］. Springer Berlin Heidelberg, 2010.

［24］Mancin S, Del Col D, Rossetto L. Condensation of Superheated Vapour of R410A and R407C Inside Plate Heat Exchangers: Experimental Results and Simulation Procedure［J］. International Journal of Refrigeration, 2012, 35 (7):

2003 - 2013.

[25] Wang L K, Sunden B, Yang Q S. Pressure Drop Analysis of Steam Condensation in a Plate Heat Exchanger [J]. Heat Transfer Engineering, 1999, 20 (1): 71 - 77.

[26] Amalfi R L, Vakili - Farahani F, Thome J R. Flow Boiling and Frictional Pressure Gradients in Plate Heat Exchangers: Part 2, Comparison of Literature Methods to Database and New Prediction Methods [J]. International Journal of Refrigeration, 2016, 61: 185 - 203.

[27] Luo X, Huang R, Yang Z, et al. Performance Investigation of a Novel Zeotropic Organic Rankine Cycle Coupling Liquid Separation Condensation and Multi - Pressure Evaporation [J]. Energy Conversion and Management, 2018, 161: 112 - 127.

[28] Táboas F, Vallès M, Bourouis M, et al. Flow Boiling Heat Transfer of Ammonia/Water Mixture in a Plate Heat Exchanger [J]. International Journal of Refrigeration, 2010, 33 (4): 695 - 705.

[29] Lee H J, Lee S Y. Heat Transfer Correlation for Boiling Flows in Small Rectangular Horizontal Channels with Low Aspect Ratios [J]. International Journal of Multiphase Flow, 2001, 27 (12): 2043 - 2062.

[30] Kim S Y, Paek J W, Kang B H. Flow and Heat Transfer Correlations for Porous Fin in a Plate - Fin Heat Exchanger [J]. Journal of Heat Transfer, 2000, 122 (3): 572 - 578.

[31] Diani A, Mancin S, Doretti L, et al. Low - GWP Refrigerants Flow Boiling Heat Transfer in a 5 PPI Copper Foam [J]. International Journal of Multiphase Flow, 2015, 76: 111 - 121.

[32] Mancin S, Diani A, Doretti L, et al. R134a and R1234ze (E) Liquid and Flow Boiling Heat Transfer in a High Porosity Copper Foam [J]. International Journal of Heat and Mass Transfer, 2014, 74: 77 - 87.

[33] Abadi G B, Kim K C. Enhancement of Phase - Change Evaporators with Zeotropic Refrigerant Mixture Using Metal Foams [J]. International Journal of Heat and Mass Transfer, 2017, 106: 908 - 919.

[34] Curzon F L, Ahlborn B. Efficiency of a Carnot Engine at Maximum Power Output [J]. American Journal of Physics, 1998, 43 (1): 22 - 24.

[35] Esposito M, Kawai R, Lindenberg K, et al. Efficiency at Maximum Power of Low - Dissipation Carnot Engines [J]. Physical Review Letters, 2010, 105 (15): 150603.

[36] Sheng S, Tu Z C. Universality of Energy Conversion Efficiency for Optimal Tight – Coupling Heat Engines and Refrigerators[J]. Journal of Physics A Mathematical and Theoretical, 2013, 46(40):535 – 536.

[37] Xu W, Deng S, Su W, et al. How to Approach Carnot Cycle via Zeotropic Working Fluid: Research Methodology and Case Study[J]. Energy, 2018, 144:576 – 586.

[38] Tuo H, Hrnjak P. Vapor – Liquid Separation in a Vertical Impact T – Junction for Vapor Compression Systems with Flash Gas Bypass[J]. International Journal of Refrigeration, 2014, 40:189 – 200.

[39] Zheng N, Zhao L, Hwang Y, et al. Experimental Study on Two – Phase Separation Performance of Impacting T – Junction[J]. International Journal of Multiphase Flow, 2016:172 – 182.

[40] Collings P, Yu Z, Wang E. A Dynamic Organic Rankine Cycle Using a Zeotropic Mixture as the Working Fluid with Composition Tuning to Match Changing Ambient Conditions[J]. Applied Energy, 2016, 171:581 – 591.

[41] Wang E, Yu Z, Collings P. Dynamic Control Strategy of a Distillation System for a Composition – Adjustable Organic Rankine Cycle[J]. Energy, 2018, 141: 1038 – 1051.

[42] Liu C, Gao T. Off – Design Performance Analysis of Basic ORC, ORC Using Zeotropic Mixtures and Composition – Adjustable ORC Under Optimal Control Strategy[J]. Energy, 2019, 171:95 – 108.

[43] García – Cascales J R, Vera – García F, Corberán – Salvador J M, et al. Assessment of Boiling and Condensation Heat Transfer Correlations in the Modelling of Plate Heat Exchangers[J]. International Journal of Refrigeration, 2007, 30(6):1029 – 1041.

[44] Lu P, Deng S, Zhao L, et al. Analysis of Pressure Drop in T – Junction and Its Effect on Thermodynamic Cycle Efficiency[J]. Applied Energy, 2018, 231: 468 – 480.

[45] Fiaschi D, Innocenti G, Manfrida G, et al. Design of Micro Radial Turboexpanders for ORC Power Cycles: From 0D to 3D[J]. Applied Thermal Engineering, 2016, 99:402 – 410.

[46] Martins G L, Braga S L, Ferreira S B. Design Optimization of Partial Admission Axial Turbine for ORC Service[J]. Applied Thermal Engineering, 2016, 96:18 – 25.

[47] Pini M, Persico G, Casati E, et al. Preliminary Design of a Centrifugal Turbine

for Organic Rankine Cycle Applications[J]. Journal of Engineering for Gas Turbines and Power,2013,135(4):042312.

[48]Sun H,Qin J,Yan P,et al. Performance Evaluation of a Partially Admitted Axial Turbine Using R245fa,R123 and Their Mixtures as Working Fluid for Small − Scale Organic Rankine Cycle[J]. Energy Conversion and Management,2018, 171:925 −935.

第 4 章
可再生能源发电应用

ORC 系统主要用于低品位能量的利用，针对不同的温度区间，有多种不同的系统构型。本章介绍了有机朗肯循环在可再生能源发电领域的应用，包括太阳能和地热能可再生能源发电系统。通过对这些应用的技术进展的介绍，可以了解有机朗肯循环在不同的应用场合的工作特性和性能潜力，在实际应用中需要根据具体情况进行有针对性的分析和优化设计。

4.1　太阳能热发电系统

4.1.1　太阳能 ORC 系统

随着人们对环境保护关注度的不断提高，以煤炭为燃料的火力发电将会被逐渐淘汰，采用太阳能的可再生能源清洁发电技术将成为重要的能源供给方式。太阳能光伏发电和太阳能热发电是目前利用太阳能的两种主要形式[1]。太阳能是太阳内部或表面的核聚变反应产生的能量，地球轨道上的平均太阳辐射强度为 1 369 W/m^2，在海平面上的标准峰值强度为 1 kW/m^2。太阳能热发电主要有两种方式：（1）将太阳辐射的热能直接转化成电能，包括半导体或金属材料的温差发电、真空器件热电子和热电离子发电、碱金属热电转换和磁流体发电等，目前此技术还处于原理性研究阶段；（2）将太阳热能作为有机朗肯循环热机的热源，整个发电系统与常规热力发电类似，即通常所说的太阳能热发电技术。该技术主要采用聚光型太阳能热发电系统，包括：塔式太阳能热发电系统、槽式太阳能热发电系统、碟式太阳能热发电系统。

塔式太阳能热发电系统的集热器被安置在中央接收塔的顶部，地面上围绕接收塔的大量定日镜排列在接收塔的四周，通过自动跟踪太阳，将反射光精确投射到集热器内，加热盘管内流动的介质产生蒸汽，蒸汽温度最高可达 650℃，利用蒸汽吸收的热量驱动有机朗肯循环发电。图 4 - 1 所示为我国甘肃敦煌 100 MW 熔盐塔式太阳能热发电系统。该系统采用硝酸钾熔盐作为导热介质。槽式太阳能热发电系统采用槽形的抛物面聚光器反射太阳光，其结构紧凑，制造成本较低，太阳能收集装置占地面积较小。碟式太阳能热发电系统采用碟式聚光集热系统，主要由碟式聚光镜、吸热器、ORC 系统及辅助设备等组成。

图 4 - 1　甘肃敦煌 100 MW 熔盐塔式太阳能热发电系统[2]

针对太阳能热发电应用，有必要研究高效的 ORC 系统及其设计方法，以及对 ORC 系统工作特性进行全面分析，从而为实际工程应用提供参考。作为太阳能热发电系统关键部件的集热器有多种不同的设计形式，需要考虑具体的应用选择合适的集热器。对中低温太阳能热发电应用，常采用真空管式集热器（ETC）和抛物面槽式集热器（PTC）。图 4 - 2 显示了平板式集热器（FPC）和真空管式集热器的结构。Romos 等对比分析了采用两种不同集热器的小型太阳能 CHP 系统的性能[3]。FPC 为外面罩有玻璃的板管式集热器，FPC 单片集热器面积为 1.19 m²，包含 14 组管径为 6.8 mm 的集热管，吸热层的热导率为 310 W/mK，管内采用水/乙二醇混合物作为导热介质，流量范围为 0.01 ~ 0.03 kg/s，FPC 进、出口的温差为 50℃ ~ 80℃，导热介质在 ORC 系统蒸发器入口的温度为 80℃ ~ 100℃。ETC 采用商用 Gasokol vacuTube 65/20，单个 ETC 的聚光面积为 1.5 m²，采用导热油 Therminol 66 作为导热介质，流量范围为 0.017 ~ 0.069 kg/s。工作时，ETC 进、出口温差为 140℃ ~ 160℃，导热油在 ORC 系统蒸发器入口的温度为 180℃ ~ 200℃。

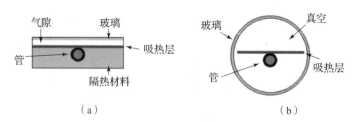

（a）　　　　　　　　　　　　　（b）

图 4 - 2　平板式集热器和真空管式集热器的结构[3]

（a）平板式集热器；（b）真空管式集热器

针对 FPC 和 ETC 两种集热器，设计的 CHP 系统分别如图 4 - 3（a）、（b）所示。由于 FPC 出口的导热介质温度较低，蓄热器直接并联在 FPC 出口，家庭供热需求（DHW）直接由蓄热器或蒸发器出口的导热油提供。采用 ETC 的导热油出口温度较高，可利用 ORC 系统蒸发器出口的导热油加热蓄热器。采用 FPC 的 CHP 系统中，ORC 系统采用 R245fa 为工质，在连续工作时可输出 0.46 kW 的功率，每年工作时间为 2 555 h，可净输出 1 105 kWh 的电能，并提供 10 710 kWh 的供热量。对于采用 ETC 的 CHP 系统，当导热油温度达到 200℃时，采用 R1233zd 为工质的 ORC 系统开始工作，可输出 1.72 kW 的功率，每年净输出 3 605 kWh 的电能，并提供 13 175 kWh 的供热量。对比两种不同集热器的太阳能热发电系统，可知提高集热器出口导热介质的温度，可有效改善 ORC 系统的热效率，提高太阳能的利用效率。

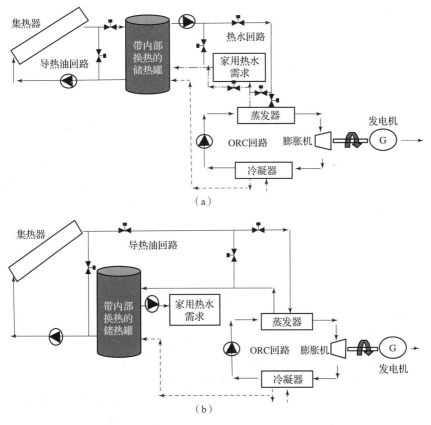

图 4 - 3　采用 FPC 和 ETC 的 CHP 系统[3]

（a）采用 FPC；（b）采用 ETC

在设计太阳能热发电系统时，常直接采用商用的集热器，可通过建立系统的数学模型来分析不同的集热器对 ORC 系统工作性能的影响，在此基础上，选择合适的集热器型号。针对集热器出口温度不超过150℃的中低温太阳能热发电应用，Delgado - Torres 和 Garcia - Rodriguez 对比了采用4种不同的集热器时的集热面积需求[4]。对中低温太阳能热发电应用，可采用图4-4所示的两种不同的系统设计：图4-4（a）所示为集热器直接加热 ORC 系统工质，图4-4（b）所示的集热器采用水作为导热介质，利用水的能量在 ORC 系统蒸发器中实现有机工质的蒸发。考虑的集热器包括两种 FPC——VITOSOL 200F 和 SchucoSol U.5 DG，一种复合抛物面集热器（CPC）——AoSol 1.12X，一种 ETC——VITOSOL 300。图4-5所示为在太阳辐射强度为 1 000 W/m² 的条件下，4种不同的集热器的工作效率随加热流体平均温度与环境温度差的变化曲线。随着二者温差的增加，太阳能集热器效率逐渐下降，其中 VITOSOL 300 的效率下降幅度相对较小。

对于两种不同的 CHP 系统，可分析不同 ORC 系统工质的工作性能，图 4-6所示为单位输出功率下4种集热器的最小聚光面积。图4-6（a）所示为采用集热器直接加热 ORC 系统工质的 CHP 系统的结果。采用丙烷、R134a、R152a 和 R227ea 为工质时，不同集热器的聚光面积均较大。对于剩下的 ORC 系统工质，采用 CPC（AsoSol 1.12X）的最小聚光面积为 18.9 ~ 20 m²/kW，采用 FPC（VITOSOL 200F）的最小聚光面积为 17.1 ~ 18.1 m²/kW，采用 FPC（SchucoSol U.5 DG）的最小聚光面积为 14.7 ~ 15.6 m²/kW，采用 ETC（VITOSOL 300）的最小聚光面积为 10.2 ~ 11.8 m²/kW。对于采用导热介质的 CHP 系统，单位输出功率的最小聚光面积结果如图4-6（b）所示。不同集热器所需要的最小聚光面积的排序与图4-6（a）所示的结果基本相同。除 R227ea 外的湿工质的最小聚光面积较大，干工质所需的最小聚光面积较小。采用 CPC（AsoSol 1.12X）的最小聚光面积为 24.8 ~ 25.6 m²/kW，采用 FPC（VITOSOL 200F）的最小聚光面积为 22.4 ~ 23.1 m²/kW，采用 FPC（SchucoSol U.5 DG）的最小聚光面积为 18.0 ~ 18.5 m²/kW，采用 ETC（VITOSOL 300）的最小聚光面积为 11.7 ~ 12.3 m²/kW。

对于大型的太阳能热发电系统，由于集热器出口的温度很高，常采用水为工质的传统朗肯循环发电系统。图4-7（a）所示为一种采用 FPC 的传统朗肯循环发电系统[5]。导热油在集热器中被加热到390℃，随后，依次进入朗肯循环的过热器、蒸发器和预热器，与水交换热量，温度降低到290℃后重新进入集热器吸收太阳能。过热器出口温度为370℃、压力为100 bar 的水蒸气进入高压涡轮膨胀，膨胀后压力为17 bar 的低压蒸汽再次进入过热器被加热到370℃并进入低压涡轮继续膨胀做功，高压涡轮和低压涡轮均采用抽气回热来提高效率。

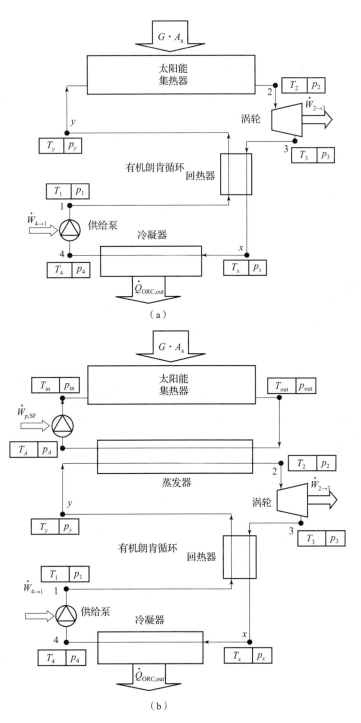

图 4 - 4　两种不同的太阳能热发电系统设计[4]

（a）集热器直接加热 ORC 系统工质（DVG）；（b）采用导热介质间接加热 ORC 系统工质（HTF）

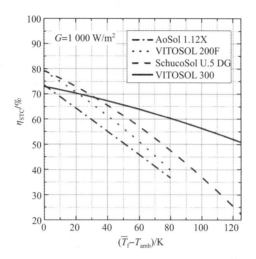

图 4 - 5　4 种集热器的工作效率随加热流体平均温度与环境温差的变化曲线[4]

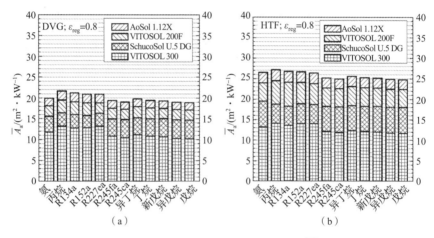

图 4 - 6　不同集热器的最小聚光面积[4]

（a）集热器直接加热 ORC 系统工质的 CHP 系统；

（b）采用导热介质间接加热 ORC 系统工质的 CHP 系统

　　由于采用朗肯循环的发电系统要求太阳辐射量较高，当太阳辐射量较低时系统无法正常工作，Mittelman 和 Epstein 提出了一种图 4 - 7（b）所示的朗肯循环与 Kalina 循环组合的太阳能热发电系统[6]，Kalina 循环可在太阳辐射量较低时继续正常工作。朗肯循环采用单级膨胀机，温度为 370℃、压力为 100 bar 的水蒸气在涡轮中膨胀后温度降低到 180℃，压力降低到 8 bar，随后进入 Kalina 循环的蒸发器，水蒸气冷凝的同时将氨水溶液加热到气液两相状态，在分离器中，温度为 160℃、压力为 20 bar、浓度为 72% 的浓氨溶液进入涡轮膨胀发电。当太阳辐射量大于 400 W/m² 时，朗肯循环与 Kalina 循环同时工作，

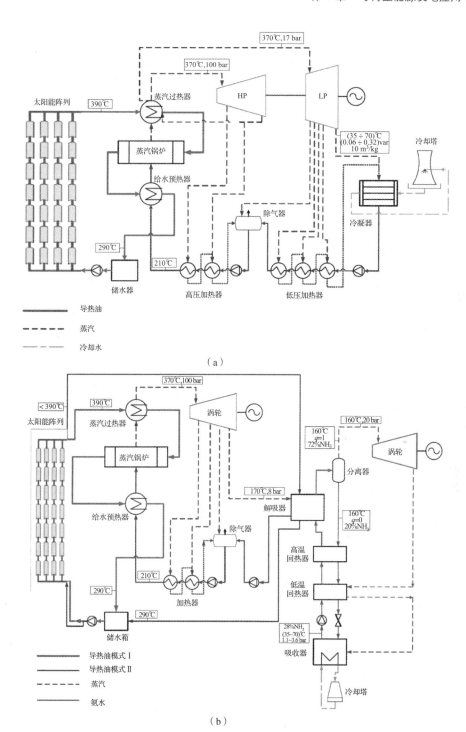

（a）

（b）

图 4-7　大型太阳能热发电系统[6]

（a）采用传统朗肯循环的 CSP 系统[5]；（b）采用组合循环的 CSP 系统

输出电能。当太阳辐射量低于 400 W/m² 时，朗肯循环停止工作，导热油直接进入 Kalina 循环的蒸发器与氨水换热。

额定功率为 50 MW 的单一朗肯循环 CSP 系统和组合循环的 CSP 系统的工作性能对比见表 4 – 1。虽然采用组合循环的 CSP 系统的集热器面积大于采用朗肯循环的 CSP 系统，且峰值发电量和发电效率稍低于采用朗肯循环的 CSP 系统，但采用组合循环的 CSP 系统的年净发电量高于采用朗肯循环的 CSP 系统，平均发电成本低于采用朗肯循环的 CSP 系统，在采用风冷式冷凝器时采用传统组合循环的 CSP 系统的成本降低幅度更加明显。

表 4 – 1　采用朗肯循环和组合循环的 CSP 系统的工作性能对比[6]

(a) 整个系统的发电学性能

额定功率	50 MW			
冷凝器形式	水冷		空冷	
循环模式	朗肯循环	组合循环	朗肯循环	组合循环
毛峰值功率/MW	57.1	56.3	58.1	56.9
涡轮功率（P_{max}）/MW	63	36 top（峰值），26	64	40，23
集热器面积（A_{coll}）/m²	310 028	353 602	342 957	390 390
循环数量	90	103	100	113
年净太阳能发电效率（$\eta_{overall}$）/%	16.3	14.6	15.0	13.3
年净发电量/（MWh·年⁻¹）	99，397	101，263	100，785	102，123

(b) 成本分析结果

冷凝器形式	水冷		空冷	
循环模式	朗肯循环	组合循环	朗肯循环	组合循环
输入参数	—	—	—	—
安装成本/（$·kW⁻¹）	3 742	3 608	4 279	3 771
(O&M，保险，产权税)/（M$·年⁻¹）	5.3	5.3	5.0	5.0
年利率/%	7	—	—	—
寿命周期/年	20	—	—	—
结果	—	—	—	—
平均发电成本/［$·(kWh)⁻¹］	23.1	22.1	25.0	22.3
节约成本/%	4.3	—	10.8	—

ORC 系统还可用于基于太阳能的大型制氢和冷热电多联供系统[7]，利用太阳能该系统能提供 5 种不同的输出模式：供电、制冷、制热、制氢和生物质干燥。整个系统的结构如图 4 – 8 所示，集热器采用 FPC，可将导热油加热到 400℃。集热器出口串联有 ORC1 的蒸发器，白天太阳光照充足时 ORC1 和 ORC2 工作，输出电能，ORC1 回路的环己烷工质冷凝放热，用于加热 ORC2 回路的异丁烷工质，两个回路输出的电能用于电解制氢。导热油离开 ORC1 蒸发器后进入蓄热系统，对蓄热材料进行加热，蓄热材料采用 45% $NaNO_3$ + 55% KNO_3，可在 230℃ ~550℃ 范围内工作。蓄热材料加热 ORC3 回路中的异丁烷工质，输出的电能用于夜间供电。随后，导热油给采用溴化锂和水的吸附式热泵系统提供能量，该吸附式热泵系统的蒸发器用于湿空气的除湿，除湿后的干空气用于生物质的干燥。接着，导热油驱动采用氨水为工质的吸附式制冷系统，该系统带有蓄冷器，夜间提供制冷。蓄热系统和蓄冷系统均在白天补充，晚上泄放。最后，导热油给采用 R123 为工质的热泵系统提供能量，

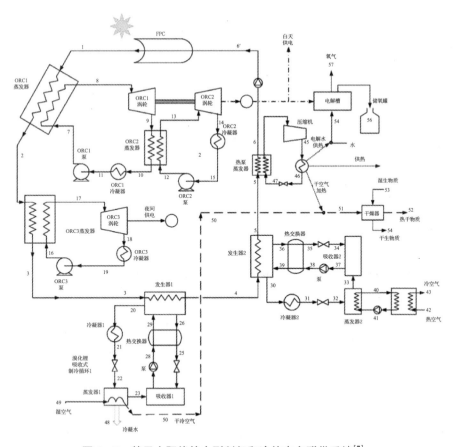

图 4 – 8　基于太阳能的大型制氢和冷热电多联供系统[7]

该热泵系统可将生物质干燥用的低温干空气加热到90℃~120℃，另一部分热量将制氢用的电解水加热到70℃。综合考虑白天和晚上的工作性能，在不同输出模式下系统的总热效率和㶲效率结果如图4-9所示。在冷热电多联供及同时制氢的模式下，系统的能量效率和㶲效率分别达到20.7%和21.7%。在热电输出模式和冷热电多联供模式下的能量效率也明显高于仅发电的单一模式。

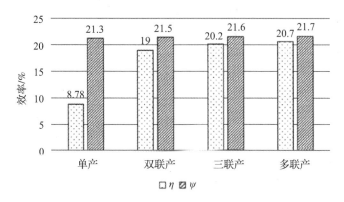

图4-9 制氢和冷热电多联供系统不同模式下的热效率和㶲效率[7]

4.1.2 太阳能CHP系统

小型太阳能CHP系统具有环保性好、成本低、可靠性好和结构简单的优势，在家用和建筑节能中有良好的潜力。对于小型的太阳能热利用系统，考虑到经济性和占地面积，难以采用很大的聚光面积来提高集热器出口温度，因此采用ORC系统的太阳能热发电装置更有优势。此时需要根据具体应用的集热器出口温度，合理选择ORC系统的工质，保证采用ORC系统的中低温太阳能热发电系统的效率处于较高水平。图4-10所示为传统的低温太阳能热发电系统的结构，在此基础上，可研究不同工质的系统性能[8]。在该低温太阳能热发电系统中，集热器将储水罐中的水加热到90℃，同时加热后的水给ORC系统提供能量。设ORC系统工质在膨胀机入口的蒸发温度为75℃，在冷凝器出口的冷凝温度为35℃，ORC系统蒸发器内的换热温差为15℃，不同工质的系统热效率随涡轮入口压力的变化曲线如图4-11所示。随着涡轮入口压力的增加，系统热效率逐渐增大。对于低沸点工质，R152a和R134a的系统热效率大于R407C和R290，对于高沸点工质，水和乙醇的系统热效率比正戊烷和R123高。由于水、乙醇和甲醇等工质的冷凝压力太低，膨胀机出口的体积流量过大，不适用于小型低温太阳能热发电应用，同时考虑环保要求，选择R134a、R152a、R290、R600和R600a作为工质是较为适合的。

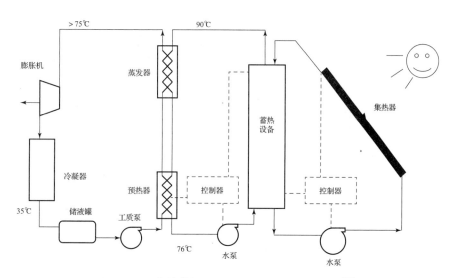

图 4-10　传统的低温太阳能热发电系统的结构[8]

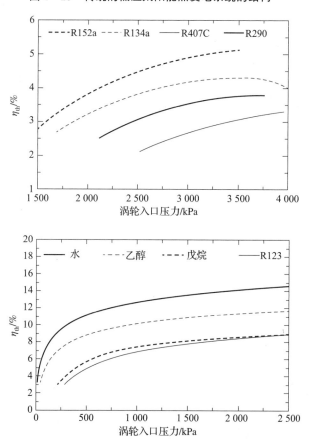

图 4-11　不同工质的系统热效率随涡轮入口压力的变化曲线[8]

全球大部分地区的可用地热能温度较低，将低温地热能与太阳能结合使用，利用低温地热能预热 ORC 系统工质，再由温度较高的太阳能实现 ORC 系统工质的蒸发，可进一步提高太阳能的利用效率。图 4 - 12 所示为一种同时利用太阳能和低温地热能的小型 CHP 系统[9],[10]。冷凝器出口的液态有机工质在预热器中被 90℃的地热水加热到饱和液态，随后，ETC 收集的太阳能将有机工质加热到 147℃，ETC 不采用聚光装置，可降低系统成本。膨胀机出口的过热气态工质在去过热器（DSH）中放热，用于建筑和家庭供热，同时冷却水吸收有机工质冷凝过程的热量，为建筑和家庭提供低温热水。

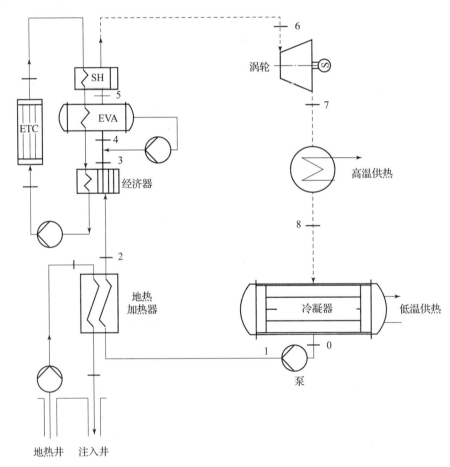

图 4 - 12　同时利用太阳能和低温地热能的小型 CHP 系统[9]

设计的额定功率为 50kW 的系统，采用 R134a、R236fa 和 R245fa 有机工质的 ORC 系统工作性能见表 4 - 2。采用 R245fa 为工质的 ORC 系统膨胀比最大，相应的系统效率也最高，达到 13%。采用 R134a 为工质时 ORC 系统的蒸发压力最高，为 38 bar，但膨胀比最低。由于 R134a 为湿工质，膨胀机入口的过热度达到 49℃，但其系统效率最低，仅为 9.1%。根据 1 月、3 月和 7 月太阳辐射数据分析的 ORC 系统总成本表明，采用 R245fa 为工质的 ORC 系统总成本最低，采用 R134a 为工质的 ORC 系统总成本比采用 R245fa 为工质的 ORC 系统高约 50%，这是由于采用 R134a 为工质的 ORC 系统换热器面积更大。同时，从 1 月到 7 月，随着太阳辐射水平的提高，所需的 ETC 面积逐渐减小，导致 ORC 系统总成本逐渐下降。

表 4 - 2　不同工质的 CHP 系统的主要性能参数[9]

工质	R134a	R236fa	R245fa
泵出口压力 p_1/bar	38	293	31
冷凝器压力 p_0/bar	11.6	5	2.92
地热水回注温度/℃	335	336	335
$(T_6 - T_5)$/℃	49	26	1.3
DSH 入口温度 T_8/℃	98	93	62
DSH 出口水温/℃	93	87	57
有机工质流量/$(kg \cdot s^{-1})$	1.77	1.84	1.33
地热水流量/$(kg \cdot s^{-1})$	0.95	0.87	0.60
DSH 的水流量/$(kg \cdot s^{-1})$	0.45	0.43	0.32
冷凝器的水流量/$(kg \cdot s^{-1})$	22.3	19.72	18.93
地热水传热量 Q_{geo}/kW	111	98.5	72.4
太阳能传热量 Q_{solar}/kW	316	273.5	235
DSH 回收热/kW	102	82.5	23
冷凝器回收热/kW	280	247	237.5
系统效率/%	9.1	9.78	13

利用太阳能的小型 CHP 系统提供的电能和热水可满足家庭用户日常的大部分需求，适合在广大乡村和偏远地区应用。典型的采用太阳能的 CHP 系统如图 4 - 13 所示，被集热器加热的导热油进入 ORC 系统蒸发器，向 ORC 系统工质提供能量，ORC 系统工质经过膨胀机输出电能，从 ORC 系统蒸发器流出的导热油继续加热热水罐，热水罐中热水可提供给家庭日常使用。

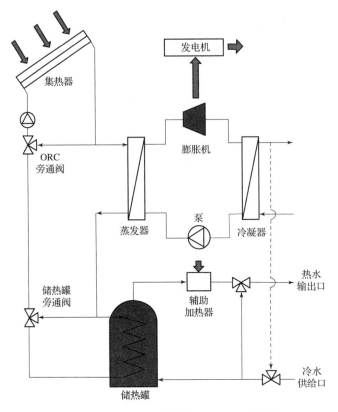

图 4-13　利用太阳能的小型 CHP 系统[11]

基于伦敦地区全年平均日照计算的日太阳辐射数据，Freeman 等分析了 3 种不同形式集热器的 ORC 系统性能[11]。考虑的集热器包括安装倾斜角固定的 ETC、安装角度固定的 PTC 和安装角可跟踪太阳光的 PTC。集热器出口温度和跟踪式 PTC、固定式 ETC 的累积输出功随时间变化曲线如图 4-14 所示。根据具体的日照数据，通过调节 ORC 系统的蒸发压力和工质流量使 ORC 系统的净输出功率最大，优化得到的采用跟踪式 PTC 的 ORC 系统的导热油流量为 0.12 kg/s，工质流量为 0.015 kg/s，蒸发压力为 16 bar；优化的采用固定式 ETC 的 ORC 系统的导热油流量为 0.13 kg/s，工质流量为 0.010 kg/s，蒸发压力为 12 bar。跟踪式 PTC 的导热油工作温度高于固定式 ETC，因此采用跟踪式 PTC 的 ORC 系统的蒸发压力也较高，导致采用跟踪式 PTC 的 ORC 系统的瞬时输出功率高于采用固定式 ETC 的 ORC 系统。但是，采用跟踪式 PTC 的 ORC 系统的工作时间比采用固定式 ETC 的 ORC 系统短，因此二者的总累积输出功基本相当。图 4-14（c）所示为开启储热罐蓄热功能时的 ORC 系统性能，从 ORC 系统蒸发器流出的导热油还需加热储热罐中的热水，使集热器入口的导热油焓值下降，ORC 系统输出电能的时间大幅缩短，在 12：30 前导热油的能量全部用

204

于加热储热罐，当储热罐中的热水温度达到上限 80℃后，ORC 系统才开始工作，导致其累积输出功明显小于不蓄热时的结果。

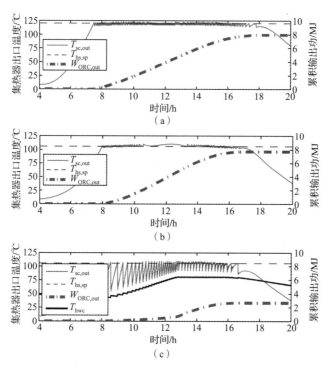

图 4 - 14　集热器出口温度和跟踪式 PTC、固定式 ETC 的累积输出功随时间变化趋势[11]

（a）跟踪式 PTC；（b）固定式 ETC；（c）采用 ETC 时热水罐对 CHP 系统工作性能的影响

基于年平均日光照数据，ORC 系统输出功率随工作参数的变化曲线如图 4 - 15 所示。通过参数分析，可识别影响 ORC 系统性能的主要工作参数，进而可通过调节这些参数实现输出功率的最大化。图 4 - 15（a）所示为输出功率随 ORC 系统蒸发压力的变化曲线，随着蒸发压力的增加，采用跟踪式 PTC、固定式 PTC 和固定式 ETC 的 ORC 系统的输出功率均先迅速增大后稍有减小，其中采用跟踪式 PTC 和固定式 ETC 的 ORC 系统的输出功率在蒸发压力较小时几乎一样，在蒸发压力大于 12 bar 后，采用跟踪式 PTC ORC 系统的输出功率明显大于采用固定式 ETC 的 ORC 系统，采用固定式 PTC 的 ORC 系统的输出功率明显小于其他系统。图 4 - 15（b）和（c）分别显示了导热油和 ORC 系统工质流量的影响，当导热油流量大于 0.1 kg/s 或者 ORC 系统工质流量大于 0.01 kg/s 时，ORC 系统输出功率几乎不再变化，导热油与 ORC 工质的流量比为 8 : 1 ~ 13 : 1 时，ORC 系统工质的最小过热度可维持在 8 ~ 9 K。随着集热器内导热油流量的增大，集热器内的流动耗功逐渐增大，应在保持 ORC 系统输出功水平的同时尽可能降低导热油流量。图 4 - 15（d）所示为 ORC 系统输出功率随启动 ORC 系统的最低导热油温度的变化曲线，其与蒸发压力有很大的相关性。图 4 - 15（e）所示为 ORC 系统冷凝温度对输出功率的影响，随着冷凝温度从 17℃升高到 35℃，采用固定式 ETC 的 ORC 系统的输出功下降了 19%，采用跟踪式 PTC 的 ORC 系统的输出功下降了 17%。然而，冷凝器需要的冷却水流量随着冷凝温度的升高迅速下降，在冷却水不丰富的情况下，可考虑采用风冷等更经济的手段。图 4 - 15（f）显示了导热油用于加热储热罐的比例 F_{coil} 对输出功率的影响，当蒸发器出口的导热油 100% 用于加热储热罐时，储热罐内的热水可满足家庭 70% ～ 90% 的日常需求，但是输出功率相对不加热储热罐的情形下降了 60%。

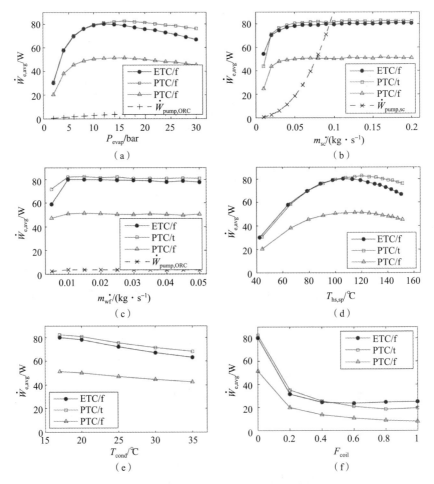

图 4 - 15　ORC 系统输出功率随工作参数的变化曲线[11]

（a）ORC 系统蒸发压力；（b）导热油流量；

（c）ORC 系统工质流量；（d）启动 ORC 系统的最低导热油温度；

（e）ORC 系统冷凝温度；（f）储热罐流量因子

4.1.3　带蓄热太阳能 ORC 系统

在欧洲创新小型太阳能项目的支持下，诺森布里亚大学领导了一个由 3 所大学和 6 家企业组成的小型太阳能 CHP 装置开发联盟，其开发的小型太阳能 CHP 系统如图 4 - 16 所示[12]，采用线性菲涅耳反射器（LFR）组成的集中式太阳能集热器，导热油出口温度为 250℃ ~280℃，ORC 系统输出 2 kW 电能和 18 kW 热能，蓄热系统采用可逆热管和先进相变储能材料，该 CHP 系统还包含提供热水和供热的小型家用锅炉。通过项目研究开发高效低成本的太阳能 CHP 装置，实现能源利用向可再生能源的转变。太阳能收集装置由 2 组 LFR 模块组成，占地面积为 240 m^2，净反射面积为 146 m^2，太阳能集热器为 ETC，在温度为 400℃ 时热转换效率可达 90%。ORC 系统采用 ENOGIA 公司的产品，带回热器的 ORC 系统采用 NOVEC649 为工质，在膨胀机入口最大压力为 18 bar，工质过热度为 5℃ 时，ORC 系统发电功率为 2.38 kW，热效率达 10.8%。相变蓄热材料采用 KNO_3（40 wt%）/$NaNO_3$（60 wt%），在具有高融化热的同时热导率很低。储热罐体积为 1.93 m^3，含 3.8 t 相变材料，可储存 100 kWh 的潜热，可满足 ORC 系统在输出 25 kW 的功率下稳定运行 4 h。根据具体的工作温度，可逆式热管可将集热回路中导热油的热能传递到蓄热材料或者从蓄热材料传递到 ORC 系统工质，热管内含有足够的去离子化水，可耐受最高 10 MPa 的压力，同时满足传热的功率要求。

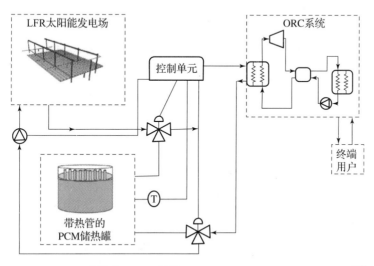

图 4 - 16　采用线性菲涅耳反射器（LFR）的小型太阳能 CHP 系统[12]

根据太阳辐射水平和储能系统蓄热状态，该系统可工作在 OM1 ~ OM6 的不同模式。整个系统工作模式的控制策略如图 4 - 17 所示。OM1 模式下蓄热器不工作，LFR 热量直接供给 ORC 系统，OM2 模式下系统关闭，OM3 模式下 LFR 收集的能量供给 TES，OM4 模式下 LFR 热量同时供给 TES 和 ORC 系统，OM5 模式下 TES 热量供给 ORC 系统，OM6 模式下 TES 和 LFR 的热量共同提供给 ORC 系统。在一年不同季节的典型日照条件下，整个系统输出功率和工作模式的转换如图 4-18 所示，图中显示了 LFR 的输入功率和输出功率、ORC 系统的输入热功率和发电功率以及储能系统的蓄热量。整个工作过程中模式 OM4 模式的工作时间相对较长，根据光照条件的变化，在不同季节，整个系统工作模式的切换顺序可能会有一定差异。

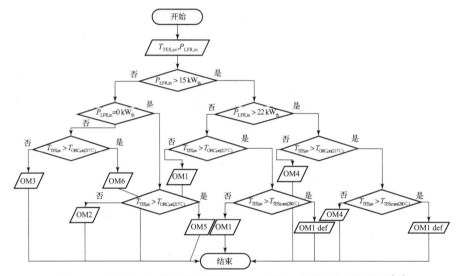

图 4-17　采用 LFR 的小型太阳能 CHP 系统工作模式的控制策略[12]

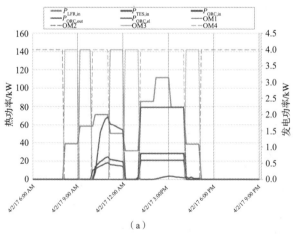

(a)

图 4-18　采用 LFR 的小型太阳能 CHP 系统的工作性能[12]

(a) 冬季

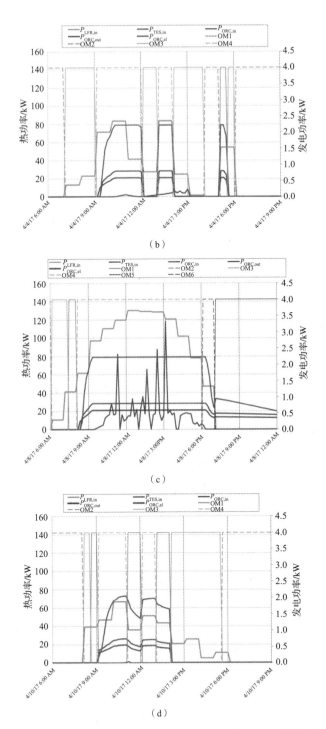

图 4-18　采用 LFR 的小型太阳能 CHP 系统的工作性能[12]（续）

（b）春季；（c）夏季；（d）秋季

对于太阳能 CHP 系统而言，采用水作为集热器的导热介质时，被集热器加热的水进入 ORC 系统蒸发器放热后，水的温度仍然较高，可用于家庭供热。与采用导热油的 CHP 系统相比，其结构更加简单，成本更低。图 4-19 所示为夏季和冬季典型日照条件下某集热器出口的水温变化。在夏季日照充足，集热器出口水温接近 100℃，在冬季太阳辐射较低，集热器出口最高水温低于 80℃。夏季集热器出口水温大于 40℃ 的持续时间为上午 8 点到下午 8 点，冬季持续时间较短，为上午 10 点到下午 6 点。根据以上数据分析得到采用 R245fa 为工质的 ORC 系统的性能如图 4-20 所示[13]。在冬季家庭供暖是主要需求，在上午 6 点到下午 10 点之间的供暖量较高。由于冬季日照强度不够，设计的 10 m² 集热器直到上午 10 点才能满足供热和用电的需求。太阳辐射在下午 1 点到 3 点之间达到峰值，在此期间，供热量在满足用户需求的同时还有 22% 的富余。采用 R245fa 为工质的 ORC 系统在整个白天的发电效率为 1.2%~3.3%，在早、晚发电效率较低，在中午发电效率最高，膨胀机效率为 60% 时，ORC 系统日平均发电效率为 2.3%。如果膨胀机效率提高到 90%，ORC 系统日平均发电效率可达 3.5%。在夏季用户的供热需求很低，基本为生活热水。由于夏季太阳辐射强度明显高于冬季，在白天很长时间内太阳辐射强度处于很高水平，导致 ORC 系统的发电功率比冬季提高了 50%。在夏季家庭空调制冷的电耗很大，尤其在中午以后，如果采用储能系统储存太阳能的热量，在傍晚对 ORC 系统供热可继续输出电能，当储能系统蓄热温度为 80℃~85℃ 时，可满足家用空调 70% 左右的用电需求。

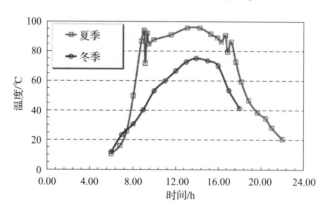

图 4-19　夏季和冬季典型日照条件下某集热器出口的水温变化[14],[15]

从图 4-20 可以看出，太阳能热发电系统的发电功率峰值对应太阳辐射最强的时段通常在中午前后，而用户的实际需求高峰受季节影响，与太阳辐射强度存在时间差，采用储能系统后可在一定程度上调节系统输出的时段，更好地满足用户的需求。同时，基于有机朗肯循环的太阳能热发电系统，采用

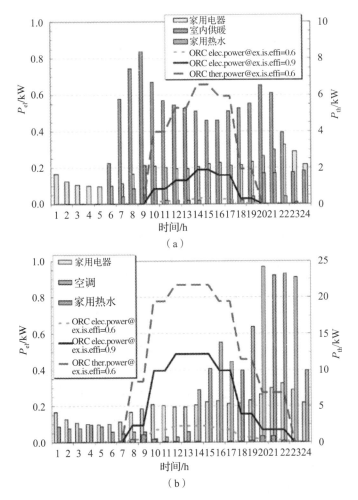

图 4 - 20　采用 R245fa 为工质的 ORC 系统的性能[13]

(a) 冬季；(b) 夏季

蓄热技术还可以减少 ORC 系统工作的波动，减小太阳辐射波动的影响。图 4 - 21 所示为一种带储热罐的低温太阳能热发电系统[16],[17]。该系统可工作在 3 种不同的模式下：(1) 当太阳辐射充足时，阀 1、2、3、5、6 开启，泵 1、3、4 开始工作，ORC 系统的 R123 工质在换热器 E1 中被集热器的导热油预热，随后进入换热器 E2 中被加热到气液两相状态或饱和气态，在带有相变蓄热材料的储热罐中，液相工质被分离出来，饱和气态工质进入膨胀机膨胀输出电能，当光照足够强时，阀 4 开启，泵 2 开始工作，将储热罐中的液态工质输送到换热器 E2 中，进一步吸收导热油的能量，在泵 2 的辅助下，ORC 系统可在光照强度变化较大的范围内稳定工作；(2) 当不需要发电而光照较好时，集热器吸收的太阳能通过导热油加热储热罐中的相变材料，此时阀8、9、10 开启，泵3 运行；（3）当光照不足而需要发电时，阀1、7 开启，泵1 运行，此时，蓄热材料向 R123 工质放热，驱动 ORC 系统工作。与无蓄热装置的太阳能热发电系统相比，该系统当太阳辐射不够，R123 工质在蒸发器出口为气液两相状态时，可利用储热罐实现气液分离，避免液滴进入涡轮。同时，由于采用蓄热材料蓄热，当光照出现波动时，利用蓄热材料的蓄放热功能可使 ORC 系统保持稳定工作。导热油可与 R123 工质直接换热，可减小间接换热的㶲损。最后，采用两级换热器对 R123 工质实现预热和蒸发，避免了纯工质换热过程中的夹点问题，有利于提高集热器的工作效率。

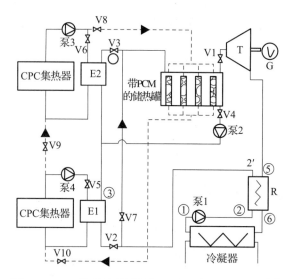

图 4 - 21　一种带储热罐的低温太阳能热发电系统[16]

　　ORC 系统的蒸发温度是一个关键变量，其对系统发电效率的影响如图 4 - 22（a）所示。设定太阳辐射强度大于 300 W/m² 时，系统开始发电。在不同的太阳辐射强度下，随着蒸发温度的升高，发电效率先增加后减小，存在一个最佳的蒸发温度。这是因为随着蒸发温度的升高，ORC 系统效率增大，但是集热器换热效率会有所下降。分析得到不同地区的年发电量随蒸发温度的变化如图 4 - 22（b）所示，随着蒸发压力的升高，不同地区的年发电量也呈现先增加后减小的趋势。在澳大利亚堪培拉，最佳蒸发温度为 118℃，年发电量为 117.4 kWh/m²；在新加坡，最佳蒸发温度为 114℃，年发电量为 77.3 kWh/m²；在印度孟买，最佳蒸发温度为 122℃，年发电量为 106.4 kWh/m²；在中国拉萨，最佳蒸发温度为 116℃，年发电量为 163.4 kWh/m²；在美国萨克拉门托，最佳蒸发温度为 124℃，年发电量为 119.1 kWh/m²；在德国柏林，最佳蒸发温度为 99℃，年发电量为 48.2 kWh/m²。因此，在具体应用中，需要根据具体地区的日照条件，合理选择 ORC 系统的蒸发压力，使年发电量达到最优水平。

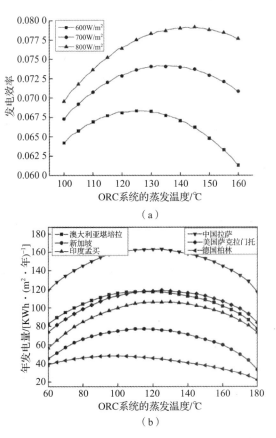

图 4 – 22　ORC 系统的蒸发温度对发电效率和发电量的影响[16]

　　基于图 4 – 21 所示的太阳能热发电系统，当不采用相变材料时，设计的系统如图 4 – 23 所示[18]。该系统膨胀机入口的工质气液分离器不含相变储能材料。分离器中储存的液体可抑制由太阳辐射间歇变化造成的膨胀机入口蒸汽干度的变化，保持 ORC 系统运行稳定，与带相变蓄热材料的系统相比，控制策略可得到简化，ORC 系统成本降低。采用单级集热器的 CHP 系统如图 4 – 23（a）所示，从回热器出口的高压工质与分离器中的饱和液态工质混合后进入蒸发器，被来自集热器的导热油加热到气液两相状态，随后进入气液分离器，饱和气态工质进入膨胀机做功。采用两级集热器的 CHP 系统如图 4 – 23（b）所示，集热器阵列 1 用于预热工质，蒸发器 1 内两股换热工质均为液相状态，有利于降低换热温差，提高集热器的热效率，集热器阵列2 用于蒸发工质。与单级系统相比，两级系统增加了一个太阳能加热回路，相应成本有所增加。在云层覆盖多、太阳能资源少、安装面积受限的地区，在太阳辐射变化的条件下，采用气液分离器可使蒸发器出口的工质温度和压力保持稳定，维持 ORC 系统稳定运行。

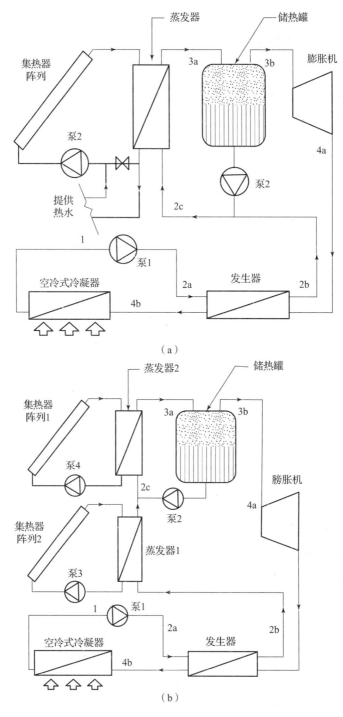

图 4 – 23 小型家用太阳能 CHP 系统[18]

(a) 采用单级集热器的 CHP 系统；(b) 采用两级集热器的 CHP 系统

采用不同工质的单级集热器 ORC 系统的净输出功率随蒸发温度的变化曲线如图 4 – 24 所示。在高、低两种不同的太阳辐射量下，R245ca、R123 和 R11 的净输出功率较高。当净输出功率较高时，对应的蒸发温度范围也较大。在低太阳辐射水平下，采用 R245ca 为工质，蒸发温度为 78℃时可输出 79W 的净输出功率；在高太阳辐射水平下，采用 R123 为工质时的最大净输出功率为 1 040 W，对应蒸发温度为 144℃。R245fa 和丁烷在低太阳辐射水平下性能较好，但在高太阳辐射水平下性能较差；戊烷和 R141b 在高太阳辐射水平下性能较好，但在低太阳辐射水平下性能较差。

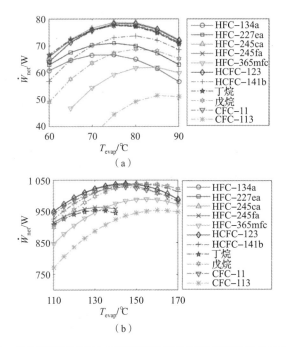

图 4 – 24　单级集热器 ORC 系统的净输出功率随蒸发温度的变化曲线[18]

(a) $G = 150$ W/m² 且 $T_a = 20$℃；(b) $G = 800$ W/m² 且 $T_a = 20$℃

在两种不同的太阳辐射水平下，两级集热器 ORC 系统的净输出功率与单级集热器 ORC 系统的净输出功率对比如图 4 – 25 所示。两种 ORC 系统均采用 R245ca 工质，气液分离器入口的气液两相工质干度设定为 0.33。对于两级集热器 ORC 系统，集热器阵列的热效率稍高，使最大净输出功率在低太阳辐射水平下有 5% 的增加，在高太阳辐射水平下有 7% 的增加。同时，两级集热器 ORC 系统的净输出功率最大时对应的蒸发温度高于单级集热器 ORC 系统，在高太阳辐射水平下这种差别更为明显。对于两级集热器 ORC 系统，随着蒸发温度的升高，第一级集热器所需聚光面积所占比例逐渐增加，这是因为随着蒸发温度的升高，工质显热部分吸热量相对潜热部分吸热量的比例逐渐增加。

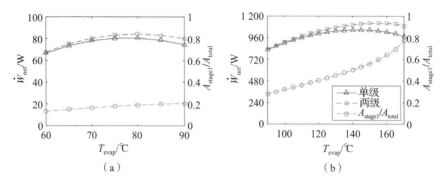

图 4 - 25 单级和两级集热器 ORC 系统的净输出功率对比[18]

(a) $G = 150$ W/m² 且 $T_a = 20$℃；(b) $G = 800$ W/m² 且 $T_a = 20$℃

对于图 4 - 23 所示系统，气液分离器可利用 ORC 系统工质来蓄热，另一种思路是采用太阳能集热回路中的导热介质来蓄热。图 4 - 26 所示为一种采用导热油蓄热的小型太阳能 CHP 系统的结构[19]。其采用 PTC，面积达 20 m²，带有日光自动跟踪调节装置，PTC 管内采用 Therminol 66 导热油作为介质，在集热器出口串联有一个储热罐。带回热器的 ORC 系统采用 R245fa 工质和涡旋膨胀机，以及适用于广大内陆地区的风冷式冷凝器。在太阳辐射强度较低时，ORC 系统关闭。

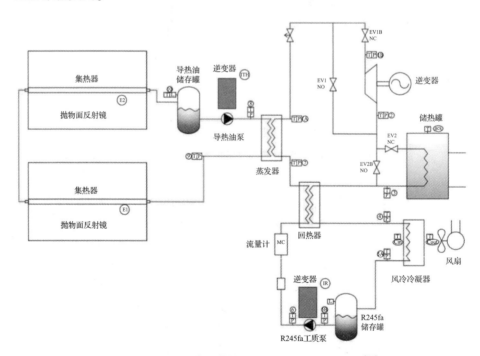

图 4 - 26 采用导热油蓄热的小型太阳能 CHP 系统[19]

当导热油温度达到 140℃时，ORC 系统开始工作。根据某天的太阳辐射数据计算得到的蒸发器进、出口温度变化如图 4 – 27（a）所示，T_8 为导热油在蒸发器入口的温度，T_9 为导热油在蒸发器出口的温度，T_7 为 R245fa 在蒸器入口的温度，T_{1B} 为 R245fa 在蒸发器出口的温度。在理想的换热条件下，导热油和 R245fa 的最高温度可达 165℃。ORC 系统效率和膨胀机效率的变化曲线如图 4 – 27（b）所示，ORC 系统最高热效率可达 0.09，膨胀机等熵效率约为 0.6，膨胀机的额定功率为 1.5 kW，系统总输出电能约为 19 kWh。

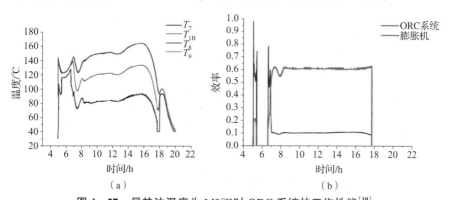

（a） （b）

图 4 – 27 导热油温度为 140℃时 ORC 系统的工作性能[19]

（a）蒸发器进、出口温度；（b）ORC 系统热效率和膨胀机等熵效率

采用遗传算法对导热油的蓄热温度和蒸发器出口的 R245fa 工质温度进行优化，在太阳辐射强度为 700 W/m² 时，得到优化的蓄热温度为 143℃，蒸发器出口的 R245fa 工质温度为 112℃。基于前述太阳辐射数据，ORC 系统热效率和膨胀机等熵效率如图 4 – 28（a）所示，优化后的膨胀机等熵效率在 0.75 左右，ORC 系统热效率约为 12%。ORC 系统的发电功率如图 4 – 28（b）所示，在上午 9 点到下午 5：30 之间，优化后输出的发电功率超过 2 kW。

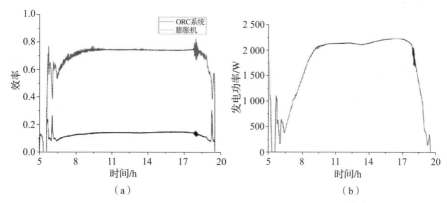

（a） （b）

图 4 – 28 工作参数优化后的 ORC 系统的工作性能[19]

（a）ORC 系统热效率和膨胀机等熵效率；（b）ORC 系统的发电功率

太阳能 CHP 系统中包含太阳能集热回路和 ORC 回路,两个回路的接口是 ORC 系统蒸发器。将蓄热材料与 ORC 系统蒸发器集成在一起,系统的结构更加紧凑。图 4 – 29 所示为一种蒸发器集成蓄热功能的太阳能 CHP 系统的结构。蓄热系统作为太阳能集热回路和 ORC 回路的接口,同时作为 ORC 系统蒸发器。从膨胀机流出的 ORC 系统工质用于加热储热罐,提供生活用热水。基于该系统,可分析不同蓄热材料对系统性能的影响[20]。集热器采用新一代高性能真空式平板集热器(EFPC)。集热器入口的导热油温度会影响集热器效率,进而影响整个系统的工作效率。随着集热器入口导热油温度的升高,系统的发电效率先增加后减小。以英国伦敦地区和塞浦路斯拉纳卡地区 1、4、7 月的气候数据为例,根据不同季节太阳日辐射强度的变化,可对 EFPC 入口的导热油温度进行优化。英国伦敦地区优化的集热器入口导热油温度在 1 月为 95℃,在 7 月为 125℃,相应的最大发电效率分别为 4.4% 和 6.4%。塞浦路斯拉纳卡地区优化的集热器入口导热油温度在 1 月为 115℃,在 7 月为 145℃,最大发电效率为 6.3% ~ 7.3%。

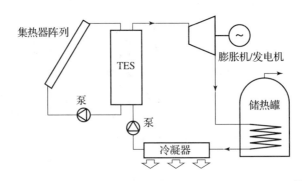

图 4 – 29　蒸发器集成蓄热功能的太阳能 CHP 系统的结构[20]

根据优化的集热器入口导热油温度,采用 6 种不同蓄热材料的 CHP 系统的工作性能对比如图 4 – 30 所示。分析时设 EFPC 面积为 15 m^2,蓄热系统体积为 500 L,ORC 系统在用电高峰晚上 5 点后开始工作,满负荷输出功率为 1 kW。无机盐相变材料的最高蓄热温度最低,为 169℃,集热器入口的导热油温度最低,集热器效率和热电转换效率最高,与有机相变材料相比,无机盐相变材料的潜热更高。导热油的热容最小,需要的最高蓄热温度最大。水在加压到 16 bar 时的最高蓄热温度也达到了 200℃。随着蓄热系统最高温度的升高,ORC 系统的净输出功率也较大,但是最高蓄热温度较低的材料的总输出功和工作时间均较大。综合来看,无机盐相变材料的输出功率比显热型蓄热材料高 25%。

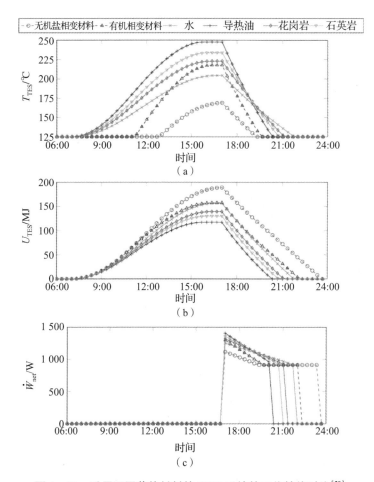

图 4-30　采用不同蓄热材料的 CHP 系统的工作性能对比[20]

（a）TES 温度；（b）TES 储存和释放能量；（c）ORC 系统的净输出功率

图 4-31 所示为一种带蓄热系统的 CHP 系统，通过控制回路中阀门的开闭，该系统可工作在 3 种不同的模式下：（1）太阳能蓄热模式，当集热器出口的导热油温度低于 100℃～130℃时系统工作在此模式；（2）太阳能直接发电模式，当蓄热系统蓄热到设定值时开启此模式；（3）蓄热系统放热的太阳能间接发电模式，当集热器出口的导热油温度低于 80℃，而蓄热器的温度高于 80℃～110℃时系统工作在此模式。Lizana 等分析了采用水和无机盐相变材料的蓄热系统的年太阳能利用情况[21]。采用无机盐相变材料的蓄热系统的收益高于采用水的蓄热系统。与加压水的蓄热系统相比，采用 $MgCl \cdot 6H_2O$ 的蓄热能力可提高 25%，与传统储热罐相比蓄热能力提高了 7%，且热损失最低。考虑到直接和间接的太阳能利用模式，采用水、加压水和无机盐相变材料作为蓄热材料的总太阳能利用效率分别可达 78%、68% 和 85%。

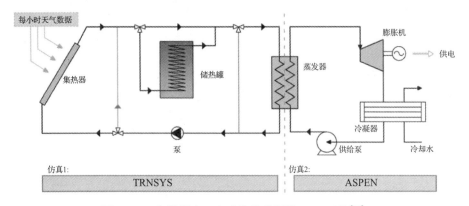

图 4 - 31   集热器出口串联蓄热装置的 CHP 系统[21]

在欧洲区域合作（希腊 - 保加利亚，2007—2013 年）战略资助计划 ENERGEIA 项目的支持下，在希腊东北部克桑西市的 Ziloti 村建立了一个小型太阳能 CHP 系统[22]，如图 4 - 32 所示。该系统采用 FPC，占地面积为 1 000 m²，集热功率达 234 kW。整个系统的结构如图 4 - 33 所示，集热器出口最高温度达 200℃ 的导热油用于加热储热罐，另外来自地热井的不超过 60℃ 的地热水也可提供一部分热量预热储热罐。储热罐体积为 5 m³，采用压力为 4 bar 的加压水蓄热，储热罐输出温度为 140℃ 的热水，用于给 ORC 系统蒸发器提供能量。ORC 系统的结构如图 4 - 34 所示，其采用 R245fa 为工质，当供热温度为 70℃ ~ 140℃ 时工作，额定功率为 5 kW，热效率为 5% ~ 7%，年发电量为 950 kWh。

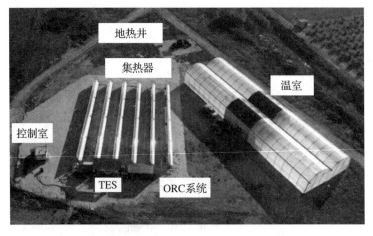

图 4 - 32   ENERGEIA 项目在希腊东北部克桑西市的

Ziloti 村建造的小型太阳能 CHP 系统[22]

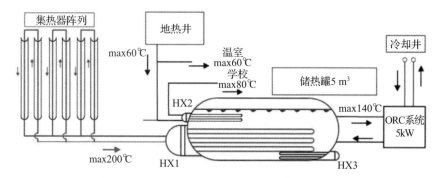

图 4 – 33　**ENERGEIA** 项目的小型太阳能 **CHP** 系统的结构[22]

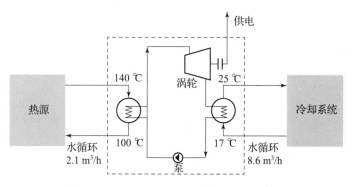

图 4 – 34　**ENERGEIA** 项目的 **ORC** 系统[22]

基于 TRNSYS 软件，对该系统在不同季节的工作性能进行仿真，结果如图 4 – 35 所示。热辐射量曲线为集热器给储热罐提供的热量，ORC 系统吸热量曲线为储热罐提供给 ORC 系统的能量，蓄热量曲线为储热罐加压水蓄热功率变化，P_e 为 ORC 系统净电输出功率变化。在夏季的 6 月和 7 月，集热器提供的最高热功率超过 55 kW。在冬季的 12 月和 1 月，集热器收集的热功率低于 10 kW。从 4 月到 10 月，集热器工作时间明显延长，提供给储热罐的能量也较大，此时 ORC 系统的输出功率较大，呈现出较明显的波动性。这是由于储热罐温度达到 80℃ 以后，开始向 ORC 系统提供能量进行发电，如果日照充足，集热器会继续向储热罐补充热量。在没有日照的条件下，利用储热罐能量，ORC 系统还能继续工作一段时间。

4.1.4　复叠式太阳能 ORC 系统

采用非共沸混合工质可减小换热过程的㶲损，有利于提高 ORC 系统的效率。针对太阳能 CHP 系统，图 4 – 36 所示为一种采用非共沸混合工质的复叠式太阳能 ORC 系统[23]。该系统采用 R245fa/异戊烷混合工质，混合工质经过

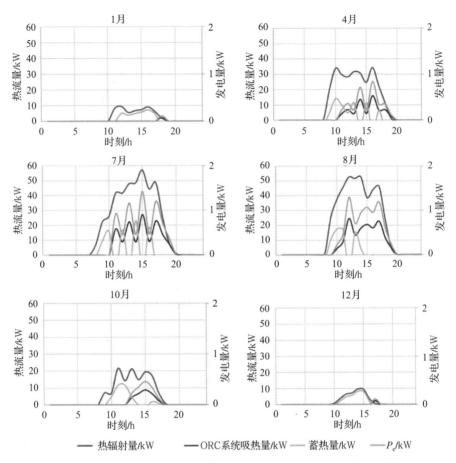

图 4 – 35 ENERGEIA 项目的小型太阳能 CHP 系统的工作性能[22]

集热器 1 后变成气液两相状态，在气液分离器中分离后的饱和气态工质继续进入集热器 2 吸收太阳能，饱和液态工质在间冷器中被膨胀机 1 出口的过热气态工质加热到气态后进入膨胀机 2 输出功率。由于非共沸混合工质气液平衡时的组分浓度差异，回路 1 的 R245fa 质量分数大于回路 2。随后，两股工质混合后进入回热器放热，对工质泵出口的过冷液态工质进行预热。

工质泵入口的基础溶液中 R245fa 质量分数的变化对系统性能有较大影响。随着基础溶液 R245fa 质量分数的增加，回路 1 和回路 2 中的 R245fa 质量分数也逐渐增加，但是回路 1 中的 R245fa 质量分数总是高于回路 2。系统热效率随基础溶液中 R245fa 质量分数的变化如图 4 – 37 所示。随着 R245fa 质量分数的增加，不带回热器的 ORC 系统的热效率先稍有下降后有所增加。与不带回热器的 ORC 系统相比，带回热器的 ORC 系统的热效率明显改善，采用非共沸混合工质改善了回热器内部的换热，因此当 R245fa 质量分数为 0.2 ~ 0.5 时，ORC 系统的热效率呈现增加趋势。

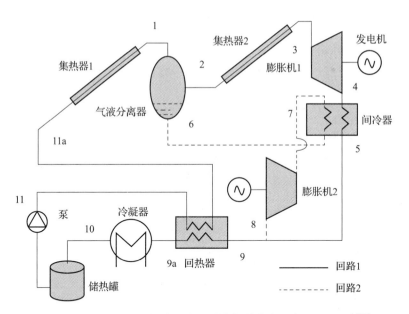

图 4 - 36 一种采用非共沸混合工质的复叠式太阳能 ORC 系统[23]

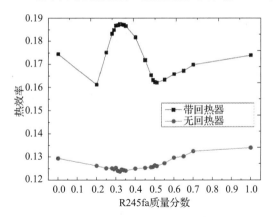

图 4 - 37 基础溶液中 R245fa 质量分数的变化对系统热效率的影响[23]

采用㶲分析方法可研究气液分离器工作温度和膨胀机 1 入口温度对带回热器的 ORC 系统工作性能的影响[24]。系统输出功率和㶲效率随气液分离器工作温度和膨胀机 1 入口温度的变化如图 4 - 38 所示。随着气液分离器工作温度的升高,系统输出功率和㶲效率均逐渐增大,仅在气液分离器工作温度超过 365 K 以后系统输出功率稍有下降。另一方面,膨胀机 1 入口温度对系统输出功率和㶲效率的影响很小。因此,气液分离器工作温度对系统性能的影响比膨胀机 1 入口温度对系统性能的影响大,这是因为气液分离器工作温度与膨胀机 1 入口压力存在一一对应关系,而对于 ORC 系统,膨胀机 1 入口压力的影响要比入口温度明显。

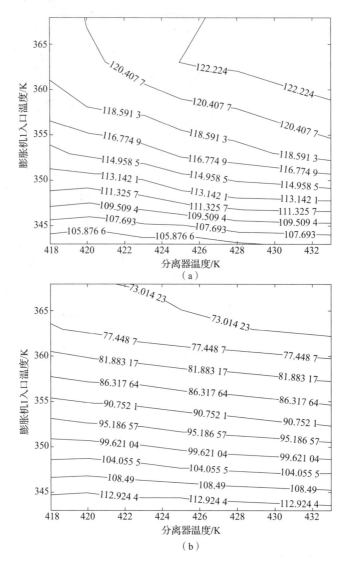

图 4-38　气液分离器工作温度和膨胀机 1 入口温度对系统输出功率和
㶲效率的影响[24]

（a）对系统输出功率的影响；（b）对㶲效率的影响

4.2　地热能发电系统

4.2.1　二元地热能发电系统

对温度在 150℃以上的地热能，适合采用单闪蒸或双闪蒸系统，对温度为 90℃ ~150℃ 的地热能，采用二元地热能发电系统的能效更高。二元地热能发电系统中 ORC 系统常采用的工质有正戊烷、正丁烷、R245fa、R134a、异丁烷、异戊烷。与常规的单闪蒸和双闪蒸系统相比，采用基于有机朗肯循环的二元地热能发电系统可提高总输出功率，降低单位输出功率成本[25]。二元地热能发电系统常用于中低温地热源，通过合理选择有机工质，如采用有机工质混合物 R600a/R161，也可有效利用温度高达 200℃ 的地热能。典型的二元地热能发电系统如图 4 – 39 所示，地热水流经蒸发器放热后再注入地下，ORC 系统可采用简单式或回热式。采用二元地热能发电系统时有机工质涡轮的尺寸较小，有利于降低系统成本。同时，采用有机工质能高效利用低温地热能，有机工质在封闭系统内循环，对环境的影响较小。

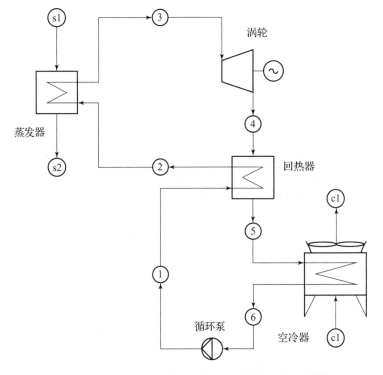

图 4 – 39　基于有机朗肯循环的二元地热能发电系统[25]

　　某地热井的工作参数见表 4 – 3，对采用异戊烷工质的回热式 ORC 二元地热能发电系统进行性能分析[26]，结果显示二元地热能发电系统的热效率比单闪蒸和双闪蒸系统高很多，二元地热能发电系统的年发电量也明显较高，可达 6.38 亿度，而单闪蒸系统的年发电量为 4.55 亿度，双闪蒸系统的年发电量为 6.03 亿度。二元地热能发电系统的总投资成本也较低，为 6.25 亿美元，与闪蒸系统相比，成本可降低 32.2%。

表 4-3　某地热井的工作参数[25]

宽度/m	500	出水井直径/in①	10
高度/m	100	回注井直径/in	10
渗透性/D	0.05	热源温度/℃	200
回注井到出水井的距离/m	1 500	热源深度/m	200
失水量	注入水的2%	储水层两端压差/bar	65.612 17
总热源潜能/MW	210	平均水温/℃	200
泵进口过压/psi②	50.76	出水井底孔压力/bar	115.208
泵深度/ft③	2 859.93	出水井流量/(kg·s⁻¹)	70
泵功/MW	5.357 28	泵效率/%	60
地表设备间压差/psi	25	泵功率/hp④	1 345.62

　　近年来，二元地热能发电系统被广泛应用于土耳其 Aegean 地区，图 4-40 所示为土耳其 Germencik - Aydin 地区 Irem 地热发电系统[27]。该二元动力循环的 ORC 发电设备由 Ormat 公司提供，MAREN 能源公司负责发电厂的运营，整个系统的发电功率为 15MW。来自三口地热井的地热水经过气液分离器后，将热量传递给两级独立的 ORC 系统，随后重新注入 5 口地热井。ORC 系统采用正戊烷为工质，高温 ORC 系统采用回热式，低温 ORC 系统采用简单式。两套 ORC 系统的冷凝器均采用空冷式。整个系统正常运行时的工作参数见表 4-4，对应的工作性能见表 4-5。

　　基于伊朗 Sabalan 地区的温度为 165℃的地热源，Bina 等分析了图 4-41 所示的 4 种 ORC 系统构型对工作性能的影响[28]，具体包括：简单 ORC 系统、复叠式两级 ORC 系统、带开式回热器的抽气回热式 ORC 系统、回热式 ORC 系统。对单循环 ORC 系统采用正戊烷为工质，对复叠式 ORC 系统，高温有机朗肯循环采用正戊烷为工质，低温有机朗肯循环采用正丁烷为工质。以热效率为目标进行优化后，4 种系统的工作性能对比见表 4-6。复叠式两级 ORC 系统的净输出功率为 2.497 MW，回热式 ORC 系统的净输出功率为 2.481 MW，明

---

① 1 in = 0.025 4 m。
② 1 psi = 6.895 kPa。
③ 1 ft = 0.304 8 m。
④ 1 hp = 0.735 kW。

显高于简单 ORC 系统和抽气回热式 ORC 系统。回热式 ORC 系统的热效率和㶲效率分别为 20.57% 和 63.72%，抽气回热式 ORC 系统的热效率和㶲效率稍低于回热式 ORC 系统。在总投资成本方面，复叠式两级 ORC 系统最高，回热式 ORC 系统也较高，而抽气回热式 ORC 系统的投资成本最低。

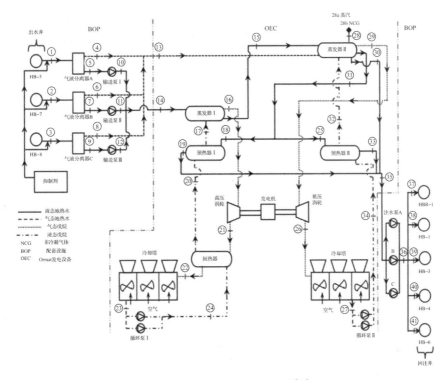

图 4-40　Irem 地热发电系统[27]

对于温度较高的增强型地热源，通常采用闪蒸循环发电。图 4-42 所示为 4 种不同的系统，包括：单闪蒸（SF）系统、双闪蒸（DF）系统、单闪蒸与 ORC 复合循环（FROC）系统、双闪蒸与 ORC 复合循环（DFROC）系统[29]。对于单闪蒸系统，来自地热井的地热水进入气液分离器后，分离的蒸汽进入涡轮膨胀输出功，膨胀机出口的气态水冷凝后与分离的液态水一起重新注入地热井。对于双闪蒸系统，与单闪蒸系统相比，从气液分离器 2 流出的饱和液态水进入气液分离器 6 再次进行气液分离，从气液分离器 2 流出的高压气态工质被送入膨胀机的高压段入口，从气液分离器 6 流出的低压气态水被送入膨胀机的低压段入口。对于单闪蒸与 ORC 复合循环系统，在单闪蒸系统的基础上，采用 ORC 系统来吸收气液分离器出口的高温液态水的能量，输出有用功。对于双闪蒸与 ORC 复合循环系统，在双闪蒸系统的基础上，采用 ORC 系统进一步吸收气液分离器 6 出口的高温液态水的能量，输出有用功。

表 4-4 Irem 地热发电系统的工作参数[27]

状态	工质	工质相状态	温度/℃	压力/kPa	焓/(kJ·kg⁻¹)	熵/[kJ·(kg·K)⁻¹]	质量流量/(kg·s⁻¹)	比㶲/(kJ·kg⁻¹)	能量流率/kW	㶲流率/kW
0	地热水	始态	29.48	101.3	123.584	0.429	—	—	—	—
00	正戊烷	始态	29.48	101.3	8.339	0.029	—	—	—	—
000	二氧化碳	始态	29.48	101.3	396.753	2.084	—	—	—	—
1	地热水	液相	160.07	1 131	676.254	1.943	144.229	94.58	79 711.224	13 641.214
2	地热水	液相	166.08	1 170	702.394	2.003	75.883	102.615	43 921.601	7 786.703
3	地热水	液相	165	1 208	697.714	1.992	104.24	101.193	59 847.406	10 548.346
4	地热水	气相	159.21	1 050	2 757.074	6.757	0.964	718.524	2 538.321	692.558
5	地热水	液相	159.23	1 016	672.545	1.935	143.265	93.376	78 647.096	13 377.532
6	地热水	气相	165.38	1 066	2 763.74	6.705	1.018	741.068	2 687.75	754.427
7	地热水	液相	165.24	1 076	698.684	1.995	74.865	101.392	43 054.615	7 590.664
8	地热水	气相	166.47	1 053	2 764.873	6.695	1.018	744.965	2 688.904	758.394
9	地热水	液相	163.62	1 055	691.625	1.979	103.222	99.199	58 634.397	10 239.518
10	地热水	液相	159.23	1 087	672.586	1.935	143.265	93.443	78 653.06	13 387.158
11	地热水	液相	165.24	1 307	698.814	1.994	74.865	101.609	43 064.38	7 606.914
12	地热水	液相	163.62	1 276	691.751	1.978	103.222	99.407	58 647.416	10 260.996

续表

状态	工质	工质相状态	温度/℃	压力/kPa	焓/(kJ·kg⁻¹)	熵/[kJ·(kg·K)⁻¹]	质量流量/(kg·s⁻¹)	比㶲/(kJ·kg⁻¹)	能量流率/kW	㶲流率/kW
13	地热水	气相	160.84	1 042	2 758.876	6.743	3.00	724.561	7 905.653	2 173.621
14	地热水	液相	161.72	1 122	683.409	1.96	321.355	96.739	179 902.412	31 087.65
15	地热水	液相	126.34	1 122	531.386	1.595	321.355	55.048	131 049.218	17 689.864
16	正戊烷	气相	129.63	1 059	530.282	1.416	131.302	102.333	68 532.01	13 436.53
17	正戊烷	液相	97.62	1 271	180.416	0.535	131.302	19.098	22 593.969	2 507.547
18	地热水	液相	104.21	1 122	437.6	1.353	160.677	34.349	50 455.29	5 519.074
19	地热水	液相	85.45	1 122	358.641	1.139	160.677	20.339	37 768.4	3 267.964
20	正戊烷	液相	61.73	1 271	87.059	0.271	131.302	5.827	10 336.046	765.11
21	正戊烷	气相	83.4	152	467.253	1.449	131.302	29.426	60 256.179	3 863.729
22	正戊烷	气相	65	152	431.754	1.347	131.302	24.858	55 595.067	3 263.929
23	正戊烷	液相	47.84	152	52.102	0.17	131.302	1.366	5 746.057	179.349
24	正戊烷	液相	47.84	1 271	52.932	0.167	131.302	3.195	5 855.02	419.513
25	地热水	液相	104.21	1 122	437.6	1.353	160.677	34.349	50 455.29	5 519.074
26	正戊烷	气相	70.5	155	442.1	1.375	146.845	26.668	63 695.624	3 916.107
27	正戊烷	液相	52.73	155	64.051	0.207	146.845	2.169	8 180.983	318.477

续表

状态	工质	工质相状态	温度/℃	压力/kPa	焓/(kJ·kg⁻¹)	熵/[kJ·(kg·K)⁻¹]	质量流量/(kg·s⁻¹)	比㶲/(kJ·kg⁻¹)	能量流率/kW	㶲流率/kW
28a	地热水	气相	92.21	76.21	2 663.233	7.45	0.072	414.904	184.119	30.08
28b	二氧化碳	气相	92.21	76.21	452.378	2.304	2.236	49.124	124.365	109.830
29	正戊烷	气相	96.5	475	480.7	1.364	146.845	68.437	69 363.937	10 049.609
30	地热水	液相	104.77	1 039	439.889	1.36	0.692	34.734	218.772	24.023
31	地热水	液相	104.21	1 122	437.6	1.353	321.355	34.349	100 910.579	11 038.148
32	正戊烷	液相	93.03	761.3	167.867	0.504	146.845	16.078	23 425.822	2 361.021
33	地热水	液相	78.88	1 122	331.087	1.061	160.677	16.254	33,341.12	2 611.6
34	正戊烷	液相	52.73	761.3	64.466	0.205	146.845	3.128	8 241.828	459.405
35	地热水	液相	84.5	689.3	354.314	1.128	322.047	19.291	74 305.78	6 212.44
36	地热水	液相	84.5	1 951	355.306	1.127	322.047	20.545	74 625.446	6 616.329
37	地热水	液相	83.58	1 841	351.361	1.116	34.777	19.846	7 921.373	690.179
38	地热水	液相	84.07	1 667	353.279	1.122	42.177	19.986	9 687.772	842.937
39	地热水	液相	84.05	1 444	353.02	1.122	48.29	19.751	11 079.533	953.804
40	地热水	液相	83.2	1 401	349.421	1.112	131.919	19.168	29 792.036	2 528.565
41	地热水	液相	84.22	1 923	354.11	1.124	64.884	20.337	14 957.527	1 319.522

表 4-5 Irem 地热发电系统的工作性能[27]

序号	设备	能量负荷/kW	能量流率/kW	热效率/%	㶲效率/%	㶲损/kW
1	输送泵 I	15	5.964	39.76	64.17	5.374
2	输送泵 II	29.5	9.765	33.1	55.08	13.25
3	输送泵 III	46.5	13.019	27.99	46.19	25.022
4	蒸发器 I	48 853.194	45 938.041	—	81.57	2 468.803
5	预热器 I	12 686.89	12 257.923	—	77.4	508.673
6	蒸发器 II	37 518.383	45 938.115	—	90.6	797.784
7	预热器 II	17 114.17	15 183.994	—	65.4	1 005.858
8	回热器	4 481.026	4 661.112	—	57.62	254.203
9	蒸发器－预热器 I	61 540.084	58 195.964	—	80.97	2 977.476
10	蒸发器－预热器 II	54 632.553	61 122.109	—	84.17	1 803.642
11	蒸发器－预热器 I－换热器	66 201.196	62 676.99	—	80.11	3 231.679
12	高压涡轮－发电机	7 894.756	8 274.852	95.41	82.48	1 677.557
13	低压涡轮－发电机	5 373.743	5 668.312	94.8	87.6	759.759
14	注水泵	550	319.666	58.12	73.43	146.111
15	循环泵 I	654	108.963	16.66	36.7	413.836
16	循环泵 II	336	60.845	18.11	41.94	195.072
17	I 级	6 825.866	62 676.99	10.87	42.01	9 423.074
18	II 级	4 622.609	61 122.109	7.56	40.57	6 771.237
19	I－II 级	11 448.475	123 799.099	9.25	41.42	16 194.311
20	装置	10 807.231	183 480.231	5.89	33.80	21 169.032

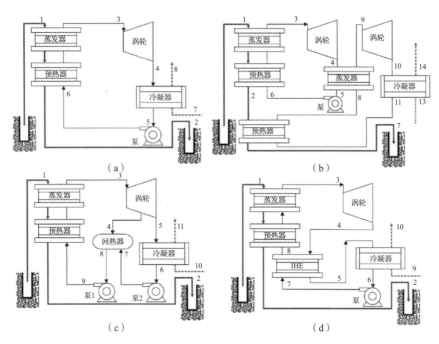

图 4 - 41 不同 ORC 系统构型的二元地热能发电系统[28]

(a) 简单 ORC 系统；(b) 复叠式两级 ORC 系统；(c) 带开式回热器的抽气回热式 ORC 系统；

(d) 回热式 ORC 系统

表 4 - 6 4 种系统的工作性能对比[28]

	简单 ORC 系统		回热式 ORC 系统		抽气回热式 ORC 系统		复叠式两级 ORC 系统	
	能量	㶲	能量	㶲	能量	㶲	能量	㶲
$T_{GF,in}/℃$	165	165	165	165	165	165	165	165
$T_{GF,out}/℃$	139.6	115.8	137	137	147	140.8	141.5	122.3
P_{eva}/kPa	1 491	1 000	1 500	1 500	1 491	1 491	1 497	1 000
$m_{gf}/(kg \cdot s^{-1})$	81.11	90	100	100	8 585.56	85.56	97.65	80
$M_{wf}/(kg \cdot s^{-1})$	15.44	28.7	25.21	25.21	18.32	22.16	25.11	49.47
$T_{cond}/℃$	25.83	25	25	25	25.83	25.83	24	25
$T_{pinch}/℃$	7.78	5	5	5	7.037	5.185	5.062	5
A_{cond}/m^2	532.6	1 066	1 699	1 699	621.4	800.7	1 624	3 074
A_{PH}/m^2	282.8	570.3	622.3	622.3	237.6	373.5	395.2	725.6
A_{eva}/m^2	476.7	671.4	662.3	662.3	390	574.4	634	947.2
A_{IHE}/m^2	—	—	546.1	546.1	—	—	136.7	383
A_{HEX}/m^2	—	—	—	—	—	—	916.6	2 418
$x/\%$	—	—	—	—	31	30	—	—
W_{net}/kW	1 504	2 654	2 481	2 481	1 425	1 802	2 497	4 340

续表

	简单 ORC 系统		回热式 ORC 系统		抽气回热式 ORC 系统		复叠式两级 ORC 系统	
	能量	㶲	能量	㶲	能量	㶲	能量	㶲
$\eta_{en}/\%$	17.69	16.77	20.57	20.57	19.93	19.91	17.03	15.77
$\eta_{ex}/\%$	55.14	56.7	63.72	63.72	59.94	60.98	54.01	55.23
$C_{pro}/(\$ \cdot GJ^{-1})$	28.4	26.75	27.34	27.34	27.6	27.22	29.34	27.56
$C_{total}/(M\$ \cdot 年^{-1})$	1.12	1.87	1.78	1.78	1.03	1.28	1.92	3.146

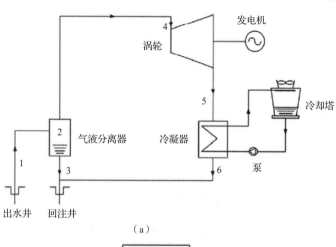

（a）

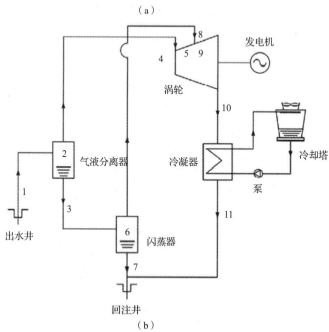

（b）

图 4 - 42　增强型地热能发电系统[29]

（a）单闪蒸系统；（b）双闪蒸系统

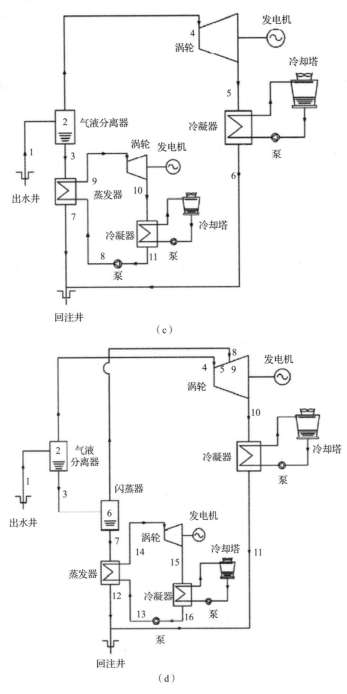

图 4－42　增强型地热能发电系统[29]（续）

（c）单闪蒸与 ORC 复合循环系统；（d）双闪蒸与 ORC 复合循环系统

对双闪蒸系统的二级闪蒸温度和 ORC 系统的蒸发温度等参数进行优化分析，图 4-43（a）所示为双闪蒸系统的净输出功率随二级闪蒸温度的变化曲线。地热水入口温度设为 180℃，干度为 0.1，随着二级闪蒸温度的增加，双闪蒸系统的净输出功率先增加后减小，这是因为随着二级闪蒸温度的增加，膨胀机低压段入口的比焓增加，但是二级闪蒸温度的增加也会导致膨胀机低压段入口的工质流量降低，因此净输出功率存在一个最大值。与单闪蒸系统的固定输出功率相比，当二级闪蒸温度为 75℃～150℃时，总净输出功率可提高 20% 以上。最佳二级闪蒸温度为 115℃。图 4-43（b）所示为单闪蒸与 ORC 复合循环系统的净输出功率随 ORC 蒸发温度的变化曲线，地热水的温度设为 150℃，干度为 0.2。随着 ORC 蒸发温度的升高，单闪蒸与 ORC 复合循环系统的净输出功率先增加后减小，当蒸发温度为 72℃～120℃时，与单闪蒸系统相比，净输出功率可提高 20% 以上。最佳蒸发温度为 100℃。当地热水入口温度为 180℃，干度为 0.3 时，以二级闪蒸温度和 ORC 蒸发温度为变量，以双闪蒸与 ORC 复合循环系统的净输出功率为目标进行优化，得到优化的二级闪蒸温度为 150℃，ORC 蒸发温度为 95℃。图 4-43（c）所示为双闪蒸与 ORC 复合循环系统的净输出功率随蒸发温度的变化曲线。

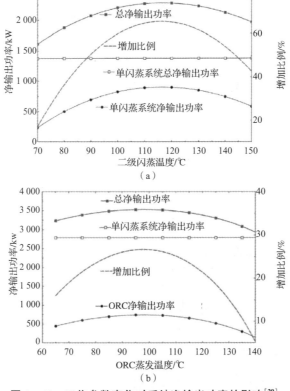

图 4-43　工作参数变化对系统净输出功率的影响[29]

（a）双闪蒸系统的二级闪蒸温度；（b）单闪蒸与 ORC 复合循环系统的 ORC 蒸发温度

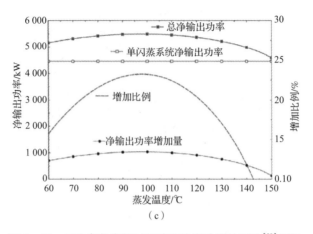

图 4-43 工作参数变化对系统净输出功率的影响[29]（续）

(c) 双闪蒸与 ORC 复合循环系统的蒸发温度

在不同的地热水入口温度和干度下，通过分析可得到净输出功率最大的系统构型，如图 4-44 所示。右下角区域为适于单闪蒸系统的运行区域，其他区域适于采用双闪蒸、单闪蒸与 ORC 复合循环和双闪蒸与 ORC 复合循环等不同的构型，可提高净输出功率 20% 以上。当地热水温度低于 170℃，且干度较低时，适于采用单闪蒸与 ORC 复合循环系统；当地热水温度高于 170℃，且干度低于 0.2 时，采用双闪蒸系统是最佳选择；当干度大于 0.2 时，需要根据双闪蒸和双闪蒸与 ORC 复合循环之间的分界线来判断选用何种构型。

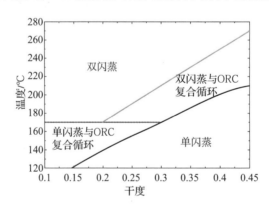

图 4-44 增强型地热能发电系统的构型选择[29]

双闪蒸与 ORC 复合循环适于温度较高的地热源，为了充分利用不同温度的地热能，可设计利用多热源的二元地热能发电系统。图 4-45 所示为一种多热源的双闪蒸与 ORC 复合循环系统[30]，从高温地热井流出的地热水作为双闪蒸循环的基础热源，而从温度相对较低的地热井流出的地热水首先用于加热气液分离器 2 流出的气态水，随后向 ORC 系统放热，最后进入气液分离器 2 进行气液分离，次级 ORC 循环的工质利用气液分离器 2 流出的液态水进行预热，利用低温地热井中的地热水进行蒸发。基于伊朗 Sabalan 地热田的现场数据，当 ORC 系统工质分别采用正戊烷、R141b、R123 和 R245fa 时，基于㶲经济分析方法对该系统的性能进行评估。包含投资成本、运行和维护费用和燃料㶲成本的总㶲成本为

$$C_{P,\text{total}} = \sum_{i=1}^{n_p} C_{p_i} = \frac{\sum_{i=1}^{n_K} \dot{Z}_K + \sum_{i=1}^{n_f} \dot{C}_f}{\sum_{i=1}^{n_p} \dot{E}_{p_i}} \qquad (4-1)$$

式中，Z_K 为部件总成本率，C_f 为燃料㶲成本率，E_{p_i} 为系统㶲产率。

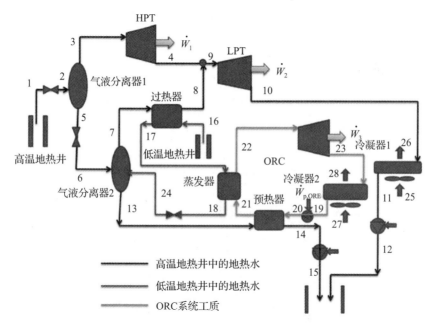

图 4-45　一种多热源的双闪蒸与 ORC 复合循环系统[30]

伊朗 Sabalan 地区的高温和低温地热井的地热水运行参数见表 4-7，高温地热井的地热水温度为 180℃，低温地热井的地热水温度为 165℃。在此基础上，对设计的双闪蒸与 ORC 复合循环系统的工作性能进行优化分析，优化变量包括：一级闪蒸压力、二级闪蒸压力、ORC 系统涡轮入口温度和换热器夹点温差。采用 EES 软件进行计算得到表 4-8 所示的结果，不同工质得到的优化闪蒸压力是一样的，而 ORC 系统涡轮入口温度和换热器夹点温差有所不同。从经济性角度看，R141b 具有最低的 C_p 值，净输出功率也是最大的。而采用单闪蒸系统的热效率为 7.32%，双闪蒸系统的热效率为 9.96%[31]，明显低于设计的双闪蒸与 ORC 复合循环系统。

表 4 - 7　Sabalan 地区地热井的地热水运行参数[30]

运行参数	高温地热井	低温地热井
温度/℃	183	165
压力/kPa	1 072	700
焓/(kJ·kg⁻¹)	1 150	1 100
质量流量/(kg·s⁻¹)	57	53

表 4 - 8　多热源的双闪蒸与 ORC 复合循环系统不同工质的㶲经济性分析优化结果[30]

决策变量/ 性能参数	工质			
	正戊烷	R141b	R123	R245fa
一级闪蒸压力 (P_2)/kPa	728.4	728.4	728.4	728.4
二级闪蒸压力 (P_6)/kPa	109.8	109.8	109.8	109.8
ORC 系统涡轮入口温度 (T_{22})/℃	149.5	152.0	150.5	144.3
ORC 系统换热器夹点温差 ΔT_{pp}/℃	11.76	12.69	11.80	10.09
W_{net}/kW	16 477	16 860	16 839	16 593
η_{th}/%	13.81	14.14	14.12	13.92
η_{ex}/%	51.40	52.56	52.49	51.76
$C_{P,total}$/($·GJ⁻¹)	4.836	4.766	4.816	4.917

　　基于伊朗 Sabalan 地区的地热能数据，Ebadollahi 等对比了基于有机朗肯循环和 Kalina 循环的 CHP 系统性能[32]。基于有机朗肯循环的 CHP 系统如图 4 - 46（a）所示，该系统包含 4 个部分：ORC 系统、蒸气压缩热泵循环（VCHPC）系统、LNG 系统、家用热水加热器（DWH）。地热水首先送往换热器 Gen 加热 ORC 系统的有机工质，膨胀机出口的有机工质在 RHE 中冷却，并为蒸气压缩热泵循环系统提供能量。随后进一步在冷凝器中冷凝，同时对 LNG 进行气化。地热水随后用于给家用热水加热器提供热能。在蒸气压缩热泵循环系统中，饱和气态有机工质被压缩机 1 加压到中间压力，随后被气化的 LNG 冷却，并被压缩机 2 加压，随后在加热器中向外界提供热量。LNG 系统首先被送往冷凝器吸热气化，随后在涡轮 2 中膨胀减压，并经换热器 Int 进一步升温后，送往需求的用户。设计的基于 Kalina 循环的 CHP 系统如图 4 - 46（b）所示，在采用 ORC 系统发电的位置采用了低温 Kalina 循环来代替。

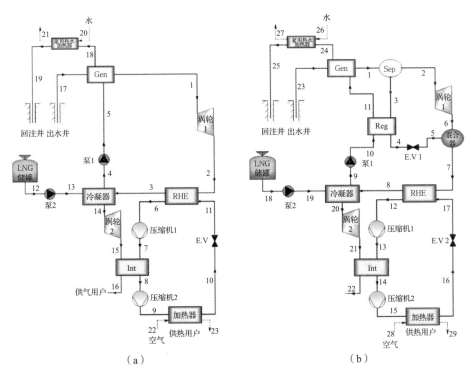

图 4 - 46 基于伊朗 Sabalan 地区的地热能数据设计的 CHP 系统[32]

(a) 有机朗肯循环；(b) Kalina 循环

采用多目标优化算法对两种系统的性能进行优化，结果显示基于有机朗肯循环的 CHP 系统的综合性能较好，总加热功率达到 5.151 MW，净发电量为 3.697 MW，总能效率为 61.38%，㶲效率为 36.91%；基 Kalina 循环的 CHP 系统的总加热功率为 2.867MW，净发电量为 3.912 MW，总能效率为 46.12%，㶲效率为 32.52%。两种 CHP 系统的热效率、㶲效率和总发电成本随地热水温度的变化曲线如图 4 - 47 (a) 所示，随着地热水温度的升高，两者的热效率均逐渐下降，基于有机朗肯循环的 CHP 系统在整个温度范围内的热效率均高于基于 Kalina 循环的 CHP 系统。随着地热水温度的升高，基于有机朗肯循环的 CHP 系统的㶲效率逐渐升高而基于 Kalina 循环的 CHP 系统的㶲效率逐渐降低，而总发电成本 (OPC) 的变化趋势正好相反。冷凝温度对系统工作性能的影响如图 4 - 47 (b) 所示，随着冷凝温度的降低，基于有机朗肯循环的 CHP 系统的热效率逐渐升高，而基于 Kalina 循环的 CHP 系统的热效率逐渐降低，㶲效率的变化趋势正好相反。随着冷凝温度的降低，二者的总发电成本均逐渐降低。

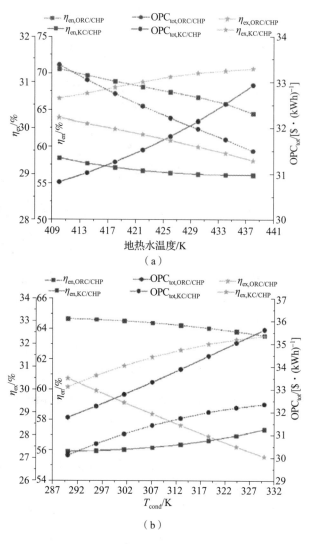

图 4-47　工作参数对两种 CHP 系统性能的影响[32]

(a) 地热水温度；(b) 冷凝温度

4.2.2　有机工质闪蒸循环

对于温度较低的地热能，采用水的闪蒸循环效率会很低或者可能根本无法实现。有机工质的沸点较低，因此可采用有机工质的闪蒸循环。Mosaffa 和 Zareei 研究了有机工质的二元闪蒸循环的性能[33]，由于有机工质可在较低温度下闪蒸，采用有机工质闪蒸循环（OFC）可改善地热水与有机工质之间的温度匹配，降低㶲损。通过采用二级闪蒸，以及将膨胀阀替换为两相膨胀机可进一步提高二元闪蒸循环的性能。与传统的简单 ORC 二元地热能发电系统相比，采用有机工质闪蒸循环可提高系统性能[34]~[37]。

　　设计的 4 种采用有机工质闪蒸循环的二元地热能发电系统如图 4 - 48 所示，有机工质采用 R123。图 4 - 48（a）所示为采用有机工质的一级闪蒸循环（EOFC），低温液态有机工质被工质泵加压后进入冷凝器，吸收膨胀机出口乏汽的热量，之后进入加热器与地热水换热，再经过膨胀阀减压后进入闪蒸罐。图 4 - 48（b）所示为采用有机工质的二级闪蒸循环（DEOFC），与 EOFC 系统相比，高压闪蒸罐出口的饱和液态工质通过膨胀阀减压后再次进入低压闪蒸罐，分离的饱和气体进入低压膨胀机膨胀，可减少系统的㶲损，提高输出功率。在此基础上，

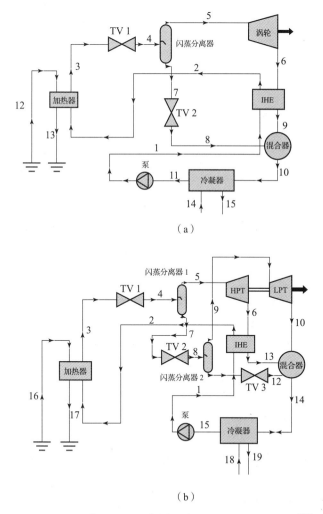

图 4 - 48　采用有机工质闪蒸循环的二元地热能发电系统[33]

（a）EOFC 系统；（b）DEOFC 系统

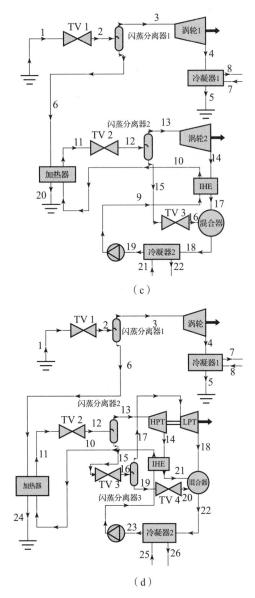

图 4 – 48 采用有机工质闪蒸循环的二元地热能发电系统[33]（续）

（c）一级闪蒸与 EOFC 的复合循环；（d）一级闪蒸与 DEOFC 的复合循环

设计了两种一级闪蒸与 OFC 的复合循环。图 4 – 47（c）所示为一级闪蒸与 EOFC 的复合循环，图 4 – 47（d）所示为一级闪蒸与 DEOFC 的复合循环。在设计的系统中，如果采用两相膨胀机代替膨胀阀，可进一步提高系统性能。两相膨胀机可采用涡旋式[38]或螺杆式[39]，也有报道采用径流式两相膨胀机[40]，其等熵效率可达 70%。

影响系统性能的关键参数有：加热器夹点温差、有机工质在高压和低压闪蒸罐内的闪蒸温度、地热水的闪蒸温度等。以系统热效率为目标，对以上参数进行优化计算，结果见表 4 – 9。所有优化结果均显示加热器夹点温差接近设定的最小值附近，而采用两相膨胀机可明显改善系统的净输出功率、热效率和㶲效率，降低单位发电成本。与 EOFC 系统相比，DEOFC 系统性能的改善幅度较小。

表 4 – 9　以热效率为目标的优化结果对比[33]

参数	BDEOFC 系统	TBDEOFC 系统	BSEOFC 系统	TBSEOFC 系统
$\Delta T_{pp}/K$	5.03	5.03	5.01	5.01
$T_{hf,OFC}/℃$	96.67	88.77	85.23	83.83
$T_{lf,OFC}/℃$	69.07	63.89	—	—
$T_{f,gt}/℃$	129.9	129.9	130.0	128.3
Max $\dot{m}_{OFC}/(kg \cdot s^{-1})$	28.78	28.93	28.83	28.76
W_{net}/kW	431.5	551.8	398.9	544.0
Ex_D/kW	607.7	516.6	649.7	492.7
Ex_{loss}/kW	80.89	81.08	81.1	81.1
$\eta_{en}/\%$	7.04	8.98	6.49	8.87
$\eta_{ex}/\%$	37.49	47.94	34.66	47.26
$C_{product}/(\$ \cdot GJ^{-1})$	25.19	20.13	27.19	20.21
$C_{total}/(M\$ \cdot 年^{-1})$	0.3136	0.3188	0.3125	0.3173

4.2.3　双压蒸发二元地热能发电系统

针对某些温度较高的中温地热能，采用双压蒸发策略，可降低地热水与有机工质之间的换热损失，有效提高系统性能。基于克罗地亚的 Velika Ciglena 地热田的 175℃地热水，Guzovic 等分析了双压蒸发有机朗肯循环的性能[41]，采用异戊烷为工质，与常规的单压蒸发有机朗肯循环相比，虽然热效率稍有降低（13.96% 对 14.1%），但㶲效率（65% 对 52%）和净输出功率（6.37 MW 对 5.27 MW）均有明显增加。

图 4 – 49 所示为采用双压蒸发有机朗肯循环的二元地热能发电系统[42]，整个系统包括地热水循环、有机朗肯循环和冷却水循环 3 个部分，ORC 系统

采用两级蒸发策略。通过建立系统的数学模型，可根据经济性、环境指标和安全性等不同目标进行多目标优化分析，对工质流向 HX2 和 PMP2 的分配比、每一个换热器的工作温度和压力、两个冷凝器之间的分配比、涡轮入口压力和温度等工作参数进行优化。

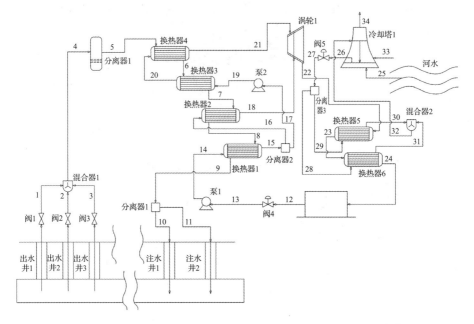

图 4 - 49　采用双压蒸发有机朗肯循环的二元地热能发电系统[42]

基于西班牙 Zaragoza 地区的地热源，地热水的温度为 164.34℃，压力为 3.912 MPa，当分别采用苯、甲苯和环己烷为工质时，二元地热能发电系统性能的多目标优化结果见表 4 - 10。采用甲苯时的输出功率最大，达到 10.458 MW，采用环己烷时的输出功率为 10.28 MW，稍低于采用甲苯时，而采用苯时的输出功率明显较低。另一方面，甲苯的最高工作压力最小，但是冷凝压力也远低于环境压力，3 种工质中采用甲苯的总风险值最低。

表 4 - 10　基于多目标优化的双压蒸发二元地热能发电系统结果[42]

变量	苯	甲苯	环己烷
功率/MW	9.134	10.458	10.280
涡轮高压入口压力/MPa	0.310	0.098	0.266
涡轮中间入口压力/MPa	0.080	0.021	0.067
涡轮排气压力/MPa	0.016	0.003	0.012

续表

变量	苯	甲苯	环己烷
涡轮第一股流体流量/$(kg \cdot s^{-1})$	66.547	83.012	82.729
涡轮第二股流体流量/$(kg \cdot s^{-1})$	60.223	58.781	59.127
涡轮高压入口温度/℃	121.365	109.449	116.708
地热水流量/$(kg \cdot s^{-1})$	146.579	146.579	146.579
HX5 冷却水流量/$(kg \cdot s^{-1})$	6.705	136.481	30.240
HX6 冷却水流量/$(kg \cdot s^{-1})$	1 981.850	1 815.069	1 951.456
总风险/年$^{-1}$	9.085 8E-4	9.059 4E-4	9.080 2E-4

　　冰岛东北部的 Krafla 地热田，现有 35 口地热井，安装有两台 30 MW 的有机朗肯循环发电系统。图 4-50 所示为现有系统的总体结构，其采用双闪蒸系统。高压分离器水平布置，低压闪蒸罐垂直布置，采用旋风分离设计，涡轮入口均安装有除湿器。基于 Krafla 地热田新开挖的地热井，Langella 等分析了采用双压蒸发的有机朗肯循环对系统性能提升的潜力[43]。

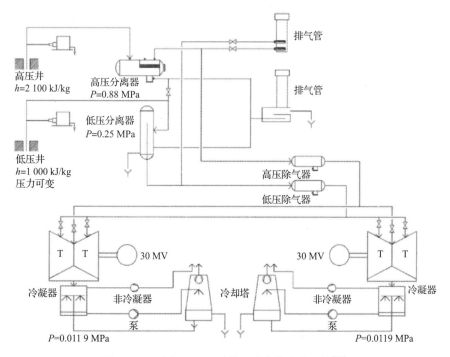

图 4-50　冰岛 Krafla 地热田现有的发电系统[43]

改进设计方案 1 如图 4 - 51 所示。该方案采用三压闪蒸系统，充分利用高温地热水的能量。将现有地热水的温度分为 3 类：超高压地热井、高压地热井、低压地热井。从超高压地热井流出的气液两相地热水进入超高压分离器（VHPS），分离出的 1.5 MPa 的蒸气进入超高压涡轮膨胀做功，分离出的饱和液态水进入低压分离器（LPS），与原双闪蒸系统相比，增加的超高压分离器可充分利用超高压地热井的能量，减小㶲损。从高压地热井流出的地热水进入高压分离器分离出 0.88 MPa 的蒸气与超高压涡轮流出的蒸气混合后，进入主涡轮的高压级膨胀。三压闪蒸系统可输出 81.9 MW 的净功率，与目前现有系统的 62 MW 净输出功率相比，可提高 28%。

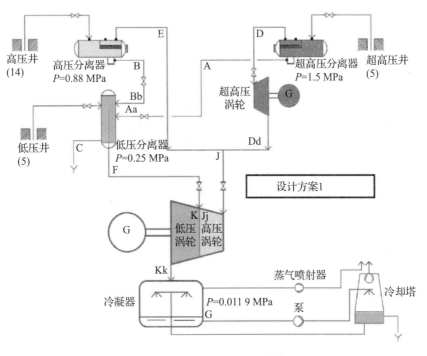

图 4 - 51 改进设计方案 1[43]

改进设计方案 2 如图 4 - 52 所示，该方案在现有系统的基础上，增加了一个简单 ORC 系统作为底循环，从低温分离器流出的液态水用于加热 ORC 系统。当 ORC 系统采用异戊烷为工质时，可额外输出 3.1 MW 的净功率。改进设计方案 3 如图 4 - 53 所示，该方案在三压闪蒸系统的基础上，增加 ORC 系统作为底循环，进一步利用低压分离器出口的液态水能量。ORC 系统采用 R134a 为工质，可输出 4.56 MW 的净功率，与设计方案 1 相比，净输出功率可再提高 5%。

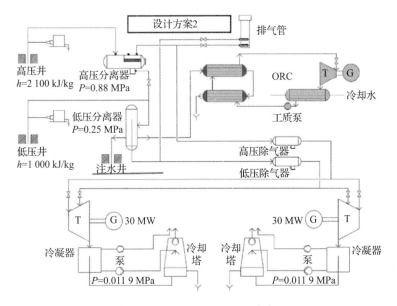

图 4-52　改进设计方案 2[43]

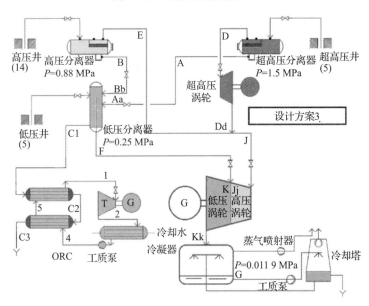

图 4-53　改进设计方案 3[43]

现有方案的净输出功率为 61.9 MW，㶲效率可达 41.5%；改进设计方案 1 的净输出功率为 81.9 MW，㶲效率为 48.0%；改进设计方案 2 的净输出功率为 65.1 MW，㶲效率为 43.5%；改进设计方案 3 的净输出功率为 86.5 MW，㶲效率为 50.7%。与现有系统相比，采用三压闪蒸系统可有效提高系统性能，进一步采用 ORC 系统，也可在一定程度上进一步提高能效。

对采用双压蒸发策略的 ORC 系统，其涡轮通常设计为两个独立零件，Zanellato 等基于土耳其的 AKCA 地热发电站设计了一种带两个入口的新型径向流出式涡轮[44]。图 4－54①（a）所示为土耳其的 GREENECO 地热发电系统，其采用传统的两个独立的涡轮，高压涡轮采用四级，低压涡轮采用二级，高压涡轮和低压涡轮分别连接到发电机转子轴的两端。图 4－54（b）所示为土耳其的 AKCA 地热发电系统，该新型径向流出式涡轮由意大利 Exergy 公司设计制造，采用双入口的单个涡轮，高压采用三级膨胀，低压采用二级膨胀。

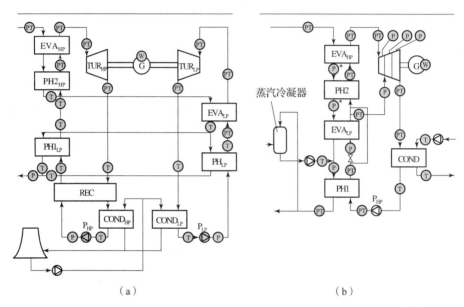

（a）　　　　　　　　　　　　　（b）

图 4－54　土耳其的 GREENECO 地热发电系统和 ACKA 地热发电系统[44]

（a）GREENECO 地热发电系统；（b）ACKA 地热发电系统

传统的径向流入式涡轮适用于相对较小的体积膨胀比，而轴流涡轮可设计为多级形式，以提高膨胀比，从而提高系统效率。轴流涡轮需要采用悬臂式布置，以利于安装和维修，但是对三级以上涡轮也带来振动和转子动力学方面的问题，同时轴流涡轮的低压级需要采用扭转叶片，设计难度加大。与传统的径向流入式和轴流式涡轮相比，径向流出式涡轮具有很多优点：径向流出式涡轮在一个涡轮盘上加工出多级叶片，级负载减小，膨胀效率提高，振动降低。级半径和叶片高度的增加有利于实现高的体积流量比，同时，由于叶片周向速度一样，叶片可采用直纹型线。

土耳其的 GREENECO 地热发电系统的热源为 140℃ 的地热水，输出 13 MW 的净功率，两个独立的 ORC 系统采用异戊烷为工质，高压 ORC 系统

---

① 此图系计算机仿真图。

采用回热式，并采用 2 个串联的预热器，低压 ORC 系统采用简单式，设置一个预热器。涡轮入口的工质为饱和气态，两个涡轮安装在一根轴的两端。AKCA 地热发电系统的净输出功率为 3.6 MW，将地热水从 105℃ 降低到 60℃，采用 R245fa 为工质，双入口的径向流出式涡轮使系统的集成度提高，成本降低。图 4 – 55 为两个系统的现场图，换热器采用管壳式设计。对于 GREENECO 地热发电系统，高压涡轮的效率为 84.3% ~ 86.4%，低压涡轮的效率为 88.1% ~ 88.65%，总能效可达 10.8%，对应㶲效率为 58.1%。对于 AKCA 地热发电系统，涡轮的效率为 88.8% ~ 96.1%，系统总能效和㶲效率分别为 10.0% 和 68.2%。

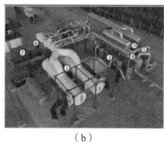

（a）　　　　　　　　　　　　　　（b）

图 4 – 55　土耳其的 GREENECO 地热发电系统和
ACKA 地热发电系统的现场图[44]

（a）GREENEO 地热发电系统；（b）ACKA 地热发电系统

4.2.4　空冷式 ORC 系统

在内陆地区，大量冷却水源很难找到，此时可采用带空冷式冷凝器的 ORC 系统。由于此时需要的换热器面积明显增大，冷凝器成为影响 ORC 系统热力学和经济性的关键部件。图 4 – 56（a）所示为一种空冷式冷凝器的结构，其采用 A 形框架，可有效降低冷凝器的压降，换热管束的具体结构如图 4 – 56（b）所示，需要冷凝的有机工质蒸气在流经扁管内部的过程中，与翅片周围流过的空气换热冷凝。膨胀机出口的蒸气进入冷凝器上端的蒸气管，冷凝后的液态工质被下部收集槽收集，正下方的冷却风扇对空气进行强制通风。对该冷凝器进行数学建模时，可采用文献[45]中的冷凝器数学模型计算空气侧的对流换热系数和功耗，对管内单相流体，采用 Petukhov – Popov[46] 和 Gnielinski[47] 关联式计算压降和对流换热系数，对于两相流体，采用 CISE[48]、Chisholm[49]、Shah[50] 关联式分别计算含气率、压降和对流换热系数。基于比利时某地热能项目，Walraven 等分析了采用空冷式冷凝器的 ORC 系统的经济性[51]，结果表明设备折旧率、电价、地热水温度对 ORC 系统构型选择和经济性有重要影响。

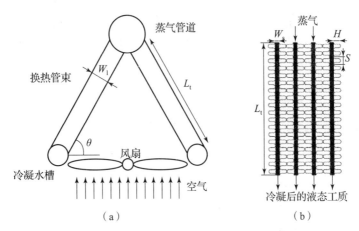

图4-56 A形空冷式冷凝器和换热管束的结构[45]

(a) A形空冷式冷凝器；(b) 换热管束

　　对前述双压蒸发ORC系统而言，当蒸发器和空冷式冷凝器的结构尺寸确定以后，低压涡轮和高压涡轮入口的工质温度及压力、有机工质流量、冷凝压力等参数是影响ORC系统性能的关键参数。如果采用回热式ORC系统，回热器有效度也会影响ORC系统性能。在不同的地热水温度下，以净现值为优化目标，得到简单ORC系统和双压蒸发ORC系统的优化结果如图4-57所示。随着地热水温度从100℃升高到150℃，采用不同工质的两种ORC系统的净现值均逐渐升高。采用干工质时，回热式ORC系统的性能比简单ORC系统稍有提高。对于单压ORC系统，采用丙烷、R134a、R1234yf为工质时的净现值高于采用其他工质的结果时。当工质的蒸发温度明显低于临界温度时，采用双压ORC系统可有效提高净现值，如异丁烷和R245fa工质，对其他工质，采用双压ORC系统的性能改善不明显。

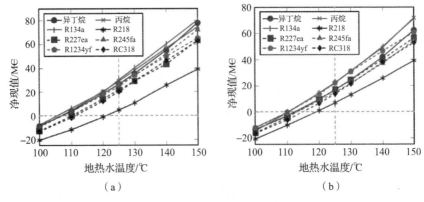

图4-57 地热水温度对净现值的影响[45]

(a) 简单ORC系统；(b) 回热式ORC系统

空冷式冷凝器与空气之间的换热效果较差，需要很大的换热面积，增加了系统的体积和成本。意大利 LU – VE 公司生产了一种采用喷水和绝热板的空冷式冷凝器，可显著改善冷凝器的换热效果，提高系统的工作性能[52]。EMERITUS 空冷式冷凝器的结构如图 4 – 58 所示。其提升换热效果的机理主要有：（1）绝热板采用不同折叠角度的纤维素板，通过对冷却回路侧面的绝热板进行加湿，增加空气湿度，降低空气温度，增大工质与空气之间的换热温差；（2）通过对换热器表面直接喷射液态水，防止海边盐分沉积腐蚀，水在换热器表面蒸发可吸收大量的热。其采用控制系统来实现喷水控制。在高环境温度下，控制系统将去离子水首先喷射到散热器表面，将没有蒸发的水搜集在散热器下面的槽内，随后送往绝热板。当环境温度处于中间水平，如15℃ ~37℃ 时，冷却水仅被送往绝热板，当环境温度较低时，停止喷水。表 4 – 11 所示为 EMERITUS 空冷式冷凝器与普通干式冷凝器的参数对比。

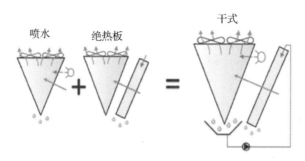

图 4 – 58 EMERITUS 空冷式冷凝器的结构[52]

表 4 – 11 EMERITUS 空冷式冷凝器与普通干式冷凝器的参数对比[52]

	EMERITUS 空冷式冷凝器	普通干式冷凝器
冷却水		
质量流量/(kg · s⁻¹)	34.8	34.8
温度（进/出）/℃	33.7/31.3	49.87/43.1
热负荷/kW	1 027	980.6
空气		
体积流量/(m³ · h⁻¹)	237.9	238.3
温度（进/出）/℃	37.0/27.3	37.0/48.5
入口湿球温度/℃	18.8	18.8

	EMERITUS 空冷式冷凝器	普通干式冷凝器
翅管		
管材料	Cu	Cu
翅片材料	铝，波浪形	铝，百叶窗形
端部材料	Cu	Cu
接头材料	Fe	Fe
外表面面积/m^2	5 103	4 876
外、内表面积比	16.3	15.6
管内直径/mm	9.52	9.52
管间距，/mm	25	25
翅间距/mm	2	2.1
喷水系统		
配置	每侧 3 行 44 个喷嘴	
水流量/$(kg \cdot h^{-1})$	3 076	

采用表 4 - 11 所示的两种不同冷凝器，可对不同的环境温度下的系统工作性能进行对比。考虑到 ORC 系统的发电量和冷却风扇的功耗以及喷水装置的功耗，如果以每小时的现金流为优化目标，对冷却风扇转速和冷却水流量进行优化，得到不同冷凝器的工作性能，如图 4 - 59 所示。与普通干式冷凝器相比，带喷水的 EMERITUS 空冷式冷凝器具有明显的优势。当环境温度在 15℃ ~ 37℃ 范围时，采用绝热板喷水可以明显降低散热器入口的空气温度，降低冷凝温度，提高 ORC 系统的净输出功率，同时还可减小冷却风扇转速，降低其功耗，提高现金流。在 35℃ 环境温度下，采用 EMERITUS 空冷式冷凝器的净输出功率与普通干式冷凝器相比可提高 85%。当环境温度高于 37℃ 时，通过对换热器表面喷水，可进一步提高效益，例如在 40℃ 环境温度下，EMERITUS 空冷式冷凝器的有机朗肯循环输出功率比普通干式冷凝器提高了 212%。即使在不喷水的条件下，由于采用了波浪形翅片，比普通干式冷凝器的百叶窗形翅片的空气阻力小，EMERITUS 空冷式冷凝器的散热器的性能也稍有提高。如果某些内陆地区存在一定的冷却水水源，可采用带喷水的 EMERITUS 空冷式冷凝器，在使用少量冷却水的条件下提高整个系统的工作性能。

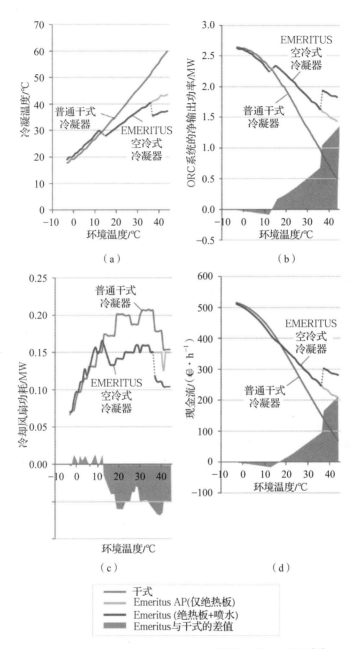

图 4 - 59　环境温度变化时不同冷凝器的系统工作特性[52]
（a）冷凝温度；（b）ORC 系统的净输出功率；（c）冷却风扇功耗；（d）现金流

4.2.5　地热能发电系统的动态性能

对于实际的地热能发电系统，地热水出口温度和流量可能会出现一定的波动，环境温度也会随着一天的不同时间和不同季节而变化，因此有必要研究地热能发电系统的动态性能。环境温度对空冷式 ORC 系统的工作性能有重要影响，在夏季高温环境下，冷凝器很难散热，导致冷却风扇功耗急剧增大。基于土耳其 Germencik 地区的 Sinem 地热发电厂，Kahraman 等分析了环境温度变化对地热能发电系统工作性能的影响[53]。该地热井出口的地热水温度为168.2℃，流量为 450 kg/s，该发电系统采用二元地热能发电系统，总输出功率为 21.25 MW，净输出功率为 18.50 MW。图 4-60 所示为串联式两级 ORC系统的高压涡轮和低压涡轮出口压力随环境温度的变化情况，随着环境温度的升高，两级涡轮出口压力均有不同程度的升高。

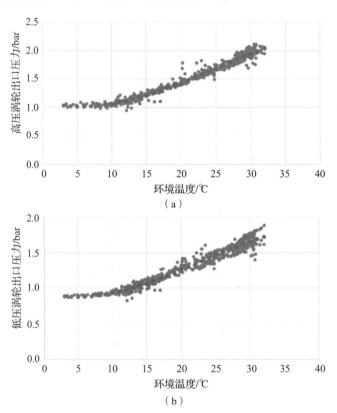

图 4-60　环境温度对串联式两级 ORC 系统涡轮出口压力的影响[53]
（a）高压涡轮；（b）低压涡轮

环境温度变化对地热能发电系统工作性能的影响如图 4-61 所示。随着环境温度的升高，涡轮背压增大，导致净输出功率逐渐减小。当环境温度从 5℃升高到 35℃时，发电功率下降了 6.8 MW，热效率从 13.7%下降到 9.2%，㶲效率从 54.9%下降到 36.7%，总平均发电成本从 230 ＄/GJ 增加到 330 ＄/GJ。

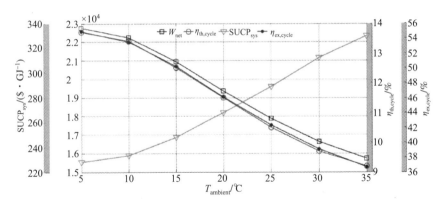

图 4 - 61　环境温度变化对地热能发电系统工作性能的影响[53]

环境温度会随着季节变化出现明显的波动，图 4 - 62 所示为土耳其 AFJET 地热发电站在不同月份的平均温度下地热能发电系统的净输出功率变化[54]。该地热能发电系统采用简单 ORC 的二元地热能发电系统，净输出功率为 3 MW，冬季的净输出功率明显高于夏季，当从冬季转换到夏季时，净输出功率可下降 36%。环境温度在一天的不同时间也会出现一定的波动，从而对地热能发电系统的工作性能产生影响。图 4 - 63 所示为在 2 月的某一天，在按小时平均的环境温度下分析得到的净输出功率变化。在夜间最低 0.8℃的温度下，净输出功率为 2.696 MW，在白天最高 4.2℃的温度下，净输出功率为 2.565 MW。在一天之内的白天和晚上，净输出功率会发生 5%的波动。

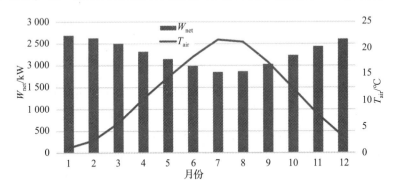

图 4 - 62　月份变化对土耳其 AFJET 地热发电站地热能发电系统净输出功率的影响[54]

有时地热井出口的地热水温度和流量会发生波动，导致地热能发电系统的工作状态出现变化。为了减小地热水波动对地热能发电系统的影响，印度尼西亚的 Lahendong 地热能发电系统在二元循环的基础上，加入了一个中间热水和冷却水循环，如图 4 - 64 所示。通过采用灵活的控制策略，该系统总的工作性能得到提升[55]。该地热水温度为 170℃，气液分离器工作压力为 7.9 bar，地热水的回注温度为 140℃，设计地热发电功率为 500 kW，采用正戊烷为工质的

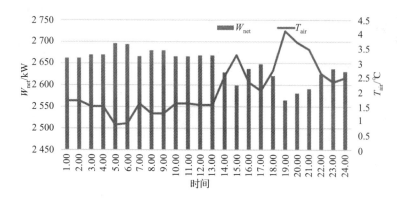

图 4-63　土耳其 AFJET 地热发电站地热能发电系统净输出功率
在一天内的变化曲线[54]

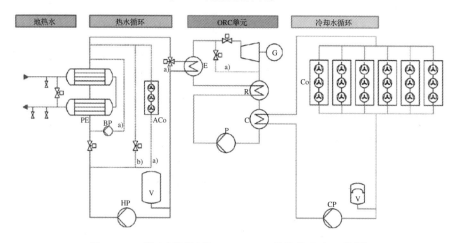

图 4-64　印度尼西亚的 Lahendong 地热能发电系统[55]

亚临界单级回热式 ORC 系统。为了减小地热水波动对地热能发电系统的影响,
加入一个闭式中间热水循环来吸收系统的热或向系统放热。地热水的能量首先
传递给中间热水循环,利用中间热水循环的热水加热 ORC 系统工质,蒸发后的
ORC 系统工质驱动涡轮发电机工作,随后在冷凝器中被冷却水冷凝,冷却水吸
收的热量经 6 组冷却风扇散发到环境中。由于加入的热水循环和冷却水循环会
造成一定的传热损失,导致系统的净输出功率有所降低,热水循环会带来 13%
的净输出功率损失,冷却水循环会带来 11% 的净输出功率损失。

地热水的设计流量为 32 kg/s,入口温度为 172.5℃,回注温度为
142.5℃,ORC 系统的蒸发温度为 142.6℃,冷凝温度为 49.4℃,工质流量为
9.5 kg/s,地热能发电系统的净输出功率为 425.5 kW。在 2019 年 4 月连续
3 天测量得到的地热能发电系统的净输出功率如图 4-65 所示。总输出功率和
净输出功率在一天内呈现一定的波动,这是环境温度变化引起的,当环境温

度较高时，冷却风扇需要全功率运行，冷却水的温度变化趋势会跟随环境温度变化，导致输出功率降低。

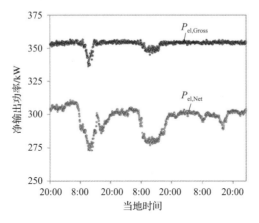

图 4 - 65　印度尼西亚的 Lahendong 地热能发电系统连续 3 天测量的净输出功率[55]

　　实际的地热能发电系统在整个寿命周期内，地热水的温度和流量会逐渐衰减。例如根据新西兰 Taupo 火山地区 Wairakei 地热井的实际运行数据，在开始时，地热水的温度可达 131℃，流量为 200 kg/s，假设地热水温度在头 20 年以 0.5℃/年的速度降低，在后 10 年以 0.2℃/年的速度下降，可得到地热水温度和流量随时间的衰减曲线如图 4 - 66 所示。在此基础上，Budisulistyo 等分析了地热源在生命周期内的衰减对地热能发电系统工作性能的影响[56]。该二元地热能发电系统的有机朗肯循环采用正戊烷为工质的亚临界 ORC 构型，分别根据地热水在第 1、7、16 和 30 年的数据为设计点对 ORC 系统进行设计，对每一个设计方案，以净输出功率最大化为目标进行优化设计，得到 4 种方案在设计点的工作性能，见表 4 - 12。设计方案 1 具有最大的净输出功率和最大的部件尺寸，而设计方案 4 的净输出功率和部件尺寸最小。

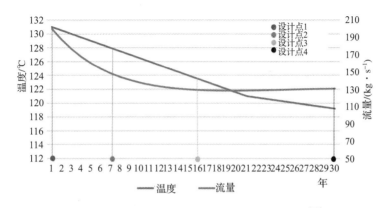

图 4 - 66　地热水温度和流量随时间的衰减曲线[56]

表 4 – 12   4 个设计方案的主要设计参数对比[56]

参数	设计方案 1	设计方案 2	设计方案 3	设计方案 4
热源温度/℃	131	128	123.5	119.2
热源流量/(kg·s⁻¹)	200	148.6	129.1	130.7
正戊烷流量/(kg·s⁻¹)	66.7	46	34.8	30.5
涡轮进口压力/bar	6.71	6.38	6.09	5.76
涡轮的 Stodola 常数 /(m⁻²·s⁻²·℃⁻¹)	860, 311	1, 649, 459	2, 645, 817	3, 166, 509
预热器和蒸发器的 换热面积/m²	5 819	3 967	3 923	3 459
ACC 换热面积/m²	181, 765	104, 704	86, 622	76, 997
净输出功率/kW	4 356	2 939	2 015	1 713
涡轮输出功率/kW	5 111.8	3 462	2 566.9	2 182

利用非设计点工况的 ORC 模型分析得到 4 种设计方案在整个寿命周期内的工作性能，如图 4 – 67 所示。戊烷流量和净输出功率的变化如图 4 – 67（a）和（b）所示，随着时间的推移，戊烷流量和净输出功率均逐渐减小，这是由于地热水温度和流量随时间衰减造成的，其中设计方案 1 和 2 的下降幅度最大，这是由于随着时间的推移，它们的工况点偏离设计点越来越远。设计方案 3 和 4 的戊烷流量和净输出功率下降幅度较小，这是因为它们的设计点工况靠近寿命后期，在系统开始工作的前期，由于设计方案 3 和 4 的换热器尺寸较小，无法充分利用地热水的能量，导致它们的净输出功率较小，而设计方案 1 和 2 的净输出功率在前期明显大于设计方案 3 和 4。ORC 系统总㶲效率的变化如图 4 – 67（c）所示，基本上每种设计方案的最大总㶲效率点在设计点附近，设计方案 3 和 4 在初期的总㶲效率较低，这是因为净输出功率较小，而地热水的输入㶲较大。

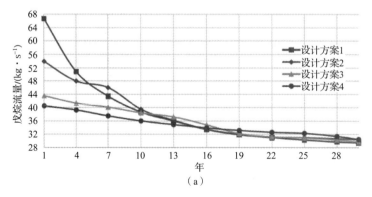

（a）

图 4 – 67   4 个设计方案在寿命周期内的工作性能[56]

（a）戊烷流量

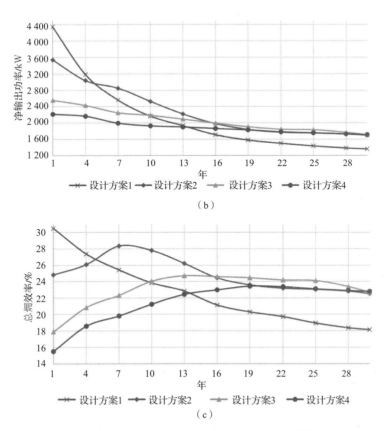

图 4-67　4 个设计方案在寿命周期内的工作性能[56]（续）

（b）净输出功率；（c）ORC 系统总㶲效率

4 种设计方案的总投资成本和净现值见表 4-13，总投资成本按照设计方案 1 到设计方案 4 的顺序逐渐减小，这是由于系统的规模逐渐减小。设计方案 1 的净现值明显小于其他 3 种设计方案，设计方案 2 的净现值最大。

表 4-13　4 个设计方案的总投资成本和净现值[56]

系统	总投资成本/$	净现值/$
设计方案 1	13 616 308	3 023 677
设计方案 2	9 738 394	6 828 124
设计方案 3	7 575 460	6 677 361
设计方案 4	6 617 014	6 270 212

参 考 文 献

[1] Modi A, Buhler F, Andreasen J G, et al. A Review of Solar Energy Based Heat and Power Generation Systems[J]. Renewable and Sustainable Energy Reviews, 2017, 67:1047 – 1064.

[2] 刘笑冬. 甘肃:百兆瓦级熔盐塔式光热电站实现满负荷发电[EB/OL], (2019 – 06 – 18). http://www. gs. xinhuanet. com/jizhe/2019 – 06/19/c_1124639884. htm.

[3] Ramos A, Chatzopoulou M A, Freeman J, et al. Optimisation of a High – Efficiency Solar – Driven Organic Rankine Cycle for Applications in the Built Environment[J]. Applied Energy, 2018, 228:755 – 765.

[4] Delgado – Torres A M, Garcia – Rodriguez L. Analysis and Optimization of the Low – Temperature Solar Organic Rankine Cycle(ORC)[J]. Energy Conversion and Management, 2010, 15:2846 – 2856.

[5] Stuetzle T, Blair N, Mitchell J W, et al. Automatic Control of a 30 MWe SEGS VI Parabolic Trough Plant[J]. Solar Energy, 2004, 76:187 – 193.

[6] Mittelman G, Epstein M. A Novel Power Block for CSP Systems[J]. Energy, 2006, 31:1177 – 1196.

[7] Almahdi M, Dincer I, Rosen M A. A New Solar Based Multigeneration System with Hot and Cold Thermal Storages and Hydrogen Production[J]. Renewable Energy, 2016, 91:302 – 314.

[8] Tchanche B F, Papadakis G, Lambrinos G, et al. Fluid Selection for a Low – Temperature Solar Organic Rankine Cycle[J]. Applied Thermal Engineering, 2009, 29:2468 – 2476.

[9] Tempesti D, Fiaschi D. Thermo – Economic Assessment of a Micro CHP System Fuelled by Geothermal and Solar Energy[J]. Energy, 2013, 58:45 – 51.

[10] Tempesti D, Manfrida G, Fiaschi D. Thermodynamic Analysis of Two Micro CHP Systems Operating with Geothermal and Solar Energy[J]. Applied Energy, 2012, 97:609 – 170.

[11] Freeman J, Hellgardt K, Markides C N. An Assessment of Solar – Powered Organic Rankine Cycle Systems for Combined Heating and Power in UK Domestic Applications[J]. Applied Energy, 2015, 138:605 – 620.

[12] Cioccolanti L, Tascioni R, Arteconi A. Mathematical Modelling of Operation

Modes and Performance Evaluation of an Innovative Small – Scale Concentrated Solar Organic Rankine Cycle Plant[J]. Applied Energy,2018,221:464 – 476.

[13] Ziviani D, Beyene A, Venturini M. Design, Analysis and Optimization of a Micro – CHP System Based on Organic Rankine Cycle for Ultralow Grade Thermal Energy Recovery[J]. ASME Journal of Energy Resources Technology, 2014,136:011602.

[14] Olivares A,Rekstad J,Meir M,et al. Degradation Model for an Extruded Polymeric Solar Thermal Absorber[J]. Solar Energy Materials and Solar Cells, 2010,94(6):1031 – 1037.

[15] Kalogiru S A,Papamarcou C. Modelling of a Thermosyphon Solar Water Heating System and Simple Model Validation [J]. Renewable Energy, 2000, 21:471 – 493.

[16] Li J,Pei G,Ji J. Optimization of Low Temperature Solar Thermal Electric Generation with Organic Rankine Cycle in Different Areas[J]. Applied Energy, 2010,87:3355 – 3365.

[17] Pei G,Li J,Ji J. Analysis of Low Temperature Solar Thermal Electric Generation Using Regenerative Organic Rankine Cycle[J]. Applied Thermal Engineering, 2010,30:998 – 1004.

[18] Freeman J,Hellgardt K,Markides C N. Working Fluid Selection and Electrical Performance Optimisation of a Domestic Solar – ORC Combined Heat and Power System for Year – Round Operation in the UK[J]. Applied Energy, 2017,186:291 – 303.

[19] Naccarato F,Potenza M,de Risi A,et al. Numerical Optimization of an Organic Rankine Cycle Scheme for Co – generation[J]. International Journal of Renewable Energy Research,2014,4:508 – 518.

[20] Freeman J,Guarracino I,Kalogirou S A,et al. A Small – Scale Solar Organic Rankine Cycle Combined Heat and Power System with Integrated Thermal Energy Storage[J]. Applied Thermal Engineering,2017,127:1543 – 1554.

[21] Lizana J,Bordin C,Rajabloo T. Integration of Solar Latent Heat Storage Towards Optimal Small – Scale Combined Heat and Power Generation by Organic Rankine Cycle[J]. Journal of Energy Storage,2020,29:101367.

[22] Botsaris P N,Pechtelidis A G,Lymperopoulos K A. Modeling,Simulation,and Performance Evaluation Analysis of a Parabolic Trough Solar Collector Power Plant Coupled to an Organic Rankine Cycle Engine in North Eastern Greece Using TRNSYS [J]. ASME Journal of Solar Energy Engineering, 2019,

141:061004.

[23] Bao J J, Zhao L, Zhang W Z. A Novel Auto – Cascade Low – Temperature Solar Rankine Cycle System for Power Generation [J]. Solar Energy, 2011, 85:2710 – 2719.

[24] Bao J, Zhao L. Exergy Analysis and Parameter Study on a Novel Auto – Cascade Rankine Cycle[J]. Energy, 2012, 48:539 – 547.

[25] El Haj Assad M, Bani – Hani E, Khalil M. Performance of Geothermal Power Plants(Single, Dual, and Binary) to Compensate for LHC – CERN Power Consumption: Comparative Study[J]. Geotherm Energy, 2017, 5:17.

[26] Redko A, Kulikova N, Pavlovsky S, et al. Efficiency of Geothermal Power Plant Cycles with Different Heat Carriers[C]//Proceedings 41st Workshop on Geothermal Reservoir Engineering, Stanford University: Stanford, California, 2016, 2:1 – 7.

[27] Unverdi M, Cerci Y. Thermodynamic Analysis and Performance Improvement of Irem Geothermal Power Plant in Turkey: A Case Study of Organic Rankine Cycle[J]. Environmental Progress and Sustainable Energy, 2018, 37:1523 – 1539.

[28] Bina S M, Jalilinasrabady S, Fujii H. Thermo – Economic Evaluation of Various Bottoming ORCs for Geothermal Power Plant, Determination of Optimum Cycle for Sabalan Power Plant Exhaust[J]. Geothermics, 2017, 70:181 – 191.

[29] Zhu J, Hu K, Zhang W, et al. A Study on Generating a Map for Selection of Optimum Power Generation Cycles Used for Enhanced Geothermal Systems[J]. Energy, 2017, 133:502 – 512.

[30] Aali A, Pourmahmoud N, Zare V. Exergoeconomic Analysis and Multi – Objective Optimization of a Novel Combined Flash – Binary Cycle for Sabalan Geothermal Power Plant in Iran[J]. Energy Conversion and Management, 2017, 143:377 – 390.

[31] Jalilinasrabady S, Itoi R, Valdimarsson P, et al. Flash Cycle Optimization of Sabalan Geothermal Power Plant Employing Exergy Concept[J]. Geothermics, 2012, 43:75 – 82.

[32] Ebadollahi M, Rostamzadeh H, Pedram M Z, et al. Proposal and Multi – Criteria Optimization of Two New Combined Heating and Power Systems for the Sabalan Geothermal Source[J]. Journal of Cleaner Production, 2019, 229:1065 – 1081.

[33] Mosaffa A H, Zareei A. Proposal and Thermoeconomic Analysis of Geothermal Flash Binary Power Plants Utilizing Different Types of Organic Flash Cycle[J].

Geothermics, 2018, 72:47 − 63.

[34] Mosaffa A H, Mokarram N H, Farshi L G. Thermo − Economic Analysis of Combined Different ORCs Geothermal Power Plants and LNG Cold Energy[J]. Geothermics, 2017, 65:113 − 125.

[35] Shokati N, Ranjbar F, Yari M. Exergoeconomic Analysis and Optimization of Basic, Dual − Pressure and Dual − Fluid ORCs and Kalina Geothermal Power Plants: a Comparative Study[J]. Renewable Energy, 2015, 83:527 − 542.

[36] Yari M. Exergetic Analysis of Various Types of Geothermal Power Plants[J]. Renewable Energy, 2010, 35:112 − 121.

[37] Wang X D, Zhao L. Analysis of Zeotropic Mixtures Used in Low − Temperature Solar Rankine Cycles for Power Generation [J]. Solar Energy, 2009, 83 (5):605 − 613.

[38] Fischer J. Comparison of Trilateral Cycles and Organic Rankine Cycles[J]. Energy, 2011, 36(10):6208 − 6219.

[39] Tchanche B F, Lambrinos G, Frangoudakis A, et al. Low − Grade Heat Conversion into Power Using Organic Rankine Cycles − A Review of Various Applications[J]. Renewable and Sustainable Energy Reviews, 2011, 15(8):3963 − 3979.

[40] Smith I K, Stosic N, Kovacevic A. Screw Expanders Increase Output and Decrease the Cost of Geothermal Binary Power Plant Systems[J]. Transactions Geothermal Resources Council, 2005, 29:787 − 794.

[41] Guzovic Z, Raskovic P, Blataric Z. The Comparision of a Basic and a Dual − Pressure ORC(Organic Rankine Cycle):Geothermal Power Plant Velika Ciglena Case Study[J]. Energy, 2014, 76:175 − 186.

[42] Pena − Lamas J, Martinez − Gomez J, Martin M, et al. Optimal Production of Power from Mid − Temperature Geothermal Sources:Scale and Safety Issues [J]. Energy Conversion and Management, 2018, 165:172 − 182.

[43] Langella G, Paoletti V, DiPippo R, et al. Krafla Geothermal System, Northeastern Iceland:Performance Assessment of Alternative Plant Configurations[J]. Geothermics, 2017, 69:74 − 92.

[44] Zanellato L, Astolfi M, Serafino A, et al. Field Performance Evaluation of Geothermal ORC Power Plants with a Focus on Radial Outflow Turbines[J]. Renewable Energy, 2020, 147:2896 − 2904.

[45] Yang L, Tan H, Du X, et al. Thermal − Flow Characteristics of the New Wave − Finned Flat Tube Bundles in Air − Cooled Condensers[J]. International Journal

of Thermal Sciences,2012,53:166 - 174.

[46]Petukhov B S,Popov V N. Theoretical Calculation of Heat Exchange in Turbu-
lent Flow in Tubes of an Incompressible Fluid with Variable Physical Properties
[J]. High Temperature,1963,1:69 - 83.

[47]Gnielinski V. New Equations for Heat and Mass - Transfer in Turbulent Pipe and
Channel Flow[J]. International Chemical Engineering,1976,16(2):359 - 368.

[48]Premoli A,DiFrancesco D,Prina A. A Dimensionless Correlation for the Deter-
mination of the Density of Two - Phase Mixtures[J]. Termotecnica(Milan),
1971,25(1):17 - 26.

[49]Chisholm D. Pressure Gradients due to Friction During the Flow of Evaporating
Two - Phase Mixtures in Smooth Tubes and Channels[J]. International Journal
of Heat and Mass Transfer,1973,16(2):347 - 358.

[50]Mohammed Shah M. An Improved and Extended General Correlation for Heat
Transfer During Condensation in Plain Tubes[J]. HVAC&R Research,2009,15
(5):889 - 913.

[51]Walraven D,Laenen B,D' haeseleer W. Economic System Optimization of Air -
Cooled Organic Rankine Cycles Powered by Low - Temperature Geothermal
Heat Sources[J]. Energy,2015,80:104 - 113.

[52]Astolfi M,Noto La Diega L,Romano M C,et al. Techno - Economic Optimization
of a Geothermal ORC with Novel "Emeritus" Heat Rejection Units in Hot Cli-
mates[J]. Renewable Energy,2020,147:2810 - 2821.

[53]Kahraman M,Olcay A B,Sorguven E. Thermodynamic and Thermoeconomic
Analysis of a 21MW Binary type Air Cooled Geothermal Power Plant and Deter-
mination of the Effect of Ambient Temperature Variation on the Plant Perform-
ance[J]. Energy Conversion and Management,2019,192:308 - 320.

[54]Altun A F,Kilic M. Thermodynamic Performance Evaluation of a Geothermal
ORC Power Plant[J]. Renewable Energy,2020,148,261 - 274.

[55]Frick S,Kranz S,Kupfermann G,et al. Making Use of Geothermal Brine in In-
donesia:Binary Demonstration Power Plant Lahendong/Pangolombian[J]. Geo-
thermal Energy,2019,7:30.

[56]Budisulistyo D,Wong C S,Krumdieck S. Lifetime Design Strategy for Binary
Geothermal Plants Considering Degradation of Geothermal Resource Productivi-
ty[J]. Energy Conversion and Management,2017,132:1 - 13.

第 5 章
工业余热发电应用

　　工业生产中有大量的余热没有被充分利用，ORC 系统可用于这些不同品位能量的利用，针对不同的温度区间，有多种不同的 ORC 系统构型。本章介绍了有机朗肯循环在工业生产领域针对余热回收的典型应用，包括内燃机余热回收系统、燃气轮机等工业余热的回收利用系统、有机朗肯循环与蒸气压缩制冷循环以及热泵循环等的冷热电联产系统。通过对这些应用的相关技术进展的介绍，可以了解 ORC 系统针对不同品位的工业余热的回收效果和性能潜力，为实际应用中根据具体情况进行有针对性的分析和优化设计提供参考。

5.1　内燃机余热回收

5.1.1　排气余热回收 ORC 系统

　　内燃机工作时燃料燃烧产生的化学能仅有一小部分转变为有用功，其余以余热的形式散发到环境中，主要包括排气系统和冷却系统带走的余热，此外润滑系统和缸体散热也带走少量余热。对采用进气增压中冷的内燃机，中冷器的散热损失也占部分余热。不同形式的内燃机余热在能量的数量和品位上差别较大，当采用 ORC 系统来回收内燃机余热时，需要合理设计 ORC 系统构型，以充分利用各种余热，同时还要考虑 ORC 系统与内燃机实际运行工况的匹配。

　　内燃机排气的温度明显高于冷却水，排气余热在总量和品位上优于其他形式的余热，有很多学者研究了采用 ORC 系统回收内燃机排气余热的节能效果。基于一台双燃料内燃机，Srinivasan 等[1]研究了采用 ORC 系统回收排气余热的潜力。在不同的喷油正时和喷油量下，采用 ORC 系统后，发动机的燃油经济性可提高 7%，NO_x 和 CO_2 的排放量可降低 18%。Mago 等[2]采用㶲拓扑图的分析方法，分析了发动机 - ORC 的联合系统的热效率和㶲效率。对于采用 R113 为工质的 ORC 系统，联合系统的热效率能提高 10%，如果能进一步降低蒸发器夹点温差，联合系统的热效率能进一步提高。当采用 R123 为工质的超临界 ORC 系统来回收重型柴油机的排气余热时，在优化换热器设计的条件下，ORC 系统热回收效率可达 10% ~ 15%[3]。对采用乙醇为燃料的 HCCI 发动机，研究显示采用 ORC 系统的联合循环热效率可达 41.5%[4]。

采用非共沸混合工质可减小蒸发器和冷凝器等换热器内的㶲损，有利于提高 ORC 系统的工作性能。图 5 - 1 所示针对大功率固定式天然气（CNG）发动机尾气余热回收的发动机与 ORC 系统的联合系统[5]，该系统采用 CNG 发动机涡轮出口的排气作为 ORC 系统的热源，回热式 ORC 系统工质采用非共沸混合工质 R416A（R134a/R124/R600，质量比为 0.59/0.395/0.015）。发动机为 12 缸 4 冲程 CNG 发动机，排量为 57.87 L，额定功率为 1 100 kW，工作时发动机转速为 1 500 r/min。发动机排气温度和排气流量随输出转矩的变化曲线如图 5 - 2 所示，随着发动机输出转矩的增大，排气温度先增大后逐渐减小，而排气流量随着发动机输出转矩的增大近似线性增加。

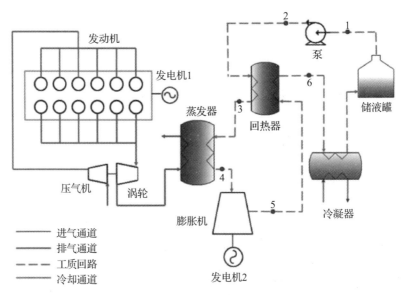

图 5 - 1 针对 CNG 发动机尾气余热回收的发动机与 ORC 系统的联合系统[5]

ORC 系统工作性能随发动机输出转矩和 ORC 系统蒸发压力的变化曲线如图 5 - 3 所示。在不同的发动机输出转矩和蒸发压力下，ORC 系统有机工质流量的变化曲线如图 5 - 3（a）所示，随着发动机输出转矩的增大，有机工质流量明显增大，当输出转矩一定时，随着蒸发压力的升高，有机工质流量有轻微的下降。ORC 系统净输出功率的变化曲线如图 5 - 3（b）所示，随着发动机输出转矩或蒸发压力的增大，净输出功率均逐渐增加。在发动机额定功率下，

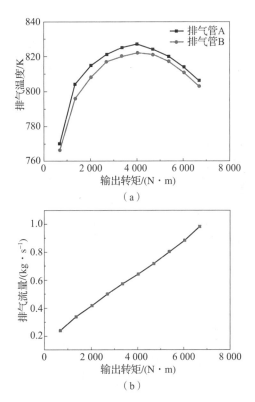

（a）

（b）

图 5 - 2　发动机输出排气温度和排气流量

随输出转矩的变化曲线[5]

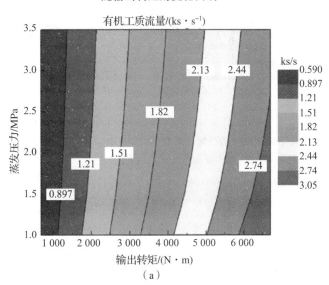

（a）

图 5 - 3　发动机输出转矩和 ORC 系统蒸发压力对 ORC 系统工作性能的影响[5]

（a）有机工质流量

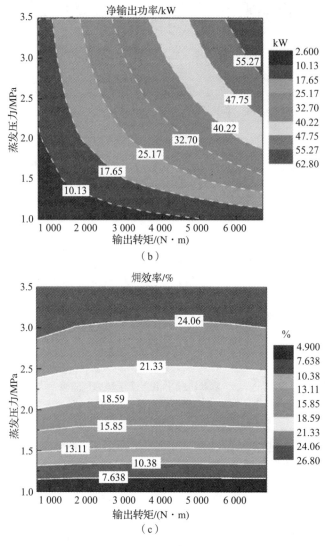

图 5 - 3   发动机输出转矩和 ORC 系统蒸发压力对 ORC 系统工作性能的影响[5]（续）

（b）净输出功率；（c）ORC 系统㶲效率

当蒸发压力为 3.5 MPa 时 ORC 系统可输出 62.7kW 的净功率。ORC 系统㶲效率的变化曲线如图 5 - 3（c）所示，㶲效率基本上随着蒸发压力的升高而增大，而发动机输出转矩变化的影响较小。

不同类型的内燃机，排气温度和排气流量可能会有很大差别，需要根据具体的应用选择合理的工质。表 5 - 1 所示为常用非共沸混合工质的物性。针对某柴油机的尾气余热回收，可研究采用这些工质的简单 ORC 系统性能[6]。该柴油机为 6 缸 4 冲程，排量为 9.726 L，额定功率为 280 kW。在整个柴油机

工作范围内，排气流量和排气温度随发动机转速和油门开度的变化趋势如
图 5 - 4 所示。随着发动机转速或油门开度的增加，排气流量逐渐增大。柴油
机额定工况点排气流量可达 0.48 kg/s。排气温度随着油门开度的增大明显升
高，而发动机转速对排气温度的影响相对较小，额定工况点柴油机的排气温
度达到 819 K。

表 5 - 1　常用非共沸混合工质的物性

非共沸混合工质	组分	质量分数	临界温度/K	临界压力/MPa	临界密度/(kg·m⁻³)	摩尔质量/(kg·kmol⁻¹)	常压下温度滑移/K
R415B	R22/R152a	0.25/0.75	384.52	4.65	396.48	70.195	1.08
R411B	丙烯/R22/R215a	0.03/0.94/0.03	369.08	4.94	498.42	83.069	1.55
R402B	R125/丙烷/R22	0.38/0.02/0.6	356.04	4.52	538.07	94.709	2.21
R407B	R32/R125/R134a	0.1/0.7/0.2	348.12	4.13	531.67	102.94	4.29
R401A	R22/R152a/R124	0.53/0.13/0.34	380.49	4.61	497.38	94.438	5.74
R407D	R32/R125/R134a	0.15/0.15/0.7	364.52	4.47	490.91	90.962	6.63
R409B	R22/R124/R142b	0.65/0.25/0.1	380.07	4.73	512.8	96.673	7.76
R409A	R22/R124/R142b	0.6/0.25/0.15	382.41	4.70	508.92	97.433	8.49

当 ORC 系统的蒸发压力为 2 MPa 时，不同非共沸混合工质的净输出功率
如图 5 - 5 所示。随着发动机输出功率的升高，每一种工质的 ORC 系统净输
出功率也逐渐增大。总体上，ORC 系统净输出功率随发动机工况的不同在
0.5 ~ 25 kW 范围内变化。在相同的发动机工况下，不同非共沸混合工质的净
输出功率的差异较小，当发动机转速为 2 200 r/min 时，全负荷下 R402B 工质
的净输出功率最大，为 24.65 kW，R407D 的净输出功率最小，为 23.48 kW。

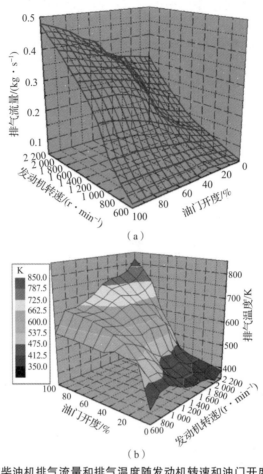

（a）

（b）

图 5-4　某柴油机排气流量和排气温度随发动机转速和油门开度变化趋势[6]

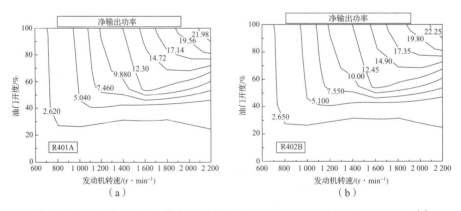

（a）　　　　　　　　　　　　（b）

图 5-5　发动机全工况范围内采用非共沸混合工质的 ORC 系统净输出功率[6]

（a）R401A；（b）R402B

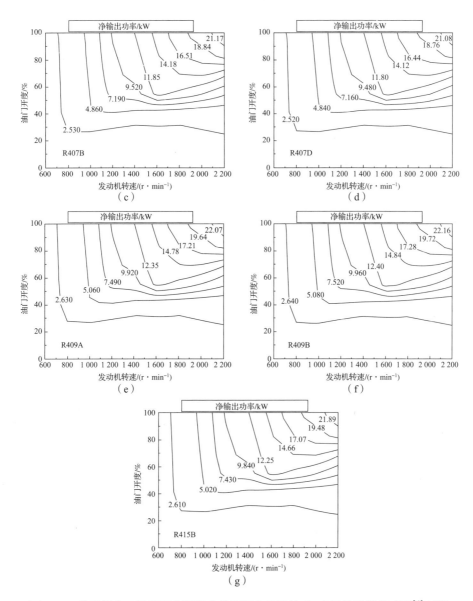

图 5-5 发动机全工况范围内采用非共沸混合工质的 ORC 系统净输出功率[6]（续）

（c）R407B；（d）R407D；（e）R409A；（f）R409B；（g）R415B

对于高温热源的 ORC 系统，由于常用制冷剂的工作温度较低，需采用高温稳定性较好的工质，如硅氧烷等。针对内燃机的排气余热回收，图 5-6 所示为一种双 ORC 系统[7]。高温循环为跨临界有机朗肯循环，采用含硅氧烷的混合工质，低温循环为亚临界有机朗肯循环，对应的 $T-s$ 图如图 5-6（b）和（c）所示。高温循环考虑的混合工质有 D_4/R123、MDM/R123、MD_2M/

R123，低温循环的工质为 R123。由于高温循环的非共沸混合工质在蒸发过程中存在温度滑移，采用双 ORC 系统可在一定程度上提高整个系统的㶲效率。

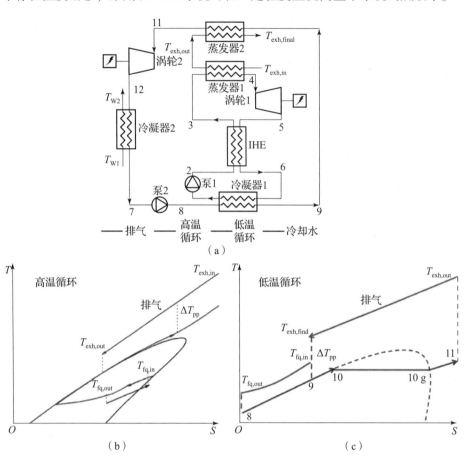

图 5 – 6 用于内燃机排气余热回收的双 ORC 系统以及

高温循环和低温循环的 *T – s* 图[7]

当 ORC 系统的换热器采用管壳式时，可采用 Bell – Delaware 方法[8]计算换热器面积。此时，壳侧的换热系数为

$$\alpha_{\text{shell}} = \alpha_{\text{id}} j_{\text{c}} j_{\text{l}} j_{\text{b}} \tag{5 – 1}$$

式中，理想管束的换热系数为

$$\alpha_{\text{id}} = j_{\text{H}} \frac{G c_P}{Pr^{2/3}} \left(\frac{\mu}{\mu_{\text{w}}} \right)^{0.14} \tag{5 – 2}$$

壳侧的压降计算方程为

$$\Delta P_{\text{bk}} = 4 f_{\text{k}} \frac{\dot{m}^2 N_{\text{c}}}{2 A_{\text{c}}^2 \rho} \left(\frac{\mu}{\mu_{\text{w}}} \right)^{-0.14} \tag{5 – 3}$$

$$\Delta P_{\mathrm{K}} = \frac{\dot{m}^2}{2A_{\mathrm{b}}A_{\mathrm{c}}\rho}(2 + 0.6\,N_{\mathrm{cw}}) \tag{5-4}$$

$$\Delta P_{\mathrm{shell}} = \left[\,(N_{\mathrm{b}} - 1)\Delta P_{\mathrm{bk}}R_{\mathrm{b}} + N_{\mathrm{b}}\Delta P_{\mathrm{K}}\right]R_1 + 2\Delta P_{\mathrm{bk}}R_{\mathrm{b}}\left(1 + \frac{N_{\mathrm{cw}}}{N_{\mathrm{c}}}\right) \tag{5-5}$$

管侧单相流体可采用 Petukhov 关联式[9]计算换热系数：

$$Nu = \frac{(f/8)RePr}{12.7\,(f/8)^{0.5}(Pr^{2/3} - 1) + 1.07} \tag{5-6}$$

$$f = (1.82\lg Re - 1.5)^{-2} \tag{5-7}$$

超临界流体换热系数可采用 Krasnoshchekov – Protopopov 关联式[10]计算：

$$Nu = \frac{(f/8)RePr}{12.7\,(f/8)^{0.5}(Pr^{2/3} - 1) + 1.07}\left(\frac{\bar{c_P}}{c_{Pw}}\right)^{0.35}\left(\frac{k_{\mathrm{b}}}{k_{\mathrm{w}}}\right)^{-0.33}\left(\frac{\mu_{\mathrm{b}}}{\mu_{\mathrm{w}}}\right)^{-0.11} \tag{5-8}$$

管侧流体的压降为

$$\Delta P_{\mathrm{tube}} = \Delta P_{\mathrm{i}} + \Delta P_{\mathrm{N}} \tag{5-9}$$

式中，单相流体的摩擦压降[11]为

$$\Delta P_{\mathrm{i}} = \frac{f_{\mathrm{p}}G^2 L}{2\rho D} \tag{5-10}$$

$$f_{\mathrm{p}} = \begin{cases} 0.316Re^{-1/4}, & Re < 2\times10^4 \\ 0.184Re^{-1/5}, & Re \geqslant 2\times10^4 \end{cases} \tag{5-11}$$

进出口连接管的压降为

$$\Delta P_{\mathrm{N}} = 1.5\frac{\rho v^2}{2} \tag{5-12}$$

气液两相工质的换热系数可采用 Chen 关联式[12]计算：

$$\alpha_{\mathrm{TP}} = \alpha_{\mathrm{LS}}F \tag{5-13}$$

全液相换热系数可采用 Dittus – Boelter 关联式计算：

$$\alpha_{\mathrm{LS}} = 0.023\left[G(1 - x)\frac{D}{\mu_1}\right]^{0.8}(Pr_1)^{0.4}\frac{k_1}{D} \tag{5-14}$$

雷诺数修正因子 F[13]为

$$F = 1.0, \quad 1/X_{\mathrm{tt}} \leqslant 0.1 \tag{5-15}$$

$$F = 2.35\,(1/X_{\mathrm{tt}} + 0.213)^{0.736}, \quad 1/X_{\mathrm{tt}} > 0.1 \tag{5-16}$$

Lockhart – Martinelli 参数 X_{tt}为

$$X_{\mathrm{tt}} = \left(\frac{1 - x}{x}\right)^{0.9}\left(\frac{\rho_{\mathrm{v}}}{\rho_1}\right)^{0.5}\left(\frac{\mu_1}{\mu_{\mathrm{v}}}\right)^{0.1} \tag{5-17}$$

混合工质的冷凝换热系数可根据下式计算[14]：

$$\frac{1}{\alpha_{\mathrm{mix}}} = \frac{1}{\alpha_{\mathrm{mono}}} + \frac{Y_{\mathrm{v}}}{\alpha_{\mathrm{VS}}} \tag{5-18}$$

$$Y_V = x c_{P_v} \frac{\Delta T_{glide}}{\Delta H_{vap}} \tag{5-19}$$

全气相换热系数为

$$\alpha_{VS} = 0.023 \left(\frac{GxD}{\mu_v}\right)^{0.8} \frac{(Pr_v)^{0.4} k_v}{D} \tag{5-20}$$

两相工质的摩擦阻力可由下式计算：

$$\Delta P_{i,TP} = \Delta P_{i,LS} \phi_{LS}^2 \tag{5-21}$$

$$\phi_{LS}^2 = 1 + \frac{12}{X} + \frac{1}{X^2} \tag{5-22}$$

$$X = 18.65 \left(\frac{\rho_v}{\rho_1}\right)^{0.5} \left(\frac{1-x}{x}\right) \frac{Re_v^{0.1}}{Re_1^{0.5}} \tag{5-23}$$

以一台额定功率为 243 kW 的直列 6 缸柴油机为对象，可分析双 ORC 系统的工作性能。该柴油机在额定工况点的排气温度为 718 K，排气流量为 1 020.74 kg/h。当高温循环采用 D_4/R123 为工质时，高温循环净输出功率随着 R123 质量分数和高温循环蒸发压力的变化趋势如图 5-7（a）所示，随着 R123 质量分数的增加，净输出功率逐渐增加。随着蒸发压力的增加，净输出功率先增大后减小，存在一个优化的蒸发压力使系统净输出功率最大。高温循环和低温循环的净输出功率对比如图 5-7（b）所示。可以看出，高温循环蒸发压力对净输出功率的影响相对较小。同时，随着 R123 质量分数的增加，低温循环的净输出功率的变化趋势与高温循环相反。这是因为随着 R123 质量分数的增加，高温循环涡轮焓降增大，但是高温循环工质流量降低，导致低温循环吸热量降低，使低温循环的净输出功率减小。

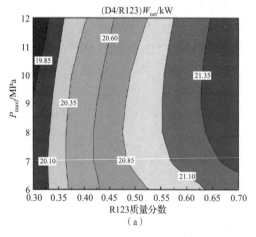

图 5-7 高温循环净输出功率随 R123 质量分数和蒸发压力的变化趋势
以及高温循环和低温循环净输出功率对比[7]

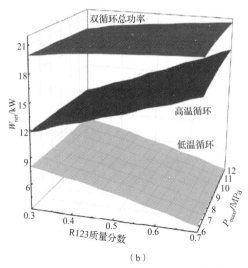

图 5 – 7　高温循环净输出功率随 **R123** 质量分数和蒸发压力的变化趋势
以及高温循环和低温循环净输出功率对比[7]（续）

　　高温循环涡轮入口温度对双 ORC 系统工作性能的影响如图 5 – 8 所示。当工质的组分质量比一定时，除 MDM/R123 外，其他混合工质的净输出功率均随着高温循环涡轮入口温度的增大而稍有增大。高温循环的蒸发器内工质与排气的传热温差随着涡轮入口温度的增加而减小，使高温循环工质流量减小，导致高温循环净输出功率减小，但是低温循环的吸热量增大，最终使总净输出功率的变化幅度较小。双 ORC 系统的热效率随着涡轮入口温度的增加稍有降低。这主要是因为高温循环吸热量比净输出功率的增加速度更快。总体上双 ORC 系统的平均发电成本随着涡轮入口温度的增加逐渐减小。高温循环采用质量比为 0.3/0.7 的 D_4/R123 时热力学性能较好，最高热效率可达 22.84%，而采用质量比为 0.35/0.65 的 MD_2M/R123 时经济性较好。

　　图 5 – 6（a）所示的双 ORC 系统采用复叠式的设计形式，排气依次流过高温循环和低温循环，工作时高温循环还向低温循环放热，高温循环和低温循环常选用不同的工质。图 5 – 9 所示为一种串联式的两级 ORC 系统，用于回收船用重型柴油机尾气余热[15]。船用重型柴油机工作时的排气依次经过蒸发器 1 和 2，与有机工质充分换热，膨胀机输出的功率驱动反渗透膜海水淡化装置，产生的淡水可用于船舶的日常使用，多余的电能输出给船舶辅助系统。与复叠式双 ORC 系统不同，该系统采用一种混合工质，为质量比等于 0.5/0.5 的 R245fa/环己烷。基于现代的船用柴油机 MAN B&W 12K98MC – CMk6，设计点排气温度为 510 K，排气流量为 34.38 kg/s。蒸发器 1 和 2 工作压力、海水盐度、淡水流量等工作参数是影响系统的工作性能的关键参数，采用㶲经济分析方法可分析这些关键参数对热力学性能和经济性的影响。

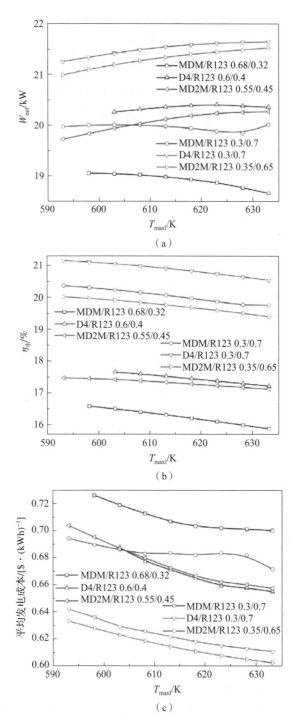

图 5-8　涡轮入口温度对双 ORC 系统工作性能的影响[7]

（a）净输出功率；（b）热效率；（c）平均发电成本

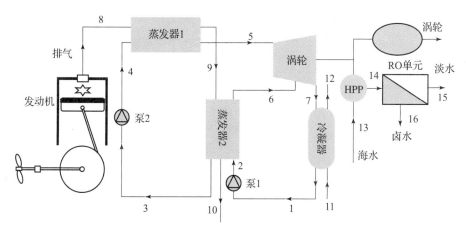

图 5-9 船用重型柴油机排气余热回收用串联式两级 ORC 系统[15]

首先，在蒸发器 2 工作压力为 $0.2P_c$，淡水体积流量为 70 m³/h，海水盐度为 43 g/kg 的条件下，分析蒸发器 1 工作压力变化的影响。系统净输出功率和㶲效率随蒸发器 1 工作压力的升高而减小，这主要是因为，随着蒸发器 1 工作压力的增大，蒸发器 1 的工质流量减小而蒸发器 2 的工质流量增大，具体如图 5-10（a）所示。根据㶲经济性分析得到的年均资金成本如图 5-10（b）所示。随着蒸发器 1 工作压力的增大，年均资金成本逐渐减小，存在一个最优的蒸发器 1 工作压力使单位发电成本最低，单位体积淡水资金成本的变化趋势与单位发电成本类似。

在蒸发器 1 工作压力为 $0.88P_c$，淡水体积流量为 70 m³/h，海水盐度为 43 g/kg 的条件下，分析蒸发器 2 工作压力变化的影响。系统净输出功率和㶲效率随蒸发器 2 工作压力的变化如图 5-11（a）所示。随着蒸发器 2 工作压力的增大，净输出功率和㶲效率先增大后减小，存在一个优化的蒸发器 2 工作压力使系统的净输出功率和㶲效率最大。年均资金成本随蒸发器 2 工作压力的变化如图 5-11（b）所示。随着蒸发器 2 工作压力的增大，年均资金成本也逐渐升高，但仍然存在一个优化的蒸发器 2 工作压力使单位发电成本和单位体积淡水资金成本最低。

ORC 系统总㶲成本随蒸发器 1 和 2 工作压力的变化如图 5-12（a）所示，当蒸发器 2 工作压力较低时，随着蒸发器 1 工作压力的增加 ORC 系统总㶲成本升高，当蒸发器 2 工作压力较高时，随着蒸发器 1 工作压力的增加 ORC 系统总㶲成本稍有下降。当蒸发器 1 工作压力一定时，存在一个最佳的蒸发器 2 工作压力使 ORC 系统总㶲成本最低。海水盐度和新鲜淡水流量对 ORC 系统总㶲成本的影响如图 5-12（b）所示。随着海水盐度或新鲜淡水流

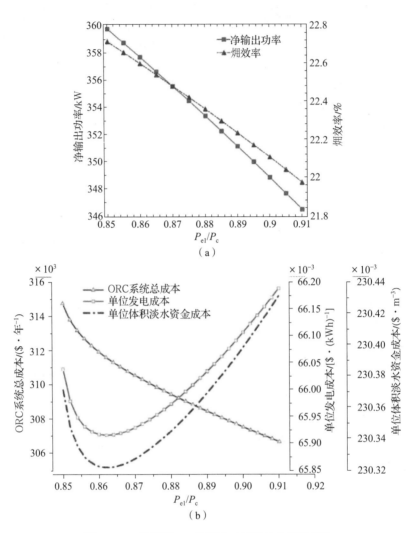

图 5-10 蒸发器 1 工作压力对系统热力学性能和
经济性的影响[15]

量的增加，ORC 系统总㶲成本均出现明显增大。随着新鲜淡水流量的增加，脱盐系统的高压泵耗功增加，使 ORC 系统的净输出功率减小，导致 ORC 系统总㶲成本升高。同样地，海水盐度的增加也会导致高压泵耗功增大，使得 ORC 系统总㶲成本升高。

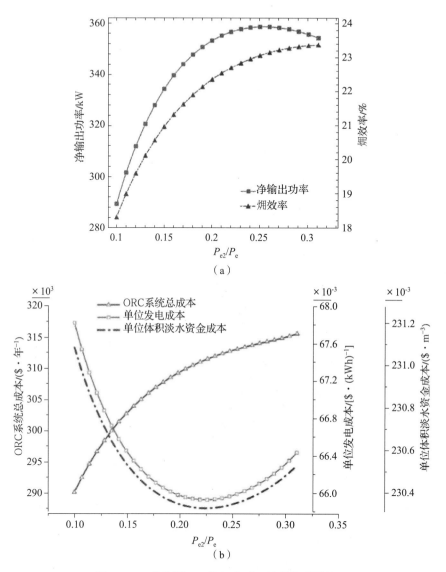

（a）

（b）

图 5 - 11　蒸发器 2 工作压力对系统热力学性能和
经济性的影响[15]

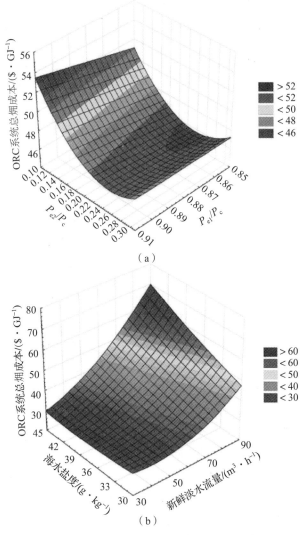

图 5-12　ORC 系统总㶲成本随工作参数的变化[15]

（a）蒸发器 1 和 2 工作压力；（b）海水盐度和新鲜淡水流量

5.1.2　排气和冷却液余热回收 ORC 系统

　　内燃机冷却液的温度比排气低很多，冷却液余热能的品位虽然比不上排气余热能，但其所占的比例非常大，具有较大的回收潜力。内燃机余热回收 ORC 系统最好能同时回收排气余热和冷却液余热，最大限度地回收这两部分余热，对提高内燃机的燃油经济性有重要意义。同时回收冷却液余热和排气余热的 ORC 系统目前主要有单 ORC 系统和双 ORC 系统两种设计形式。单 ORC 系统利用一个有机朗肯循环同时回收排气和冷却液携带的余热能；双 ORC 系统采用两个不同的有机朗肯循环，分别回收排气和冷却液所携带的余热能。

　　早在 20 世纪 80 年代，基于一台 243 kW 的奔驰 OM422A 增压柴油机，Aly 设计了一种采用 R12 工质的单循环 ORC 系统来同时回收排气和冷却水的余热能[16]，整个系统如图 5 – 13（a）所示，对应工作过程的 $P-h$ 图如图 5 – 13（b）所示。首先，有机工质被工质泵加压到 2 MPa，随后在蒸发器内 R12 工质被 88℃的冷却水加热蒸发，此时工质温度为 75℃，发动机冷却水被降温到 82℃后重新流入发动机缸体。流出蒸发器的有机工质在回热器中被膨胀机出口的 1 MPa、155℃的乏气加热，随后被发动机涡轮出口的排气进一步加热到 180℃，发动机排气温度则降低到 130℃。接着，工质在膨胀机中膨胀，压力降低到 1 MPa。假设膨胀机和工质泵的效率为 80%，ORC 系统可输出净功率 38.5 kW。发动机 – ORC 的联合系统的净输出功率与原机相比可提高 16%。

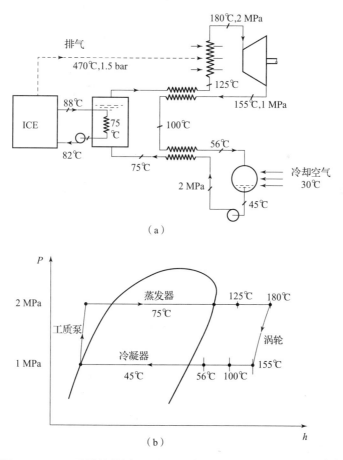

（a）

（b）

图 5 – 13　Aly 设计的单循环 ORC 系统及其工作过程的 $P-h$ 图[16]

在 Aly 设计的单循环 ORC 系统中，冷却液余热用于蒸发有机工质，排气余热将工质进一步加热到过热状态。Song 等设计了一种单循环 ORC 系统，利用冷却液余热来预热工质，随后利用排气余热来蒸发有机工质，整个系统如图 5-14 所示。发动机出口的冷却水温度为 90℃，将有机工质最高预热到84℃。图 5-15 所示为当单循环 ORC 系统分别采用环己烷、苯和甲苯为工质时，系统工作性能随预热器出口的有机工质温度（预热温度）的变化情况[17]。随着预热温度的升高，3 种工质的蒸发温度均逐渐下降，而工质流量逐渐增大。在同样的预热温度下，环己烷的蒸发温度比苯和甲苯高 40℃ 左右。对环己烷而言，净输出功率随着预热温度的升高而增大，而对于苯和甲苯而言，存在一个最佳的预热温度，使系统的净输出功率最大。当预热温度达到84℃ 时，采用环己烷的单循环 ORC 系统的净输出功率达到最大值 99.7 kW。系统热效率随着预热温度的升高而逐渐降低，环己烷的降低幅度明显小于苯和甲苯。3 种工质的预热器热负荷随着预热温度的升高基本上同步增大。

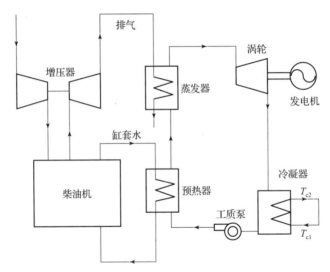

图 5-14　Song 等设计的单循环 ORC 系统[17]

国内外还有很多学者研究了同时回收排气余热和冷却液余热的 ORC 系统性能。基于一台 1.8L 汽油机，Boretti[18],[19] 研究了不同 ORC 系统的性能，当采用 R245fa 为工质时，仅回收排气余热时联合系统热效率最大能提高 6.4%，平均提高 3.4%；仅回收冷却液余热时联合系统的热效率最大能提高 2.8%，平均提高 1.7%，如果同时回收排气余热和冷却液余热，联合系统的总热效率最大能提高 8.2%，平均提高 5.1%。Arias 等[20] 研究了 3 种形式的有机朗肯循环：（1）仅利用排气余热；（2）利用冷却液余热预热工质，利用排气余热蒸发工质；（3）利用工质冷却内燃机，同时被预热后的工质进一步由排气

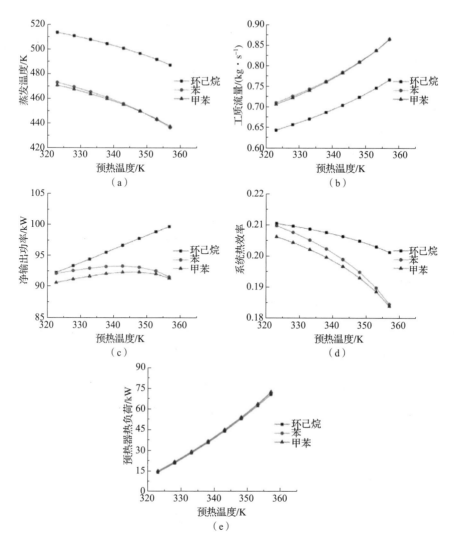

图 5-15　预热温度对单循环 ORC 系统工作性能的影响[17]

(a) 蒸发温度；(b) 工质流量；(c) 净输出功率；

(d) 系统热效率；(e) 预热器热负荷

余热蒸发。由于采用水为工质，当仅利用排气余热时，回收的能量为输入能量的 1.5% 以下，当采用第 3 种方法时，能回收约 7.5% 的总余热能。

　　一般而言，柴油机的压缩比比汽油机高很多，导致柴油机的热效率和经济性优于汽油机，也使柴油机的排气温度低于汽油机，尤其是在大功率工况下。虽然柴油机的排气温度低于汽油机，但是柴油机的排气余热也具有很大的回收价值。Teng 等[21],[22]研究了采用中沸点纯有机工质和非共沸二元混合工质的超临界 ORC 系统的工作性能，设计的系统用于回收柴油机的排气、进气中冷器和 EGR 冷却器的余热。柴油机输出机械功率最高可增加 55 kW，与原机相比增加了 20%，联合系统的总热效率可达 50% 以上。针对某固定式内燃机的余热回收，Vaja 等[23] 分析了 3 种不同的 ORC 系统：（1）回收内燃机排气余热的简单 ORC 系统；（2）同时回收内燃机冷却液余热和排气余热的简单 ORC 系统；（3）利用内燃机排气余热的带回热器的 ORC 系统。采用苯为工质时，后两种 ORC 系统的联合系统的热效率能提高 12%，且第二种 ORC 系统的换热器设计尺寸更紧凑。

基于一台 311 kW 的两级涡轮增压重型柴油机，Polz 等[24] 和 Serrano 等[25] 研究了余热回收循环与内燃机的不同组合方式：（1）采用以水为工质的朗肯循环回收冷却液、EGR、排气、前级中冷和后级中冷的余热；（2）采用以水为工质的朗肯循环回收 EGR 和排气的余热，采用有机朗肯循环回收冷却液、前级中冷和后级中冷、以及排气的余热；（3）采用以水为工质的朗肯循环回收排气、EGR 和后级中冷的余热。采用这 3 种方式回收柴油机的余热，输出功率能提高 10% ~ 19%，有效燃油消耗率降低 8.5% ~ 16%，3 种方式中第二种方式改善性能的效果最好。Hountalas 等[26] 和 Katsanos 等[27] 研究了回收重型柴油机余热的 ORC 系统，仅回收排气余热和 EGR 余热，采用 R245ca 为工质时有效燃油消耗率降低 8.5% ~ 10.2%，采用水为工质时有效燃油消耗率降低 6.1% ~ 7.5%。同时回收中冷器、EGR 和排气的余热时，采用 R245ca 为工质时有效燃油消耗率最大能降低 11.3%，采用水为工质时有效燃油消耗率能降低 9%。

由于排气温度比冷却液温度高很多，难以通过一个有机朗肯循环同时充分回收这两部分余热，可采用一个导热油为媒介的中间换热循环，将排气余热先传递给导热油，将导热油的温度控制到与冷却液匹配的水平，再采用一个单循环 ORC 系统回收余热。针对 CNG 发动机的余热回收，Kalina[28] 研究了 3 种不同的余热回收系统：（1）采用一个有机朗肯循环同时回收冷却液和排气的余热；（2）采用一个中间循环将排气余热先传递给导热油，再用有机朗肯循环回收导热油和冷却液的余热；（3）采用两级有机朗肯循环分别回收排气和冷却液的余热，采用 R123 为工质的有机朗肯循环回收排气的余热，采用 R245fa 为工质的有机朗肯循环回收冷却液余热。针对卡特彼勒的 CAT3412LE 发动机的分析显示联合系统热效率能提高 5.5%，总发电效率能达到 23.6% ~ 28.3%，与原机相比，提高了 1.4% ~ 1.7%。由于导热油在换热过程造成了大量的㶲损，导致热效率的改善效果并不明显。

车用发动机的工况非常复杂，发动机会在很大的转速和负荷范围内变化，为了在各种发动机工况下都能充分回收车用发动机排气和冷却液的余热，宝马公司设计了一种复叠式双 ORC 系统，图 5 - 16 所示为该系统的构型。该系统的高温循环采用水为工质，用于回收排气余热，低温循环采用乙醇为工质，用于回收冷却液、高温循环的冷凝热和排气的余热。Ringler 等[29]基于一台乘用车用 4 缸汽油机，对比分析了仅利用排气余热和同时利用冷却液余热和排气余热的两种 ORC 系统，并在发动机台架上进行了试验，同时利用冷却液余热和排气余热的 ORC 系统的输出功率可达汽油机输出功率的 10% 。

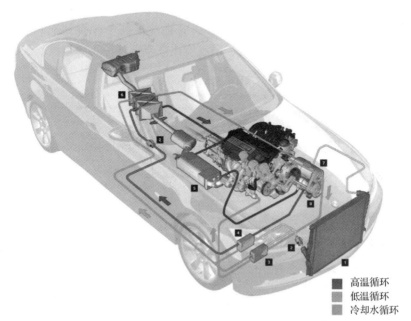

高温循环
低温循环
冷却水循环

图 5 – 16　宝马公司开发的同时回收排气余热和冷却液余热的复叠式双 ORC 系统[29]

1—冷凝器；2—泵；3—蒸发器；4—高温冷凝器；5—过热器；
6—低温冷凝器；7—低温膨胀机；8—高温膨胀机

由于水和乙醇均为湿工质，在回收排气余热和冷却液余热时工作效率不高，Wang 等针对汽油机排气和冷却液的余热回收，设计了一种采用有机工质的双 ORC 系统[30]。图 5 – 17 为该系统的结构简图。高温循环包含的部件有工质泵 1、蒸发器 1、膨胀机 1、发电机 1、预热器、储液罐 1 以及连接它们的管路，低温循环包含的部件有工质泵 2、预热器、蒸发器 2、膨胀机 2、发电机 2、冷凝器、冷凝器风扇、储液罐 2 以及连接它们的管路。高温循环采用 R245fa 为工质，R245fa 为干工质，具有较高的沸点和临界温度，用于排气余热回收时具有较高的效率。低温循环采用 R134a 为工质，R134a 被广泛用于车用制冷系统，由于冷却水的温度较低，采用低沸点的 R134a 工质有利于从冷却水中吸收余热。双 ORC 系统工作过程的 $T - s$ 图如图 5 – 18 所示。当双 ORC 系统工作时，工质泵 1 从储液罐 1 中将处于饱和液体状态 HT1 的 R245fa 加压到 HT2 状态，送往蒸发器 1，R245fa 在蒸发器 1 内吸收排气余热并转变为饱和气体状态 HT3，经膨胀机 1 膨胀并带动发电机 1 发电。膨胀后处于过热气体状态 HT4 的 R245fa，经预热器将热量传递给低温循环的 R134a 工质。在低温循环内，工质泵 2 从储液罐 2 中将饱和液体状态 LT1 的 R134a 加压到 LT2 状态。在预热器中，R134a 被高温循环的 R245fa 加热到气液两相状态 LT3，再经蒸发器 2 继续吸收冷却液余热，并转变为过热状态 LT4。R134a 为湿工质，需要保持一定的过热度，以防止在膨胀机中出现液击现象。R134a 在膨胀机 2 中膨胀到过热蒸气状态 LT5，并在冷凝器中冷凝到饱和液体状态 LT1。在预热器内，设低温循环的工质温度比高温循环的工质温度低 5℃。

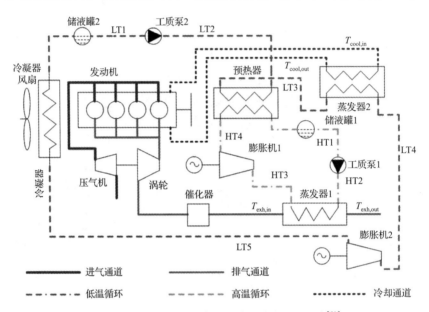

图 5-17　一种汽油机余热回收用双 ORC 系统[30]

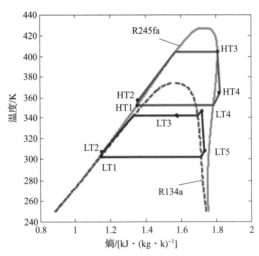

图 5-18　汽油机余热回收用双 ORC 系统工作过程的 T-s 图[30]

图 5 – 19 所示为某车用汽油机的燃料燃烧能量、排气余热和冷却液余热的对比。图 5 – 19（a）所示为根据汽油低热值计算的燃料燃烧能量。图 5 – 19（b）所示为排气余热在整个发动机工作范围内的分布。随着汽油机功率的增加，燃料燃烧能量近似成线性增加，在汽油机额定工况点，燃料燃烧能量达到 613 kW，排气余热也随着汽油机功率的增加近似线性增大，在汽油机额定工况点，排气余热达到 233 kW。汽油机工作时，输出功率与进入气缸的可燃混合气的质量近似成正比，可燃混合气的质量越大，输出功率越大。由于该汽油机的空燃比总在理论空燃比附近，因此随着喷油量的增大，燃料燃烧能量和排气余热均增大。图 5 – 19（c）所示为冷却液余热随发动机工况的变化趋势。图 5 – 19（d）所示为不同余热的对比情况。在整个汽油机工作范围内，燃料燃烧能量明显大于输出功率。在中大负荷范围内，随着汽油机负荷的增加，燃料燃烧能量逐渐增大。当发动机工况一定时，排气余热大于冷却液余热，而输出功率最小。在汽油机最大功率点附近，排气余热明显大于冷却液余热。

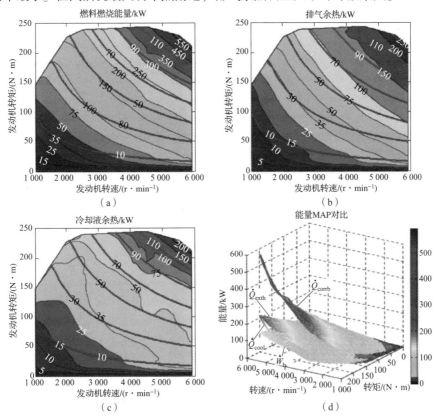

图 5 – 19　某车用汽油机的余热特性[30]

（a）燃料燃烧能量；（b）排气余热；（c）冷却液余热；

（d）发动机全工况范围内不同能量的对比

图 5 - 20 所示为采用双循环回收该汽油机的排气余热和冷却液余热时的工作性能。图 5 - 20（a）所示为高温循环净输出功率的变化，随着汽油机负荷的增加，净输出功率近似线性增加，在汽油机的额定工况点，高温循环净输出功率达到 9.6 kW。图 5 - 20（b）所示为低温循环净输出功率的变化，随着汽油机负荷的增加，净输出功率大致呈线性增加，在汽油机的额定工况点，低温循环的净输出功率为 26.4 kW。在整个工作范围内，低温循环的工质流量和净输出功率明显大于高温循环，在大负荷区域尤其明显。在额定工况点，低温循环净输出功率是高温循环的 2.76 倍。这主要是由于低温循环的吸热量比高温循环大很多，另外，低温循环的工质流量也明显大于高温循环。图 5 - 20（c）所示为采用双 ORC 系统后，与原机相比总输出功率的提高比例。在与原机相

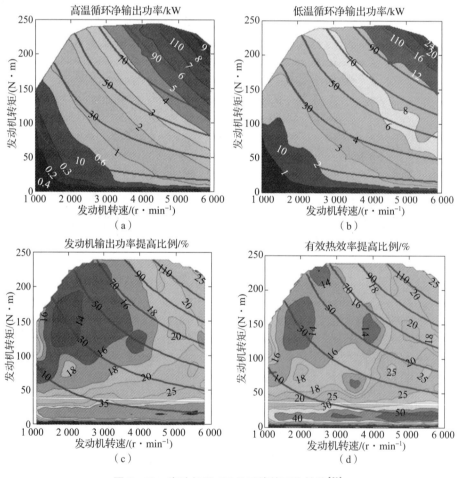

（a）   （b）

（c）   （d）

图 5 - 20 汽油机双 ORC 系统的工作性能[30]
（a）高温循环净输出功率；（b）低温循环净输出功率；
（c）发动机输出功率提高比例；（d）有效热效率提高比例

比油耗较低的区域，输出功率提高比例较小，为 14% ~ 16%。这是由于此区域的热效率较高，余热的比例相对较小。在汽油机低负荷区域，输出功率的提高比例增大，达到 35% ~ 46%。图 5 - 20（d）所示为与原机相比有效热效率提高比例。在高热效率区域，汽油机 - ORC 的联合系统的有效热效率提高比例为 14% ~ 16%，在低负荷区域，有效热效率提高比例为 30% ~ 50%。

由于现代柴油机广泛采用增压技术，在进行柴油机的余热回收系统设计时，还要考虑增压中冷余热。针对某车用柴油机设计的双 ORC 系统如图 5 - 21 所示[31]。高温循环采用 R245fa 为工质，用于回收排气余热。高温循环由工质泵 1、蒸发器 1、膨胀机 1、预热器、储液罐 1 和相应的连接管道组成。低温循环采用 R134a 为工质，用于回收进气中冷余热、高温循环残余的余热和内燃机冷却系统的余热。低温循环由工质泵 2、中冷器、预热器、蒸发器 2、膨胀机 2、冷凝器、储液罐 2 和相应的连接管道组成。高、低温循环通过预热器耦合在一起。

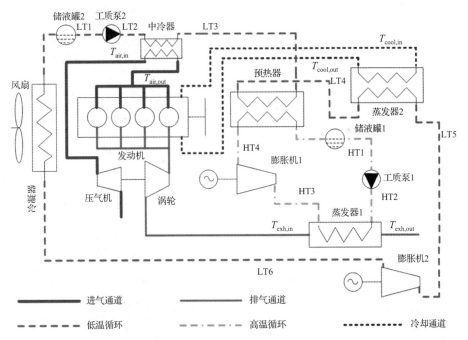

图 5 - 21 柴油机余热回收用双 ORC 系统[31]

当双 ORC 系统开始工作时，储液罐 1 中的 R245fa 被加压送往蒸发器 1，在蒸发器 1 内，R245fa 回收排气余热并转变为饱和气体状态 HT3，随后，R245fa 经膨胀机 1 膨胀并在膨胀机 1 出口转变为过热气体状态 HT4，最后，R245fa 经预热器将热量传给 R134a，并冷凝成饱和液体状态 HT1。同时，低温循环储液罐 2 中的 R134a 被工质泵 2 加压送往中冷器，R134a 吸收压气机流出的高温空气余热,接着,R134a 进入预热器,吸收高温循环中 R245fa 的冷凝热量,并转变为两相状态 LT4。随后,在蒸发器 2 内,被冷却液加热到过热气体状态 LT5,经膨胀机 2 膨胀后 R134a 转变为低压过热气体状态 LT6,最后,经冷凝器冷凝到饱和液体状态 LT1。

该双 ORC 系统的工作性能如图 5 – 22 所示。图 5 – 22(a)所示为双 ORC 系统的净输出功率的变化。随着柴油机输出功率的增加,双 ORC 系统的净输出功率也相应增加。在柴油机额定工况点,双 ORC 系统的净输出功率达到18.9 kW,约为原机输出功率的19%。在整个工作范围内,与原机相比,柴油机 – ORC 的联合系统净输出功率提高比例如图 5 – 22(b)所示。在高效率区域,提高比例较小,为14% ~ 16%,在低负荷区域,提高比例较大,

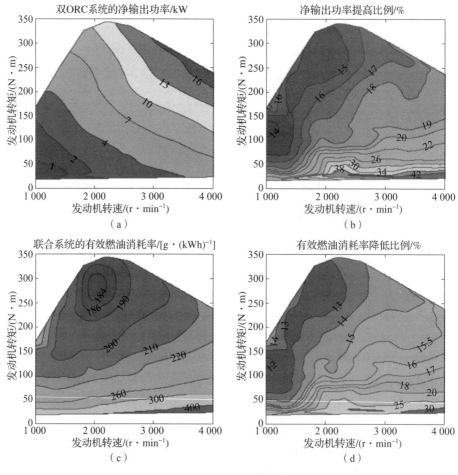

图 5 – 22 柴油机余热回收用双 ORC 系统的工作性能[31]
(a)双 ORC 系统的净输出功率;(b)净输出功率提高比例;
(c)联合系统的有效燃油消耗率;(d)有效燃油消耗率降低比例

为 38% ~ 43%。联合系统的有效燃油消耗率如图 5 - 22（c）所示，与原机相比，联合系统的有效燃油消耗率降低很多。在高效率区域，有效燃油消耗率从原机的 212 g/kWh 降低到 185 g/kWh，在高转速低负荷区域，有效燃油消耗率降低的幅度更大，从 600 g/kWh 降低到 400 g/kWh。与原机相比，在整个工作范围内，有效燃油消耗率降低比例如图 5 - 22（d）所示，在高效率区域附近，降低比例为 12% ~ 14% 之间，在低负荷区域，降低比例达到了 25% ~ 30%。

为了进一步提高双 ORC 系统的余热回收效率，Wang 等设计了一种带回热器的超临界 - 亚临界双 ORC 系统，如图 5 - 23 所示[32]。浅色虚线回路表示的是回热式超临界高温循环，用于回收排气余热，由储液罐 1、工质泵 1、回热器 1、蒸发器 1、涡轮 1 和预热器组成，高温循环工质在预热器内冷凝，同时预热低温循环工质。深色虚线回路表示的是回热式亚临界低温循环，用于回收冷却液余热、高温循环冷凝器余热和剩余排气余热，由储液罐 2、工质泵 2、回热器 2、预热器、蒸发器 2、过热器、涡轮 2 和冷凝器组成。高温循环的冷凝温度低于发动机冷却液温度，因此，预热器安装在蒸发器 2 的上游，此时高温循环可充分吸收排气余热。由于超临界高温循环的热效率高于亚临界低温循环，故这种设计有利于提高整个系统的热效率。另外，高温循环和低温循环均采用回热式设计，可进一步提高整个系统的能效。当低温循环的工质

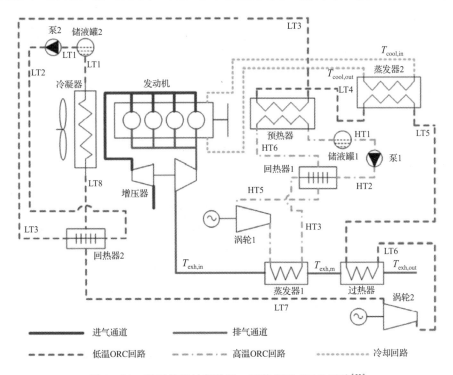

图 5 - 23　带回热器的超临界 - 亚临界双 ORC 系统[32]

为干工质时可不采用过热器，但由于采用回热式设计，采用过热器有利于提高低温循环的性能。整个工作过程的 $T-s$ 图如图 5-24 所示，高温循环采用 R1233zd 为工质，低温循环采用 R1234yf 为工质，高温循环的工作过程用 HT1~HT6 表示，低温循环的工作过程用 LT1~LT8 表示。该系统尤其适合排气温度较高的 CNG 发动机和汽油机。

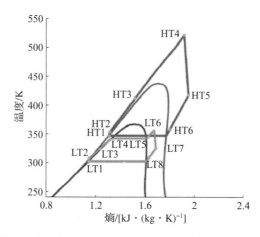

图 5-24 带回热器的超临界-亚临界双 ORC 系统工作过程的 $T-s$ 图[32]

图 5-25 所示为当高温循环采用 R1233zd、R245fa、甲苯、水等工质时的热效率随涡轮 1 入口压力和入口温度的变化趋势。对于 R1233zd、R245fa、甲苯等工质，涡轮 1 入口压力范围设为 4~10 MPa，这 3 种工质均工作在超临界状态，但是水的临界压力为 22.01 MPa，因此，采用水为工质的高温循环工作在亚临界状态。对于 R1233zd 和 R245fa 工质，涡轮 1 入口温度设定在 300℃以下，以防止工质热裂解变质，甲苯的最高工作温度设为 460℃，水的最高工作温度设为 500℃。每一幅图中上面的曲线显示的是回热式 ORC 系统的热效率，下面的曲线显示的是简单 ORC 系统的热效率。涡轮 1 入口温度对系统热效率影响较大，入口温度越高，热效率也越高。当采用 R1233zd、R245fa 和甲苯为工质时，采用回热式 ORC 系统可明显提高热效率。然而，如果涡轮 1 入口温度太低，回热式 ORC 系统的热效率与简单 ORC 系统几乎一样，这说明此时回热器不起作用。随着涡轮 1 入口温度的增加，回热式 ORC 系统与简单 ORC 系统之间的热效率差值逐渐增大。当采用 R1233zd 为工质，涡轮 1 入口温度为 300℃时，回热式 ORC 系统的热效率是简单 ORC 系统的 1.5 倍。当采用甲苯为工质时，回热式 ORC 系统的热效率总是大于简单 ORC 系统。当采用水为工质时，回热式 ORC 系统的热效率与简单 ORC 系统几乎相等，这主要是因为水是湿工质，当涡轮 1 入口的过热度不够高时，涡轮 1 出口的水温度偏低，无法进行有效的回热。

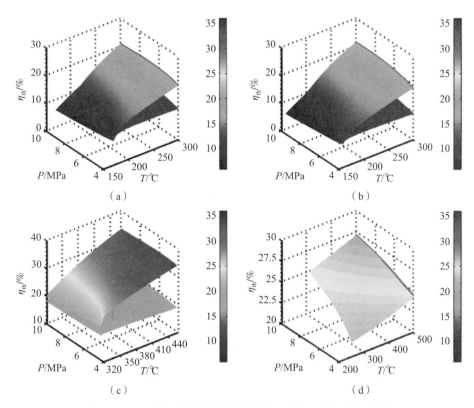

图 5 - 25 不同工质的超临界高温循环热效率的变化趋势[32]
(a) R1233zd; (b) R245fa; (c) 甲苯; (d) 水

针对某 CNG 发动机的排气和冷却液余热回收, 图 5 - 26 所示为发动机整个工作范围内双 ORC 系统的工作性能。高温循环和低温循环的净输出功率如图 5 - 26 (a) 和 (b) 所示。随着发动机功率的增加, 两个循环的净输出功率均逐渐增加。尽管高温循环的吸热量小于低温循环, 但超临界高温循环的净输出功率稍高于亚临界低温循环。发动机 - ORC 的联合系统的有效热效率如图 5 - 26 (c) 所示, 对应的有效热效率提高的绝对百分比如图 5 - 26 (d) 所示, 在整个工作范围内, 有效热效率提高的绝对百分比为 10% ~ 14%。

采用非共沸混合工质可减小换热器内的㶲损, 提高双 ORC 系统的工作性能, 有些学者研究了采用非共沸混合工质对双 ORC 系统性能的改善程度。针对内燃机的排气和冷却液余热回收, Zhou 等分析了当低温循环采用非共沸混合工质时的双 ORC 系统性能[33]。高温循环采用水为工质, 低温循环采用的非共沸混合工质为 RC318/R1234yf、丁烷/R1234yf、RC318/R245fa。该双 ORC 系统用于回收一台直列 6 缸 4 冲程柴油机的余热, 该柴油机额定工况点时的主要工作参数见表 5 - 2。

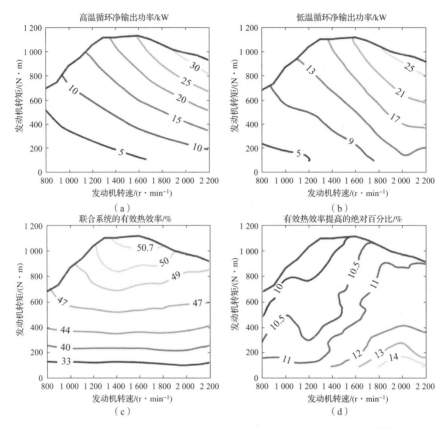

图 5 - 26　带回热器的超临界 - 亚临界双 ORC 系统的工作性能[32]

（a）高温循环净输出功率；（b）低温循环净输出功率；
（c）联合系统的有效热效率；（d）有效热效率提高的绝对百分比

表 5 - 2　某重型车用柴油机额定工况点的主要工作参数[33]

参数	数值
发动机输出功率/kW	235.8
发动机效率/%	41.81
排气温度/℃	519
发动机冷却液温度/℃	83.3
排气流量/(kg·h⁻¹)	990.79
缸套水流量/(kg·h⁻¹)	9 792
空燃比	19.73
过量空气系数	1.38

　　低温循环热效率随非共沸混合工质组分质量分数的变化如图 5 - 27（a）所示，对考虑的 3 种非共沸混合工质，随着第一组分质量分数的增加，总体

上热效率均先增加后减小，采用非共沸混合工质可在一定程度上提高低温循环的热效率。对丁烷/R1234yf 混合工质，存在两个极值点，其他两种工质有 1 个极值点，这主要是因为丁烷/R1234yf 在冷凝过程中有 2 个不同组分的温度滑移接近冷却水的温升 5℃，而其他非共沸混合工质的温度滑移均小于 5℃。当采用质量比为 0.5/0.5 的 RC318/R1234yf 混合工质时，分析得到的高温循环冷凝温度的变化对净输出功率的影响如图 5 - 27（b）所示，随着高温循环冷凝温度从 80℃ 升高到 100℃，高温循环和低温循环的净输出功率均出现明显下降，说明过高的高温循环冷凝温度不利于双 ORC 系统工作性能的提高。

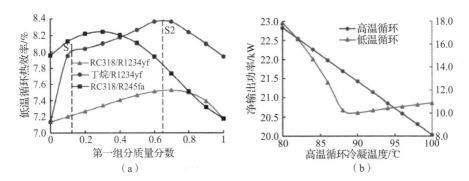

图 5 - 27　非共沸混合工质组分质量分数的变化对低温循环热效率的影响和
高温循环冷凝温度的变化对系统净输出功率的影响[33]

针对某船用柴油机的余热回收，图 5 - 28 所示为一种采用共沸工质的跨临界 - 亚临界双 ORC 系统[34]，高温循环为带回热器的跨临界有机朗肯循环，采用 R600a/R601a 为工质，低温循环为亚临界有机朗肯循环，采用 R134a/R245fa 为工质，高温循环用于回收发动机尾气余热，低温循环用于回收冷却液余热、高温循环冷凝热和排气的剩余余热。该船用柴油机为上海沪东重工生产的直列 6 缸涡轮增压柴油机，额定功率为 996 kW，额定工况点的主要工作参数见表 5 - 3。

设定低温循环的蒸发温度为 70℃，图 5 - 29 所示为高温循环和低温循环的工质流量随高温循环涡轮入口压力和温度的变化曲线。当涡轮入口温度低于 230℃ 时，随着涡轮入口压力的增加，高温循环工质流量逐渐增大；当涡轮入口温度高于 230℃ 以后，高温循环工质流量先稍有减小后逐渐增大。当涡轮入口温度一定时，随着涡轮入口压力的增大，高温循环工质在蒸发器内的焓变减小导致工质流量增大。当涡轮入口压力不变时，涡轮入口温度升高，高温循环工质流量逐渐减小，这主要是吸热过程的焓变增大引起的。当高温循环涡轮入口温度一定时，低温循环工质流量随着高温循环涡轮入口压力的增大先快速减小后逐渐增大。这主要是受到高温循环冷凝放热量和排气在高温循环蒸发器出口的温度这两个量的影响导致的。

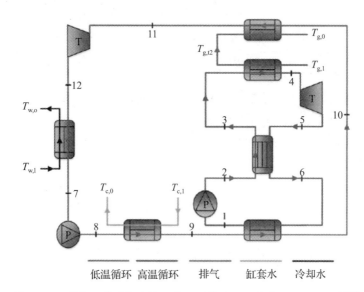

图 5 – 28　某船用柴油机余热回收用跨临界 – 亚临界双 ORC 系统[34]

表 5 – 3　某船用柴油机额定工况点的主要工作参数[34]

参数	数值
发动机输出功率/kW	996
发动机转速/(r · min^{-1})	1 500
发动机转矩/N · m	6 340
排气温度/℃	300
排气压力/MPa	0.1
排气流量/(kg · s^{-1})	1.98
发动机冷却液温度/℃	65/90
发动机冷却液流量/(kg · s^{-1})	1.91

　　高温循环涡轮入口压力和温度对双 ORC 系统工作性能的影响如图 5 – 30 所示。当高温循环涡轮入口温度一定时，高温循环净输出功率随着涡轮入口压力先增加后减小，存在一个优化的涡轮入口压力，使高温循环净输出功率最大。随着涡轮入口温度的升高，对应的优化涡轮入口压力逐渐增大。这主要是由于对一定的涡轮入口温度，涡轮入口压力过大或过小都会造成高温循环蒸发器内排气与工质换热温度匹配效果下降。由于低温循环的工作状态没有变化，低温循环净输出功率的变化趋势与工质流量的趋势基本一致。双 ORC 系统净输出功率的变化曲线如图 5 – 30（c）所示，由于高温循环净输出功率的变化

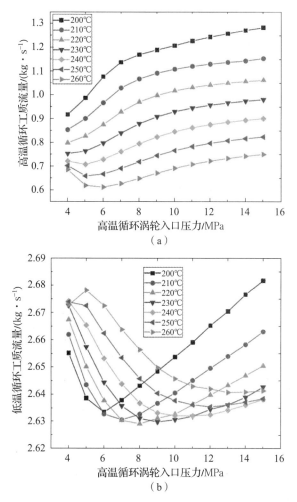

图 5 - 29　工质流量随高温循环涡轮入口压力和温度的变化曲线[34]

(a) 高温循环；(b) 低温循环

幅度明显大于低温循环，因此总输出功率的变化趋势与高温循环类似。由于高温循环采用了回热器，当高温循环涡轮入口温度和压力分别为 260℃ 和 11 MPa 时，双 ORC 系统的净输出功率最大，对应优化的低温循环蒸发温度为 85℃。采用非共沸混合工质可有效提高柴油机的余热回收效果。对高温循环带回热器的双 ORC 系统，采用 R600a/R601a（0.3/0.7）和 R134a/R245fa（0.4/0.6）混合工质的双 ORC 系统的净输出功率比采用相应纯工质的双 ORC 系统高 6.52% ～19.78%，整个联合系统的净输出功率可提高 9.83%。

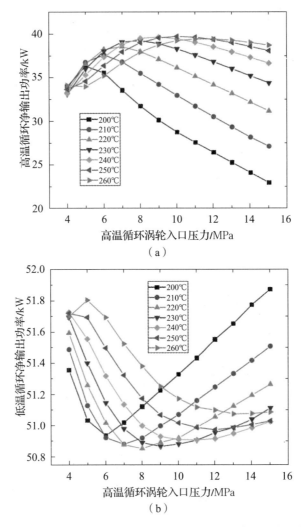

图 5 - 30　高温循环涡轮入口压力和温度对双 ORC 系统工作性能的影响[34]

（a）高温循环净输出功率；（b）低温循环净输出功率

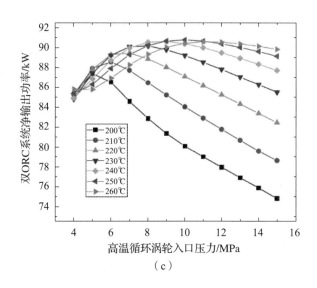

图 5 - 30　高温循环涡轮入口压力和温度对双 ORC 系统工作性能的影响[34]（续）

（c）双 ORC 系统净输出功率

对采用非共沸混合工质的双 ORC 系统，非共沸混合工质的组分浓度是影响系统工作性能的一个关键参数。当高温循环采用环戊烷/环己烷或苯/甲苯为工质，低温循环采用异丁烷/异戊烷为工质时，Ge 等研究了非共沸混合工质组分浓度的变化对系统性能的影响[35]。为了避免高温循环的冷凝压力低于环境压力，设环戊烷/环己烷工质的冷凝过程的露点温度为 363.15 K，苯/甲苯工质的冷凝过程的露点温度为 388.15K。当高温循环工质为环戊烷/环己烷时，双 ORC 系统的净输出功率随低沸点组分摩尔分数的变化如图 5 - 31（a）所示，随着低沸点组分摩尔分数的增加，净输出功率先增大后减小，当环戊烷/环己烷的摩尔分数比为 0.8/0.2 时，对应的净输出功率最大。当高温循环工质为环戊烷/环己烷时，双 ORC 系统的㶲效率变化曲线如图 5 - 31（b）所示，基本上与净输出功率的变化趋势相似。当采用苯/甲苯为工质时，双 ORC 系统的净输出功率和㶲效率的结果如图 5 - 31（c）和（d）所示，净输出功率先有轻微增加后稍有减小，当组分摩尔比为 0.5/0.5 时有最大净输出功率。

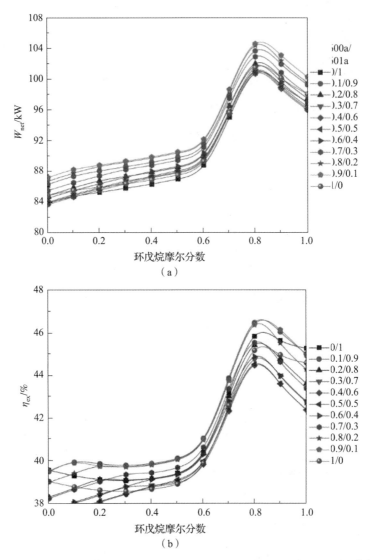

图 5 - 31 低沸点组分摩尔分数的变化对双 ORC 系统工作性能的影响[35]

（a）高温循环采用环戊烷/环己烷为工质时的净输出功率；

（b）高温循环采用环戊烷/环己烷为工质时的㶲效率

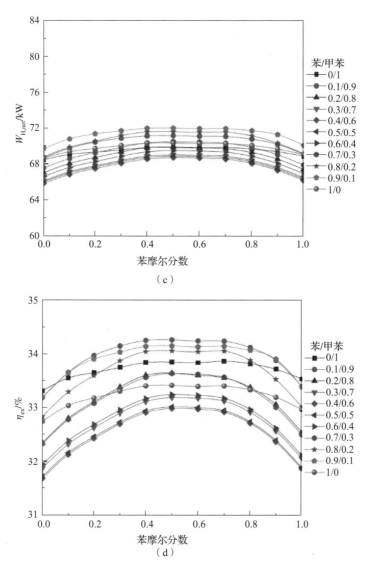

图 5 - 31 低沸点组分摩尔分数的变化对双 ORC 系统工作性能的影响[35](续)
（c）高温循环采用苯/甲苯为工质时的净输出功率；
（d）高温循环采用苯/甲苯为工质时的㶲效率

当低温循环采用 R600a/R601a 混合工质时，R600a 摩尔分数对低温循环工作性能的影响如图 5 - 32 所示。当高温循环采用两种不同的混合工质时，低温循环的净输出功率均出现了两个极值点，对应的 R600a 摩尔分数为 0.9 和 0.1 左右。从整个分析结果来看，采用非共沸混合工质可减少换热器㶲损，高温循环和低温循环的净输出功率相比于纯工质的情形可分别提高 2.5% ~ 9.0% 和 1.4% ~ 4.3% 。

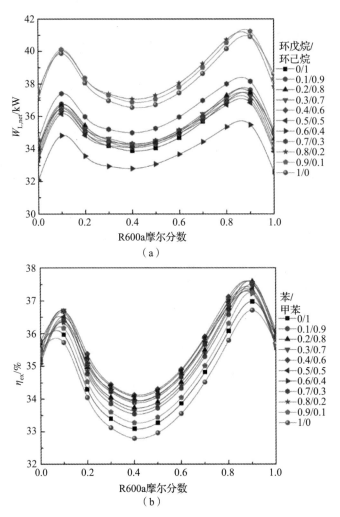

图 5 – 32 R600a 摩尔分数对低温循环工作性能的影响[35]

(a) 净输出功率; (b) 㶲效率

5.2 工业余热回收

在工业生产过程中，会产生很多不同的余热，如钢铁厂、化工厂和工业炉窑生产过程中会产生大量的余热，这些余热往往没有被利用就直接耗散到环境中，如果采用 ORC 系统回收这些余热，可提高系统能效。在进行工业余热回收的 ORC 系统设计时，需要根据具体的热源温度，合理选择有机工质和系统构型，在兼顾经济性的同时实现余热的充分利用。

针对温度为 280℃的高温热源，图 5 – 33 （a）所示为采用 MM/MDM 非共沸混合工质的带回热器的亚临界 ORC 系统的㶲效率随组分质量分数的变化曲线[36]。随着 MDM 质量分数的增加，㶲效率先增加后减小，当 MDM 质量分数为 0.5 时，系统有最高的㶲效率 46.02%。对应的纯工质 MM 和 MDM 的㶲效率分别为 43.28% 和 44.04%，采用非共沸混合工质可在一定程度上提高系统的热力学性能。图中还给出了冷凝器和蒸发器的㶲损，其中冷凝器的㶲损明显大于蒸发器，采用非共沸混合工质可降低这两个换热器的㶲损，其中冷凝器的改善效果更加明显。当热源入口温度固定为 280℃时，混合工质的蒸发压力和冷凝压力随着组分质量分数的变化如图 5 - 33（b）所示。随着 MDM 质量分数的增加，蒸发压力和冷凝压力均逐渐减小。对于硅氧烷工质而言，当冷凝到接近环境温度时其压力明显小于 1 个大气压，需要注意系统的密封设计，避免空气进入循环管路引起性能下降。另外，采用硅氧烷工质的膨胀比也较大，随着 MDM 质量分数的增加，膨胀机的膨胀比从 20 增加到 36。

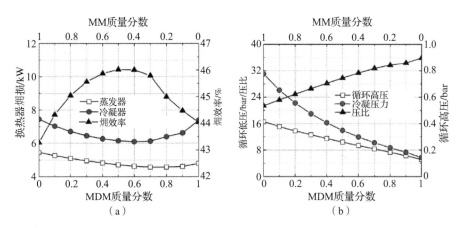

图 5 - 33　组分质量分数对带回热器的亚临界 ORC 系统工作性能的影响[36]
（a）㶲效率和换热器㶲损；（b）蒸发压力和冷凝压力

当非共沸混合工质 MM/MDM 的质量分数固定为 0.4/0.6 时，不同导热油入口温度和温降对 ORC 系统热效率的影响如图 5 - 34 所示。ORC 系统热效率随导热油入口温度的变化曲线如图 5 - 34（a）所示，当导热油入口温度一定时，随着其温降的增加，ORC 系统热效率逐渐降低，导热油入口温度越低，热效率降低程度也越大。当允许冷凝器中工质与冷却水的夹点温差大于设定值时，相应的冷凝压力会逐渐升高，不同冷凝压力下 ORC 系统热效率随 MDM 质量分数的变化曲线如图 5 - 34（b）所示。随着冷凝压力从 0.3 bar 逐渐增加到 0.8 bar，相应的 ORC 系统热效率逐渐降低。当冷凝压力为 0.3 ~ 0.8 bar 时，随着 MDM 质量分数的增加，热效率先升高后降低，存在一个优化的质量分数使 ORC 系统热效率最高。当冷凝压力大于 0.8 bar 后，随着 MDM 质量分数的增加，ORC 系统热效率逐渐降低，此时采用混合工质对 ORC 系统热效率的提升效果消失。

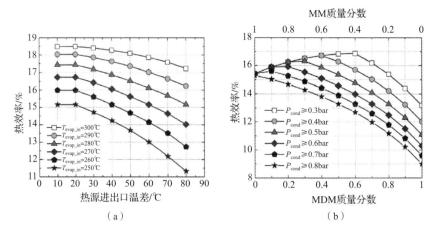

图 5 - 34 ORC 系统热效率随工作参数的变化曲线[36]

（a）导热油入口温度变化；（b）MDM 质量分数和冷凝压力

如果采用超临界或跨临界 ORC 系统，在蒸发过程中工质保持在超临界状态，不经历亚临界 ORC 系统的气液两相蒸发过程，有利于提高热源与工质之间换热过程的温度匹配。当采用非共沸混合工质时，工质冷凝过程的温度滑移可进一步改善冷凝过程的温度匹配。Chen 等研究了采用 R134a/R32 非共沸混合工质的跨临界 ORC 系统的工作性能，并与采用 R134a 纯工质的亚临界 ORC 系统进行了对比[37]。考虑的跨临界 ORC 系统如图 5 - 35（a）所示，对应的工作过程 T-s 图如图 5 - 35（b）所示。

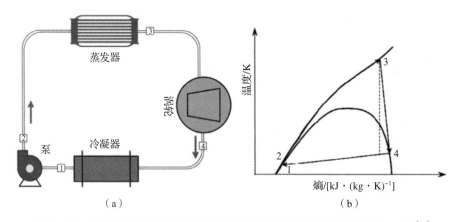

图 5 - 35 采用非共沸混合工质的跨临界 ORC 系统及其工作过程的 T-s 图[37]

设采用 R134a/R32 非共沸混合工质的跨临界 ORC 系统和采用 R134a 工质的亚临界 ORC 系统的平均冷凝温度均为 309. 5 K，亚临界 ORC 的蒸发压力为 3. 3 MPa，跨临界 ORC 系统的蒸发压力为 7 MPa，非共沸混合工质 R134a/R32 的质量比设为 0. 7/0. 3，当膨胀机入口温度为 393 ~ 473 K 时两种 ORC 系统的热效率随膨胀机入口温度的变化曲线如图 5 - 36（a）所示。随着膨胀机入口温度的升高，亚临界 ORC 系统的热效率从 9.7% 近似线性地升高到 10.13%，而固定蒸发压力的跨临界 ORC 系统的热效率从 10.77% 升高到 13.35%，相对于亚临界 ORC 系统，热效率提高了 10%~30%。对于跨临界 ORC 系统，当膨胀机入口温度一定时，存在最优蒸发压力使热效率达到最大，结果如图 5 - 36（b）所示。随着膨胀机入口温度的升高，对应的最优蒸发压力逐渐增大。优化的跨临界 ORC 系统的热效率优于固定蒸发压力的跨临界 ORC 系统，膨胀机入口压力越大，热效率改善效果越明显。当膨胀机入口温度为 473 K 时，跨临界 ORC 系统的最优蒸发压力达到 33 MPa，相应的热效率为 15.08%。

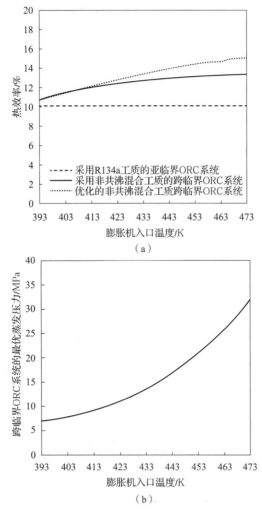

图 5 - 36　膨胀机入口温度对系统工作性能的影响[37]

（a）热效率；（b）跨临界 ORC 系统的最优蒸发压力

采用非共沸混合工质的跨临界循环可减少换热过程的不可逆损失，提高系统能效。总体上，跨临界 ORC 系统的热效率为 10.8% ~ 13.4%，而采用 R134a 为工质的亚临界 ORC 系统的热效率仅为 9.7% ~ 10.1%，跨临界循环的热效率提高了 10% ~ 30%。当膨胀机入口温度为 400 K，两种 ORC 系统的㶲效率对比见表 5 - 4，跨临界 ORC 系统的㶲效率明显高于亚临界 ORC 系统。同时，采用非共沸混合工质的跨临界 ORC 系统的蒸发过程的㶲效率优于采用 R134a 为工质的亚临界 ORC 系统，且采用非共沸混合工质后，冷凝过程的㶲效率有大幅度的提升。因此，采用非共沸混合工质的跨临界 ORC 系统的总㶲效率与采用 R134a 为工质的亚临界 ORC 系统相比提高了 60.04%。

表 5 - 4　两种 ORC 系统工作性能的对比[37]。

工质，系统[a]　　工作性能	R134a，亚临界 ORC 系统	非共沸混合工质[b]，跨临界 ORC 系统
循环㶲效率/%	43.82	53.28
冷凝过程的㶲效率/%	66.55	81.64
吸热过程的㶲效率/%	82.64	88.67
系统总㶲效率/%	24.10	38.57
a：基于循环最高温度为 400 K 的计算值； b：非共沸混合工质为 R32 和 R134a，质量比为 0.3/0.7。		

图 5 - 37 所示为一种多动力循环的大型串级系统[38]，可实现工业余热的高效梯级利用。针对燃气轮机的高温排气，该系统采用超临界再压缩二氧化碳动力循环、朗肯循环和有机朗肯循环依次回收排气余热，有利于实现排气余热的充分利用。在该系统中，新鲜空气被压缩机 C1 压缩后送入燃烧室 CC，燃烧后的高温气体推动涡轮 GT 做功。高温排气首先经过超临界二氧化碳动力循环的加热器，被加热的高压 CO_2 进入涡轮 T1，膨胀做功后经过高温回热器 HTR 和低温回热器 LTR，随后被分为两股，CO_2 工质流 20 经换热器 H4 对朗肯循环的高压液态水进行预热，随后进一步冷却后被压缩机 C2 加压，另一股工质流 18 直接被压缩机 C3 加压后与低温回热器出口的 CO_2 工质流 11 混合，混合后的工质经高温回热器后进入加热器 H1，完成整个二氧化碳动力循环工作过程。从加热器 H1 出口的排气随后进入朗肯循环的蒸发器 H2，同时高温水完全蒸发为水蒸气，经涡轮 T2 膨胀做功后进入冷凝器 2 冷凝成液态水，随后被工质泵加压送入预热器 H4。经过朗肯循环的排气最后被送入带回热器的有机朗肯循环的蒸发器 H3，用于蒸发有机工质。设计的三级动力循环分别用于回收排气的高、中、低品位余热能，可实现余热的高效梯级利用，相应工作过程的 $T - s$ 图如图 5 - 38 所示。

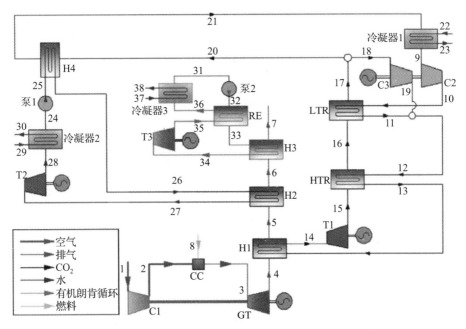

图 5 - 37　燃气轮机排气余热回收用串级多动力循环系统[38]

　　燃气轮机压缩比 r_p，超临界二氧化碳动力循环压比 PR_c 和分流比 x，朗肯循环蒸发温度 T_E，有机朗肯循环工质异戊烷组分质量分数 f_m、蒸发温度 T_e 和夹点温差 ΔT_e 等是影响系统工作性能的关键参数，采用热力学和㶲经济分析方法评估得到系统㶲效率 η 和总㶲成本 $c_{p,tot}$ 的结果如图 5 - 39 所示。随着燃气轮机压缩比的增加，系统总㶲效率先快速升高，随后升高幅度逐渐减小，而总㶲成本先减小后逐渐增加，当燃气轮机压缩比为 12.5 时，系统总㶲成本最低。这主要是由于随着燃气轮机压缩比的增大，虽然输出功率增加，但是部件承压加大导致成本也逐渐增加。超临界二氧化碳动力循环压比对系统性能的影响与燃气轮机压缩比相似，当压比为 3.0 时，系统的总㶲成本最低。超临界二氧化碳循环的分流比定义为工质流 20 与 17 的质量流量比，随着分流比的增大，总㶲效率逐渐降低，而总㶲成本先减小后增加，当分流比为0.83 时有最小值。朗肯循环的蒸发温度影响如图 5 - 39（f）所示。随着蒸发温度的升高，总㶲效率先升高后降低，而总㶲成本的变化趋势正好相反，当蒸发温度为 250℃～260℃时，系统热力学性能和经济性均较好。

　　ORC 系统的工质为非共沸混合工质异戊烷/R245fa，当异戊烷质量分数逐渐增加时，系统㶲效率和㶲成本均逐渐下降。纯异戊烷的㶲成本最低，而质量比为 0.1/0.9 的异戊烷/R245fa 的㶲效率最高。有机朗肯循环的蒸发压力对系统性能的影响趋势与朗肯循环类似。有机朗肯循环蒸发器内夹点温差对系统

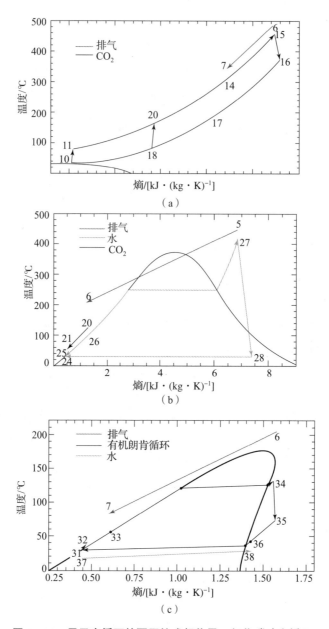

图 5-38　用于底循环的再压缩式超临界二氧化碳动力循环、
朗肯循环和有机朗肯循环的 $T-s$ 图[38]

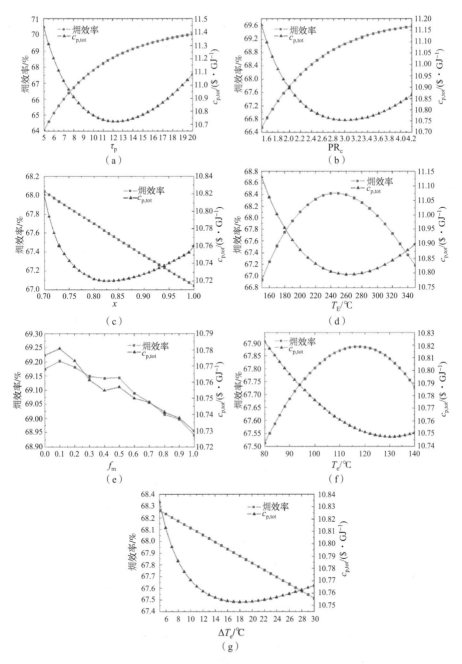

图 5-39　工作参数对系统㶲效率和单位输出功率成本的影响[38]

(a) 燃气轮机压缩比 r_p；(b) 超临界二氧化碳动力循环压比 PR_c；

(c) 超临界二氧化碳动力循环分流比 x；(d) 朗肯循环蒸发温度 T_E；

(e) 有机朗肯循环工质异戊烷组分质量分数 f_m；(f) 有机朗肯循环蒸发温度 T_e；

(g) 有机朗肯循环夹点温差 ΔT_e

性能的影响如图 5 – 39（g）所示，随着夹点温差的增大，总㶲效率逐渐降低，而总㶲成本先减小后增大，当夹点温差为 18℃时，系统总㶲成本最低。因为夹点温差的降低有利于净功率的增大，但是相应的蒸发器换热面积增大导致成本升高。

不同余热动力循环组合的总㶲效率和总㶲成本的对比如图 5 – 40 所示。系统 1 表示仅有燃气轮机循环的系统，系统 2 表示燃气轮机与超临界二氧化碳动力循环的联合系统，系统 3 表示燃气轮机与朗肯循环的联合系统，系统 4 表示燃气轮机与有机朗肯循环的联合系统，系统 5 为同时采用超临界二氧化碳动力循环和朗肯循环为底循环的联合系统，系统 6 为同时采用超临界二氧化碳动力循环和有机朗肯循环为底循环的联合系统，系统 7 为同时采用朗肯循环和有机朗肯循环为底循环的联合系统。系统 0 为同时采用 3 个底循环的联合系统。以总㶲效率和总㶲成本为优化目标，利用多目标遗传算法和 TOP-SIS 决策原理[39]计算每一个系统的优化性能。系统 1～7 相对系统 0 的性能对比如图 5 – 40 所示。系统 0 的总㶲效率在所有系统中是最高的，且总㶲成本是最低的。与单独的燃气轮机系统相比，总㶲效率提高了 43.29%，而总㶲成本降低了 18.24%；与传统的燃气轮机 – 蒸汽轮机联合循环相比，总㶲效率也有 2.33% 的提高，而总㶲成本降低了 4.26%。当采用二级动力循环时，回热式超临界二氧化碳动力循环与采用环戊烷/R365mfc 混合工质的有机朗肯循环的联合系统也获得了较好的性能[40]。对采用 R236fa/R227ea（0.46/0.54）的带回热器的有机朗肯循环与再压缩式超临界二氧化碳动力循环组成的二级动力循环的联合系统，其总㶲效率也较高，可达 73.65%[41]。

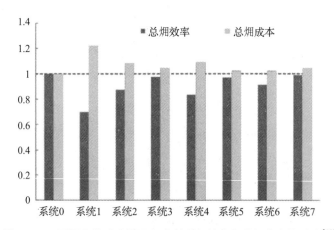

图 5 – 40　不同余热动力循环组合的总㶲效率和总㶲成本的对比[38]

5.3　基于有机朗肯循环的冷热电联产

5.3.1　热电联产

通过合理的系统设计，有机朗肯循环在发电的同时，还可提供制热功能，也可与蒸气压缩制冷（VCC）循环和热泵循环一起组成冷热电联产系统。对于中低温热源的 ORC 系统，可在发电的同时利用冷凝器的热量来制热，为建筑提供生活用热水。Oyewunmi 等研究了基于简单有机朗肯循环的热电联产系统的工作特性[42]，利用有机朗肯循环的工质冷凝过程放出的热量加热冷却水，向建筑提供热水。随着季节变化，建筑终端用户供热需求的温度和负荷会发生变化，需要热电联产系统的供热和发电输出量的比例相应变化，这会影响 ORC 系统的工质选择结果。当供热需求温度较低时，采用戊烷等纯工质较好，而混合工质更适合高供热温度场合。在设计热电联产系统时，应该根据供热的温度和负荷要求确定最佳工质。考虑典型的温度在 150℃ ~330℃ 范围内的工业余热，事实上，增大供热的热水温度会降低膨胀机的输出功率，降低冷却水的出口温度有利于提高膨胀机的输出功率，但不利于满足建筑供热需求。整个系统工作时，虽然 ORC 系统的输出功率会在较大范围内变化，但整个节能潜力可达 10%。对 330℃ 的余热源，供热温度为 90℃ 时，采用质量比为 0.7/0.3 的辛烷/戊烷，整个系统的㶲效率可达 63%。

当热源温度为 330℃ 时，ORC 热电联产系统工作性能随供热温度的变化曲线如图 5-41 所示。定义 ORC 热电联产系统的㶲效率为 ORC 系统输出净功与供热水的㶲之和与热源㶲的比值，则整个系统㶲效率随供热温度的变化曲线如图 5-41（a）所示，随着冷却水温度的升高，不同纯工质的系统㶲效率逐渐升高。对应的净输出功率如图 5-41（b）所示，随着冷却水出口温度的升高，R245fa、R227ea、丁烷、戊烷的净输出功率逐渐减小，这主要是因为 ORC 系统的蒸发压力对每一种工质而言，均不随冷却水出口温度变化，但冷凝压力逐渐增大。对己烷、庚烷和辛烷来说，净输出功率几乎不随供热温度变化，这主要是因为冷凝压力必须大于 1bar 的限制，使这些工质的冷凝温度均高于供热温度。供热量和供热㶲如图 5-41（c）和（d）所示。随着供热水温度的升高，相应的供热量和供热㶲均逐渐增大。

当采用戊烷/己烷非共沸混合工质时，不同供热温度下 ORC 热电联产系统性能随戊烷质量分数的变化曲线如图 5-42 所示。系统㶲效率的变化如图 5-42（a）所示，当供热温度较低时，随着戊烷质量分数的增加系统㶲效率逐渐升高，当供热温度升高到 45℃ ~75℃ 时，系统㶲效率先升高后降低，

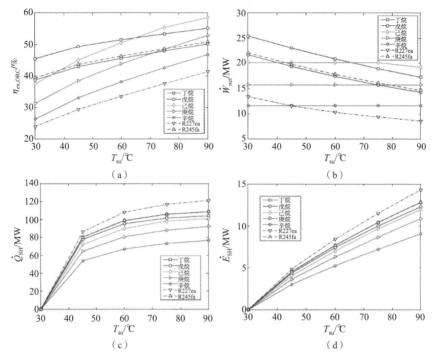

图5-41 ORC热电联产系统工作性能随供热温度的变化曲线[42]

（a）烟效率；（b）净输出功率；（c）供热量；（d）供热烟

进一步升高供热温度，系统烟效率缓慢下降。系统净输出功率的变化如图5-42（b）所示，当供热温度较低且戊烷质量分数较小时，系统净输出功率明显降低，这说明混合工质的质量分数对系统性能有较大影响。总体上，工质质量分数对供热量和供热烟的影响较小。当供热温度合适时，采用戊烷/己烷可在一定程度上提升系统性能。

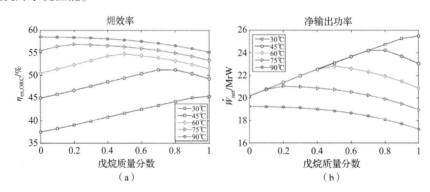

图5-42 采用戊烷/己烷非共沸混合工质的ORC热电联产系统工作性能随供热温度的变化曲线[42]

（a）烟效率；（b）净输出功率

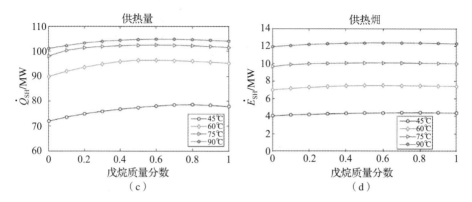

图 5 - 42   采用戊烷/己烷非共沸混合工质的 ORC 热电联产系统
工作性能随供热温度的变化曲线[42]（续）

（c）供热量；（d）供热㶲

不同供热温度下 6 种混合工质的系统㶲效率随组分质量分数的变化趋势如图 5 - 43 所示。当供热温度为 30℃时，采用丁烷/己烷混合工质的㶲效率优于相应的纯组分。当供热温度为 60℃时，己烷/戊烷、庚烷/戊烷、辛烷/戊烷和丁烷/己烷等混合工质的性能较好，采用质量比为 0.2/0.8 的丁烷/己烷混合工质有最高的㶲效率。当供热温度为 90℃时，庚烷/戊烷和辛烷/戊烷等工质可在一定程度上提高系统㶲效率。

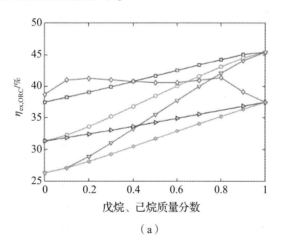

（a）

图 5 - 43   供热温度对系统㶲效率的影响[42]

（a） $T_{su} = 30℃$

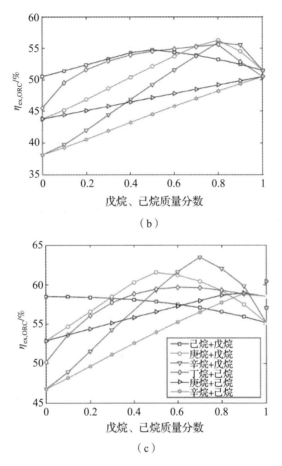

（b）

（c）

图 5 – 43　供热温度对系统㶲效率的影响[42]（续）

（b）$T_{su} = 60℃$；（c）$T_{su} = 90℃$

5.3.2　冷电联产

当 ORC 系统与 VCC 系统组成联合系统时，可在发电的同时进行制冷，实现冷电联产。Zheng 等分析了一种太阳能驱动的 ORC – VCC 联合系统性能[43]。在该系统中，需要考虑采用纯工质还是非共沸混合工质，系统的蒸发温度和制冷温度对工作性能也会产生影响。一般而言，等熵工质和干工质适于 ORC 系统，而湿工质更适于 VCC 系统。考虑的 8 种纯工质见表 5 – 5，ξ 的大小表示了工质的类型，当 $\xi > 1$ 时为湿工质，当 $\xi = 1$ 时为等熵工质，当 $\xi < 1$ 时为干工质。由这些纯工质组成的二元非共沸混合工质中，根据温度滑移选取 5 种非共沸混合工质，见表 5 – 6。

表 5 - 5　ORC - VCC 联合系统考虑的纯工质[43]

工质	分子量 /(g·mol⁻¹)	临界温度 /℃	临界压力 /MPa	正常沸点 /℃	GWP (100 年)	安全 等级	ζ*
R290	44.096	96.74	4.251 2	-42.114	3	A3	1.109 8
R161	48.06	102.1	5.01	-37.55	12	A3	1.392 5
R152a	66.051	113.26	4.516 8	-24.023	124	A2	1.265 8
R134a	102.03	101.06	4.059 3	-26.074	1 430	A1	1.100 6
R600a	58.122	134.66	3.629	-11.749	20	A3	0.833 8
R227ea	170.03	101.75	2.925	-16.34	3 220	A1	0.739 5
R1234yf	114.04	94.7	3.382 2	-29.45	4	A2L	0.922 2
R1234ze	114.04	109.36	3.634 9	-18.973	6	A2L	0.936 8

* 相对温度 0.8 处计算值

表 5 - 6　ORC - VCC 联合系统考虑的非共沸混合工质[43]

组合	流体类型	化学组成
R290/R600a	湿/干	HC/HC
R152a/R600a	湿/干	HC/HFC
R161/R600a	湿/干	HC/HFC
R227ea/R600a	干/干	HC/HFC
R1234yf/R600a	干/干	HFP/HC

整个 ORC - VCC 联合系统的构型如图 5 - 44（a）所示，带回热器的 ORC 系统直接通过集热器收集太阳能，与 VCC 系统共享一个冷凝器，ORC 系统膨胀功用于驱动 VCC 系统的压缩机。整个工作过程的 $T - s$ 图如图 5 - 44（b）所示。

在中低温热源条件下，ETC 的性能优于 FPC，因此，ORC 系统的蒸发器选用 ETC。ETC 的热效率采用下式计算[44]：

$$\eta_{ETC} = 0.721 - 0.89 \frac{T_m - T_0}{I} - 0.019\,9 \frac{(T_m - T_0)^2}{I} \qquad (5-24)$$

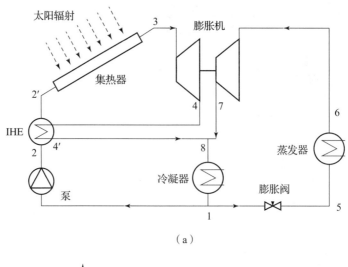

（a）

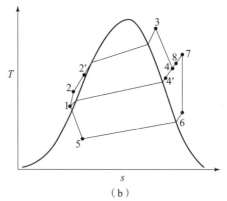

（b）

图 5 - 44　太阳能驱动的 ORC - VCC 联合系统
及其工作过程的 $T - s$ 图[43]

式中，T_m 为集热器内工质平均温度，T_0 为环境温度，I 为太阳能辐射强度（kW/m^2）。

ORC 系统的热效率为

$$\eta_{ORC} = \frac{W_{exp} - W_{pump}}{Q_{gen}} \qquad (5-25)$$

式中，W_{exp} 为膨胀机输出功，W_{pump} 为工质泵耗功，Q_{gen} 为集热器的吸热量。

VCC 系统的 COP 值为

$$COP_{VCC} = \frac{Q_{refig}}{W_{comp}} \qquad (5-26)$$

式中，Q_{refig} 为制冷量；W_{comp} 为压缩机输入功，与 W_{exp} 相等。

ORC - VCC 联合系统的总能效为

$$\eta_{oval} = \eta_{ETC}\eta_{ORC}COP_{VCC} \tag{5 - 27}$$

在给定膨胀机入口温度、蒸发温度和冷凝温度的条件下，不同纯工质的性能如图 5 - 45（a）所示。对于 ORC 系统而言，不同纯工质之间的热效率存在一定差异，R600a、R227ea 和 R1234ze 等干工质的性能优于湿工质。对于 VCC 系统来说，采用湿工质 R152a 时 COP 值最大为 4.067，采用 R600a 时 COP 值为 4.037，仅次于 R152a。采用不同工质的集热器效率和总能效如图 5 - 45（b）所示。湿工质的集热器效率稍高于干工质。采用 R600a 时根据式（5 - 27）计算的总能效达到最大值，为 22.12%，其次为采用 R152a 工质时，总能效为 20.76%。

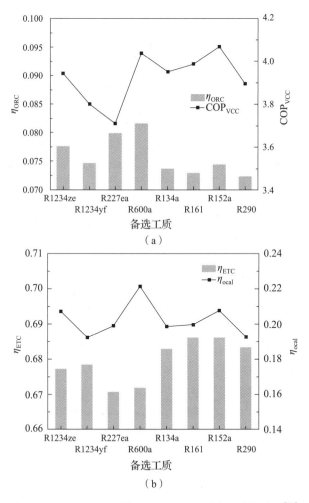

图 5 - 45　采用纯工质的 ORC - VCC 联合系统的性能[43]

（a）ORC 系统效率和 VCC 系统 COP 值；

（b）ORC - VCC 联合系统总能效和集热器效率

采用非共沸混合工质的 ORC – VCC 联合系统总能效如图 5 – 46 所示，随着混合工质中低沸点组分质量分数的增加，不同混合工质的总能效均先增加后减小。R161/R600a（0.25/0.75）的总能效最高，达到 30.89%，与采用 R600a 的系统相比，热效率提高了 39.6%。采用 R152a/R600a（0.25/0.75）和 R290/R600a（0.45/0.55）时总能效也较好。由于非共沸混合工质在冷凝过程中温度滑移随组分质量分数变化，总能效的变化主要受到非共沸混合工质温度滑移的影响。

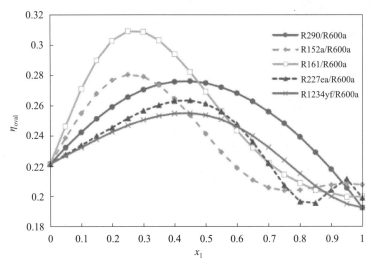

图 5 – 46　采用非共沸混合工质的 ORC – VCC 联合系统总能效[43]

近年来，引射器被引入制冷系统来提高系统性能，其具有结构简单和工作可靠的特点。基于引射器的工作原理，图 5 – 47 所示为一种 ORC – VCC 冷电联产系统[45]。ORC 系统与 VCC 系统采用同样的工质，工质在 ORC 系统的蒸发器内吸收热源能量，经膨胀机膨胀带动发电机发电，随后气体进入引射器的初级入口，同时 VCC 系统的蒸发器内工质从环境吸热后进入低压的引射器次级，经加压后进入冷凝器冷凝。冷凝后的液态工质分为两股，分别进入 ORC 系统的工质泵和 VCC 系统的膨胀阀。工作过程对应的 $T – s$ 图如图 5 – 47（b）所示。

以 50℃ 热空气为热源，采用戊烷/异丁烷为工质，带引射器的 ORC – VCC 冷电联产系统的工作性能随异丁烷质量分数的变化曲线如图 5 – 48 所示。随着异丁烷质量分数的增大，系统净输出功率先增加后减小，当质量比为 0.5/0.5 时有最大净输出功率，制冷量的变化趋势正好与净输出功率相反，如图 5 – 48（a）所示。这主要是因为引射器的喷射系数随着异丁烷质量分数的增加先减小后增加。同时，VCC 系统的蒸发器入口温度的变化曲线如图 5 – 48（b）所示，总体上其变化趋势与喷射系数相似。整个系统㶲效率的变化曲线如图 5 – 48（c）所示，当质量比为 0.5/0.5 时有最高㶲效率 10.33%。

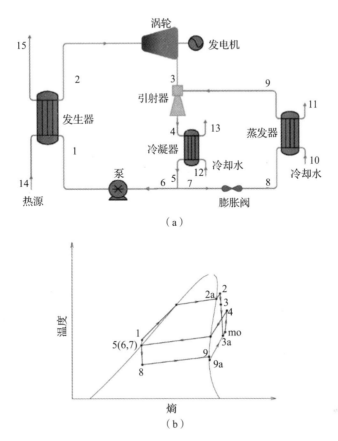

图 5-47 带引射器的 ORC-VCC 冷电联产系统及其
工作过程的 $T-s$ 图[45]

对 ORC-VCC 联合系统而言，ORC 系统的蒸发温度、VCC 系统的蒸发温度和冷凝温度（对混合工质定义为相应的泡点温度）是 3 个影响系统性能的重要参数。当热源温度升高到 150℃时，基于 R600a/R245fa 混合工质，可分析这些参数对系统性能的影响[46]。当 VCC 系统蒸发温度为 275.15 K，冷凝温度为 338.15 K 时，随着 ORC 系统蒸发温度的增加，不同质量分数的混合工质的净输出功率先增加后减小。当 ORC 系统蒸发温度小于 375 K 时，纯 R245fa 工质的净输出功率稍高于混合工质。随着 ORC 系统蒸发温度的升高，VCC 系统的制冷量近似线性降低，而质量比为 0.4/0.6 的 R600a/R245fa 混合工质的制冷量稍高，如图 5-49 所示。当 ORC 系统蒸发温度为 374.15 K 时，VCC 系统蒸发温度和冷凝温度对制冷量的影响如图 5-50 所示。随着蒸发温度的增加或制冷温度的降低，制冷量近似线性增大。

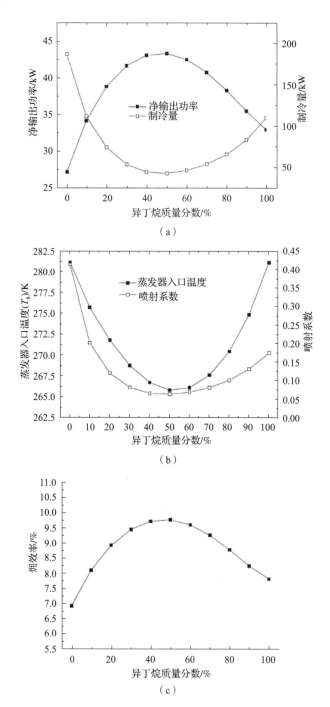

图 5-48 带引射器的 ORC-VCC 冷电联产系统的工作性能
随异丁烷质量分数的变化曲线[45]

（a）净输出功率和制冷量；（b）蒸发器入口温度和喷射系数；（c）㶲效率

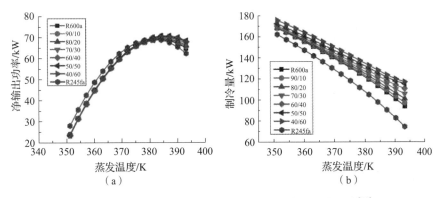

图 5 - 49　蒸发温度对 ORC - VCC 联合系统性能的影响[46]

（a）净输出功率；（b）制冷量

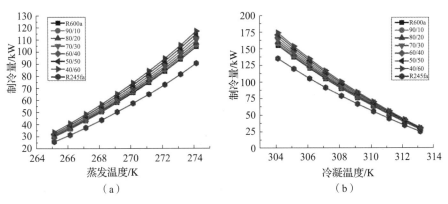

图 5 - 50　工作参数对 ORC - VCC 联合系统制冷量的影响[46]

（a）蒸发温度；（b）冷凝温度

5.3.3　冷热电联产

ORC 系统还可以与 VCC 系统和热泵一起组成复杂的冷热电三联产系统，进一步提高系统的总能效。图 5 - 51 所示为一种 ORC 系统与热泵组成的冷热电三联产系统[47]。对采用非共沸混合工质的系统，部分冷凝的工质进入气液分离器，饱和液态工质 3 被工质泵加压后进入高温蒸发器，被地热水加热变成高压气态工质 5。从气液分离器流出的饱和气态工质 c 经四通阀后进入低温冷凝器，完全冷却后的液体 d 经膨胀阀后，变成低压气液两相状态 a，随后在低温蒸发器内吸热变成低压气态工质 b。低压气态工质 b 与高压气态工质 5 在引射器内混合变成过热气体状态 1，随后进入膨胀机膨胀到状态 2，并驱动发电机发电。膨胀机出口的过热工质 2 进入高温冷凝器被冷却到两相状态 e，之后进入气液分离器开始下一个工作循环。对应的 $T - s$ 图如图 5 - 51（b）所示。系统工作时，如果低温蒸发器向环境吸热，则实现制冷作用；如果低温冷凝器向环境散热，则实现制热效果，同时发电机向外提供电能。改变四通阀的方向，可改变两个低温换热器的换热方向，实现制热与制冷功能的切换。

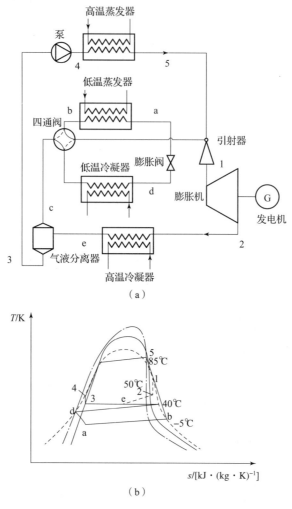

图 5-51　ORC 系统与热泵组成的冷热电三联产系统
及其工作过程的 $T-s$ 图[47]

　　基于设计的冷热电三联产系统，设热源为 95℃ 的地热水，采用 R141b/R134a、R141b/R152a 和 R123/R152a 等非共沸混合工质时 COP 值和㶲效率较高，并且采用干工质与湿工质的混合工质有利于性能的提升，当湿工质的比例较大而干工质的比例较小时，整个系统能获得较高的能效。

　　定义引射器的喷射系数为工质流 b 与工质流 5 的质量流量比，利用热力学模型可分析引射器喷射系数对系统工作性能的影响。同时，高温蒸发器的出口温度（即蒸发温度）是另一个影响系统性能的重要参数。系统净输出功率和 COP 值随引射器喷射系数和蒸发温度的变化如图 5 – 52 所示。随着引射器喷射系数的增大，净输出功率明显减小，当引射器喷射系数为 0.71 时，蒸发温度必须高于 91.5℃才能有净功率输出。当引射器喷射系数一定时，随着蒸发温度的升高，净输出功率先增加后减小，存在一个优化的蒸发温度使净输出功率最大。随着引射器喷射系数的增加，COP 值近似线性增大，当引射器喷射系数一定时，随着蒸发温度的升高 COP 值有轻微的增大。

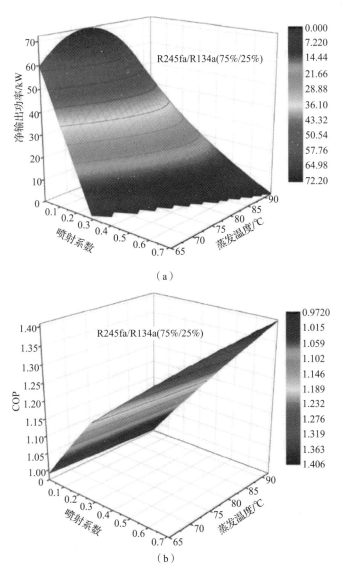

图 5 – 52　引射器喷射系数和蒸发温度对系统净输出功率和
COP 值的影响[47]

针对内燃机排气和冷却液余热回收，图 5-53 所示为一种基于有机朗肯循环的冷热电三联产系统[48]。工质泵入口的饱和液态工质被加压后，依次经过回热器 RE1、RE2、RE3、RE4，进入换热器 HE2，被来自内燃机的冷却液加热到气液两相状态 12。随后，进入气液分离器，饱和气态工质 13 被分成两股，一股工质 15 在换热器 HE1 中吸收来自内燃机排气的余热后，进入膨胀机做功。低压气态工质 17 经回热器 RE3 和 RE6 放热后，被送入冷凝器冷凝。另一股工质 14 经回热器 RE1 后进入换热器 RE5 降温，随后经膨胀阀 1 变成低温气液两相状态，进而在蒸发器内吸收环境空气的热量，对车辆乘员舱起到制冷作用。从气液分离器流出的饱和液态工质 23 经回热器 RE2 和 RE4 后，通过膨胀阀 2 减压后与工质流 19 和 28 混合进入冷凝器冷凝。当需要制热时，空气 29 先进入冷凝器被加热，随后进入 RE4 和 RE6 进一步吸热后空气 32 将为车辆乘员舱制热。通过调节工质流 15 和 14 的比例，可以调节系统净输出功率和制冷量的比例。

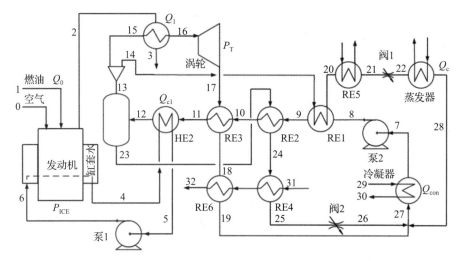

图 5-53　用于内燃机排气和冷却液余热回收的冷热电三联产系统[48]

整个余热回收循环采用氨水混合物作为工质，定义余热回收循环的总效率为

$$\eta_{\text{th\_WHR}} = \frac{P_{\text{WHR}} + \text{abs}(Q_3)}{Q_1 + Q_{\text{cl}}} 100\% \qquad (5-28)$$

式中，P_{WHR} 为膨胀机输出功率，Q_3 为制热或制冷的热量，Q_1 和 Q_{cl} 为排气和冷却液换热量。针对丰田 8A-FE 汽油机的余热回收，分析得到的氨质量分数 x 和工质泵 2 的压缩比对余热回收循环总效率的影响如图 5-54 所示。当工质泵出口压力一定时，随着氨质量分数的增加，余热回收循环总效率先增大后减小。随着工质泵出口压力的增大，相应的氨质量分数可选范围缩小，而对

应的余热回收循环总效率增大。当氨质量分数一定时，随着工质泵 2 的压缩比的增大，余热回收循环总效率也呈现先增后减的趋势，存在一个优化的工质泵 2 的压缩比，使余热回收循环总效率最大。随着氨质量分数的增大，优化的工质泵 2 的压缩比逐渐增大，而余热回收循环总效率也轻微升高。

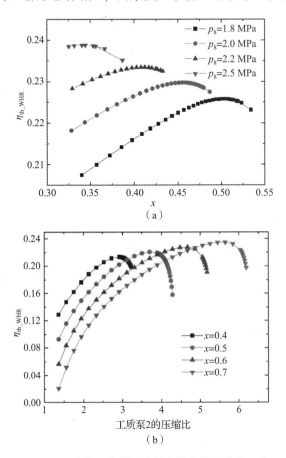

图 5－54　余热回收循环总效率随氨质量分数 x 和
工质泵 2 的压缩比的变化曲线[48]

参 考 文 献

［1］Srinivasan K K，Mago P J，Krishnan S R. Analysis of Exhaust Waste Heat Recovery from a Dual Fuel Low Temperature Combustion Engine Using an Organic Rankine Cycle［J］. Energy. 2010，35(6)：2387－2399.

［2］Mago P J，Chamra L M. Exergy Analysis of a Combined Engine－Organic Rankine Cycle Configuration[J]. Proceedings of the Institution of Mechanical Engineers, Part A: Journal of Power and Energy, 2008, 222:761 ~ 770.

[3] Wei M S, Fang J L, Ma C C, et al. Waste Heat Recovery from Heavy – Duty Diesel Engine Exhaust Gases by Medium Temperature ORC System[J]. Science China Technological Sciences, 2011, 54(10):2746 – 2753.

[4] Khaliq A, Trivedi S K. Second Law Assessment of a Wet Ethanol Fuelled HCCI Engine Combined with Organic Rankine Cycle[J]. Transactions of the ASME – Journal of Energy Resources Technology, 2011, 134(2):022201.

[5] Song S, Zhang H, Lou Z, Yang F, et al. Performance Analysis of Exhaust Waste Heat Recovery System for Stationary CNG Engine Based on Organic Rankine Cycle[J]. Applied Thermal Engineering, 2015, 76:301 – 309.

[6] Yang K, Zhang H, Wang Z, et al. Study of Zeotropic Mixtures of ORC(Organic Rankine Cycle) Under Engine Various Operating Conditions[J]. Energy, 2013, 58:494 – 510.

[7] Tian H, Chang L, Gao Y, et al. Thermo – Economic Analysis of Zeotropic Mixtures Based on Siloxanes for Engine Waste Heat Recovery Using a Dual – Loop Organic Rankine Cycle (DORC) [J]. Energy Conversion and Management, 2017, 136:11 – 26.

[8] Walraven D, Laenen B, D'haeseleer W. Optimum Configuration of Shell – and – Tube Heat Exchangers for the Use in Low – Temperature Organic Rankine Cycles [J]. Energy Coversion and Management, 2014, 83:177 – 187.

[9] Hartnett J P, Irvine T F. Advances in Heat Transfer[M]. Academic P, 1970.

[10] Petukhov B S, Krasnoshchekov E A, Protopopov V S. An Investigation of Heat Transfer to Fluids Flowing in Pipes Under Supercritical Conditions[J]. ASME Int Dev Heat Transf Part, 1961, 3:78 – 569.

[11] Baskov V L, Kuraeva I V, Protopopov V S. Heat – Transfer with Turbulent – Flow of a Liquid at Supercritical Pressure in Tubes Under Cooling Conditions [J]. High Temperature, 1977, 15(1):6 – 81.

[12] Chen J C. Correlation for Boiling Heat Transfer to Saturated Fluids in Convective Flow[J]. Ind Eng Chem Process Des Dev, 1966, 5(3):322 – 329.

[13] Yu W, France D M, Wambsganss M W, et al. Two – Phase Pressure Drop, Boiling Heat Transfer, and Critical Heat Flux to Water in a Small – Diameter Horizontal Tube[J]. International Journal of Multiphase Flow, 2002, 28(6):927 – 941.

[14] Bell K J, Ghaly M A. An Approximate Generalized Design Method for Multicomponent/Partial Condenser[J]. AIChE Symp Ser, 1973, 69(131):9 – 72.

［15］Nemati A，Sadeghi M，Yari M. Exergoeconomic Analysis and Multi – Objective Optimization of a Marine Engine Waste Heat Driven RO Desalination System Integrated with an Organic Rankine Cycle Using Zeotropic Working Fluid［J］. Desalination，2017，422：113 – 123.

［16］Aly S E. Diesel Engine Waste – Heat Power Cycle［J］. Applied Energy，1988，29：179 – 189.

［17］Song J，Song Y，Gu C. Thermodynamic Analysis and Performance Optimization of an Organic Rankine Cycle（ORC）Waste Heat Recovery System for Marine Diesel Engines［J］. Energy，2015，82：976 – 985.

［18］Boretti A A. Energy Recovery in Passenger Cars［J］. Journal of Energy Resources Technology，2012，134（2）：022203.

［19］Boretti A. Recovery of Exhaust and Coolant Heat with R245fa Organic Rankine Cycles in a Hybrid Passenger Car with a Naturally Aspirated Gasoline Engine［J］. Applied Thermal Engineering，2012，36：73 – 77.

［20］Arias D A，Shedd T A，Jester R K. Theoretical Analysis of Waste Heat Recovery from an Internal Combustion Engine in a Hybrid Vehicle. SAE Technical Paper 2006 – 01 – 1605.

［21］Teng H，Regner G，Cowland C. Achieving High Engine Efficiency for Heavy – Duty Diesel Engines by Waste Heat Recovery Using Supercritical Organic – fluid Rankine Cycle. SAE Technical Paper 2006 – 01 – 3522.

［22］Teng H，Regner G，Cowland C. Waste Heat Recovery of Heavy – Duty Diesel Engines by Organic Rankine Cycle Part I：Hybrid Energy System of Diesel and Rankine Engines. SAE Technical Paper 2007 – 01 – 0537.

［23］Vaja I，Gambarotta A. Internal Combustion Engine（ICE）Bottoming with Organic Rankine Cycle（ORCs）［J］. Energy，2010，35（2）：1 084 – 1 093.

［24］Dolz V，Novella R，García A，et al. HD Diesel Engine Equipped with a Bottoming Rankine Cycle as a Waste Heat Recovery System. Part 1：Study and Analysis of the Waste Heat Energy［J］. Applied Thermal Engineering，2012，36：269 – 278.

［25］Serrano J R，Dolz V，Novella R，et al. HD Diesel Engine Equipped with a Bottoming Rankine Cycle as a Waste Heat Recovery System. Part 2：Evaluation of Alternative Solutions［J］. Applied Thermal Engineering，2012，36：279 – 287.

［26］Hountalas D T，Mavropoulos G C，Katsanos C，et al. Improvement of Bottoming Cycle Efficiency and Heat Rejection for HD Truck Applications by Utilization of EGR and CAC Heat［J］. Energy Conversion and Management，2012，53：19 – 32.

[27] Katsanos C O,Hountalas D T,Pariotis E G. Thermodynamic Analysis of a Rankine Cycle Applied on a Diesel Truck Engine Using Steam and Organic Medium [J]. Energy Conversion and Management,2012,60:68-76.

[28] Kalina J. Integrated Biomass Gasification Combined Cycle Distributed Generation Plant with Reciprocating Gas Engine and ORC[J]. Applied Thermal Engineering,2011,31:2829-2840.

[29] Ringler J,Seifert M,Guyotot V,et al. Rankine Cycle for Waste Heat Recovery of IC Engines. SAE Technical Paper 2009-01-0174.

[30] Wang E H,Zhang H G,Zhao Y,et al. Performance Analysis of a Novel System Combining a Dual Loop Organic Rankine Cycle(ORC) with a Gasoline Engine [J]. Energy,2012,43:385-395.

[31] Zhang H G,Wang E H,Fan B Y. A Performance Analysis of a Novel System of a Dual Loop Bottoming Organic Rankine Cycle(ORC) with a Light-Duty Diesel Engine[J]. Applied Energy,2013,102:1504-1513.

[32] Wang E,Yu Z,Zhang H,et al. A Regenerative Supercritical-Subcritical Dual-Loop Organic Rankine Cycle System for Energy Recovery from the Waste Heat of Internal Combustion Engines [J]. Applied Energy, 2017, 190:574-590.

[33] Zhou Y,Wu Y,Li F,et al. Performance Analysis of Zeotropic Mixtures for the Dual-Loop System Combined with Internal Combustion Engine[J]. Energy Conversion and Management,2016,118:406-414.

[34] Zhi L,Hu P,Chen L,et al. Parametric Analysis and Optimization of Transcritical-Subcritical Dual-Loop Organic Rankine Cycle Using Zeotropic Mixtures for Engine Waste Heat Recovery[J]. Energy Conversion and Management, 2019,195:770-787.

[35] Ge Z,Li J,Liu Q,et al. Thermodynamic Analysis of Dual-Loop Organic Rankine Cycle Using Zeotropic Mixtures for Internal Combustion Engine Waste Heat Recovery[J]. Energy Conversion and Management,2018,166:201-214.

[36] Dong B,Xu G,Cai Y,et al. Analysis of Zeotropic Mixtures Used in High-Temperature Organic Rankine Cycle [J]. Energy Conversion and Management, 2014,84:253-260.

[37] Chen H,Goswami D Y,Rahman M M,et al. A Supercritical Rankine Cycle Using Zeotropic Mixture Working Fluids for the Conversion of Low-Grade Heat into Power[J]. Energy,2011,36:549-555.

[38] Hou S,Zhou Y,Yu L,et al. Optimization of a Novel Cogeneration System Inclu-

ding a Gas Turbine, a Supercritical CO_2 Recompression Cycle, a Steam Power Cycle and an Organic Rankine Cycle[J]. Energy Conversion and Management, 2018, 172:457 - 471.

[39] Turton R, Bailie R C, Whiting W B, et al. Analysis, Synthesis, and Design of Chemical Processes [M]. 3rd, ed. Upper Saddle River, NJ: Prentice - Hall, 2009.

[40] Hou S, Zhou Y, Yu L, et al. Optimization of the Combined Supercritical CO_2 Cycle and Organic Rankine Cycle Using Zeotropic Mixtures for Gas Turbine Waste Heat Recovery [J]. Energy Conversion and Management, 2018, 160:313 - 325.

[41] Hou S, Cao S, Yu L, et al. Performance Optimization of Combined Supercritical CO_2 Recompression Cycle and Regenerative Organic Rankine Cycle Using Zeotropic Mixture Fluid [J]. Energy Conversion and Management, 2018, 166: 187 - 200.

[42] Oyewunmi O A, Kirmse C J W, Pantaleo A M, et al. Performance of Working - Fluid Mixtures in ORC - CHP Systems for Different Heat - Demand Segments and Heat - Recovery Temperature Levels[J]. Energy Conversion and Management, 2017, 148:1508 - 1524.

[43] Zheng N, Wei J, Zhao L. Analysis of a Solar Rankine Cycle Powered Refrigerator with Zeotropic Mixtures[J]. Solar Energy, 2018, 162:57 - 66.

[44] Li P, Li J, Pei G, et al. A Cascade Organic Rankine Cycle Power Generation System Using Hybrid Solar Energy and Liquefied Natural Gas[J]. Solar Energy, 2016, 127:136 - 146.

[45] Yang X, Zhao L, Li H, et al. Theoretical Analysis of a Combined Power and Ejector Refrigeration Cycle Using Zeotropic Mixture[J]. Applied Energy, 2015, 160:912 - 919.

[46] Yang X, Zhao L. Thermodynamic Analysis of a Combined Power and Ejector Refrigeration Cycle Using Zeotropic Mixtures[J]. Energy Procedia, 2015, 75:1033 - 1036.

[47] Li Z, Li W, Xu B. Optimization of Mixed Working Fluids for a Novel Trigeneration System Based on Organic Rankine Cycle Installed with Heat Pumps[J]. Applied Thermal Engineering, 2016, 94:754 - 762.

[48] Yue C, Han D, Pu W, et al. Parametric Analysis of a Vehicle Power and Cooling/Heating Cogeneration System[J]. Energy, 2016, 15:800 - 810.

第 6 章

Kalina 循环

氨水非共沸混合工质具有较大的温度滑移，采用氨水非共沸混合工质的 Kalina 循环与有机朗肯循环相比具有很多独特的优点，使 Kalina 循环在中低品位热源利用方面具有很大的应用潜力。本章首先介绍了氨水非共沸混合工质热物性的计算方法，随后介绍了 Kalina 循环在地热能、太阳能和烟气余热回收等方面的应用，接着介绍了一种采用氨水非共沸混合工质的冷电联产 Goswami 循环，以及采用非氨水工质时的 Kalina 循环性能，最后对 Kalina 循环系统与 ORC 系统等其他系统的性能进行了对比分析。

6.1 氨水非共沸混合工质热物性与传热计算

氨作为一种不含碳原子的天然工质，其比热容较低，临界压力比有机工质高，GWP 值小于 1，是一种环境友好型工质。但是，氨具有易燃性、毒性和腐蚀性。氨蒸气在空气中易燃，空气中混有 18% ~ 28% 的氨蒸气即可燃烧，甚至发生爆炸，加热到热解温度可释放出有毒的烟气。氨还会损伤人的皮肤、眼睛和鼻子[1]。氨对纯铜、黄铜、锌合金和钛合金具有腐蚀作用，对铝、氧化铝陶瓷、铸铁、不锈钢等的腐蚀性很小。氨的生产和运输技术已经很成熟，当前全球每年生产和运输的氨达到 1.8 亿 t。

氨水混合物的热物性可根据吉布斯自由能进行计算[2~5]。纯工质的吉布斯自由能为

$$G = h_0 - T s_0 + \int_{T_0}^{T} c_P \mathrm{d}T + \int_{P_0}^{P} v \mathrm{d}P - T \int_{T_0}^{T} \left(\frac{c_P}{T}\right) \mathrm{d}T \qquad (6-1)$$

单组分液体的定压比热容可表示为

$$c_P = B_1 + B_2 T + B_3 T^2 \qquad (6-2)$$

对应比容可表示为

$$v = A_1 + A_2 P + A_3 T + A_4 T^2 \qquad (6-3)$$

代入式 (6-1)，可得到液态的相对吉布斯自由能为

$$G_r^l = h_{r,0}^l - T_r s_{r,0}^l + B_1 (T_r - T_{r,0}) + (B_2/2)(T_r^2 - T_{r,0}^2) + (B_3/3)(T_r^3 - T_{r,0}^3) -$$

$$B_1 T_r \ln\left(\frac{T_r}{T_{r,0}}\right) - B_2 T_r (T_r - T_{r,0}) - (B_3/2) T_r (T_r^2 - T_{r,0}^2) + (A_1 + A_3 T_r +$$

$$A_4 T_r^2)(P_r - P_{r,0}) + (A_2/2)(P_r^2 - P_{r,0}^2) \tag{6-4}$$

气态的相对吉布斯自由能为

$$G_r^g = h_{r,0}^g - T_r s_{r,0}^g + D_1 (T_r - T_{r,0}) + (D_2/2)(T_r^2 - T_{r,0}^2) + (D_3/3)(T_r^3 - T_{r,0}^3) -$$

$$D_1 T_r \ln\left(\frac{T_r}{T_{r,0}}\right) - D_2 T_r (T_r - T_{r,0}) - (D_3/2) T_r (T_r^2 - T_{r,0}^2) + T_r \ln\left(\frac{P_r}{P_{r,0}}\right) +$$

$$C_1 (P_r - P_{r,0}) + C_2 \left(\frac{P_r}{T_r^3} - 4\frac{P_{r,0}}{T_{r,0}^3} + 3\frac{T_r P_{r,0}}{T_{r,0}^4}\right) + C_3 \left(\frac{P_r}{T_r^{11}} - 12\frac{P_{r,0}}{T_{r,0}^{11}} + 11\frac{T_r P_{r,0}}{T_{r,0}^{12}}\right) +$$

$$\left(\frac{C_4}{3}\right)\left(\frac{P_r^3}{T_r^{11}} - 12\frac{P_{r,0}^3}{T_{r,0}^{11}} + 11\frac{T_r P_{r,0}^3}{T_{r,0}^{12}}\right) \tag{6-5}$$

式中，下标"0"表示理想气体状态。T_r、P_r 和 G_r 为实际值相对参考点之间的比值。

$$T_r = T/T_B \tag{6-6}$$

$$P_r = P/P_B \tag{6-7}$$

$$G_r = G/(RT)_B \tag{6-8}$$

下标 B 表示参考点。

纯组分的摩尔比焓、比熵和比容可由吉布斯自由能求得。

$$h = -RT_B T_r^2 \left[\frac{\partial}{\partial T_r}(G_r/T_r)\right]_{P_r} \tag{6-9}$$

$$s = -R\left[\frac{\partial G_r}{\partial T_r}\right]_{P_r} \tag{6-10}$$

$$v = \frac{RT_B}{P_B}\left[\frac{\partial G_r}{\partial T_r}\right]_{T_r} \tag{6-11}$$

氨水混合物的热物性可根据相同热力状态的氨和水的热物性求得。气态氨水混合物的比焓、比熵和比容为

$$h_m^g = x_g h_a^g + (1 - x_g) h_w^g \tag{6-12}$$

$$s_m^g = x_g s_a^g + (1 - x_g) s_w^g + s^{mix} \tag{6-13}$$

$$v_m^g = x_g v_a^g + (1 - x_g) v_w^g \tag{6-14}$$

对于液相有

$$h_m^l = x_l h_a^l + (1 - x_l) h_w^l + h^E \tag{6-15}$$

$$s_m^l = x_l s_a^l + (1 - x_l) s_w^l + s^E + s^{mix} \tag{6-16}$$

$$v_m^l = x_l v_a^l + (1 - x_l) v_w^l + v^E \tag{6-17}$$

式中的剩余属性可由剩余吉布斯自由能求得：

$$h^E = -RT_B T_r^2 \left[\frac{\partial}{\partial T_r}(G_r^E/T_r) \right]_{P_{r,x}} \tag{6-18}$$

$$s^E = -R \left[\frac{\partial G_r^E}{\partial T_r} \right]_{P_{r,x}} \tag{6-19}$$

$$v^E = \frac{RT_B}{P_B} \left[\frac{\partial G_r^E}{\partial T_r} \right]_{T_{r,x}} \tag{6-20}$$

气体混合熵为

$$s^{mix} = -R[x_f \ln(x_f) + (1-x_f)\ln(1-x_f)] \tag{6-21}$$

氨水混合物的相对剩余吉布斯自由能为

$$G_r^E = x(1-x)\{E_1 + E_2 P_r + (E_3 + E_4 P_r)T_r + E_5/T_r + E_6/T_r^2 +$$
$$(2x-1)[E_4 + E_8 P_r + (E_9 + E_{10} P_r)T_r + E_{11}/T_r + E_{12}/T_r^2] +$$
$$(2x-1)^2(E_{13} + E_{14} P_r + E_{15}/T_r + E_{16}/T_r^2)\} \tag{6-22}$$

对于气液两相状态的氨水混合物，定义其干度为

$$q = \frac{x - x_l}{x_g - x_l} \tag{6-23}$$

则气液两相状态氨水混合物的热物性可表示为

$$h_{tp} = h_l + qh_g \tag{6-24}$$

$$s_{tp} = s_l + qs_g \tag{6-25}$$

$$v_{tp} = v_l + qv_g \tag{6-26}$$

对于氨水非共沸混合物，采用 Refprop 计算热物性时，在接近露点和泡点的区域迭代计算可能会出现发散现象。因此，在压力和氨质量分数 x 已知的情况下，可由 Patek - Klomfar 经验公式[6]求得相应的泡点和露点温度，其中泡点温度的计算公式为

$$T_{bubble}(P,x) = T_0 \sum_i a_i (1-x)^{m_i} \left[\ln\frac{P_0}{P} \right]^{n_i} \tag{6-27}$$

露点温度的计算公式为

$$T_{dew}(P,x) = T_0 \sum_i a_i (1-x)^{m_i/4} \left[\ln\frac{P_0}{P} \right]^{n_i} \tag{6-28}$$

利用上面的方法可求得氨水混合物在不同压力下的露点温度和泡点温度，如图 6-1 所示。压力一定时，随着氨质量分数的增加，对应的泡点温度和露点温度均逐渐减小。同时，氨质量分数一定时，露点温度总是高于对应的泡点温度，二者的差值为温度滑移。随着氨质量分数的增加，温度滑移先逐渐增加后逐渐减小，存在一个氨质量分数使对应的温度滑移最大。随着压力的增大，对应的露点线和泡点线逐渐向温度高的方向移动。

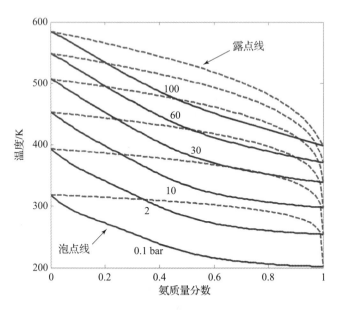

图6-1　氨水混合物的泡点温度和露点温度

氨水混合物在换热器内部的流动和对流换热过程中，通常采用经验传热关联式计算对流传热系数，氨水混合物的输运属性和对流传热系数的计算精度对换热器尺寸和设计影响很大。当前计算氨水混合物的输运属性主要有两种方法：（1）插值方法，根据同等温度和压力下的纯组分的属性值通过插值方法计算氨水混合物的输运属性；（2）对比态方法，根据氨水混合物的拟临界参数计算其输运属性。插值方法精度较高，但在某些气液两相区域无法进行计算，对比态方法可计算各种状态，但相对精度较低。计算液态和气态氨水混合物输运属性的主要方法见表6-1和表6-2。

表6-1　液态氨水混合物输运属性的计算

文献	计算公式
	动力黏度
Conde - Petit[7]	$\ln\mu_m = \tilde{x}_1\ln\mu_1^* + \tilde{x}_2\ln\mu_2^* + F_t F_x$ $F_t = 0.534 - 0.815\dfrac{T_m}{T_{cw}}$ $F_x = 6.38\,\tilde{x}_2^{1.125\tilde{x}_1}\big[1 - \exp(-0.585\,\tilde{x}_1\,\tilde{x}_2^{0.18})\big]\ln\big[\mu_1^{*0.5}\mu_2^{*0.5}\big]$ （μ 的单位为Pa·s）

文献	计算公式
动力黏度	
El – Sayed[8]	$\ln\mu_m = \tilde{x}_1\ln\mu_1^* + \tilde{x}_2\ln\mu_2^* + F_tF_x$ $F_t = 4.2196 - 3.7996\dfrac{1.8T_m}{492} + 0.842\left(\dfrac{1.8T_m}{492}\right)^2$ $F_x = (\tilde{x}_1\tilde{x}_2 - 0.125\tilde{x}_1^2\tilde{x}_2)[\ln(\mu_1^*\mu_2^*)]^{0.5}$ （μ 的单位为 Pa·s）
Hdb Kältetechnik[9]	$\lg(\mu_m + 1) = \dfrac{2000}{226.85 + T} - 4.41 + 0.925x_1 - 1.743x_1^2 + 0.021x_1^3$ （μ 的单位为 mPa·s）
Stecco and Desideri[10]	$\ln(\mu_m\varepsilon_m) = \tilde{x}_1\ln(\mu_1\varepsilon_1) + \tilde{x}_2\ln(\mu_2\varepsilon_2)$ $\varepsilon_1 = V_{c1}^{2/3}(T_{c1}M_1)^{-1/2}$, $\varepsilon_2 = V_{c2}^{2/3}(T_{c2}M_2)^{-1/2}$, $\varepsilon_m = V_{cm}^{2/3}(T_{cm}M_m)^{-1/2}$ $V_{cm} = \tilde{x}_1^2V_{c1} + \tilde{x}_2^2V_{c2} + 2\tilde{x}_1\tilde{x}_2[(V_{c1}^{1/3} + V_{c2}^{1/3})^3 8^{-1}]$ $T_{cm} = [\tilde{x}_1^2T_{c1}V_{c1} + \tilde{x}_2^2T_{c2}V_{c2} + 2\tilde{x}_1\tilde{x}_2(\psi(T_{c1}T_{c2}V_{c1}V_{c2})^{1/2})]V_{cm}^{-1}$ （$\psi = 8$）
热导率	
Conde – Petit[7]	$k_m = \tilde{x}_1k_1^+ + \tilde{x}_2k_2^*$, $k_1^+ = k_1(\rho_1^* \tilde{x}_1^{0.425})$
El – Sayed	$k_m = \tilde{x}_1k_1^* + \tilde{x}_2k_2^*$
Filippov[11]	$k_m = x_1k_1 + x_2k_2 - \kappa x_1x_2(k_2 - k_1)$ （$k_2 > k_1$, $\kappa = 0.72$）
Jamieson et al.[12]	$k_m = x_1k_1 + x_2k_2 - \alpha(k_2 - k_1)[1 - x_2^{0.5}]x_2$ （$k_2 > k_1$, $\alpha = 1$）

表 6-2 气态氨水混合物输运属性的计算

文献	计算公式
动力黏度	
Wilke[13]	$\mu_m = \dfrac{\mu_1\tilde{y}_1}{(\tilde{y}_1 + \tilde{y}_2F_{12})} + \dfrac{\mu_2\tilde{y}_2}{(\tilde{y}_2 + \tilde{y}_1F_{21})}$ $F_{12} = \dfrac{[1 + (\mu_1/\mu_2)^{1/2}(M_2/M_1)^{1/4}]^2}{[8(1 + M_1/M_2)]^{1/2}}$, $F_{21} = F_{12}(\mu_1/\mu_2)^{1/2}(M_2/M_1)$

续表

文献	计算公式
	动力黏度
Reichenberg[14]	$\mu_m = K_1(1 + H_{12}^2 K_2^2) + K_2(1 + 2H_{12}K_1 + H_{12}^2 K_1^2)$ $K_1 = \dfrac{\tilde{y}_1 \mu_1}{\tilde{y}_1 + \mu_1 \{ \tilde{y}_2 H_{12}[3 + (2M_2/M_1)] \}}$ $K_2 = \dfrac{\tilde{y}_2 \mu_2}{\tilde{y}_2 + \mu_2 \{ \tilde{y}_1 H_{12}[3 + (2M_1/M_2)] \}}$ $U_i = \dfrac{[1 + 0.36 T_{ri}(T_{ri} - 1)]^{1/6}}{T_{ri}^{1/2}} \dfrac{T_{ri}^{3.5} + (10D_{ri})^7}{T_{ri}^{3.5}[1 + (10D_{ri})^7]}$ $H_{12} = \dfrac{(M_1 M_2/32)^{1/2}}{(M_1 + M_2)^{3/2}} \dfrac{[1 + 0.36 T_{r12}(T_{r12} - 1)]^{1/6}}{T_{r12}^{1/2}} \times$ $\left(\dfrac{M_1^{1/4}}{(\mu_1 U_1)^{1/2}} + \dfrac{M_2^{1/4}}{(\mu_2 U_2)^{1/2}} \right)^2 \dfrac{T_{r12}^{3.5} + (10D_{r12})^7}{T_{r12}^{3.5}[1 + (10D_{r12})^7]}$ $T_{ri} = T/T_{ci} = 52.46(D_i^2 p_{ci}/T_{ci}^2)$, $T_{r12} = T/(T_{c1} T_{c2})^{1/2}$, $D_{r12} = (D_{r1} D_{r2})^{1/2}$
Chung et al.[15],[16]	$\mu_m = \mu^* 36.344 (M_m T_{cm})^{0.5} V_{cm}^{-2/3} (\mu_{in} \mu_P)$ $\mu^* (T_m^*)^{1/2} \Omega_v^{-1} \{ F_{cm}[G_2^{-1} + E_6 Y] \} + \mu^{**}$ $\mu^{**} = E_7 Y^2 G_2 \exp[E_8 + E_9(T_m^*)^{-1} + E_{10}(T_m^*)^{-2}]$ $G_1 = (1 - 0.5Y)(1 - Y)^{-3}$ $G_2 = \dfrac{E_1 \{ [1 - \exp(-E_4 Y)]/Y \} + E_2 G_1 \exp(E_5 Y) + E_3 G_1}{E_1 E_4 + E_2 + E_3}$ $Y = \rho V_{cm}/6$, $T_m^* = T(k/\varepsilon)_m$, $F_{cm} = 1 - 0.275 \omega_m + 0.059035 D_{rm}^4 + \kappa_m$ $\Omega_v = 1.16145(T_m^*)^{-0.14874} + 0.52487 \exp(-0.77320 T_m^*) +$ $\quad 2.16178 \exp(-2.43787 T_m^*)$ $E_i = a_i + b_i \omega_m + c_i D_{rm}^4 + d_i \kappa_m$
	热导率
Mole - fraction average	$k_m = k_1 \tilde{y}_1 + k_2 \tilde{y}_2$
Mason and Saxena[17]	$k_m = \dfrac{k_1 \tilde{y}_1}{(\tilde{y}_1 + \tilde{y}_2 F_{12})} + \dfrac{k_2 \tilde{y}_2}{(\tilde{y}_2 + \tilde{y}_1 F_{21})}$

文献	计算公式
热导率	
Chung et al.	$k_m = \dfrac{31.2\mu_m^{\circ}\Psi_m}{10^{-3}M_m}(G_2^{-1} + B_6 Y) + qB_7 Y^2 (T/T_{cm})^{1/2} G_2$ $\mu_m^{\circ} = 26.69 F_{cm}(M_m T)^{1/2}(\sigma_m^2 Q_v)^{-1}, \quad q = 0.003\,586(T_{cm}10^3 M_m^{-1})^{1/2} V_{cm}^{-2/3}$ $\Psi_m = 1 + \alpha_m \dfrac{0.215 + 0.282\,88\alpha_m - 1.061\beta_m + 0.266\,65 Z_m}{0.636\,6 + \beta_m Z_m + 1.061\alpha_m \beta_m}$

基于 Mishara 关联式的 Rivera – Best 方法和 Khir 方法可计算管内氨水混合物流动的沸腾传热。设 k、ρ、μ、x 为流体的热导率、密度、动力黏度、干度；G 为质量通量；q 为热通量；d 为管径；h_{LV} 为蒸发潜热，下标 L 和 V 分别表示饱和液态和饱和气态。h_L 为液态对流传热系数，则 Mishara 关联式叮表示为

$$h = Ch_L\left(\frac{1}{X_{tt}}\right)^m Bo^n \qquad (6-29)$$

式中

$$h_L = \frac{k_L}{d}(0.023 Re_L^{0.8} Pr_L^{0.4}) \qquad (6-30)$$

X_{tt} 为 Lockhart – Martinelli 数：

$$X_{tt} = \left(\frac{1-X}{X}\right)^{0.9}\left(\frac{\rho_V}{\rho_L}\right)^{0.5}\left(\frac{\mu_L}{\mu_V}\right)^{0.1} \qquad (6-31)$$

Bo 为沸腾数：

$$Bo = \frac{q}{Gh_{LV}} \qquad (6-32)$$

Re_L 为液态雷诺数：

$$Re_L = \frac{G(1-X)d}{\mu_L} \qquad (6-33)$$

由于试验条件的压力、热流密度、氨质量分数、氨水混合物干度等参数存在很大不同，不同关联式得到的拟合常数可能存在较大差异。在 Rivera – Best 方法中，$[c, m, n] = [65, 0.5, 0.15]$，Khir 方法则采用 $[c, m, n] = [5.64, 0.23, 0.05]$。

对核态池沸腾关联式进行扩展也可得到流动沸腾传热关联式。Arima 等得到的氨水核态池沸腾传热关联式为

$$\frac{h}{h_I} = \left\{1 + A_1 \frac{k\Delta T_{bp}}{\Delta T_1} + A_2 \mid \tilde{y} - \tilde{x} \mid (0.88 + 0.12P[\text{bar}])\right\}^{-1}$$

$$A_1 = 0.134, A_2 = 2.07 \qquad (6-34)$$

式中，h_1 为理想传热系数，可由各纯组分的核态传热系数得到：

$$\frac{1}{h_1} = \sum_{j=1}^{N} \frac{\tilde{x}_j}{h_j} \qquad (6-35)$$

Taboas 等拟合的关联式为

$$\frac{h}{h_1} = \left\{ 1 + \frac{x}{2} \frac{(T_{s2} - T_{s1})(\tilde{y}_1 - \tilde{x}_1)}{\Delta T_1} \left[1 - \exp\left(\frac{-Boq}{\rho_L h_{LV} \beta_L}\right) \right] + \right.$$
$$\left. \frac{(1-x)}{2} \frac{\Delta T_{bp}}{\Delta T_1} \left[1 - \exp\left(\frac{-Boq}{\rho_L h_{LV} \beta_L}\right) \right] \right\}^{-1} \qquad (6-36)$$

Inoue - Monde 关联式为

$$\frac{h}{h_1} = \left\{ 1 + A_1 \frac{k\Delta T_{bp}}{\Delta T_1} + A_3 \frac{(T_{s2} - T_{s1})(\tilde{y}_1 - \tilde{x}_1)}{\Delta T_1} \right.$$
$$\left. \left[1 - \exp\left(\frac{-Boq}{\rho_L h_{LV} \beta_L}\right) \right] \right\}^{-1}$$
$$A_1 = 0.15, A_3 = 0.25 \qquad (6-37)$$

在得到核态池沸腾对流传热系数后，可采用 Gungor - Winterton 方法计算流动沸腾传热系数。

$$h = h_L \{ 1 + 3000 Bo^{0.86} + 1.12 \left[x/(1-x) \right]^{0.75} [\rho_f/\rho_g]^{0.41} \} E_2 \qquad (6-38)$$

式中，E_2 根据 Froude 数 Fr_{f0} 确定。

$$Fr_{f0} = G^2/(\rho_f^2 g D) \qquad (6-39)$$

$$E_2 = \begin{cases} Fr_{f0}^{(0.1 - 2Fr_{f0})} & (Fr_{f0} < 0.05) \\ 1 & (Fr_{f0} \geq 0.05) \end{cases} \qquad (6-40)$$

采用经典的宽沸腾关联式也可计算氨水的流动沸腾传热系数。Wettermann - Steiner 关联式为

$$h = \sqrt[3]{(F_{cb}h_{cb})^3 + (F_{nb}h_{nb})^3} \qquad (6-41)$$

Jung 等提出的关联式为

$$h = C_{me} F h_L + \frac{N}{C_{UN}} h_{UN} \qquad (6-42)$$

图 6-2 所示为针对上述几种方法计算的流动沸腾传热系数[18]，计算时氨质量分数为 0.5，压力为 4 bar，管内径为 34 mm。采用 Rivera - Best 方法计算的流动沸腾传热系数明显大于其他方法，采用 Khir 等的拟合关联式计算的结果明显小于其他方法。剩下 5 种方法估算的流动沸腾传热系数之间的差别较小。流动沸腾传热系数随着热通量和质量通量的增加而增大。在大部分条件下核态沸腾的贡献较小，只有在低干度、小质量通量或高热通量条件下贡献

较大。Karn 等通过对比分析推荐对液态的动力黏度和热导率采用 Conde – Petit 方法，对气态动力黏度和热导率计算采用 Wilke 和 Mason – Saxena 方法，针对动态仿真，建议采用基于对比态的 Chung 等的方法[19]。

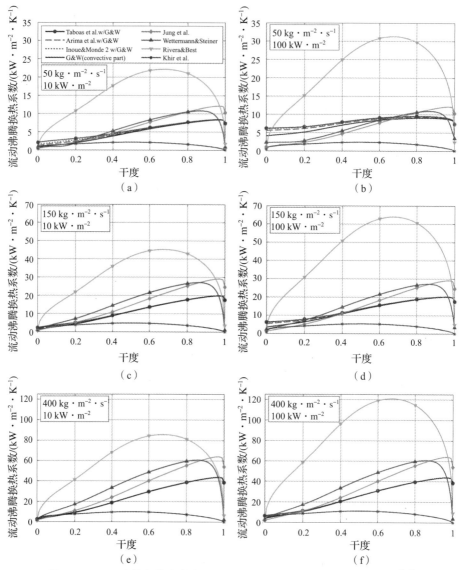

图 6 – 2　不同流量和热流密度下流动沸腾传热系数随干度的变化曲线[18]

关于氨水混合物在管内流动传热的研究已有很多，但在板式换热器内的传热研究相对较少。Taboas 等研究了垂直板式换热器内氨水的对流换热特性[20]，试验的氨水的热通量为 20 ~ 50 kW/m²，质量通量范围为 70 ~ 140 kg/(m²s)，平均干度范围为 0 ~ 0.22，压力范围为 7 ~ 15 bar，氨质量分数范围为 0.42 ~ 0.62。

在试验的范围内，流动沸腾传热系数与质量通量相关性大，随着质量通量的增大而明显增加，但是在干度较大时，热通量和压力对流动沸腾传热系数的影响很小。板式换热器的压降随质量通量或干度的增加而增大，与热通量基本不相关。Arima 等也研究了浓氨水在垂直板式换热器内的传热特性[21]，试验的氨质量分数为 0.9，质量通量范围为 7.5 ～ 15 kg/(m²s)，热通量范围为 15 ～ 23 kW/m²，压力范围为 7 ～ 9 bar。结果显示流动沸腾传热系数随着质量通量或干度的增加而增加，随热通量的增加而减小。

Taboas 等分析了不同传热关联式对氨水混合物对流传热的预测精度[22]，发现 Donowski – Kandlikar 和 Han 等采用的关联式预测精度较高。Donowski – Kandlikar 的流动沸腾传热关联式[23]为

$$h = (3.312Co^{-0.3}E_{CB} + 667.3Bo^{2.8}F_{fl}E_{NB})(1-x)^{0.003}h_L \qquad (6-43)$$

式中，对流数 Co 为

$$Co = \left(\frac{\rho_g}{\rho_l}\right)^{0.5}\left(\frac{1-x}{x}\right)^{0.8} \qquad (6-44)$$

E_{CB} 和 E_{NB} 分别为对流沸腾和核态沸腾增效因子，根据数据拟合结果为 $E_{CB}=0.512$，$E_{NB}=0.338$。

Han 等根据采用 R410a 和 R22 的板式换热器试验数据，提出包含换热器几何参数的努塞尔数 Nu 关联式[24]如下：

$$Nu = Ge_1 Re_{eq}^{Ge_2}Bo_{eq}^{0.3}Pr^{0.4} \qquad (6-45)$$

$$Ge_1 = 2.81\left(\frac{\Lambda}{D_h}\right)^{-0.041}\left(\frac{\pi}{2}-\beta\right)^{-2.83} \qquad (6-46)$$

$$Ge_2 = 0.746\left(\frac{\Lambda}{D_h}\right)^{-0.082}\left(\frac{\pi}{2}-\beta\right)^{-0.61} \qquad (6-47)$$

式中，Ge_1 和 Ge_2 为无尺度几何参数，Λ 为波纹节距，D_h 为水力直径，Re_{eq} 和 Bo_{eq} 为等效雷诺数和等效沸腾数。

板式换热器的压力损失计算方法有 Chisholm 方法、基于单位体积动能的 KE 方法和等效雷诺数方法。Chisholm 方法基于 Lockharte – Martinelli 数 X 和两相摩擦因子 φ_1 计算[25]。

$$\varphi_1^2 = 1 + \frac{C}{X} + \frac{1}{X^2} \qquad (6-48)$$

$$X^2 = \frac{\Delta P_L}{\Delta P_V} \qquad (6-49)$$

$$\varphi_1^2 = \frac{\Delta P_{TP}}{\Delta P_L} \qquad (6-50)$$

式中，ΔP_L 和 ΔP_V 为液态和气态压降，C 为拟合常数。

Longo 和 Gasparella 基于 R134a、R410a、R236fa 等的垂直板式换热器试验

数据拟合的 KE 关联式[26] 为

$$\Delta P = 1.49 \frac{G^2}{2\rho} \qquad (6-51)$$

等效雷诺数方法根据两相摩擦因子来计算压降：

$$\Delta P = f_{TP} \frac{2\,G^2 v_m L}{D_h} \qquad (6-52)$$

式中，G 为质量通量，L 为流道长度，v_m 为流体平均比容。

Han 等采用包含换热器几何参数的经验公式[24] 来计算两相摩擦因子：

$$f_{TP} = Ge_3 Re_{eq}^{Ge_4} \qquad (6-53)$$

$$Ge_3 = 64\,710 \left(\frac{\Lambda}{D_h}\right)^{-5.27} \left(\frac{\pi}{2} - \beta\right)^{-3.03} \qquad (6-54)$$

$$Ge_4 = -1.314 \left(\frac{\Lambda}{D_h}\right)^{-0.62} \left(\frac{\pi}{2} - \beta\right)^{-0.47} \qquad (6-55)$$

Taboas 等的计算结果显示，3 种方法中 Chisholm 方法预测的压降与试验数据吻合度最高。随后，Taboas 等根据流动形态的不同提出了一个两阶段关联式，分别对应核态沸腾占优和对流沸腾与核态沸腾并存两种流动模式。首先流动过程中，液态的表观流速为

$$u_{SL} = \frac{G(1-x)}{\rho_l} \qquad (6-56)$$

气态的表观流速为

$$u_{SV} = \frac{Gx}{\rho_g} \qquad (6-57)$$

如果 $u_{SV} < -111.88 u_{SL} + 11.848$，此时核态沸腾传热占主导：

$$h_{TP} = 5Bo^{0.15} h_l \qquad (6-58)$$

如果 $u_{SV} \geq -111.88 u_{SL} + 11.848$，此时核态沸腾和对流沸腾并存：

$$h_{TP} = \max\left(h_{NB} = 5Bo^{0.15} h_l, \quad h_{cb} = (\varphi_{Chisholm}^2)^{0.2} h_l\right) \qquad (6-59)$$

Mergner 和 Schaber 研究了板式蒸发器内氨水的蒸发过程[27]，通过分析设备运行 5 年的记录数据，发现板式蒸发器内的压降、干度和传热能力主要受到蒸发器内的工作压力、温度和质量流量的影响，而氨的质量分数变化影响很小。Koyama 等研究了氨工质在采用微翅表面的钛金属板表面的传热性能[28]。选取的试验条件：质量通量为 5 和 7.5 [kg/(m²s)]，热通量为 10、15 和 20（kW/m²），流道高度为 1、2 和 5（mm），饱和压力为 7 和 9（bar）。研究发现采用微翅结构可以提高板式换热器的换热能力，横向翅的扰流作用强，湿区面积大，有利于核态沸腾，因此横向翅的强化传热能力优于纵向翅。在试验的雷诺数小于 443 范围内为层流，微翅板式换热器的对流传热系数随着质量通量、热通量和饱和压力的增加而增大，随着流道

高度的增加而减小。

6.2　地热能 Kalina 循环系统

美国橡树岭国家实验室的 Maloney 和 Robertson 于 1953 年首次研究了采用氨水、LiCl/水的混合物的吸附式动力循环。由于考虑的边界条件限制，分析显示热力学收益不明显。随后，1982 年 Alexander Kalina 改进了吸附式动力循环的结构，通过控制氨水混合物在蒸发和冷凝过程中的浓度，使系统热效率有了明显提高。Kalina 申请了多项针对氨水混合物的动力循环专利，并授权给 Wasabi Energy 公司，将其应用于从低温到高温的不同热源场合。通常，热源温度低于150℃的应用定义为低温 Kalina 循环，热源温度范围为150℃~250℃的应用定义为中温 Kalina 循环，热源温度大于250℃的定义为高温Kalina循环。在众多 Kalina 循环构型中，KCS5 适用于高温热源直接发电，KCS6 适用于联合循环发电，KCS11 适用于温度为 121℃~204℃的中温热源，KCS34 适用于温度低于 121℃ 的低温热源。目前全球已经安装的 Kalina 循环容量接近25MW，当前实际运行的 Kalina 循环有：

（1）Sumitomo 金属工业公司 Kashima 钢铁厂的 3.5MW Kalina 循环发电系统，利用炼钢炉的余热发电。

（2）冰岛 Husavik 的地热发电用 Kalina 循环系统，利用120℃的地热水，可发出 1.7 MW 电能。

（3）日本 Chiba 的 4 MW 发电系统，利用 Fuji 炼油厂中烃蒸气和低压水蒸气的余热发电。

（4）德国慕尼黑 Unterhaching 的地热发电 Kalina 循环系统，地热水温度为120℃，可发出 3.3 MW 电能。

（5）德国 Bruschsal 的地热发电 Kalina 循环系统，类似于 Unterhaching 的Kalina 循环系统。

全球大部分的地热能均为温度在250℃以下的中低温地热能，氨水混合物的温度滑移较大，可实现与热源的良好匹配，系统输出性能优于蒸气朗肯循环。Kalina 循环在地热能发电中有很大的应用潜力。图 6-3 所示为 3 种 Kalina 循环系统，一般来说，KCS11 适用于热源温度为 121℃~204℃的场合，KCS34 和 KCS34g 适于热源温度低于 121℃的场合，KCS34 还可组成热电联产系统，其下游的地热水可用于分布式供暖，KCS34g 适用于小型发电厂[29]。Kalina 循环可根据热源和冷源的温度变化，改变工作压力和基础氨水混合物的浓度，从而提高系统的工作效率。所有的 Kalina 循环均采用吸附式的冷凝原理，可降低涡轮的出口压力。

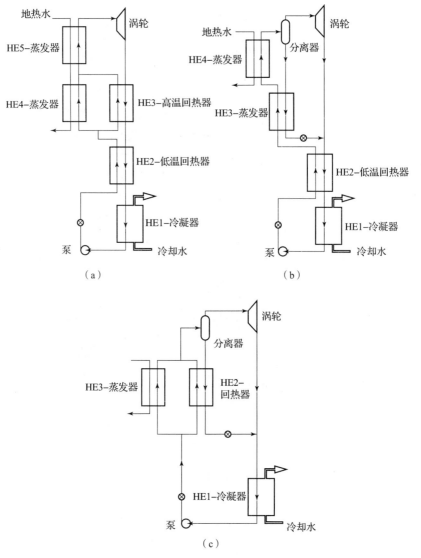

图 6 – 3　3 种 Kalina 循环系统[29]
（a）KCS11；（b）KCS34；（c）KES34g

　　冰岛 Husavik 地热发电站从 2000 年开始发电，是全球第一个建成的
KCS34 低温地热发电站，净发电量超过 1.6 MW。Husavik 地热发电站的成功
运行验证了 Kalina 循环系统的效率、可靠性和实用性[30]。该发电站的热源位
于 Husavik 镇 20 km 外的自流地热井，水温为 121℃，流量为 90 kg/s，其发电
量可满足该镇 80% 的用电需求。地热水经过 Kalina 循环系统后被冷却到
80℃，可用于城镇的分布式供暖系统。Husavik 地热发电站采用 KCS34 系统，
如图 6 – 4 所示。系统主要部件包括：涡轮发电机、蒸发器、气液分离器、冷

凝器、回热器和供给泵。氨水混合物中氨的质量分数为82%。在水冷冷凝器中，82%氨浓度的氨水混合物被冷却到12.4℃，压力为5.4 bar。随后，供给泵将氨水混合物加压到超过31 bar，经过低温和高温回热器后工质温度升高到68℃，在蒸发器内工质被124℃的地热水加热到121℃，压力达到31 bar，此时约有75%的工质被蒸发。经过气液分离器后，气态浓混合物经过膨胀机膨胀后带动发电机发电，其压力降低到5.5 bar。液态稀混合物被送入高温回热器用于加热泵出口的工质，随后经过低温回热器后被喷洒到涡轮出口的气态浓氨水混合物中，可快速吸收气态氨，有利于随后的冷凝过程。为了保证系统顺利运行，除需要对涡轮发电机进行控制外，还需对工质泵流量进行控制，保证工质泵流量与地热水流量成正比，对气液分离器液位和低压闪蒸罐液位进行控制，涡轮旁通阀控制用于系统的起动和关闭阶段。涡轮采用单级径流式涡轮，由德国 KKK 公司制造，涡轮转速 11 226 r/min。涡轮通过齿轮减速器连接到转速为 1 500 r/min 的 TEWAV 同步发电机上。涡轮轴承采用氮气的气体密封设计。所有换热器由美国制造，蒸发器采用管壳式（低翅碳钢管），换热面积为 1 600 m²，高温换热器也为管壳式设计，低温换热器和冷凝器采用板式换热器，两台冷凝器的换热面积均为 750 m²。气液分离器采用冲击式叶片设计。工质泵为立式离心泵。所有设备为室内安装，室内保持良好通风，保证氨浓度在 400 ppm 以下。

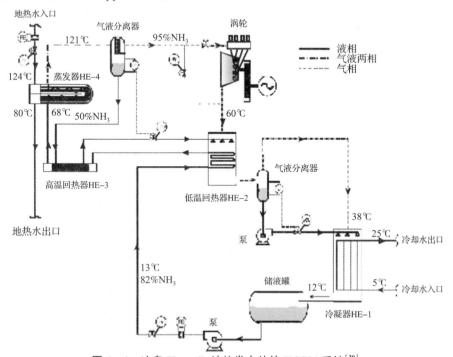

图 6-4　冰岛 Husavik 地热发电站的 KCS34 系统[30]

Kalina 循环系统在工作时，需要根据具体的工作条件对工作参数进行优化，以保证系统工作性能的最大化。在影响 Kalina 循环系统性能的参数中，氨水混合物的氨质量分数是一个重要参数。基于土耳其 Simav 地热井的数据，在热源温度为 80℃、90℃ 和 100℃ 下的 KCS34 系统热效率随氨质量分数的变化曲线如图 6-5 (a) 所示，系统总投资成本的变化曲线如图 6-5 (b) 所示[31]。在不同的热源温度下，均存在一个最佳的氨质量分数，使系统热效率最高而总投资成本较低，随着热源温度的降低，对应的最佳氨质量分数逐渐增大。

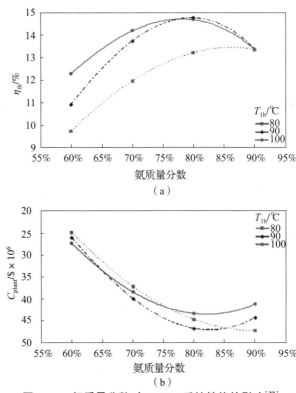

图 6-5 氨质量分数对 KCS34 系统性能的影响[32]
(a) 系统热效率；(b) 总投资成本

对于热动力循环而言，热源的流量和温度以及冷源的温度可能会随时间而变化，此时系统的工况点可能会偏离额定设计点工况，因此有必要分析环境温度变化时系统在非设计点工况下的工作性能。在非设计点工况下，压力滑移方法通常被应用于有机朗肯循环发电系统。设 KCS34 系统的涡轮喷嘴截面积固定，非设计点工况的性能可采用 Stodola 椭圆法进行计算。工质泵可采用相似定律来计算，泵的转速作为控制变量用于调节工质流量和工质泵出口压力。换热器采用板式换热器，在单相区的换热可采用 Chisholm - Wanniarachchi 关联式[32]计算：

$$Nu = 0.724 \left(\frac{6\beta}{\pi}\right)^{0.646} Re^{0.583} Pr^{1/3} \quad (\pi/6 \leqslant \beta \leqslant 4\pi/6) \tag{6-60}$$

单相区的压降为

$$\Delta p = \frac{1}{2} f_r \frac{\rho\, u^2 L}{D_h} \tag{6-61}$$

摩擦因子 f_r 由 Ventas 关联式[33]计算:

$$f_r = 14.62 Re^{-0.514} (Re \leqslant 50) \tag{6-62}$$

$$f_r = 2.21 Re^{-0.097} (Re \geqslant 180) \tag{6-63}$$

采用文献 [22], [34] 中的方法计算两相区的对流换热系数。如果

$$u_{SV} < -111.88\, u_{SL} + 11.848 \tag{6-64}$$

则两相区的对流换热系数为

$$h_{tp} = 5\mathrm{Bo}^{0.15} h_l \tag{6-65}$$

如果

$$u_{SV} \geqslant -111.88\, u_{SL} + 11.848 \tag{6-66}$$

则两相区的对流换热系数为

$$h_{tp} = \max\left(5Bo^{0.15} h_l, \quad (\varphi_{lo}^2)^{0.2} h_l\right) \tag{6-67}$$

式中,Bo 为沸腾数,ϕ_{lo} 为液态流量系数。

液态平均速度表示为

$$u_{SL} = \frac{G(1-x)}{\rho_l} \tag{6-68}$$

气态平均速度为

$$u_{SV} = \frac{Gx}{\rho_g} \tag{6-69}$$

液相对流换热系数 h_l 表示为

$$h_l = 0.209\,2 \left(\frac{\lambda_f}{d_e}\right) Re^{0.78} Pr^{1/3} \left(\frac{\mu_m}{\mu_{wall}}\right)^{0.14} \tag{6-70}$$

沸腾过程的压力下降由 Hsienh - Lin 关联式计算:

$$f_{tp,boil} = 23\,799.842\,3 Re_{eq}^{-1.25} \tag{6-71}$$

冷凝过程中的摩擦因子由 Kuo 关联式[35]计算:

$$f_{tp,cond} = 21\,500 Re_{eq}^{-1.14} Bo_{eq}^{-0.085} \tag{6-72}$$

当地热水流量和温度以及冷源温度变化时,可利用压力滑移方法调节系统的工作参数,使系统净输出功率达到最优,图 6 - 6 所示为 KCS34 系统在非设计点工况下的性能[38]。随着热源流量的降低,工质流量相应减小,蒸发压力也逐渐下降,导致净输出功率逐渐下降。热源温度下降对系统性能的影响与流量相似。随着冷源温度的降低,工质流量和蒸发压力逐渐下降,但是涡轮出口的背压下降的影响更明显,导致净输出功率逐渐增加。

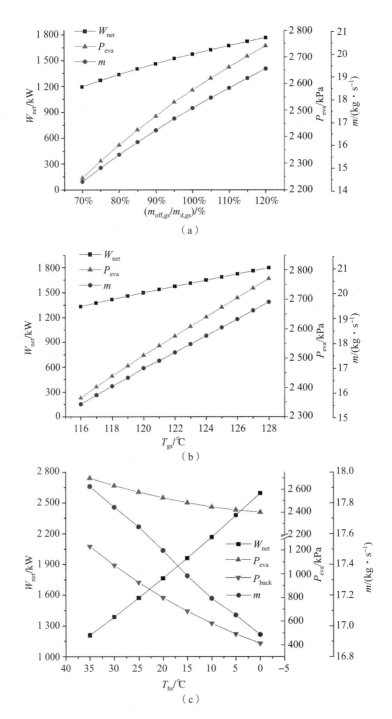

图 6 - 6 环境条件变化对 KCS34 系统性能的影响[36]

（a）热源流量；（b）热源温度；（c）冷源温度

如果 Kalina 循环系统的涡轮采用径流式涡轮，还可以通过调节涡轮喷嘴叶片的角度来调节涡轮流量，进一步提高控制的效果。针对低温地热发电的 Kalina 循环，Du 等设计了净输出功率为 200 kW 的径流式涡轮，并对比了 3 种不同控制方法的涡轮效率[37]，具体的控制方法包括：传统的保持喷嘴叶片角度不变的压力滑移方法、调节涡轮喷嘴叶片角度以保证入口压力恒定的恒压控制方法、同时调节喷嘴叶片角度和涡轮入口压力的优化控制方法。3 种方法的涡轮转速均保持恒定。图 6-7 所示为 3 种方法的对比结果，在热源温度一定时，在低流量下采用优化方法可提高涡轮工作效率，在高流量下，优化控制方法的涡轮效率稍低于传统的压力滑移方法，但是明显好于恒压控制方法。在整个流量范围内，优化控制方法的涡轮效率可保持在大于 80% 的高水平上。

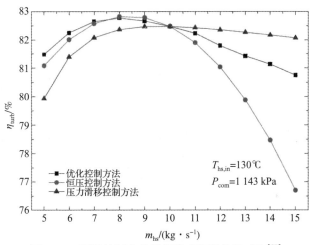

图 6-7　不同控制方法的径流式涡轮效率对比[37]

在 KCS34 系统中，可采用高温回热器和低温回热器进一步提高系统性能[38]。高温回热器仅回收气液分离器出口液体的热量，低温回热器还可回收涡轮出口的气态工质能量。高温回热器的工作压力极大，但由于两侧均为液态，换热器面积可更小些，低温换热器虽然压力较小，但高温侧为气液两相，导致换热面积较大。仅采用低温回热器的 KCS34 系统的效率稍高于仅采用高温回热器的 KCS34 系统。

影响 Kalina 循环系统工作性能的参数较多，可采用多变量优化算法来预测系统工作性能。基于土耳其 Simav 地热井的数据，Arslan 研究了采用神经网络模型来预测 KCS34 系统在变工况下的性能[39]。神经网络采用多层 BP 网络，具有一个输入层、一个隐层、一个输出层，隐层神经元模型使神经网络可学习输入与输出变量之间的非线性关系。输入变量为地热水的干度、氨的质量分数和地热水的出口温度。Kalina 循环系统的净输出功率和工质泵耗功为输出变量。利用 Matlab 软件，计算了 KCS34 系统在不同输入条件下 46 个工况点的性能，其中

32 个工况点用于训练 BP 网络，其余工况点用于验证 BP 网络的精度。前馈 BP 网络采用梯度下降算法，采用 LM 算法的隐层带 7 个神经元的 BP 网络具有最佳的预测精度。建立的神经网络模型可用于预测土耳其 Simav 地热井的经济性能。

多变量优化算法还可用于优化 Kalina 循环系统的工作性能。在设计 Kalina 循环系统时，需要对工作参数进行优化以尽可能提高系统效率和净输出功率，由于涉及的工作参数很多，需要采用优化算法进行工作参数的优化计算。优化时可采用传统的最速下降法，也可采用基于随机优化的遗传算法等。Ozka-raca 针对地热发电的 Kalina 循环，基于土耳其 Aydin 省的某地热发电站的实际运行数据，分别采用引力搜索算法和人工蜂群算法对 Kalina 循环系统进行了优化，结果表明采用两种优化算法均能满足多个变量优化的快速收敛，而引力搜索算法的速度稍优于人工蜂群算法[40]。

基于 Husavik 地热发电站的 KCS34 系统，Saffari 等采用人工蜂群算法对系统的工作参数进行了优化[41]。人工蜂群算法是一种多目标多变量的优化算法[42]。由于没有参数个数限制且早期局部收敛的概率很低，其收敛速度和求解精度比传统的遗传算法、粒子群优化算法和差分演化算法有所改善。人工蜂群算法采用简单运算生成新的解，通过随机选择来分散解的分布，而不采用遗传算法的变异运算，从而加快了觅食过程，即收敛到优化解的速度。开发的算法以系统热效率和㶲效率为优化目标，食物源位置代表了可行的工作参数解，侦察蜂和被雇佣蜂基于轮盘赌概念计算适应度函数和食物源被选中的概率，其结果被旁观蜂共享和进行分析比较，从而得到优化的工作参数解。

当地热水的温度较高时，蒸发器出口的氨水非共沸混合工质已经能完全蒸发，此时可采用 KCS11 系统构型。图 6-8 所示为采用 Aspen 和 HTRI 软件建立的 Wayang Windu 地热发电厂的 KCS11 系统[43]。利用 Wayang Windu 地热发电厂排放的高温地热能，可发出 1.73 MW 的电能，而工质泵耗功为 53 kW，冷凝器冷却风扇耗功为 20.7 kW，净输出功率达 1.66 MW，系统热效率为 13.2%。在地热发电中，高温地热水可通过一个气液分离器将溶解在高温水中的 SiO_2 等杂质过滤出来，高纯度的水被送入有机朗肯循环发电，含杂质的这部分水的热能可采用二元 KCS11 系统来发电。

在 Kalina 循环系统中，利用水对氨蒸气的吸收作用可进一步提高系统的工作性能。针对核反应堆的发电应用，图 6-9 所示为一种闪蒸 Kalina 循环系统[44]。与基本式和回热式系统构型相比，通过在膨胀机出口的低压端增加一个低压闪蒸罐，使浓的气态氨水混合物在更低的压力和更高的温度下顺利冷凝，同时利用稀的液态氨水混合物吸附膨胀机出口的气态氨，有利于更快地降低涡轮出口的压力。对温度为 327℃的水蒸气，闪蒸 Kalina 循环系统的热效率可达 34.8%，高于基本式的 26.6% 和回热式的 31.2%。

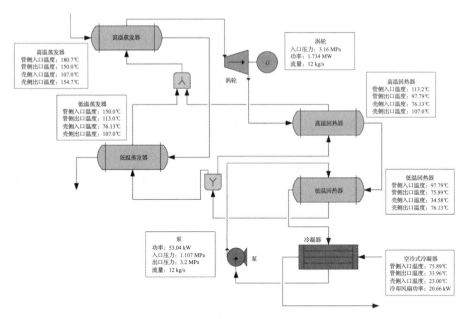

图 6 – 8　基于 Wayang Windu 地热井发电厂采用 Aspen 软件设计的 KCS11 系统[43]

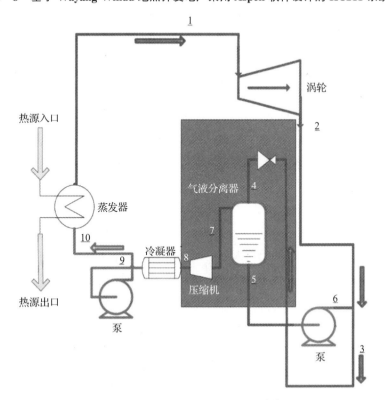

图 6 – 9　闪蒸 Kalina 循环系统[44]

Kalina 循环系统的工质包含至少两种组分，在大部分 Kalina 循环系统中，工质的组分浓度在系统的不同部分会发生变化。针对中低温地热发电，Kalina 提出了一种 KSG – 2 构型[45]，如图 6 – 10 所示。流经工质泵的工质流称为基础溶液，工质流 14 与工质流 29 混合后的工质流 10 称为沸腾溶液，流经膨胀机的工质流为工作溶液。选择工质流 9 和工质流 30 的压力，使液态工质流 9 能完全吸收气态工质流 30，形成处于饱和或稍微过冷状态的液态工质流 28。整

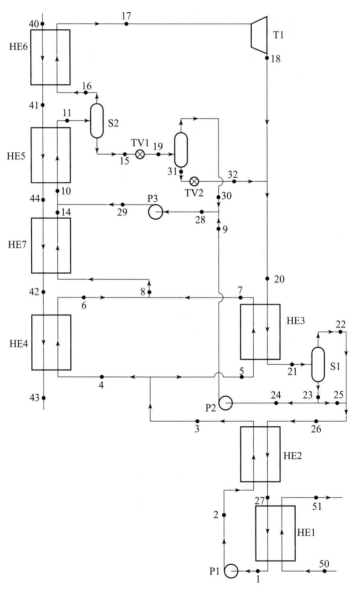

图 6 – 10 采用双闪蒸的 SC – 2 Kalina 循环系统[45]

个工质循环可分为两个循环：基础溶液流经所有换热器、涡轮和气液分离器 S1 的循环；再循环溶液（气液分离器出口液态工质流 24）的循环，其流经换热器 HE5、气液分离器 S2，从气液分离器 S2 出口的气态工质流经换热器 HE6 和涡轮 T1，从气液分离器 S2 流出的液态工质流 15 经气液分离器 S3 后与涡轮出口工质流 18 结合后，随后流经换热器 HE3 和气液分离器 S1。再循环溶液放出的热量在换热器 HE3 中被完全利用，增大再循环溶液的流量有利于提高系统的净输出功率，但是其流量的增加受到换热器 HE3 中换热过程的限制。

氨在常压下的沸点为 −33.34℃，因此采用氨水非共沸混合工质的 Kalina 循环可应用于各种不同温度范围的热源。在地热能利用中，对中高温地热能传统的发电系统常采用以水为工质的单闪蒸或双闪蒸系统。但是，采用水为工质的闪蒸循环效率较低，可采用闪蒸循环与 Kalina 循环的组合系统来提高系统的工作性能。针对温度为 190℃ ~ 260℃ 的中高温地热水，采用 Kalina 循环来回收第一级闪蒸的余热，可有效提高系统的净输出功率，降低成本和维修费用，同时降低地热井的损耗。在闪蒸动力循环中，涡轮出口的干度必须大于 90%，由于冷凝器内部阻力的影响，冷凝器出口的压力大于 20 kPa。为了充分利用双闪蒸循环的闪蒸罐出口液态水的能量，Kalina 提出了一种并联组合系统[46]，如图 6 − 11 所示。

采用 SMT − 25 构型的 Kalina 循环用于回收一级闪蒸罐出口的液态水能量。通过与双闪蒸循环、双闪蒸循环与有机朗肯循环的复合循环、双闪蒸循环与 KSG − 2a 的复合循环，以及单独的 SMT − 25 二元循环的性能对比分析，在不同的地热水出口干度下，采用并联组合循环的净输出功率的提高比例最大，随着地热水出口干度的下降，净输出功率的提高比例逐渐增大。SMT − 25 二元循环系统的性能稍低于并联组合系统，综合考虑仍是一个较好的方案。首先，采用双闪蒸循环需要经常对涡轮和冷凝器表面进行清洁保养，地热水中含有的可溶性固体会随温度的降低而析出，在涡轮和冷凝器表面沉积下来，此时需要关闭设备进行清洁工作，采用 SMT − 25 二元循环后，只需要清洁热端换热器，由于热端换热器内水的温度很高，其沉积量会少很多，清洁工作量也会减少。其次，为充分提高膨胀机的净输出功率，采用双闪蒸循环的冷凝器压力很低，导致地热水注入泵的功耗增加，采用 Kalina 循环的冷凝压力会高很多，降低了注水泵的功耗。再次，地热水中通常含有环境温度下无法冷凝的气态杂质，如 CO_2、H_2S、SO_2 等，双闪蒸循环需要安装真空泵或压缩机来排出这些气体，而 Kalina 循环的地热水基本在接近出口压力状态下冷凝，采用成本更低的简单气液分离器就可去除气体杂质。最后，双闪蒸循环的再注入地热水的温度很低，不利于地热井的寿命，而 SMT − 25 二元循环系统的注入水温度高很多，有利于维持地热井的长时间运行。

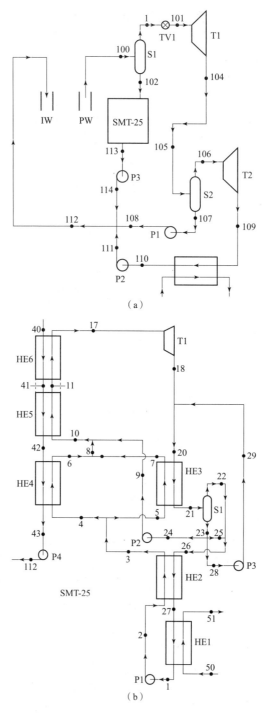

图 6 – 11　中高温地热能发电用双闪蒸与 SMT – 25 Kalina 循环的并联组合系统[46]

（a）系统总体；（b）SMT – 25 Kalina 循环系统

在有机朗肯循环的低压端，水蒸气需要膨胀到约 30 kPa 的压力，在这么低的压力下，为了防止空气漏入循环管路中，需要在冷凝器端设置除气器。对于 Kalina 循环而言，冷凝器工作压力大于环境压力，阻止了空气进入循环管路，避免了除气器的功耗。以压力为 2~10 bar 的水蒸气为热源，对应的水蒸气饱和温度为 120℃~180℃，可对比 Kalina 循环与传统的有机朗肯循环的动力输出性能[47]。当热源压力在 2~9 bar 范围内变化时，二者的输出功率如图 6-12 所示，随着压力的升高，朗肯循环的输出功率稍有下降，这是由于冷凝器内的传热效率下降导致功耗增大。而 Kalina 循环的输出功率随着压力的升高逐渐增大。当水蒸气的压力为 3 bar，温度为 133.5℃ 时，Kalina 循环和朗肯循环的热效率分别为 15.77% 和 13.67%，两个循环的输出功率分别为 382 kW 和 333 kW，在同样热源条件下，Kalina 循环的热效率和输出功率均明显高于朗肯循环。

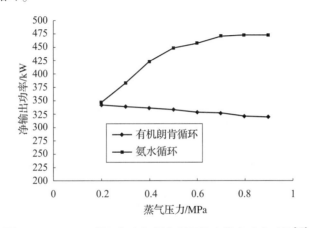

图 6-12　Kalina 循环与有机朗肯循环的净输出功率对比[47]

Kalina 循环可与有机朗肯循环组成复合循环，将 Kalina 循环作为有机朗肯循环的底循环，充分利用 Kalina 循环的优势。有机朗肯循环中低压涡轮出口的干度明显降低，冷凝器中的能量损失进一步降低了系统效率。同时，水蒸气比容的迅速增大，对低压涡轮级的结构设计产生了重要影响。为了提高一座 82.2 MW 的生物质燃料有机朗肯循环发电站的能效，将 Kalina 循环代替有机朗肯循环的低压涡轮膨胀级，设计的复合循环系统构型如图 6-13 所示[48]，Kalina 循环系统采用 KCS34 构型。通过优化算法对有机朗肯顶循环的涡轮蒸气抽气压力和出口压力、氨水混合物的氨质量分数、底循环的涡轮入口压力等参数进行优化，使复合循环的净输出功率比有机朗肯循环提高了 1.4 MW，热效率提高了 1.43%。

高温 Kalina 循环的系统功率和膨胀机的膨胀比较大，通常采用与蒸气涡轮类似的轴流式涡轮设计。对于低温 Kalina 循环，由于膨胀比较小，可采用

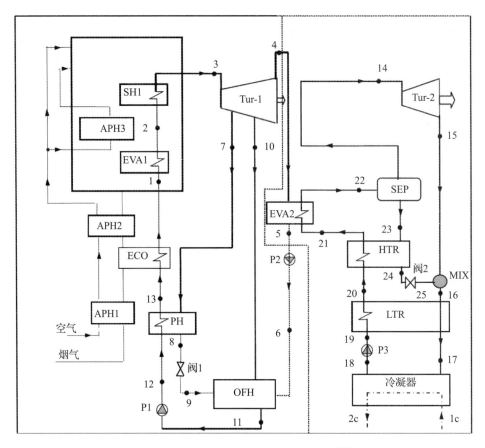

图 6 - 13   ORC - Kalina 复合循环系统[48]

径流式涡轮设计。Cryostar 公司开发了适于氨水非共沸混合工质的径流式涡轮[49]。低温地热能用 Kalina 循环的膨胀比、工质流量和温度符合径流式涡轮的高效工作区，通过调节喷嘴环角度和控制涡轮转速，可实现涡轮在不同负荷下的高效工作，涡轮的发电效率可维持在 85% 左右。通过调节径流式涡轮入口喷嘴叶片的角度，可避免流动过程中出现激波，在大的流量范围内实现工质动能的充分利用。由于氨水具有一定的腐蚀性，设计涡轮的材料不能采用铝合金，而必须采用不锈钢。Cryostar 公司对涡轮轴采用干气密封，将泄漏气体降低到很低水平，同时收集泄漏的气体工质并导入冷凝器入口。工作时，在旋转面和静止面之间的气膜厚度为 3 ~ 8 μm。由于径流式涡轮的转速较高，通过一个行星减速机与发电机相连。通过合理设计径流式涡轮的叶尖速度与喷射速度的速比和比转速，可实现涡轮工作效率的最大化。Cryostar 公司设计的 ORC - Kalina 复合循环用径流式涡轮的等熵效率可达 0.82 ~ 0.90，考虑轴承摩擦损失、变速箱损失和发电效率，涡轮总的发电效率为 0.75 ~ 0.85。

　　Kalina 循环系统的工作部件众多，在实际工作中可采用㶲分析方法来研究各部件的能量损失，为系统的优化设计和性能提升提供参考。针对地热能发电用 Kalina 循环，可采用先进㶲分析方法，将系统部件的㶲损分为内生的、外生的、可避免的、不可避免的，进而分析系统部件的性能提升潜力。㶲分析表明，系统中冷凝器、涡轮和蒸发器的性能提升潜力最大，应该优先考虑[50]。先进㶲分析方法由德国柏林大学的 Tsatsaronis 等提出[51]。传统㶲分析方法根据质量守恒方程、能量守恒方程和㶲守恒方程对每一个部件进行建模，可用于评估所有部件的㶲损率并计算整个系统的㶲效率。氨水混合物的比㶲包括比物理㶲和比化学㶲，可表示为

$$e = e_{ph} + e_{ch} \tag{6-73}$$

比物理㶲为

$$e_{ph} = h - h_0 - T_0(s - s_0) \tag{6-74}$$

比化学㶲为

$$e_{ch} = \left[\frac{\overline{e}^0_{ch,NH_3}}{M_{NH_3}}\right]y + \left[\frac{\overline{e}^0_{ch,H_2O}}{M_{H_2O}}\right](1-y) \tag{6-75}$$

根据㶲平衡方程，对第 k 个部件有

$$\dot{E}_{D,k} = \dot{E}_{F,k} - \dot{E}_{P,k} \tag{6-76}$$

$$\varepsilon_k = \frac{\dot{E}_{P,k}}{\dot{E}_{F,k}} = 1 - \frac{\dot{E}_{D,k}}{\dot{E}_{F,k}} \tag{6-77}$$

在先进㶲分析中，第 k 个部件的㶲损由内生㶲损和外生㶲损组成。

$$\dot{E}_{D,k} = \dot{E}_{D,k}^{EN} + \dot{E}_{D,k}^{EX} \tag{6-78}$$

内生㶲损为部件内部的不可逆㶲损，外生㶲损为系统其他部件引起的㶲损。第 k 个部件的㶲损也可分解为可避免的和不可避免的㶲损，可表示为

$$\dot{E}_{D,k} = \dot{E}_{D,k}^{AV} + \dot{E}_{D,k}^{UN} \tag{6-79}$$

技术限制造成了不可避免的㶲损，剩下的㶲损为可避免的㶲损。进一步可从二个维度上将㶲损分解为 4 个部分：

$$\dot{E}_{D,k}^{EN} = \dot{E}_{D,k}^{EN,AV} + \dot{E}_{D,k}^{EN,UN} \tag{6-80}$$

$$\dot{E}_{D,k}^{EX} = \dot{E}_{D,k}^{EX,AV} + \dot{E}_{D,k}^{EX,UN} \tag{6-81}$$

也可表示为

$$\dot{E}_{D,k}^{UN} = \dot{E}_{D,k}^{EX,UN} + \dot{E}_{D,k}^{EN,UN} \tag{6-82}$$

$$\dot{E}_{D,k}^{AV} = \dot{E}_{D,k}^{EX,AV} + \dot{E}_{D,k}^{EN,AV} \tag{6-83}$$

在计算时，首先根据传统㶲分析方法计算出每个部件的㶲损，然后假设所有部件工作在技术上不可避免的条件下，计算第 k 个部件的 $\dot{E}_{D,k}^{UN}$。接着假设第 k 个部件工作在实际可行的条件下，其余部件工作在理想条件下，重新计算第 k 个部件的内生㶲损。接着假设第 k 个部件工作在实际可行条件下，其余部件工作在技术上不可避免的条件下，重新计算第 k 个部件的内生不可避免的㶲损。随后，根据式（6-80）可求得内生可避免的㶲损。进而，根据式（6-78）可求得外生㶲损，根据式（6-81）可求得外生不可避免的㶲损。进一步，根据式（6-79）可求得可避免的㶲损。最后，根据式（6-83）可求得外生可避免的㶲损。采用传统㶲分析方法和先进㶲分析方法对某 Kalina 循环计算的结果如图 6-14 所示，从图中可以看出，传统㶲分析方法计算的冷凝器㶲损最大，蒸发器㶲损次之，涡轮的㶲损也较大。采用先进㶲分析方法计算的冷凝器内生可避免的㶲损是最大的，但是涡轮的内生可避免的㶲损大于蒸发器。先进㶲分析对各部件的㶲损分析更加细化，更有利于指导具体的实践。

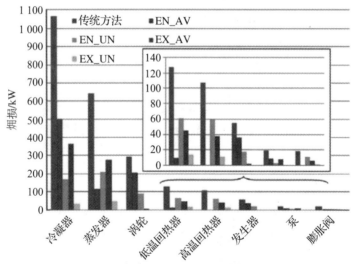

图 6-14 某 Kalina 系统采用先进㶲分析方法与
传统㶲分析方法结果的对比[50]

6.3 太阳能 Kalina 循环系统

Kalina 循环除用于地热能发电外，还可用于太阳能发电。太阳能作为一种可再生能源，具有良好的环保特性，可应用于各种不同地区的分布式发电系统。图 6 - 15 所示为一种采用 Kalina 循环的太阳能热发电系统[52]。采用 FPC，利用太阳能实现氨水的蒸发，对于工质温度较低的低温动力循环，采用 FPC 可用较低的成本获得高的热能。采用额外的过热器对高压分离器出口的气态工质进行过热。过热器提供的能量占总供热量的 5% ~ 10%，系统工作压力较低，为 0.2 ~ 4.5 bar，工质最高工作温度为 130℃。氨质量分数和膨胀压力是影响系统热效率的重要参数。在 KCS34 系统中，膨胀机出口的乏汽经过气液分离器被出口的低压液体吸收后再冷凝，本系统的 Kalina 循环膨胀机出

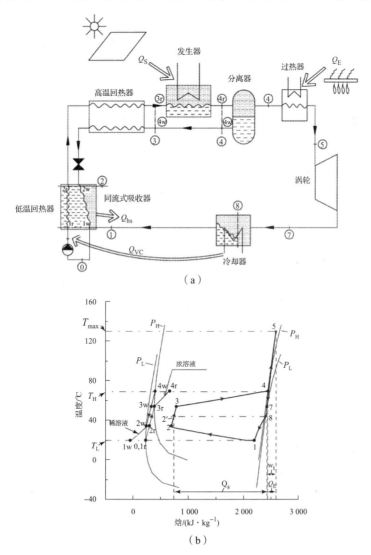

（a）

（b）

图 6 - 15　一种采用 Kalina 循环的太阳能热发电系统[52]

（a）系统结构；（b）工作过程的 $T - h$ 图

口的低压气态工质先经过蒸气冷却器散热后变成气液两相状态，随后与来自气液分离器的经过充分回热的低温低压状态的稀液态氨水混合，气态工质被充分吸收，再经过工质泵加压到高压状态。系统工质先由板式加热器内介质加热到70℃，随后在过热器中被加热到130℃，过热器能量可由 PTC 提供。对应的系统工作过程的 $T-h$ 图如图 6-15（b）所示。图中4w~1w 表示来自分离器的稀溶液状态，1r~4r 为来自吸收器的浓溶液状态，它们之间的换热过程配合较好，有利于提高系统的效率。

根据系统的工作条件，系统的最高工作压力由氨质量分数和气液分离器工作温度决定。在不同的氨质量分数下，最低工作压力对系统性能的影响如图 6-16 所示。对于给定的蒸气质量分数，提高系统最低工作压力使热效率和比净输出功降低，随着氨质量分数的减小，系统性能对最低工作压力的变化更加敏感。

定义热量比 HR 为过热器提供热量与总供热量的比：

$$HR = \frac{Q_E}{Q_t} \quad\quad\quad (6-84)$$

定义性能因子 PF 为系统净输出功率与过热器供热量的比：

$$PF = \frac{W_{net}}{Q_E} \qu\quad\quad (6-85)$$

在给定的氨质量分数下，所需热量比随着系统最低工作压力的增大而升高，随着氨质量分数的增加，对应的热量比也在升高。当氨质量分数一定时，性能因子随着最低工作压力的增大而降低，当氨质量分数降低时，对应的性能因子最高值逐渐增大。

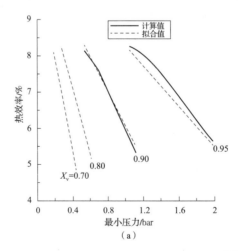

图 6-16 最低工作压力对系统性能的影响[52]

（a）热效率

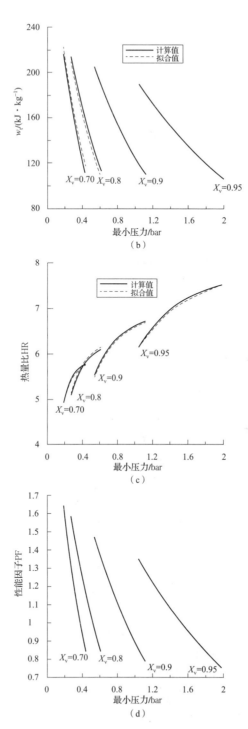

图 6－16　最低工作压力对系统性能的影响[52]（续）

（b）比净输出功；（c）热量比 HR；（d）性能因子 PF

由于集热器内流体可被加热到 200℃ 以上，针对太阳能应用的 KCS34 系统，可在高压分离器的工作溶液后加入一个过热器，过热器的能量可由地热能、太阳能或其他辅助热源提供，进一步提高工作溶液的温度，增大涡轮膨胀功[53],[54]。图 6 – 17 所示为 22 个不同工况下太阳能热发电系统的热效率随 Kalina 循环系统工作压差的变化关系，系统热效率随 Kalina 循环系统工作压差的增加而增大，因此可用于标示系统的工作性能。太阳辐射随时间变化，导致系统吸热量变化，系统的工质流量也会随之变化。工作时可通过调整系统工质流量来优化系统工作压差。

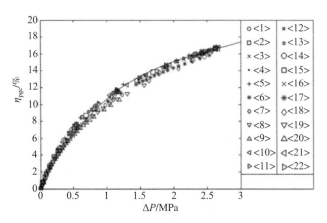

**图 6 – 17 太阳能热发电系统的热效率随 Kalina 循环系统
工作压差的变化关系**[53]

图 6 – 18 所示为在不同条件下系统工作压差随工质流量的变化关系。图 6 – 18（a）所示为在不同的过热器和蒸发器的热量分配比下，系统工作压差随工质流量的变化关系。在不同的热量分配比下可通过调整工质流量，使最大工作压差接近相等，说明系统可以在没有过热器的条件下，通过调整工质流量，达到相同的系统热效率，但是在有过热器的情况下，系统的工质流量有所减小，这说明过热器的使用可减小系统其他部分的体积。同时，过热器也有利于避免涡轮膨胀过程中出现液击。图 6 – 18（b）所示为回热器 UA 值与换热量 Q 的比值的影响。随着 UA/Q 的增大，工质流量的工作范围明显加大，表明当回热器性能提高时，有利于实现工质流量的控制调节。但是，随着回热器 UA/Q 的增大，对应最大系统工作压差降低。因此，设计时应该在满足系统最大工作压差和换热器夹点温差的要求下，选用尽可能小的 UA/Q。图 6 – 18（c）所示为不同的基础溶液氨质量分数下的结果，随着氨质量分数的减小，工质流量的工作范围加大。不同氨质量分数下对应的最大工作压差几乎相等，但是对应的工质流量差异明显。当氨质量分数增大时，对应的最佳工质流量减小，有利于减小系统尺寸。图 6 – 18（d）所示

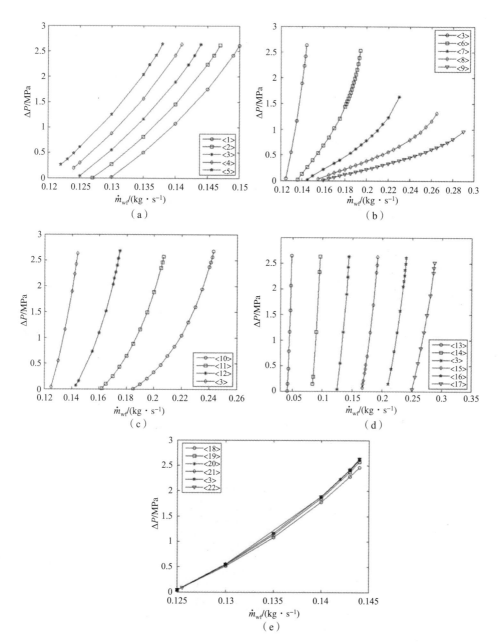

图 6 - 18　在不同条件下系统工作压差随工质流量的变化关系[53]

（a）过热器与蒸发器的热量分配比；（b）回热器 UA 值与换热量 Q 的比值；

（c）基础溶液氨质量分数；（d）总换热量；（e）集热器流量

为不同的系统总换热量下的结果，随着总换热量的增大，对应的工质流量也增大，但是系统工作压差改变很小。随着总换热量的增加，工质泵功耗会增大，但系统的总输出功率也增大。因此，对太阳能热发电系统而言，采用大型的系统设计在成本上具有优势。图 6 – 18（e）所示为集热器流量的影响，随着集热器流量的降低，系统工作压差仅有轻微的下降，这意味着在一定范围内，可以尽可能地保持集热器流量在一个较低水平，这有利于减小系统尺寸。

图 6 – 19 所示为以 Tosashimizu 地区的太阳辐射为输入条件分析得到的整个 Kalina 循环系统的性能。图 6 – 19（a）所示为太阳辐射强度在一天内的变化数据，取值范围从早上 6：30 到下午 17：30。系统工作性能如图 6 – 19（b）所示，随着太阳辐射的增强，集热器的工质流量和 Kalina 循环系统的换热量也逐渐增加，导致 Kalina 循环系统的工质流量也随之增加，系统工作压差和发电量也随之增大。

KCS34 系统的工质质量流量和集热器子循环的工质流量以及氨质量分数是影响系统性能的重要工作参数，为了减小系统的不可逆损失，需要进行优化。㶲分析表明系统工作时涡轮和冷凝器的㶲损最大。图 6 – 20 所示为系统输出㶲和集热器效率随 Kalina 系统氨质量分数的变化曲线，当氨质量分数为 0.90 左右时，系统输出㶲最大，对应的集热器效率为 56%。

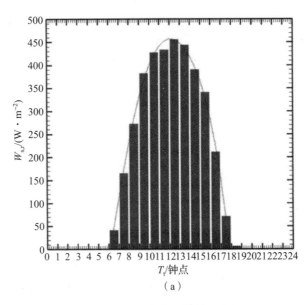

（a）

图 6 – 19　一天内太阳辐射强度和
Kalina 系统工作性能的变化[53]

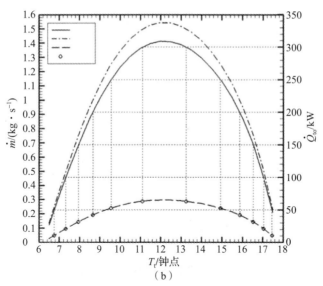

图 6 – 19　一天内太阳辐射强度和
Kalina 系统工作性能的变化[54] (续)

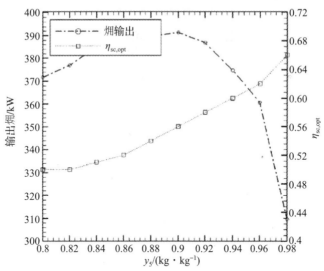

图 6 – 20　氨质量分数对 **Kalina** 系统的影响[54]

　　通常太阳辐射在不同的地区会出现季节性的变化，这会影响 Kalina 循环
系统的工作性能。根据日本 Kumejima 岛的气温，图 6 – 21 所示为 KCS11 系统
在一年内的工作性能。在夏季的 7、8 和 9 三个月的发电量明显高于其他月
份，5、6 和 10 三个月份处于中间水平，而 1、2、3、4、11 和 12 六个月份的
发电量很低。Kalina 循环系统的氨水流量和集热器的工质流量随着发电量的
增加而增加，且氨水流量的变化率明显高于集热器的工质流量的变化率。

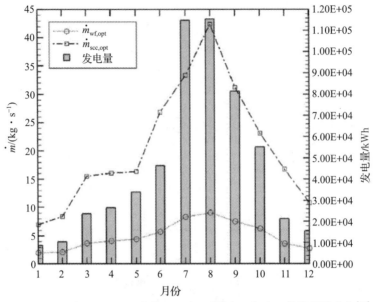

图 6-21　日本 Kumejima 岛的 KCS11 系统在一年内工作性能的变化[54]

用于太阳能热发电的热源温度比低温地热源的温度要高一些，因此 Kalina 循环系统可采用过热器来提高系统性能，这为采用三压 Kalina 循环系统提供了可行性。图 6-22 所示为一种太阳能热发电用改进型 Kalina 循环系统[55]，它在三压 Kalina 循环系统的基础上，增加了一个预热器 PH 和水冷式溶液冷却器

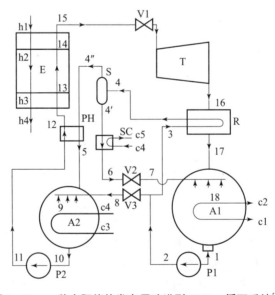

图 6-22　一种太阳能热发电用改进型 Kalina 循环系统[55]

SC。通常在冷凝过程中，由于工质与冷却介质之间的温差大，㶲损增加。Kalina 循环采用吸附式冷凝器，可降低冷凝过程的㶲损。在该系统中基础溶液和工作溶液浓度、循环倍数、涡轮入口温度等是影响系统工作性能的关键参数。基础溶液浓度必须与工作溶液浓度匹配以获得高效率，但工作溶液浓度受到涡轮入口和出口背压的限制。该系统可用于热电联产，利用预冷器和冷却器提供生活热水，可大幅提高能源利用率。

整个循环的溶液浓度可分为 3 个不同等级，中压吸收器 A2 出口的浓溶液称为工作溶液，其随后在涡轮中膨胀做功。低压吸收器出口的溶液称为基础溶液，气液分离器出口的溶液称为稀溶液。系统中涡轮入口的压力为高压，涡轮出口的压力为低压，而气液分离器工作压力为中压，用于氨水混合物的解吸和产生工作溶液及稀溶液。利用涡轮出口乏汽的能量使气液分离器中溶液解吸。循环热效率可表示为

$$\eta_{th} = \frac{W_t - W_{p1} - W_{p2}}{Q_h} \tag{6-86}$$

余热回收效率为

$$\eta_{wh} = \frac{Q_h}{Q_0} = \frac{t_{h1} - t_{h4}}{t_{h1} - t_0} \tag{6-87}$$

系统总效率为

$$\eta_{tot} = \frac{W_t - W_{p1} - W_{p2}}{Q_0} = \eta_{th} \eta_{wh} \tag{6-88}$$

预冷器将从气液分离器流出的浓氨蒸气部分冷凝以加热工作溶液，从而降低中压吸收器 A2 的负荷。由于工作溶液在蒸发器的低温段温度增加，避免了 Kalina 蒸发器的低温腐蚀问题。水冷式溶液冷却器采用来自中压吸收器 A2 的冷却水，冷却从气液分离器流出的稀溶液，通过降低稀溶液的温度可减小低压吸收器的热负荷。溶液冷却器采用液 – 液换热，效率明显高于吸收器中的两相换热，可减小总换热面积。此外采用吸收器设计的压降更小，可避免将吸收和冷凝过程分开设计时产生大压降，降低涡轮背压，提高输出功率[56]。当涡轮入口温度和压力分别为 300℃ 和 6 MPa，系统最低工作温度为 30℃ 时，改进型 Kalina 循环的性能与两种朗肯循环的性能对比见表 6 – 3，两种朗肯循环 SRC1 和 SRC2 的涡轮入口参数不同，改进型 Kalina 循环的系统总效率为 15.87%，明显高于两种朗肯循环。

对于太阳能热发电系统而言，由于太阳辐射强度随时间变化，系统的工作负荷随时间变化，系统大部分时间可能在部分负荷工况下，有必要研究 Kalina 循环系统在部分负荷下的性能。涡轮在部分负荷下的等熵效率可根据 Stodola 椭圆公式计算，工质泵的等熵效率由式（6-89）计算：

表 6 – 3　太阳能热发电用 Kalina 循环与朗肯循环性能对比[55]

参数	单位	Kalina 循环	SRC1	SRC2
涡轮机入口压力 p_h	MPa	6	1.3	2.4
涡轮机入口温度 t_{15}	℃	300	300	300
蒸发温度	℃	143/229	192	222
冷凝压力 p_1	MPa	0.14	0.005 6	0.005 6
冷凝温度	℃	42.6/30	35	35
冷却水入口温度 t_{cl}	℃	25	25	25
冷却水温升 Δt_c	℃	8	5	5
涡轮焓降 Δh_T	kJ/kg	598.4	628.89	676.78
热源入口温度 t_{h1}	℃	305	305	305
热源出口温度 t_{h4}	℃	114	170	200
热效率 η_{th}	%	17.86	21.71	23.24
余热回收效率 η_{wh}	%	88.84	62.79	48.83
系统总效率 η_0	%	15.87	13.61	11.35

$$\eta_p = \eta_{p,d}\left[2\,\frac{\dot{m}}{\dot{m}_d} - \left(\frac{\dot{m}}{\dot{m}_d}\right)^2\right] \qquad (6-89)$$

部分负荷下换热器的 UA 值可表示为

$$UA = UA_d\left(\frac{\dot{m}}{\dot{m}_d}\right)^{0.8} \qquad (6-90)$$

图 6 – 23 所示为太阳能热发电用 KC12 三压 Kalina 循环系统在部分负荷工况下的系统热效率曲线[57]。当涡轮入口的工作溶液氨质量分数一定时，随着负荷的降低，系统热效率逐渐下降，负荷越低，系统热效率下降速率越大。在高负荷区域，不同工作溶液的热效率差别不大，在负荷较小的区域，较稀的工作溶液有利于提升系统热效率，但总体来说通过改变工作溶液的浓度来提高部分负荷下的系统热效率程度有限。

针对高温太阳能热发电应用，不同的回热器布置形式对三压 Kalina 循环系统的性能会产生影响，图 6 – 24 所示为 4 种不同回热器布置的 Kalina 循环系统[58]。涡轮入口温度维持在 500℃，在不同涡轮入口压力和工作溶液氨质量分数下，对 4 种构型的 Kalina 循环系统的工作参数进行优化，发现 4 种构型的 Kalina 循环系统的热效率随着涡轮入口压力的升高而升高。除 KC234 系统的热效率较低外，其他 3 种系统的工作性能非常接近，KC234 系统的热效

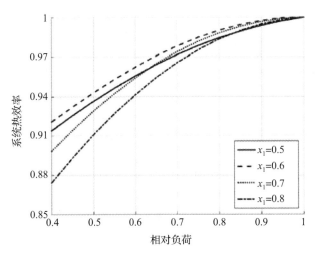

图 6 – 23　太阳能热发电用 KC12 三压 Kalina 循环系统
在部分负荷工况下的系统热效率曲线[57]

率随着工作溶液氨质量分数的增大呈大致下降的趋势，而其他 3 种构型的热效率随着工作溶液氨质量分数的增大先减小后逐渐增大。对于高温 Kalina 循环，采用回热器 RE1 可以提升系统的工作性能，而气液分离器进、出口工质流的回热布置对系统工作性能的影响不大。

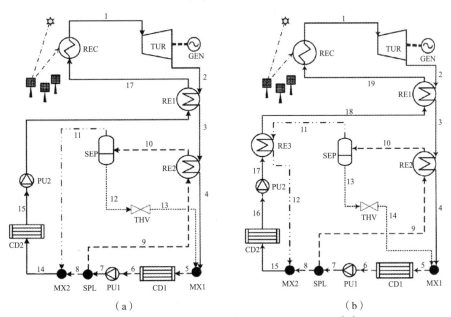

图 6 – 24　高温太阳能热发电用 Kalina 循环系统[58]
（a）KC12；（b）KC123

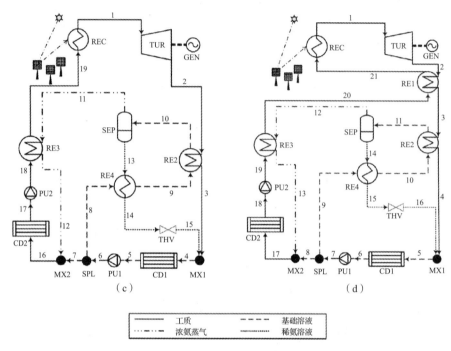

图 6 - 24 高温太阳能热发电用 Kalina 循环系统[58]（续）

（c）KC234；（d）KC1234

由于太阳辐射强度随时间变化，在集热器后增加一个储热系统，在太阳能不足时释放能量，可保证 Kalina 系统平稳运行。图 6 - 25 所示为一种太阳能热发电用带储热装置的 Kalina 循环系统[59]。分析表明存在一个最佳的涡轮入口压力和基础溶液浓度，使整个系统的净输出功率最大，而涡轮入口温度对系统的影响较小。太阳能收集装置采用 CPC，与 FPC 相比，CPC 的集热性能更好，接收角度更大，流体温度更高，更适宜高温太阳能热发电应用。图 6 - 26（a）所示为涡轮入口压力在某一天 24 小时内对系统净输出功率的影响。由于采用了储热装置，整个 Kalina 循环可持续工作。由于晚上无太阳辐射，在 6 点左右系统净输出功率降低到最小，随后，随着太阳能的逐渐增加净输出功率逐渐增大，在下午 3 点左右到达最大。随着涡轮入口压力的增加，净输出功率先增加后减小。随着涡轮入口压力的增加，涡轮的焓降增大导致净输出功率增大，当涡轮入口压力进一步增加时，蒸气发生器产生的气态工作溶液流量有所下降，导致净输出功率稍有减小。图 6 - 26（b）所示为基础溶液浓度在一天内对系统净输出功率的影响。净输出功率随时间的变化趋势与图 6 - 26（a）类似。随着基础溶液浓度的增加，净输出功率逐渐增大，当基础溶液浓度为 0.8 左右时，净输出功率达到最大，随后逐渐减小。开始时，随着基础溶液浓度的增大，蒸气发生器中的气态工作溶液流量增大，导致净输出功率增加，随着基础溶液浓度进一步增大，工作溶液中氨的浓度也增大，导致涡轮中的焓降效应增大，使净输出功率减小。

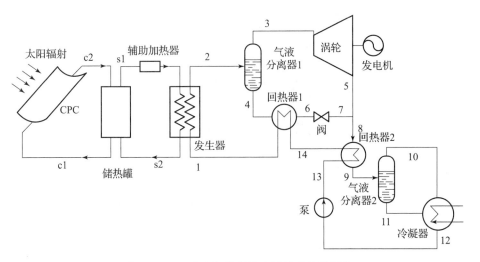

图 6 - 25　一种太阳能热发电用带储热装置的

Kalina 循环系统[59]

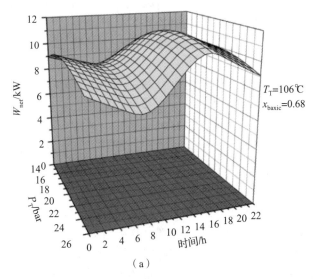

（a）

图 6 - 26　工作参数对净输出功率的影响[59]

（a）涡轮入口压力

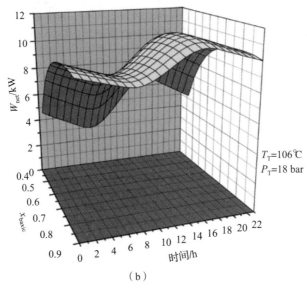

图 6 – 26 工作参数对净输出功率的影响[59]（续）

（b）基础溶液浓度

应用高温太阳能时还可以采用两级膨胀来提高系统性能。图 6 – 27（a）①所示为一种改进的 Kalina 循环系统[60]，其采用了两级涡轮膨胀机，对应的 T – s 图如图 6 – 27（b）所示。位于高压涡轮出口的气液分离器 2 用于分离高压膨胀机出口的气液两相工质，其出口的液态工质与高压涡轮入口的气液分离器 1 的液态工质混合，吸收集热器流体的余热后变成气液两相状态，经气液分离器 3 后的气态工质与气液分离器 2 的气态工质混合后进入低压膨胀机做功。

气液分离器 1 的工作压力和温度、基础溶液浓度和工作溶液质量流量是影响系统净输出功率、吸热量和热效率的关键参数，采用人工蜂群算法对这些工作参数进行优化。由于采用了限制参数和减小了局部收敛的概率，在算法结构、收敛速度和求解精度方面，人工蜂群算法比遗传算法更好。人工蜂群算法根据父代随机选取的子代与父代种群解中随机选取的个体之间的差异，生成下一代种群。该算法有 3 个重要部分：

（1）食物源：需要在此寻找最优解的优化函数变量的求解空间。

（2）工作蜂：派往食物源用于计算食物源对应的适应度值和概率的蜜蜂。

（3）非工作蜂，分为两类——侦察蜂：开始计算时随机派往食物源；旁观蜂：随机分配的用于求解下一代种群的蜜蜂，其计算每一个食物源对应的适应度值，比较它们并存储这些信息，分享给其他蜜蜂。

---

① 此图系计算机仿真图。

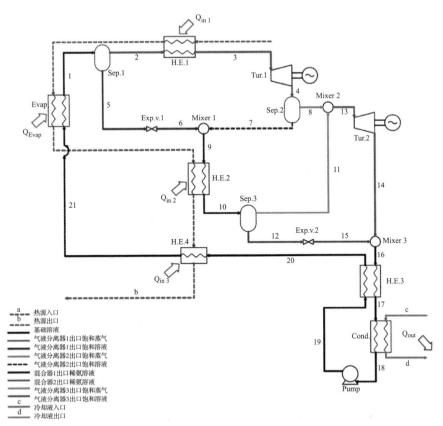

（a）

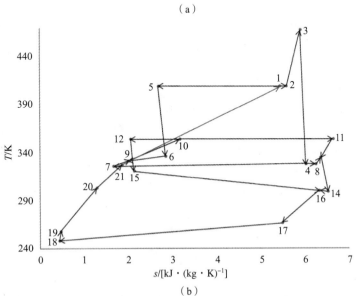

（b）

图 6 - 27　采用两级涡轮膨胀机的 Kalina 循环系统及其 $T - s$ 图[60]

该算法的主要计算参数有：

（1）适应度值：

$$\text{Fit}_i = \frac{1}{1 + F_i} \quad (F_i \text{为目标函数值}) \tag{6-91}$$

（2）概率值：

$$P_i = \frac{\text{Fit}_i}{\sum_{n=1}^{\text{SN}} \text{Fit}_n} \tag{6-92}$$

（3）由旧食物源计算的新的食物源：

$$v_{ij} = x_{ij} + \phi_{ij}(x_{ij} - x_{ik}) \tag{6-93}$$

i，j，$k \in \{1, 2, \cdots, \text{SN}\}$，SN 为食物源数，随机数 ϕ 在 $-1 \sim 1$ 范围内选取。

随后采用限制条件来排除优化过程中性能没有提高的解。以热效率为目标，采用人工蜂群算法优化后系统的工作性能见表 6-4。整个系统的净输出功率为 5.2 MW，热效率可达 26.32%。

表 6-4　基于人工蜂群算法的 Kalina 循环系统的优化结果[60]

参数	符号	单位	优化值
气液分离器 1 入口温度	T_1	℃	135.85
气液分离器 1 入口压力	P_1	bar	39.35
基础溶液氨质量分数	x_1	%	94.08
氨水流量	m_1	kg/s	12
净输出功率	W	kW	5 203
吸热量	Q_{in}	kW	19 770
热效率	η_{Thermal}	%	26.32

图 6-28 所示为气液分离器 1 的工作压力、工作温度和基础溶液氨质量分数对净输出功率的影响。当气液分离器 1 工作温度为 130℃时，随着气液分离器 1 工作压力的增大，净输出功率先增大后减小，当气液分离器 1 工作温度为 140℃时，随着气液分离器 1 工作压力的增大，净输出功率逐渐减小。随着气液分离器 1 工作温度的增加，净输出功率先增大后减小，随后又逐渐增加。当气液分离器 1 工作温度为 110℃～120℃时，净输出功率较大。随着基础溶液氨质量分数的增加，净输出功率近似线性增加。

当基础溶液浓度和质量流量取优化值时，气液分离器 1 工作压力对系统热效率的影响如图 6-29（a）所示。当气液分离器 1 工作温度分别为 140℃、150℃时，系统热效率随着气液分离器 1 工作压力增大而升高，当气液分离器工作温度为 130℃时，随着气液分离器 1 工作压力的增大，系统热效率先增大

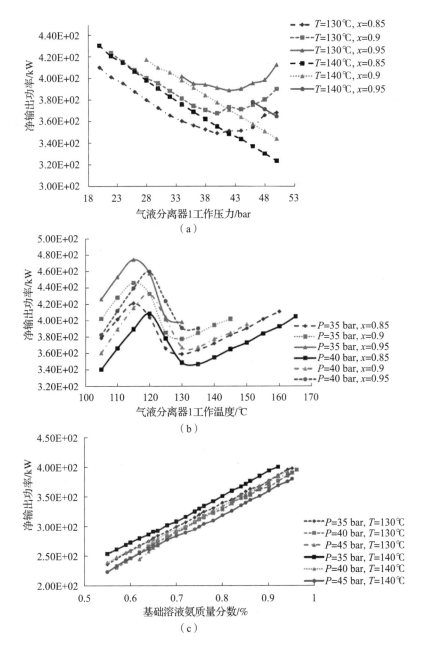

图 6 – 28　工作参数对系统净输出功率的影响[60]

（a）气液分离器 1 工作压力；（b）气液分离器 1 工作温度；（c）基础溶液氨质量分数

后减小。由于受到系统工作条件的限制，气液分离器 1 工作温度为 140℃和
150℃时的工作压力范围逐渐减小。气液分离器 1 工作温度对系统热效率的影
响如图 6 – 29（b）所示。当气液分离器 1 工作温度较低时，随着气液分离器

1 工作温度的升高系统热效率逐渐增大，当气液分离器 1 工作温度较高时，存在一个最佳的气液分离器 1 工作温度使系统热效率最高，且随着气液分离器 1 工作压力的升高，对应的最佳工作温度逐渐减小，相应的系统热效率逐渐升高。图 6 - 29（c）所示为基础溶液氨质量分数对系统热效率的影响，当基础溶液氨质量分数较低时，随着基础溶液氨质量分数的增加系统热效率快速升高，当基础溶液氨质量分数大于 0.7 时，系统热效率随着基础溶液氨质量分数的增加近似线性增大。图 6 - 29（d）所示为基础溶液质量流量对系统热效率的影响，随着基础溶液质量流量的增大系统热效率逐渐降低，气液分离器 1 工作压力和工作温度对系统热效率的影响较小。

在太阳能应用的 Kalina 循环系统中，气液分离器通常位于系统的高压侧，图 6 - 30 所示为一种气液分离器在低压侧的 Kalina 循环系统[61]，对应的工作过程的 $h - x$ 图和 $T - s$ 图如图 6 - 31 所示。气液分离器工作在低压侧，从气液

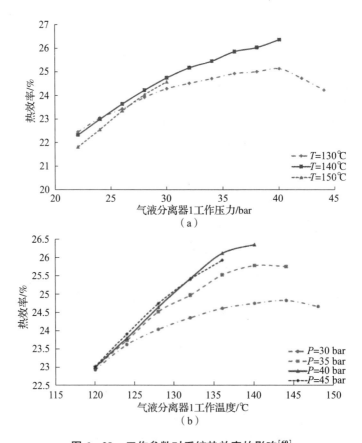

图 6 - 29　工作参数对系统热效率的影响[60]

（a）分离器 1 工作压力；（b）分离器 1 工作温度

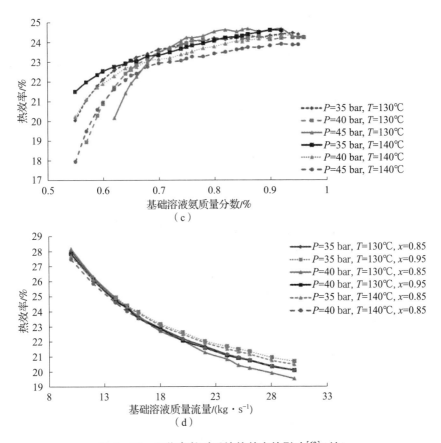

图 6 - 29　工作参数对系统热效率的影响[60]（续）

（c）基础溶液氨质量分数；（d）基础溶液质量流量

分离器流出的液体可直接送入混合器，无须采用膨胀阀。该 Kalina 循环系统采用稀氨水混合物为工作溶液，膨胀机内可获得130%的额外工质流。系统的关键工作参数包括：基础溶液浓度、气液分离器工作温度、涡轮入口压力和氨质量分数。系统工作时，再循环工质流 22 经过预热后与完全蒸发的基础溶液流 17 混合，可降低混合过程的不可逆损失，同时可提高再循环工质流的质量流量使系统输出功率最大化。

　　图 6 - 32 所示为基础溶液氨质量分数和气液分离器工作温度对系统工作性能的影响。涡轮入口压力设定为 50 bar，涡轮入口工作溶液氨质量分数为 0.8，集热器出口流体温度为217℃。根据环境温度，气液分离器工作温度范围设为 70℃ ~ 100℃，当气液分离器工作温度低于 70℃时，换热器 HE3 将失效。浓溶液氨质量分数变化范围设为 0.86 ~ 0.94。循环效率、装置总效率和比功率随着气液分离器工作温度的增加而减小。当气液分离器工作温度较高时，蒸气质量分数增加而再循环工质流量减小。因为，随着浓溶液氨质量

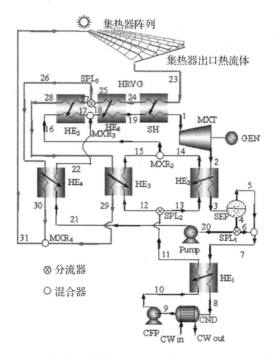

图 6-30 气液分离器位于低压侧的 Kalina 循环系统[61]

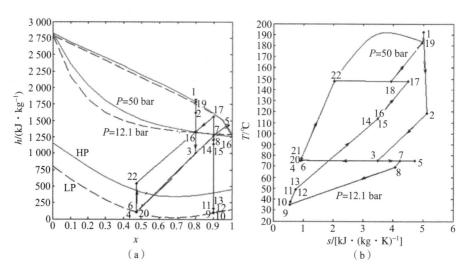

（a）   （b）

图 6-31 Kalina 循环系统工作过程的 $h-x$ 图和 $T-s$ 图[61]

分数的增加，流经涡轮的工作溶液流量增加，循环效率和装置总效率以及比功率增加。因此，当气液分离器工作温度较低，浓溶液氨质量分数较大时，工作溶液流量较大，进而获得高的系统效率和比功率。

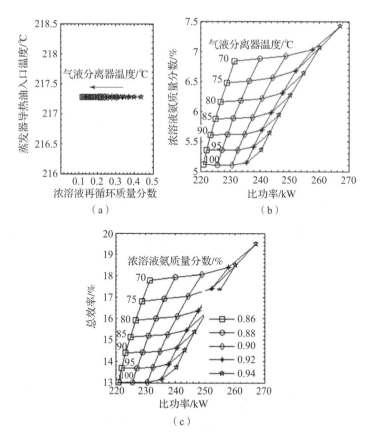

图 6-32　基础溶液氨质量分数和气液分离器工作温度对系统工作性能的影响[61]

图 6-33 所示为浓溶液氨质量分数和涡轮入口氨质量分数对系统性能的影响。气液分离器工作温度固定为 75℃，涡轮入口压力设为 50 bar。浓溶液氨质量分数范围设为 0.86～0.94，涡轮入口氨质量分数设为 0.77～0.86。由于随着涡轮入口氨质量分数的增加，相应的状态点 19 的露点温度降低，集热器的流体出口温度可适当降低。随着涡轮入口氨质量分数的增加，循环效率和装置总效率均降低，随着浓溶液氨质量分数的增加或涡轮入口氨质量分数的减小，再循环质量流量增加。当涡轮入口氨质量分数最低，浓溶液氨质量分数最大时，系统效率最高。浓溶液氨质量分数变化对系统效率影响较小，对比功率影响较大。

浓溶液氨质量分数和涡轮入口压力对系统性能的影响如图 6-34 所示。气液分离器工作温度设定为 75℃，涡轮入口氨质量分数设定为 0.8，涡轮入口压力变化范围为 25～60 bar。此时，由于循环低压侧的压力随着浓溶液氨质量分数的增加而增大，当浓溶液氨质量分数较大且涡轮入口压力较大时，系统循环效率、装置总效率和比功率均增大。

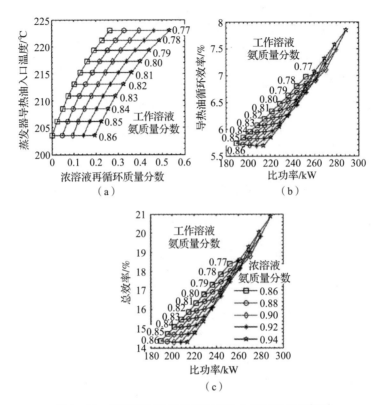

图6-33　浓溶液氨质量分数和涡轮入口氨质量分数对
系统工作性能的影响[61]

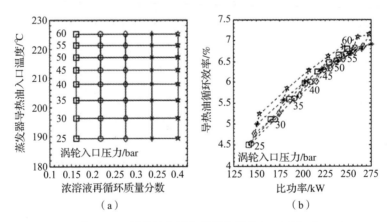

图6-34　浓溶液氨质量分数和涡轮入口压力对
系统工作性能的影响[61]

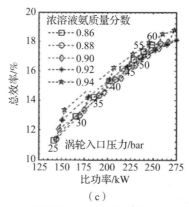

图 6-34　浓溶液氨质量分数和涡轮入口压力对系统工作性能的影响[61]（续）

6.4　烟气余热回收 Kalina 循环系统

工业生产过程中会产生大量的温度高于 250℃ 的高温烟气余热，采用 Kalina 循环来回收这些烟气余热，可提高系统能效，降低能源消耗。对于高温 Kalina 循环，热源温度较高，氨水混合物可在蒸发器内完全蒸发，往往取消高压侧的气液分离器。同时，为了调节 Kalina 循环系统工作溶液的氨质量分数，在低压侧加入一个气液分离器，组成三压 Kalina 循环系统，并采用回热器充分回收涡轮出口乏汽的余热。1983 年，Kalina 为回收大型柴油机的排气余热，提出了适用于中高温热源的三压 Kalina 循环系统[62]。设计的用于柴油机排气余热回收的三压 Kalina 循环系统如图 6-35 所示。用于同时回收排气和缸套水余热的三压 Kalina 循环系统如图 6-36 所示。通

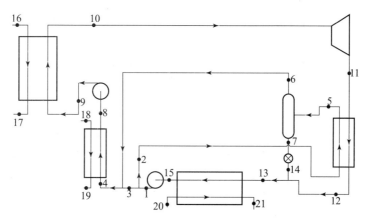

图 6-35　柴油机排气余热回收用三压 Kalina 循环系统[62]

过低压端的气液分离器调节涡轮出口氨水的浓度，利用吸收原理减小氨质量分数，降低涡轮出口压力，同时有利于下一步冷凝器中的冷凝。热源采用一台型号为 DSRV - 12 - 4 的 Delaval 柴油机，净输出功率为 5.217 MW，测量得到该柴油机在不同工况下的余热数据见表 6 - 5。

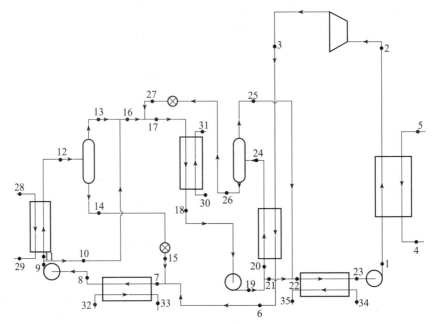

图 6 -36 同时回收柴油机排气和缸套水余热的三压 Kalina 循环系统[62]

表 6 -5 DSRV - 12 -4 柴油机的余热数据[62]

热源	入口温度/℃	出口温度/℃	余热量/kW	㶲/kW
排气	398.9	93.3	36 828	1 431.3
缸套水	79.4	72.8	23 576	277.9
润滑油	79.4	67.2	7 073	78.3
			总计	1 787.5

传统的朗肯循环在回收排气余热时的系统净输出功率为 577 kW，热效率为 15.7%。采用三压 Kalina 循环系统回收柴油机的排气余热时，系统净输出功率提高到了 730 kW，热效率为 20.5%，采用同时回收排气和缸套水余热的三压 Kalina 循环系统时的净输出功率可达 861 kW，热效率为 15.2%。与传统的朗肯循环相比，三压 Kalina 循环的能效可提高 1.35 ~ 1.5 倍。同时，由于冷凝段利用了氨水的吸收原理，显著降低了冷凝器面积以及冷却塔体积，系统成本可降低 1/3。设计的三压 Kalina 循环系统还可用于

其他场合的高温烟气余热回收。例如，针对 501 – KB5 燃气轮机的排气余热回收，Kalina 分析了三压 Kalina 循环的性能[63]，与传统朗肯循环相比，三压 Kalina 循环的热效率可提高 1.6~1.9 倍，整个燃气轮机 – Kalina 循环联合系统的能效可提高 20%。

1987 年年末，在美国能源部的支持下人们在洛杉矶西北 40 英里①外的卡诺加公园（Canoga Park）建设了全球第一个示范性的高温 Kalina 循环系统[64]，[65]。设计的高温 Kalina 循环系统构型如图 6 – 37 所示。通过改变氨水混

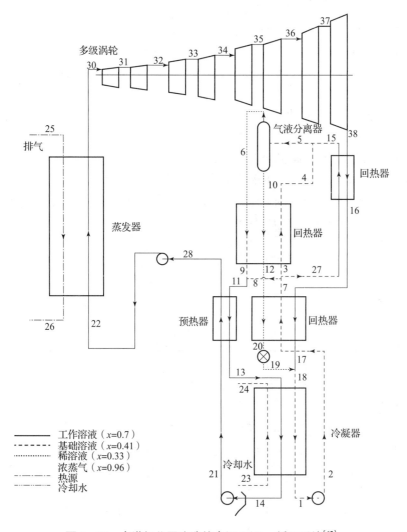

图 6 – 37　卡诺加公园建造的高温 Kalina 循环系统[65]

---

① 1 英里 = 1.609 344 千米。

合物的浓度，可提高在蒸发过程中与热源的温度匹配，以及在冷凝过程和冷源的温度匹配。如果不改变冷凝端的氨浓度，为了使氨水混合物在环境温度下完全冷凝，就需要提高氨水混合物的冷凝温度，这导致涡轮出口的冷凝压力升高，使整个系统的输出功率和热效率下降。三压 Kalina 循环系统利用吸附式制冷原理，利用涡轮出口氨水非共沸混合工质的余热来加热冷凝后工质泵出口的工质到气液两相状态，并利用气液分离器分离出的一部分稀溶液来稀释涡轮出口的浓工作溶液，使其在同样的环境温度下，用较低的冷凝压力就可以实现完全冷凝，从而显著提高整个系统的工作性能。针对热源为一台天然气锅炉的温度为 566℃ 的排气，经 Kalina 循环系统回收余热后排气温度降低到 63℃，在环境温度 15℃ 下，设 Kalina 循环系统的工作溶液氨质量分数为 0.7，则系统输出功率可达 3 MW，热效率为 28.6%，同等条件下比传统朗肯循环的效率高 25%。

氨的分子量接近水的分子量，在涡轮内部流动过程中马赫数与蒸汽涡轮相近，因此，氨水涡轮的叶片几何参数与朗肯循环的蒸汽涡轮相似。在同等热源条件下，设计的 Kalina 循环的涡轮入口压力为 11 MPa，涡轮出口压力为 1.5 bar，膨胀比为 80，相应的朗肯循环蒸汽涡轮的入口压力为 6.9 MPa，但压比却达到了 1 000。因此，Kalina 循环的氨水涡轮级数比蒸汽涡轮少，没有朗肯循环蒸汽涡轮后部大体积的低压级，减小了膨胀机的体积。同时，氨水膨胀后为过热态，避免了涡轮中液击现象的出现，降低了涡轮叶片的设计制造难度。

某些工业设备在高温高压工作环境下工作，温度可超过 773 K，压力超过 10 MPa，针对高温热源的 Kalina 循环，氨工质在高温下会发生分解，对金属产生氮化效应，导致设备腐蚀。纯氨分子在铁的催化作用下，当温度超过 300℃ 时就会分解为氢和氮，但是由于氨水中含有水分子，水分子会降低铁的催化能力。如果采用镍基的不锈钢材料，铁的催化作用会进一步减弱。当温度超过 450℃ 时，不锈钢的表面会出现氮化现象，但实际运行的案例表明氨水对不锈钢材料的腐蚀作用在可控的范围内[66]。因此，氨水对不锈钢等金属的腐蚀性较小。

高温 Kalina 循环系统常采用多个换热器来提高系统效率，降低不可逆损失。为了进一步减小冷凝过程的㶲损，Kalina 等在一台功率为 86 MW 的大型高温 KCS6 Kalina 循环系统的基础上，设计了一个分馏冷凝系统 DCSS[67]。KCS6 Kalina 循环系统的构型如图 6 - 38（a）所示，循环的高温端包括 1 台余热锅炉、3 个氨水涡轮级和中低压涡轮之间的 1 个回热器。设计的分馏冷凝子系统如图 6 - 38（b）所示，包括 1 个高压冷凝器、1 个低压冷凝器、2 个中间换热器、1 个气液分离器和 2 个工质泵。低压涡轮出口的压力为 2.89 bar 浓度为 0.75 的工作溶液进入低压回热器换热后，被来自气液分离器的浓度为 0.42 的稀溶液 10

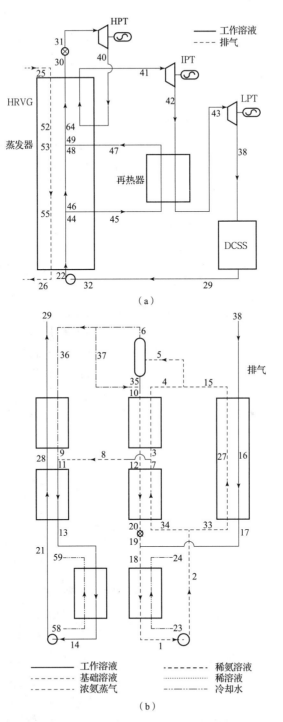

图 6 – 38　带分馏冷凝的 Kalina 循环系统[67]

（a）KCS6 Kalina 循环系统；（b）分馏冷凝子系统

稀释到 0.5 的浓度，随后在低压冷凝器中被 18℃ 的冷却水冷凝到饱和液态，经低压工质泵加压到 6.4 bar，随后在低压回热器中被加热到气液两相状态，闪蒸罐出口浓度为 0.97 的气态浓溶液 36 与浓度为 0.5 的基础溶液混合成浓度为 0.75、压力为 6.44 bar 的工作溶液，经高压冷凝器冷凝后被高压工质泵加压到 25.74 bar。

设计的 KCS6 Kalina 循环系统用于回收 ABB 公司一台功率为 227 MW 的燃气轮机的排气余热，与双压朗肯循环系统相比，可额外输出 12.1 MW 的功率。虽然 Kalina 循环的涡轮成本低于朗肯循环，但换热过程中的温差减小，导致换热器面积增大，同时分馏冷凝子系统的成本较高，使系统总投资成本稍高于朗肯循环系统。

在三压 Kalina 循环中，当热源温度和蒸发器工作压力一定时，存在一个最佳的基础溶液氨浓度使系统的热效率最大。当基础溶液氨浓度和热源温度一定时，随着蒸发器工作压力的提高，系统热效率也逐渐增大。蒸发器内工质与热源之间的换热效率也会影响系统的工作性能。由于非共沸混合工质在蒸发过程中的温度滑移特性，在不同的热源温度下，Kalina 循环的蒸发器㶲效率都高于传统的朗肯循环。图 6-39 所示为 Kalina 循环与朗肯循环的蒸发器㶲效率的对比[68]，当热源温度在 740~880K 范围内变化时，采用氨水为工质的 Kalina 循环系统的蒸发器㶲效率均明显高于采用水为工质的朗肯循环蒸发器。

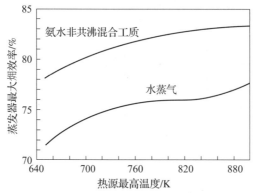

图 6-39　Kalina 循环与朗肯循环的蒸发器㶲效率对比[68]

当携带余热的烟气温度较高时，在三压 Kalina 循环的基础上，通过加入再热器可进一步提高系统的工作性能。图 6-40 所示为带两级再热的 Kalina 循环系统[69]，在过热器后面的涡轮采用了三级设计，在高压涡轮与中压涡轮之间以及中压涡轮与低压涡轮之间各加入一个再热器。当系统高压为 110 bar，中压为 4.7 bar，低压为 1.7 bar，高压膨胀机入口工质温度为 510℃，气液分离器入口浓溶液与出口稀溶液氨质量分数差为 0.8，气液分离器出口的浓气态工质流氨质量分数为 0.967 时，在不同的低压冷凝器出口的浓溶液氨质量分数下，系统热效率随工作溶液氨质量分数的变化曲线如图 6－41 所示。当浓溶液氨质量分数一定时，随着工作溶液氨质量分数的增加，系统热效率先增大后减小，存在一个最佳的工作溶液氨质量分数使系统热效率最大。随着浓溶液氨质量分数的逐渐减小，系统最大热效率逐渐减小，对应的工作溶液氨质量分数逐渐减小。

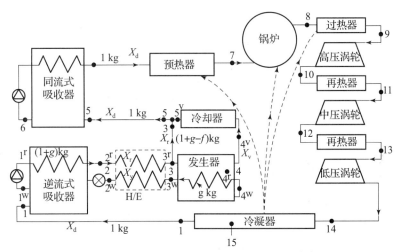

图 6－40　带两级再热的 Kalina 循环系统[69]

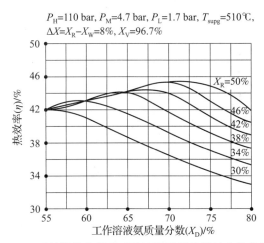

图 6－41　系统热效率随基础溶液氨质量分数的变化曲线[69]

在带两级再热的三压 Kalina 循环系统中，再热器出口的高压值、低压涡轮出口的低压值和气液分离器出口的中压值是影响系统工作性能的 3 个重要参数。系统热效率随系统的低压值和中压值的变化曲线如图 6－42（a）所示。随着系统中压值的升高，热效率总体呈下降趋势，当中压值较低时，系统热效率随着低压值的增大而近似线性减小，当中压值较高时，随着低压值的增大，系统热效率先增大后减小。图 6 - 42（b）所示为系统高压值和高压涡轮入口温度对系统工作性能的影响，随着高压值和高压涡轮入口温度的增大，系统热效率逐渐增大。

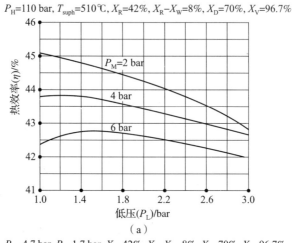

P_H=110 bar, T_{suph}=510℃, X_R=42%, X_R-X_W=8%, X_D=70%, X_V=96.7%

（a）

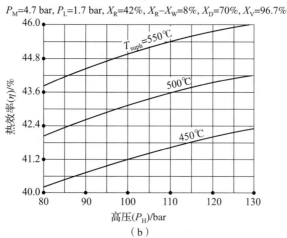

P_M=4.7 bar, P_L=1.7 bar, X_R=42%, X_R-X_W=8%, X_D=70%, X_V=96.7%

（b）

图 6 - 42　系统热效率随工作压力的变化曲线[69]

（a）系统低压值和中压值的影响；

（b）系统高压值和高压涡轮入口温度的影响

环境温度变化也会对 Kalina 循环系统的工作性能产生影响。在不同的系统低压值下，系统热效率随环境温度的变化曲线如图 6 - 43 所示。当低压值较高时，优化热效率随环境温度的升高近似线性降低，当低压值较低时，热效率先线性下降，在温度较高时下降速率明显增大，热效率曲线出现一个拐点。

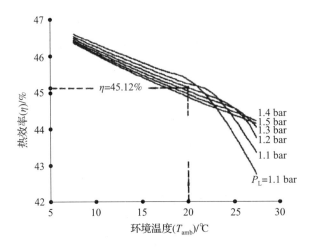

图 6 – 43　环境温度对三压 Kalina 循环系统热效率的影响[69]

对高温 Kalina 循环系统而言，由于热源温度较高，一般不需要在涡轮入口采用气液分离器。图 6 – 44（a）所示为一种高温 Kalina 循环[70]系统，其在高压侧加入气液分离器，并对气液分离器出口气态的浓氨水工质进行过热，同时还采用了两级再热设计。系统最高工作温度为 400℃时，对应工作过程的 $T-s$ 图如图 6 – 44（b）所示。

定义该 Kalina 循环系统的蒸发温度为氨水混合物进入气液分离器的入口温度。在不同蒸发温度下 Kalina 循环系统热效率的变化曲线如图 6 – 45（a）所示，随着蒸发温度的增大，Kalina 循环系统的热效率有轻微的升高，与朗肯循环系统相比，Kalina 循环系统的热效率明显较高，尤其当蒸发温度较低

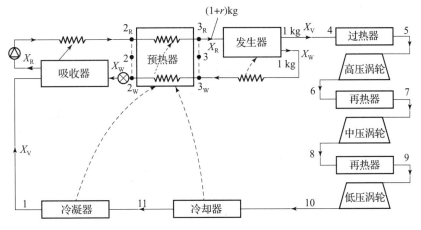

图 6 – 44　涡轮入口带气液分离器的高温 Kalina 循环系统和

工作过程的 $T-s$ 图[70]

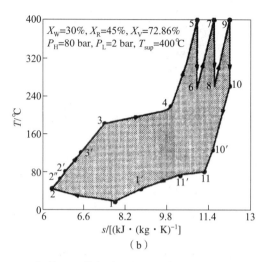

（b）

**图 6 - 44　涡轮入口带气液分离器的高温 Kalina 循环系统和
工作过程的 $T - s$ 图[70]（续）**

时，这一差异非常大。当蒸发温度较高时，与传统的朗肯循环系统相比，
Kalina 循环系统的能效可提高 20%，当蒸发温度较低时，Kalina 循环系统的
能效提高比例甚至可达 70%。

图 6 - 45（b）所示为不同稀溶液氨质量分数下，浓溶液与稀溶液氨质量
分数差对系统热效率的影响。在系统高压侧压力为 100 bar，低压侧压力为
2 bar，工质最大过热温度为 500℃ 时，在一定的稀溶液氨质量分数下，当氨质
量分数差为 10% 左右时，系统热效率达到最大值，随着浓溶液氨质量分数的
增大，系统的热效率逐渐增加。

在朗肯循环系统中有时采用抽气回热来提高系统性能，在高温 Kalina 循
环系统中也可采用抽气回热，在一定程度上提高系统性能。图 6 - 46 所示为
一种带开式抽气回热器的高温 Kalina 循环系统[71]。将氨水涡轮中的部分工质
抽出后与高压工质泵出口的工质混合，再次加压后送入涡轮。该系统存在一
个最大的抽气压力和抽气比例使系统净输出功率和热效率达到最大。在涡轮
入口压力为 10 MPa，涡轮入口温度为 500℃，系统冷凝压力为 0.67 MPa，基
础溶液氨质量分数为 0.75 时，系统工作性能随抽气压力和抽气比例的变化特
性如图 6 - 47 所示。随着抽气压力的增大，对应的最大抽气比例也升高，而
对应的净输出功率和热效率先增大后减小。当抽气压力一定时，为保证工质
泵入口 22 的氨水混合工质处于饱和液态，抽出的气态工质流 21 的质量流量
受到限制，因此在一定的抽气压力下存在一个对应的最大抽气流量比。当抽
气压力逐渐增大时，抽气部分工质流的回热效果逐渐增大，导致净输出功率

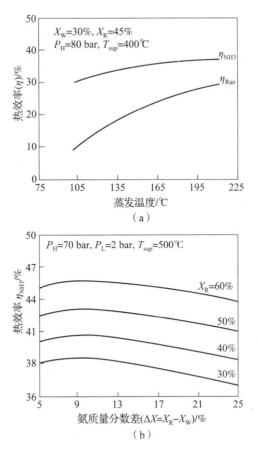

图 6 – 45　Kalina 循环系统热效率随蒸发温度和
浓、稀溶液氨质量分数差的变化曲线[70]

和热效率增大，但继续增大抽气压力和抽气比例，会导致抽出部分工质流在
涡轮中的膨胀功损失增大，也使锅炉出口的排气温度升高，降低了热源利用
效果。在同等条件下，不采用抽气回热的 Kalina 循环系统的净输出功率为
569 kW，热效率为 27.7%，采用抽气回热后的系统净输出功率为 584 kW，热
效率为 28.4%，热效率提高了 2.5%。

　　针对生物质能热发电系统，Kalina 曾设计了一种 KCS21 高温 Kalina 循环
系统[72]，如图6 – 48 所示。该系统适用于热源入口温度为 204℃ ~ 580℃ 的生
物质余热锅炉。在该系统中，完全冷凝的浓基础溶液 1 经工质泵 P1 后被加压
到高压状态 2，随后经换热器 HE2、HE3 和 HE5 被加热到接近过热状态 4。从
闪蒸罐 S1 流出的稀饱和溶液 24 经工质泵 P2，换热器 H4、H6 后，被加热到
气液两相状态 5，混合后的气液两相工质 7 在闪蒸罐 S2 中分离，其饱和气态

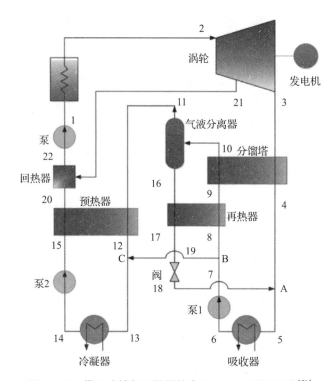

图6-46 带开式抽气回热器的高温 Kalina 循环系统[71]

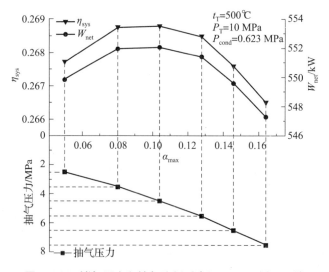

图6-47 抽气压力和抽气比例对高温 Kalina 循环系统工作性能的影响[71]

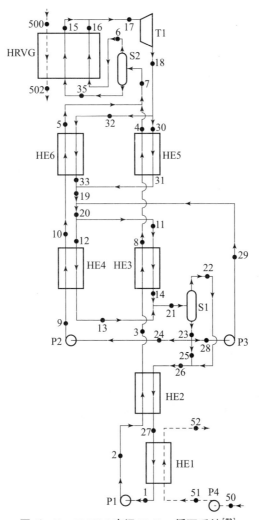

图 6-48　KCS21 高温 Kalina 循环系统[72]

工质和饱和液态工质在生物质余热锅炉中吸收生物质燃烧后的高温热能后，变成过热蒸气，并组合成一股工质流 17，随后进入涡轮 T1 膨胀。低压过热蒸汽 18 分别经过换热器 HE5 和 HE6 后，变成稍过热的气态工质 19，来自闪蒸罐 S1 的稀饱和液态工质 28 经工质泵 P3 加压后的过冷液态工质 29 与工质流 19 混合形成饱和气态工质 20。随后，经 HE3 和 HE4 换热后，重新混合成气液两相状态 21，进入闪蒸罐 S1 分离成饱和气态工质 22 和饱和液态工质 23，饱和气态工质 22 与部分饱和液态工质 25 混合后，经回热后被重新冷凝成浓的饱和状态基础溶液 1。虽然基础溶液的氨浓度高于工作溶液，但是由于流经涡轮的工作溶液流量等于基础溶液流量加上再循环系统的稀溶液流量，因此可大幅提高工作溶液的流量，从而增大系统的输出功率。而涡轮的出口背压由基础溶液的冷凝压力决定，可以比传统的朗肯循环的压力大很多，达到 6.9 ~ 8.3 bar，同时涡轮入口压力可以控制在 44.8 ~ 48.3 bar 的适中水平。由于很多生物质燃烧有一定湿度，燃烧的温度较低，设计时可采用部分燃烧后的烟气再循环来控制燃烧过程的温度到一个较低的水平，从而控制 NOx 的排放。由于 KCS21 高温 Kalina 循环系统的涡轮入口压力较小，出口背压较高，整个压比较低，其涡轮造价会比传统的朗肯循环系统的涡轮低很多。KCS21 高温 Kalina 循环系统的热效率可达 37%，比传统的朗肯循环系统高 40%，同时由于余热锅炉的尺寸减小很多，系统成本可降低 30% 左右。

针对高温烟气的余热回收，也有学者在 Kalina 设计的三压 Kalina 循环系统的基础上，提出了一些新的三压系统。图 6 - 49（a）所示为一种简化三压 Kalina 循环系统[73]。在该三压 Kalina 循环系统中，存在一个浓的工作溶液循环通道和一个稀的液态溶液再循环通道，其质量流的拓扑图如图 6 - 49（b）所示。涡轮入口压力作为设计工作参数，涡轮出口压力由工作溶液浓度和低压冷凝器出口的饱和液态工质温度决定，气液分离器工作压力由工作溶液浓度和高压冷凝器出口的饱和液态工质温度决定。实际运行时，需要控制流入气液分离器的工质 1 流量，其会影响气液分离器工作温度和进入分离器的工质流浓度，以及旁通流 20 的流量，因为它会影响流入涡轮的工作溶液浓度。通过设定气液分离器工作温度和涡轮入口工作溶液的浓度，可得到相应的工质流 1 和 20 的流量。当涡轮入口压力为 10 MPa，涡轮入口温度为 500℃时，不同涡轮入口工质氨浓度和气液分离器工作温度下的两股工质流的流量曲线

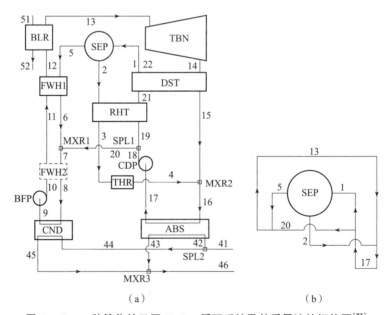

（a）   （b）

图 6-49　一种简化的三压 Kalina 循环系统及其质量流的拓扑图[73]

如图 6 – 50（a）和（b）所示。随着气液分离器工作温度的升高，工质流 1 的流量明显下降，工质流 20 的流量在较高的工作溶液氨浓度下也逐渐下降，在较小的工作溶液氨浓度下其流量先减小后逐渐增大。热效率的变化曲线如图 6 – 50（c）所示，在一定的工作溶液氨浓度下，热效率随着气液分离器工作温度的升高先逐渐增大后减小，存在一个最佳的气液分离器工作温度使热效率最大。大体上当气液分离器工作温度较低，工作溶液氨浓度较小时，热效率稍高。系统的优化性能与 El – Sayed 和 Tribus 分析的复杂 Kalina 循环系统[74]相比稍低，但系统结构和换热器个数有明显减少，有利于实际应用。

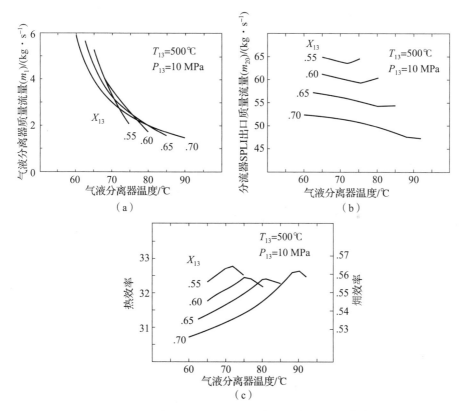

图 6 – 50　气液分离器工作温度对系统性能的影响[73]

（a）气液分离器入口质量流量（m_1）；（b）分流器 SPL1 出口质量流量（m_{20}）；（c）热效率

针对燃气轮机尾气余热回收，图 6 – 51 所示为一种三压 Kalina 循环系统构型[75]。设燃气轮机排气出口温度为 550℃，涡轮入口压力为 110 bar，系统热效率和㶲效率随工作溶液氨质量分数的变化曲线如图 6 – 52 所示。当气液分离器工作温度一定，随着涡轮入口温度的增加和涡轮入口氨质量分数的降低，系统热效率逐渐增大。系统㶲效率也随着涡轮入口温度的升高而增大，

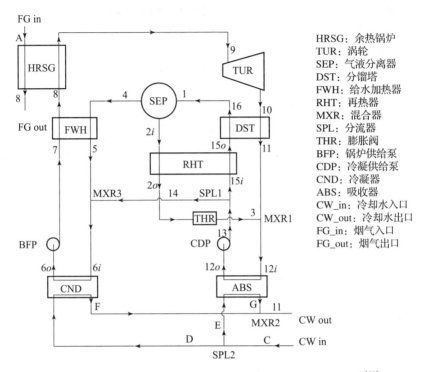

HRSG：余热锅炉
TUR：涡轮
SEP：气液分离器
DST：分馏塔
FWH：给水加热器
RHT：再热器
MXR：混合器
SPL：分流器
THR：膨胀阀
BFP：锅炉供给泵
CDP：冷凝供给泵
CND：冷凝器
ABS：吸收器
CW_in：冷却水入口
CW_out：冷却水出口
FG_in：烟气入口
FG_out：烟气出口

图 6-51 用于燃气轮机排气余热回收的三压 Kalina 循环系统[75]

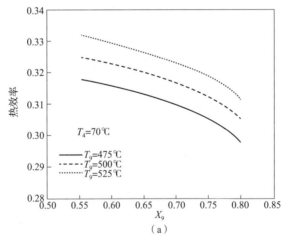

图 6-52 工作溶液氨质量分数对系统效率的影响[75]

（a）气液分离器出口温度 T_4 为 70℃时的热效率变化曲线

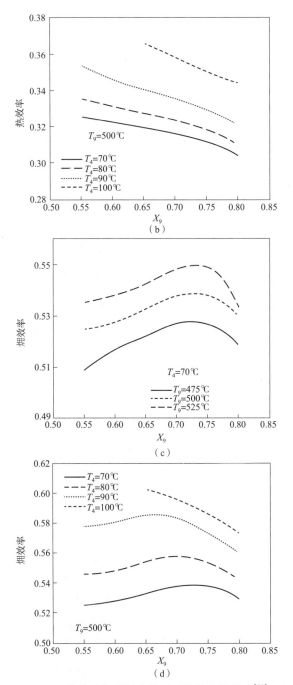

图 6-52　工作溶液氨质量分数对系统效率的影响[75]（续）

（b）涡轮入口温度为500℃时的热效率变化曲线；

（c）气液分离器出口温度 T_4 为70℃时的㶲效率变化曲线；

（d）涡轮入口温度为500℃时的㶲效率变化曲线

但对应一定的涡轮入口温度存在一个最佳的涡轮入口氨质量分数使系统㶲效率最大。这是因为当涡轮入口氨质量分数较小时，膨胀机中的不可逆损失较大，而当涡轮入口氨质量分数较大时，余热锅炉中的不可逆损失加大。当涡轮入口温度一定时，随着气液分离器工作温度的升高和涡轮入口氨质量分数的减小，系统热效率和㶲效率逐渐增大。一定的气液分离器工作温度存在一个对应的最佳涡轮入口氨质量分数，使系统㶲效率最大。随着气液分离器工作温度的升高，允许的涡轮入口氨质量分数范围逐渐减小，说明气液分离器工作温度的升高存在一定的限制。

在设计的 Kalina 循环系统中，采用了分流方法来提高热端的换热效果，而在简化的三压 Kalina 循环系统中，简化了热端的换热设计，仅采用单路的工作溶液流。针对大型船用柴油机的排气余热回收，Larsen 等分析了热端采用分流方法来提高系统性能的可行性[76]。热端无分流的 Kalina 循环系统如图 6－53 所示，热端带分流的 Kalina 循环系统如图 6－54 所示。两股不同浓度的氨工质流进入蒸发器 1，工质流 25 的氨浓度较高，工质流 31 的氨浓度较低，在蒸发器 1 内，工质流 25 完全蒸发到饱和气态，工质流 31 被加热到饱和液态，随后，它们在等压下混合。需采用 3 个分流器和 2 个混合器来将气液分离器出口的三股工质流 11、12 和 18 进行分流并重新混合，从而实现所需的两股不同浓度的工质流的混合。通过控制这 3 股工质流的流量和组分，可在一定范围内调节蒸发器 1 中的两股工质流的浓度和流量。

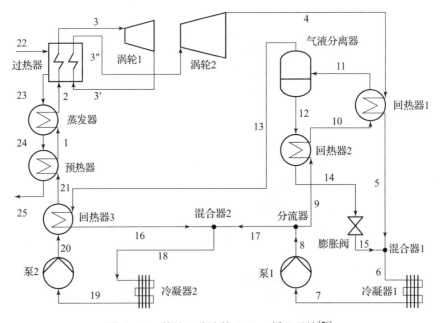

图 6－53　热端无分流的 Kalina 循环系统[76]

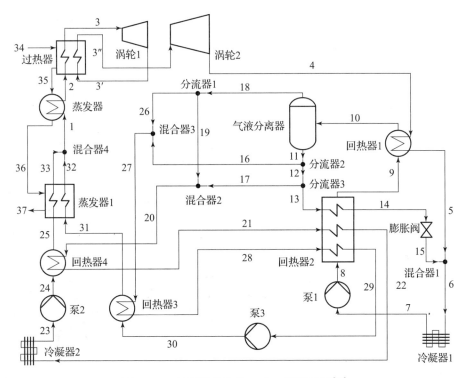

图 6－54　热端带分流的 Kalina 循环系统[76]

　　热端带分流的 Kalina 循环系统通过改变工作溶液在蒸发过程中的氨浓度，提高了高温侧热源与工质在换热过程中的温度匹配，如图 6－55（a）所示。图中 34～37 表示高温烟气的换热，25，31～$T_{r,b}$ 表示蒸发器 1 内两股工质流的预热过程，随后的 $T_{r,b}$～1 表示两股工质流的换热过程，上方的虚线表示当两股工质流合并为一股工质流时的换热过程，此时工质的泡点温度过高，已经超过换热器的夹点温差；下方的虚线表示两股工质流中的浓工质流的换热过程，此时夹点温差加大，换热器中熵产增加。此设计中要求在混合器 4 入口的两股等压的工质流分别处于饱和气态和饱和液态，一旦一股工质流的浓度已知，对应的另一股工质流的浓度为定值，其混合的温度也为定值，如图 6－55（b）所示。随着浓工质流氨质量分数的增加，对应的稀工质流氨质量分数也增大，而混合温度逐渐下降。

　　Kalina 循环系统中气液分离器出口的液态稀溶液用于稀释和吸收涡轮出口的浓工作溶液，使其能在较低的压力下实现冷凝。同时，气液分离器还必须提供浓气态溶液将冷凝后的基础溶液氨质量分数恢复至工作溶液水平。通过控制气液分离器出口的稀溶液浓度和流量可实现基础溶液氨质量分数的调节。气液分离器在低工作压力和高工作温度下可输出更低浓度的稀溶液，在

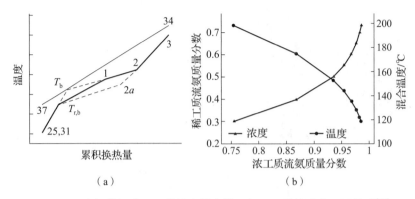

图 6-55 高温段温度匹配曲线和混合器 4 入口工质的浓度匹配关系[76]

高工作压力和低工作温度下可输出更大流量的稀溶液,降低气液分离器入口的基础溶液氨质量分数,也可以增大气液分离器出口的稀溶液流量。由于涡轮出口工质流提供的热量有限,气液分离器输出的稀工质流的浓度和流量受到限制,导致涡轮出口的压力不能太低。对于涡轮来说,提高工作溶液的浓度可稍微增大涡轮输出功率,但是不利于低压冷凝器中的冷凝过程,相比较而言提高膨胀比能更显著地提升涡轮输出功率。采用遗传算法优化的 4 种不同构型的 Kalina 循环系统的总体性能对比见表 6-6,分流式 Kalina 循环系统的净输出功率和热效率稍高于无分流的 Kalina 循环系统。分流式 Kalina 循环系统增加了蒸发器 1 和 2 的面积,导致其成本增加,使分流式 Kalina 循环系统的经济性稍低于无分流的 Kalina 循环系统。

表 6-6 分流对 Kalina 循环系统性能的影响对比[76]

系统	净输出功率 /kW	热效率 /%	单位功率成本 /($ · kW^{-1})	投资回报期 /年
Kalina 循环系统	1 753	20.80	1 062	2.00
带再热的 Kalina 循环系统	1 813	21.50	1 251	2.36
分流式 Kalina 循环系统	1 858	22.10	1 140	2.15
带再热的分流式循环系统	1 953	23.20	1 351	2.55

在高温 Kalina 循环系统中,Chen 等曾提出了一种采用分流装置的双压 Kalina 循环系统[77],用于回收船用柴油机的排气余热。在热源温度为 346℃,流量为 35 kg/s 时,Kalina 循环系统的净输出功率可达 2 015 kW,热效率为 21.5%,而采用 MM 为工质的 ORC 系统的净输出功率为 1 852 kW,热效率为 20.4%,双压 Kalina 循环系统的性能优于 ORC 系统。

6.5　Goswami 循环

在 Kalina 循环的基础上，Goswami 等提出了一种发电和制冷联合循环，被称为 Goswami 循环[78]。Goswami 循环系统如图 6 – 56 所示，其采用氨水为工质，经过蒸发器后仅有部分工质冷却，经过重整提高膨胀机入口的氨浓度，近乎纯氨的工质经膨胀机后温度降到低于环境温度，随后经空冷器吸热，实现制冷功能。Goswami 循环系统输出了机械功和冷㶲，能效得到明显提升。该系统可应用于温度低至 100℃ 的热源。

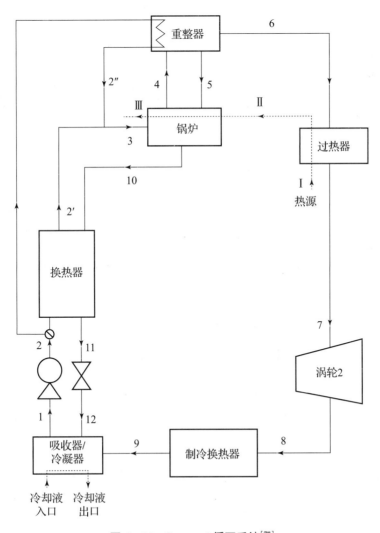

图 6 – 56　Goswami 循环系统[78]

通过调整系统工作参数，可在一定范围内调整输出功和冷㶲的比例，应用时可根据不同的目的调整优化系统工作参数。以低制冷温度下的制冷量为目标，采用广义梯度下降优化算法来分析系统的工作性能[79]。设定热源温度为 360 K，环境温度为 290 K，系统的工作性能随制冷温度的变化曲线如图 6-57 所示。系统最低制冷温度可达 205 K，当制冷温度从 265 K 逐渐降低到 245 K，系统能效有轻微的升高，随着制冷温度的进一步下降，系统能效逐渐降低。当制冷温度为 245 K 时，系统能效最大，热效率达 17.4%，㶲效率为 63.7%。与 Kalina 循环系统相比，Goswami 循环系统的基础溶液氨质量分数明显减小，优化的基础溶液氨质量分数变化趋势与能效一致，最大氨质量分数接近 0.3。图 6-57（c）所示为输出功率与制冷量随制冷温度的变化曲线，当制冷温度为 206~245 K 时，随着制冷温度的升高，制冷量和输出功率均增大，当制冷温度大于 245 K 后，输出功率基本维持不变，而由于 COP 值变大制冷量逐渐降低。

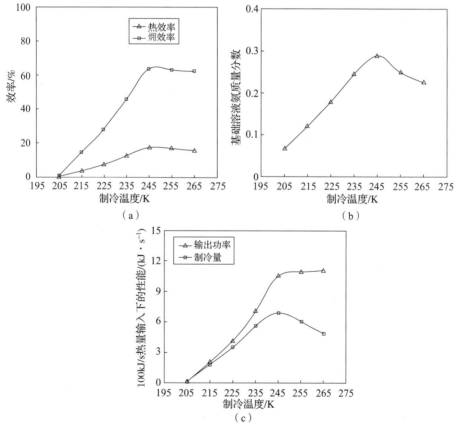

图 6-57　Goswami 循环系统的工作性能随制冷温度的变化曲线[79]

（a）系统热效率；（b）基础溶液氨质量分数；（c）输出功率和制冷量

在进行系统的优化性能计算时，由于制冷量的权重较低，系统倾向于输出更多有用功，可将制冷量的权重调整为与输出功率一样，按式（6-94）定义新的㶲效率。重新优化计算后得到 Goswami 系统工作性能随制冷温度的变化曲线如图 6-58 所示。㶲效率随着制冷温度的下降单调降低，基础溶液氨质量分数随着制冷温度的降低也逐渐减小，但其变化范围明显大于图 6-57（b）所示的结果。由于吸收器的温度为固定值，此时基础溶液氨质量分数由其压力决定，而吸收器的工作压力随着制冷温度的降低而减小，导致基础溶液氨质量分数也减小。新的优化结果显示制冷量的变化趋势与输出功率一样，随着制冷温度的升高而逐渐增大，避免了图 6-57 中制冷量不足的情况。针对环境温度变化的评估表明，随着环境温度的降低，Goswami 循环系统的能效近似线性增大[80]。

$$\eta_2 = \frac{W_n + \dot{Q}_{cool}}{\dot{m}_{hs}\left[(h_{hs}^{in} - h_0) - T_0(s_{hs}^{in} - s_0)\right]} \qquad (6-94)$$

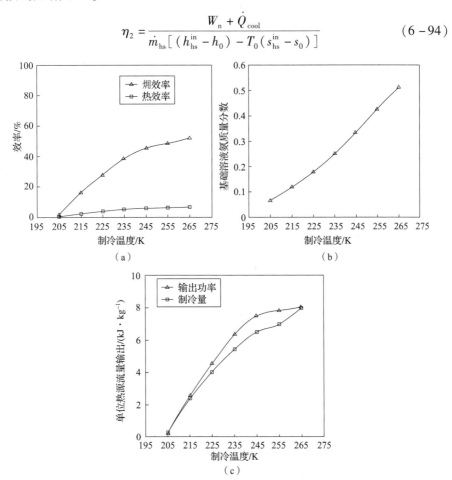

图 6-58　重新优化后的 Goswami 循环系统工作性能随制冷温度的变化曲线[80]

(a) 系统热效率；(b) 基础溶液氨质量分数；(c) 输出功和制冷量

Vijayaraghavan 和 Goswami 还研究了采用不同工质时 Goswami 循环系统的性能[81]。考虑的工质包括饱和烷烃混合物，低沸点成分为丙烷和异丁烷，高沸点成分为碳原子数大于等于 8 的烷烃，如正辛烷等，具体见表 6-7。

表 6-7 Goswami 循环系统考虑的工质[81]

工质	质量分数/%	T_m/K	T_b/K	T_c/K	P_c/MPa
氨	17.03	195.30	239.85	405.50	11.35
甲烷	16.04	90.70	111.60	190.50	4.604
乙烷	30.07	90.30	184.50	305.40	4.884
丙烷	44.10	85.50	231.00	369.80	4.250
正丁烷	58.12	134.90	272.60	425.10	3.784
异丁烷	58.12	134.80	261.40	407.80	3.630
正己烷	86.18	178.15	342.15	507.70	3.010
正庚烷	100.20	182.50	371.60	540.30	2.756
正辛烷	114.23	216.30	398.80	568.90	2.493
正壬烷	128.60	219.60	424.00	594.60	2.288
正癸烷	142.29	243.40	447.30	617.70	2.104
正十一烷	156.39	247.50	469.10	638.80	1.966
正十二烷	170.34	263.50	489.50	658.20	1.824
水	18.02	273.15	373.15	646.99	22.060

由于受到吸收器工作温度的限制，采用有机工质时的制冷温度受到限制，设膨胀机出口的工质温度高于 285 K，定义系统的㶲效率和能源利用效率 REU（Resource Energy Utilization）为

$$\eta_2 = \frac{W_n + E_c}{E_{hs,in} - E_{hs,out}} \qquad (6-95)$$

$$REU = \frac{W_n + E_c}{E_{hs,in}} \qquad (6-96)$$

图 6-59 所示为系统㶲效率和 REU 的变化曲线，图中氨水工质的制冷温度设为 280K，有机混合工质中，异丁烷/正十一烷的㶲效率在不同的热源温度下稍高于其他有机混合工质，但仍然明显低于氨水工质。异丁烷/正十二烷的㶲效率在较低的热源温度下稍低于异丁烷/正十一烷，当热源温度较高时，

二者的㶲效率几乎相等。采用有机混合工质的膨胀机膨胀比明显低于氨水工质，这是导致其性能不如氨水的主要原因。

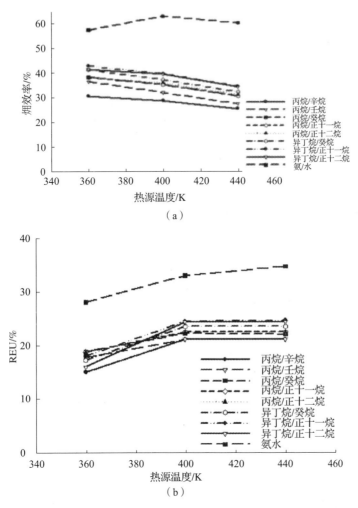

图 6-59   热源温度对采用不同工质的 Goswami 循环系统性能的影响[81]

(a) 㶲效率；(b) REU

6.6   非氨水工质

Kalina 循环通常采用氨水混合物为工质，实际上也可以采用其他非共沸混合工质。有些学者研究了采用不同非共沸混合工质的 Kalina 循环系统的性能。针对热源温度在 200℃ ~ 400℃ 范围，Eller 等研究了非共沸醇类混合物的 KCS34 循环的热力学性能，并与采用非共沸混合工质的亚临界和超临界

ORC 系统进行了对比[82]。考虑的醇类工质包括从甲醇到庚醇的 7 种工质，见表 6-8。随着醇类工质的碳原子数的增加，其在水中的溶解度逐渐降低。在 1 bar 压力下，醇类工质与水的混合物的温度滑移如图 6-60（a）所示，氨水的最大温度滑移可达 94.3 K，醇类中甲醇/水混合物的最大温度滑移仅为 13.5 K，醇水混合物的温度滑移明显小于氨水。不同醇类非共沸混合物的温度滑移如图 6-60（b）所示，醇类混合物的最大温度滑移可达 71.6 K，其中甲醇/庚醇、乙醇/庚醇、甲醇/己醇 3 种混合物的温度滑移接近氨水。

表 6-8 用于 Kalina 循环的醇类工质[82]

工质	化学式	常压沸点 /℃	临界压力 /bar	常压水溶性
甲醇	CH_4O	64.20	80.80	完全
乙醇	C_2H_6O	78.00	61.40	完全
丙醇	C_3H_8O	96.80	51.70	完全
丁醇	$C_4H_{10}O$	117.40	44.10	部分
戊醇	$C_5H_{12}O$	137.40	39.00	部分
己醇	$C_6H_{14}O$	156.40	34.50	不
庚醇	$C_7H_{16}O$	175.10	30.90	不

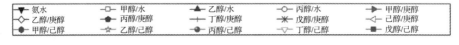

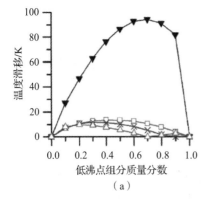

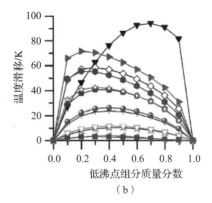

图 6-60 1 bar 压力下醇类工质与水的温度滑移
和醇类工质混合物的温度滑移[82]

在不同热源温度下，采用甲醇/己醇混合工质的系统㶲效率随低沸点组分质量分数的变化趋势如图 6 - 61 （a）所示。在热源温度一定时，随着低沸点组分质量分数的增加，㶲效率先增大后减小，存在一个最优的组分比使㶲效率达到最大值，且该最优组分比会随着热源温度在一定范围内变化。甲醇/庚醇混合工质的结果如图 6 - 61 （b）所示，其变化趋势与图 6 - 61 （a）接近，但最大㶲效率稍高于甲醇/己醇混合工质。

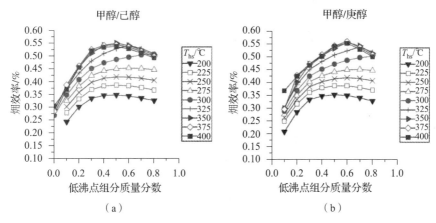

图 6 - 61　低沸点组分质量分数对系统㶲效率的影响[82]

（a）甲醇/己醇；（b）甲醇/庚醇

采用醇类混合工质与采用氨水工质的 Kalina 循环系统对比如图 6 - 62 （a）所示，在大部分温度范围内，醇类混合工质的性能明显优于氨水工质。当热源温度高于 250℃ 时，采用醇类混合工质的㶲效率比采用氨水工质高 16% ~75%。在不同的热源温度下，KCS34 系统㶲效率与 ORC 系统㶲效率的对比如图 6 - 62 （b）所示，采用醇类混合工质的 Kalina 循环系统的㶲效率可接近亚临界或超临界 ORC 系统㶲效率的最大值。

当热源温度在 60℃ ~160℃ 范围内时，通过研究采用 LiBr、LiCl 和 $CaCl_2$ 等 3 种卤盐的水溶液的吸附式动力循环性能，可与蒸汽朗肯循环、Kalina 循环和有机朗肯循环进行对比[83]。在考虑了冷却塔或空冷器功耗的条件下，当热源温度低于 120℃ 时，3 种卤盐溶液的吸附式动力循环性能均优于朗肯循环。热效率和㶲效率的对比如图 6 - 63 所示，在热源温度为 110℃ ~120℃ 时，采用卤盐溶液的动力循环性能明显优于其他系统，当采用风冷式冷凝器时，其效率的提高程度比采用冷却塔的系统更加明显。相较于有机朗肯循环，小功率的吸附式动力循环的膨胀机机械设计难度较小，且卤盐溶液无毒，环保特性好。

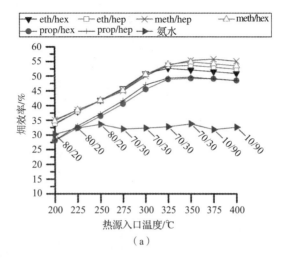

（a）

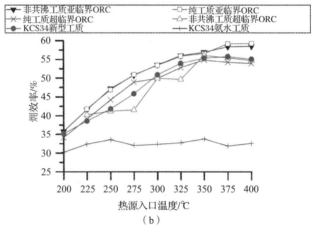

（b）

图 6-62　系统㶲效率随热源温度变化曲线[82]

（a）醇类混合工质与氨水工质对比；（b）KCS34 系统与 ORC 系统对比

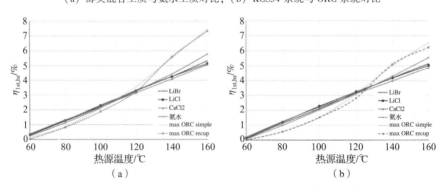

图 6-63　采用不同工质的 Kalina 循环系统性能随热源温度的变化曲线[83]

（a）采用冷却塔的系统热效率；（b）采用空冷式冷凝器的系统热效率

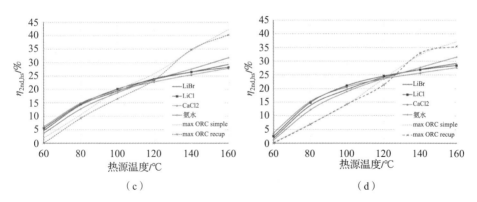

图 6-63 采用不同工质的 **Kalina** 循环系统性能随热源温度的变化曲线[83]（续）

（c）采用冷却塔的系统㶲效率；

（d）采用空冷式冷凝器的系统㶲效率[85]

在热动力循环中，工质在蒸发器内的吸热和在冷凝器内的放热过程中，存在很大的㶲损，利用非共沸混合工质的温度滑移特性，可实现换热器内工质与热源或冷源之间更好的温度匹配，降低系统的㶲损。对采用氨水工质的 Kalina 循环，还可利用吸附式动力循环原理，通过分离系统改变冷凝器内的氨浓度，降低氨水的挥发度，有利于工质的冷凝。然而，由于氨水混合物的换热系数较低，而换热器内的平均温差更小，导致 Kalina 循环的换热器面积较大。针对 180℃ 的地热水，Bliem 等研究了采用氨水、异丁烷/正庚烷和 R22/R114 等不同非共沸混合工质的 Kalina 循环性能[84]。考虑的 Kalina 循环包括图 6-64 所示的基本 Kalina 循环和改进的带三级膨胀的复杂 Kalina 循环。采用一路并行的热源加热部分膨胀后工质，对二级涡轮出口的工质利用部分工质泵出口工质进行回热，之后利用三级涡轮进一步输出功率。通过如此复杂的换热器布置和采用多级涡轮膨胀，借鉴多级沸腾动力循环原理，降低了工质在吸热过程中的㶲损。设定地热水温度为 182℃，异丁烷/正庚烷的初始质量比为 94/6，R22/R114 的初始质量比为 50/50，氨/水的初始质量比为 70/30，通过与传统朗肯循环的对比，采用异丁烷/正庚烷或 R22/R114 为工质的 Kalina 循环，㶲效率仅有小幅提升，而采用氨水工质后，Kalina 循环的性能明显比传统的朗肯循环高，采用氨水工质的三级膨胀 Kalina 循环的㶲效率比采用异丁烷/正庚烷或 R22/R114 的系统还要高。

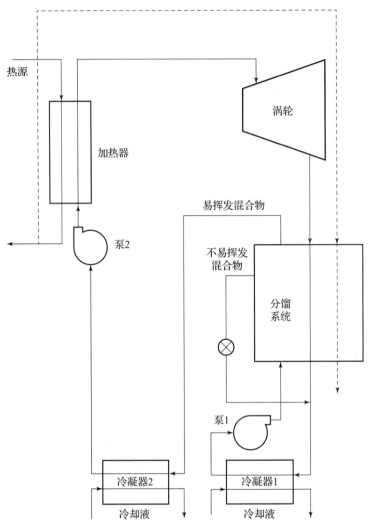

图 6 − 64　基本 Kalina 循环和改进的

带三级膨胀的复杂 Kalina 循环[84]

（a）基本 Kalina 循环

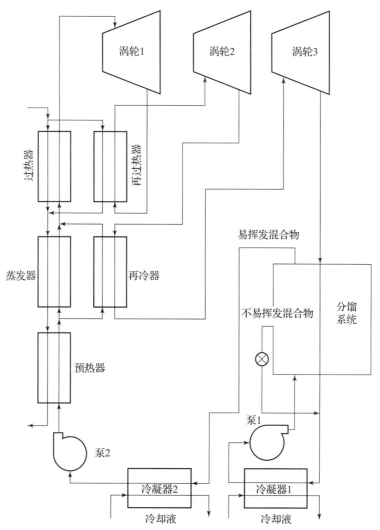

图 6 - 64　基本 Kalina 循环和改进的
带三级膨胀的复杂 Kalina 循环　（续）[84]
（b）改进的带三级膨胀的复杂 Kalina 循环

6.7　循环性能对比

　　关于 Kalina 循环与其他动力循环的性能对比研究的文献有很多，Desideri
和 Didini 针对地热能发电应用，对比了 KCS12 循环与单闪蒸循环、双闪蒸循
环以及 3 种朗肯循环的二元发电系统的工作性能[85]。考虑的朗肯循环包括：
简单有机朗肯循环、带开式回热器的朗肯循环、带闭式回热器的朗肯循环。

结果显示与传统的单闪蒸或双闪蒸循环相比，采用氨水工质的 Kalina 循环可明显提高系统的性能。

定义单位工质质量流量的净输出功率为

$$\beta_{WF} = \frac{W_N}{\dot{m}_{WF}} \qquad (6-97)$$

单位热源质量流量的净输出功率为

$$\beta_{HW} = \frac{W_N}{\dot{m}_{HW}} \qquad (6-98)$$

单位冷源质量流量的净输出功率为

$$\beta_{CW} = \frac{W_N}{\dot{m}_{CW}}. \qquad (6-99)$$

总换热面积与净输出功率比为

$$\gamma = \frac{A_E + A_C + A_{RG}}{W_N} \qquad (6-100)$$

针对低温地热能发电应用，对带高温回热器的 KCS34 系统与 ORC 系统的工作性能进行对比[86]，KCS34 系统的热效率随氨质量分数和涡轮入口压力的变化曲线如图 6-65（a）所示，在涡轮入口压力一定时，随着氨质量分数的增大热效率先增大后逐渐减小，存在一个最佳的氨质量分数使系统热效率达到最大。当氨质量分数为 0.9 时，系统性能指标随涡轮入口压力的变化曲线如图 6-65（b）所示。针对每一个性能指标，存在一个不同的最佳涡轮入口压力，使得该性能达到最佳。在实际应用时，应合理选择涡轮入口压力的工作范围，考虑以上性能指标使系统的综合性能满足要求。图 6-65（c）所示为当涡轮入口压力为 2 MPa 时，系统性能指标随氨质量分数的变化曲线。当氨质量分数为 0.6 左右时，系统热效率最大。在稍大些的氨质量分数下，总换热面积与净输出功率比达到最小。其余 3 个指标随着氨质量分数的增大而逐渐增大。

图 6-66 所示为 KCS34 系统与采用纯氨或异丁烷为工质的 ORC 系统的工作性能对比。涡轮入口压力对系统性能的影响很大。采用异丁烷为工质的系统的工作压力明显低于采用氨或氨水为工质的系统。KCS34 系统的热源利用率明显高于采用纯氨为工质的 ORC 系统。当 KCS34 系统与采用异丁烷为工质的 ORC 系统的热源利用率相等时，KCS34 系统的效率高于 ORC 系统。KCS34 系统的冷源利用率也明显高于其他两种 ORC 系统。在大部分工作压力下，采用异丁烷为工质的 ORC 系统的工质利用率低于采用纯氨为工质的 ORC 系统或 KCS34 系统。随着蒸发压力的增大，3 个系统的总换热面积与净输出功率比逐渐降低并趋于同一个值。

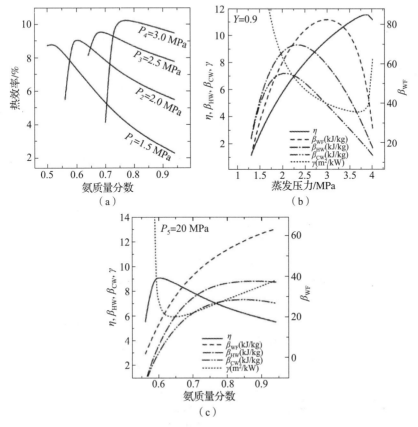

图 6 - 65　KCS34 系统性能随工作参数的变化曲线[86]

（a）氨质量分数和涡轮入口压力；

（b）蒸发压力；（c）氨质量分数

基于 Simav 地热井温度为 162℃的地热水，Coskun 等对比分析了双闪蒸循环、二元循环、带闪蒸的二元复合循环和 Kalina 循环等 4 种不同动力循环的热力学性能和经济性[87]。在二元循环和带闪蒸的二元复合循环中，ORC 系统的工质为异丁烷。4 种循环中 Kalina 循环的热效率为 10.6%，带闪蒸的二元复合循环的热效率为 8.2%，二元循环和双闪蒸循环的热效率较低，分别为 7.2% 和 6.9%。Kalina 循环与双闪蒸循环的经济性优于其他动力循环，Kalina 循环的平均发电成本可降低到 0.0116 ＄/kWh，资本回收期仅为 5.8 年。

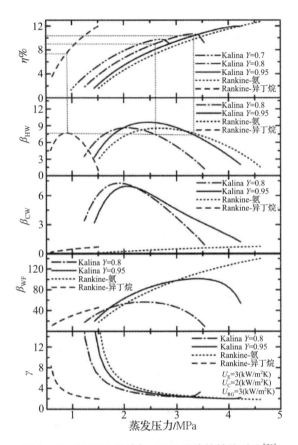

图 6 - 66　KCS34 系统与 ORC 系统的性能对比[86]

参 考 文 献

[1] Valera – Medina A, Xiao H, Owen – Jones M, et al. Ammonia for Power[J]. Progress in Energy and Combustion Science, 2018, 69: 63 – 102.

[2] Ziegler B, Trepp C. Equation of State for Ammonia – Water Mixtures[J]. International Journal of Refrigeration, 1984, 7(2): 101 – 106.

[3] Pátek J, Klomfar J. Simple Functions for Fast Calculations of Selected Thermodynamic Properties of the Ammonia – Water System[J]. International Journal of Refrigeration, 1995, 18(4): 228 – 234.

[4] Soleimani G, Alamdari. Simple Functions for Predicting the Thermodynamic

Properties of Ammonia – Water Mixture. International Journal of Engineering, 2007;20(1):96 – 104.

[5]Ganesh N S,Srinivas T. Development of Thermo – Physical Properties of Aqua Ammonia for Kalina Cycle System[J]. International Journal of Materials & Product Technology,2017,55(1 – 3):113 – 141.

[6]Tillner – Roth R,Friend D G A. Helmholtz Free Energy Formulation of the Thermodynamic Properties of the Mixture(Water Ammonia)[J]. Journal of Physical and Chemical Reference Data,1998,27(1):63 – 96.

[7]Conde – Petit M,Thermophysical Properties of NH_3 + H_2O Mixtures for the Industrial Design of Absorption Refrigeration Equipment [R], 2006, Zurich, Switzerland.

[8]Boehm R F,El – Sayed Y M. Simulation of Thermal Energy Systems[C]//The Winter Annual Meeting of the American Society of Mechanical Engineers,San Francisco,California,December 10 – 15,1989.

[9]Steimle F,Stephan K,Haaf S,et al. Wärmeaustauscher[M]. Berlin Heidelberg Springer,1988.

[10]Stecco S S,Desideri U,Bettagli N. Humid Air Gas Turbine Cycle:A Possible Optimization[M]. 1993.

[11]Filippov L P,Novoselova N S. Ser Fiz Mat Estestv Nauk[J]. 1955,(2):37.

[12]Irving J B. Liquid Thermal Conductivity[M]. H. M. Stationery Off. 1975.

[13]Wilke C R. A Viscosity Equation for Gas Mixtures. [J]. Journal of Chemical Physics,1950,18(4):517 – 519.

[14]Reichenberg D. New Simplified Methods for the Estimation of the Viscosities of Gas Mixtures at Moderate Pressures[R]. NASA STI/Recon Technical Report N,1977,77.

[15]Chung T H,Lee L L,Starling K E. Applications of Kinetic Gas Theories and Multiparameter Correlation for Prediction of Dilute Gas Viscosity and Thermal Conductivity[J]. Industrial & Engineering Chemistry Fundamentals,1984,23(1):8 – 13.

[16]Chung T H,Ajlan M,Lee L L,et al. Generalized Multiparameter Correlation for Nonpolar and Polar Fluid Transport Properties[J]. Industrial and Engineering Chemistry Research,1988,27(4):671 – 679.

[17]Mason E A,Saxena S C. Approximate Formula for the Thermal Conductivity of Gas Mixtures[J]. The Physics of Fluids,1958,1(5):361.

[18]Karn M R,Modi A,Jensen J K,et al. An Assessment of In – Tube Flow Boiling

Correlations for Ammonia – Water Mixtures and Their Influence on Heat Exchanger Size[J]. Applied Thermal Engineering,2016,93:623 – 638.

[19]Karn M R,Modi A,Jensen J K,et al. An Assessment of Transport Property Estimation Methods for Ammonia – Water Mixtures and Their Influence on Heat Exchanger Size [J]. International Journal of Thermophysics, 2015, 36 (7): 1468 – 1497.

[20]Taboas F,Valles M,Bourouis M,et al. Flow Boiling Heat Transfer of Ammonia/Water Mixture in a Plate Heat Exchanger[J]. International Journal of Refrigeration,2010,33:695 – 705.

[21]Arima H,Okamoto A,Ikegami Y. Local Boiling Heat Transfer Characteristics of Ammonia/Water Binary Mixture in a Vertical Plate Evaporator[J]. International Journal of Refrigeration,2011,34:648 – 657.

[22]Taboas F,Valles M,Bourouis M,et al. Assessment of Boiling Heat Transfer and Pressure Drop Correlations of Ammonia/Water Mixture in a Plate Heat Exchanger[J]. International Journal of Refrigeration,2012,35:633 – 644.

[23]Donowski V D,Kandlikar S G. Correlating Evaporation Heat Transfer Coefficient of Refrigerant R134a in a Plate Heat Exchanger[C]//Engineering Foundation Conference on Pool and Flow Boiling,Alaska,2000.

[24]Han D H,Lee K J,Kim Y H. Experiments on the Characteristics of Evaporation of R410A in Brazed Plate Heat Exchangers with Different Geometric Configurations[J]. Applied Thermal Engineering,2003,23(10):1209 – 1225.

[25]Chisholm D. A Theoretical Basis for Lockharte Martinelli Correlation for 2 – Phase Flow[J]. International Journal of Heat and Mass Transfer, 1967, 10 (12):1767 – 1778.

[26]Longo G A,Gasparella A. Heat Transfer and Pressure Drop During HFC Refrigerant Vaporisation Inside a Brazed Plate Heat Exchanger[J]. International Journal of Heat and Mass Transfer,2007,50(25 – 26):5194 – 5203.

[27]Mergner H,Schaber K. Performance Analysis of an Evaporation Process of Plate Heat Exchangers Installed in a Kalina Power Plant[J]. Energy,2018,145: 105 – 115.

[28]Koyama K,Chiyoda H,Arima H,et al. Measurement and Prediction of Heat Transfer Coefficient on Ammonia Flow Boiling in a Microfin Plate Evaporator [J]. International Journal of Refrigeration,2014,44:36 – 48.

[29]Mlcak H A. Kalina Cycle Concepts for Low Temperature Geothermal[J]. Transactions – Geothermal Resources Council,2002:707 – 713.

[30] Mlcak H, Mirolli M, Hjartarson H, et al. Notes from the North: A Report on the Debut Year of the 2 MW Kalina Cycle Geothermal Power Plant in Húsavík, Iceland[J]. Transactions – Geothermal Resources Council, 2002, 26: 716 – 718.

[31] Arslan O. Exergoeconomic Evaluation of Electricity Generation by the Medium Temperature Geothermal Resources, Using a Kalina Cycle: Simav Case Study [J]. International Journal of Thermal Sciences, 2010, 49: 1866 – 1873.

[32] García – Cascales J R, Vera – García F, Corberán – Salvador J M, et al. Assessment of Boiling and Condensation Heat Transfer Correlations in the Modelling of Plate Heat Exchangers [J]. International Journal of Refrigeration, 2007, 30(6): 1029 – 1041.

[33] Zacarias A, Ventas R, Venegas M, et al. Boiling Heat Transfer and Pressure Drop of Ammonia – Lithium Nitrate Solution in a Plate Generator[J]. International Journal of Heat and Mass Transfer, 2010, 53(21 – 22): 4768 – 4779.

[34] Hsieh Y Y, Lin T F. Saturated Flow Boiling Heat Transfer and Pressure Drop of Refrigerant R – 410A in a Vertical Plate Heat Exchanger [J]. International Journal of Heat and Mass Transfer, 2002, 45: 1033 – 1044.

[35] Kuo W S, Lie Y M, Hsieh Y Y, et al. Condensation Heat Transfer and Pressure Drop of Refrigerant R – 410A Flow in a Vertical Plate Heat Exchanger[J]. International Journal of Heat and Mass Transfer, 2005, 48: 5205 – 5220.

[36] Li H, Hu D, Wang M, et al. Off – Design Performance Analysis of Kalina Cycle for Low Temperature Geothermal Source [J]. Applied Thermal Engineering, 2016, 107: 728 – 737.

[37] Du Y, Chen K, Dai Y. A Study of the Optimal Control Approach for a Kalina Cycle System Using a Radial – Inflow Turbine with Variable Nozzles at Off – Design Conditions[J]. Applied Thermal Engineering, 2019, 149: 1008 – 1022.

[38] Mergner H, Weimer T. Performance of Ammonia – Water Based Cycles for Power Generation from Low Enthalpy Heat Sources [J]. Energy, 2015, 88: 93 – 100.

[39] Arslan O. Power Generation from Medium Temperature Geothermal Resources: ANN – Based Optimization of Kalina Cycle System – 34[J]. Energy, 2011, 36 (5): 2528 – 2534.

[40] Ozkaraca O. A Comparative Evaluation of Gravitational Search Algorithm (GSA) Against Artificial Bee Colony(ABC) for Thermodynamic Performance of a Geothermal Power Plant[J]. Energy, 2018, 165: 1061 – 1077.

[41] Saffari H, Sadeghi S, Khoshzat M, et al. Thermodynamic Analysis and Optimiza-

tion of a Geothermal Kalina Cycle System Using Artificial Bee Colony Algorithm [J]. Renewable Energy,2016,89:154 – 167.

[42] Karaboga D, Ozturk C. A Novel Clustering Approach: Artificial Bee Colony (ABC) Algorithm[J]. Applied Soft Computing,2011,11(1):652 –657.

[43] Prananto L A, Zaini I N, Mahendranata B I, et al. Use of the Kalina Cycle as a Bottoming Cycle in a Geothermal Power Plant: Case Study of the Wayang Windu Geothermal Power Plant [J]. Applied Thermal Engineering, 2018, 132:686 – 696.

[44] Wang M, Manera A, Qiu S, et al. Ammonia – Water Mixture Property Code (AWProC) Development, Verification and Kalina Cycle Design for Nuclear Power Plant[J]. Progress in Nuclear Energy,2016,91:26 – 37.

[45] Kalina A. New Binary Geothermal Power System[C]//International Geothermal Workshop 2003. https://www. geothermal – energy. org/pdf/IGAstandard/Russia/IGW2003/W00024. PDF. [2020. 09. 07].

[46] Kalina A. Application of Recent Developments in Kalina Cycle Technology to the Utilization of High Temperature Geothermal Sources [J]. Transactions – Geothermal Resources Council Transactions,2008,32:407 – 412.

[47] Senthil Murugan R, Subbarao P M V. Effective Utilization of Low – Grade Steam in an Ammonia – Water Cycle[J]. Proceedings of the Institution of Mechanical Engineers Part A:Journal of Power and Energy,2008,222(A2):161 – 166.

[48] Murugan R S, Subbarao P M V. Thermodynamic Analysis of Rankine – Kalina Combined Cycle[J]. International Journal of Applied Thermodynamics,2008, 11(3):133 – 141.

[49] Marcuccilli F, Zouaghi S. Radial Inflow Turbines for Kalina and Organic Rankine Cycles [C]//Proceedings European Geothermal Congress 2007, Unterhaching, Germany, May 30 – June 1,2007.

[50] Fallah M, Mohammad S Mahmoudi S, et al. Advanced Exergy Analysis of the Kalina Cycle Applied for Low Temperature Enhanced Geothermal System[J]. Energy Conversion and Management,2016,108:190 – 201.

[51] Tsatsaronis G. Strengths and Limitations of Exergy Analysis[M]. Bejan A, Mamut E, Thermodynamic Optimization of Complex Energy Systems. Neptun, Romonia:Springer,1999:93 – 100.

[52] Lolos P A, Rogdakis E D. A Kalina Power Cycle Driven by Renewable Energy Sources[J]. Energy,2009,34:457 – 464.

[53] Sun F, Ikegami Y, Jia B. A Study on Kalina Solar System with an Auxiliary Su-

perheater[J]. Renewable Energy,2012,14:210 − 219.

[54] Sun F,Zhou W,Ikegami Y,et al. Energy − Exergy Analysis and Optimization of the Solar − Boosted Kalina Cycle System 11(KCS − 11)[J]. Renewable Energy,2014,66:268 − 279.

[55] Hua J,Chen Y,Wu J. Thermal Performance of a Modified Ammonia − Water Power Cycle for Reclaiming Mid/Low − Grade Waste Heat[J]. Energy Conversion and Management,2014,85:453 − 459.

[56] Chen Y P,Lin C M,Tian Y. Aqueous Ammonia Solution Cooling Absorption Refrigeration Driven by Fishing Boat Diesel Exhaust Heat[J]. Journal of Southeast University(English Edition),2010,26:333 − 338.

[57] Modi A,Andreasen J G,Kaern M R,et al. Part − load Performance of a High Temperature Kalina Cycle[J]. Energy Conversion and Management,2015,105(11):453 − 461.

[58] Modi A,Haglind F. Thermodynamic Optimisation and Analysis of Four Kalina Cycle Layouts for High Temperature Applications[J]. Applied Thermal Engineering,2015,76:196 − 205.

[59] Wang J,Yan Z,Zhou E,et al. Parametric Analysis and Optimization of a Kalina Cycle Driven by Solar Energy[J]. Applied Thermal Engineering,2013,50:408 − 415.

[60] Sadeghi S,Saffari H,Bahadormanesh N. Optimization of a Modified Double − Turbine Kalina Cycle by Using Artificial Bee Colony Algorithm[J]. Applied Thermal Engineering,2015,91:19 − 32.

[61] Shankar Ganesh N,Srinivas T. Power Augmentation in a Kalina Power Station for Medium Temperature Low Grade Heat[J]. ASME Journal of Solar Energy Engineering,2013,135:031010.

[62] Kalina A I. Combined Cycle and Waste Heat Recovery Power Systems Based on a Novel Thermodynamic Energy Cycle Utilizing Low − Temperature Heat for Power Generation[C]//ASME. Turbo Expo:Power for Land,Sea,and Air,1983 Joint Power Generation Conference:GT Papers 83 − JPGC − GT − 3:V001T02A003.

[63] Kalina A I. Combined − Cycle System with Novel Bottoming Cycle[J]. Journal of Engineering for Gas Turbines and Power,1984,106(4):737.

[64] Kalina A I,Leibowitz H M. System Design and Experimental Development of the Kalina Cycle Technology[C]//Proceedings from the Ninth Annual Industrial Energy Technology Conference,Houston T X,September 16 − 18,1987.

[65]Kalina A I,Leibowitz H M. The Design of a 3MW Kalina Cycle Experimental Plant [C]//ASME 1988 International Gas Turbine and Aeroengine Congress,1988.

[66]Mirolli M. Kalina,Cycle Power Systems in Waste heat Recovery Applications [EB/OL]. [2020 - 01 - 10]. https://www. globalcement. com/magazine/articles/721 - kalina - cycle - power - systems - in - waste - heat - recovery - applications.

[67]Kalina A I,Leibowitz H M,Markus D W,et al. Further Technical Aspects and Economics of a Utility - Size Kalina Bottoming Cycle[C]//ASME International Gas Turbine & Aeroengine Congress & Exposition,1991.

[68]Stecco S S,Desideri U. A Thermodynamic Analysis of the Kalina Cycles:Comparisons,Problems and Perspectives[C]//ASME 1989 International Gas Turbine and Aeroengine Congress and Exposition,1989.

[69]Rogdakis E D. Thermodynamic Analysis,Parametric Study and Optimum Operation of the Kalina Cycle[J]. International Journal of Energy Research,1996,20 (4):359 - 370.

[70]Rogdakis E D,Antonopoulos K A. A high Efficiency NH_3/H_2O Absorption Power Cycle[J]. Heat Recovery Systems and CHP,1991,11(4):263 - 275.

[71]Cao L,Wang J,Dai Y. Thermodynamic Analysis of a Biomass - Fired Kalina Cycle with Regenerative Heater[J]. Energy,2014,77:760 - 770.

[72]Kalina A I. New Kalina Cycle Systems for Biomass Applications[C]//Technical Proceedings of the 2010 Clean Technology Conference and Trade Show,2010.

[73]Marston C H. Parametric Analysis of the Kalina Cycle[J]. Journal of Engineering for Gas Turbines & Power,1989,112(1):107 - 116.

[74]El - Sayed Y M,Tribus M. A Theoretical Comparison of the Rankine and Kalina Cycles[J]. ASME Publication,1985,AES - Vol. 1.

[75]Nag P K,Gupta A V S S K S. Exergy Analysis of the Kalina Cycle[J]. Applied Thermal Engineering,1998,18(6):427 - 439.

[76]Larsen U,Nguyen T V,Knudsen T,et al. System Analysis and Optimisation of a Kalina Split - Cycle for Waste Heat Recovery on Large Marine Diesel Engines [J]. Energy,2014,64:484 - 494.

[77]Chen X,Wang R Z,Wang L W,et al. A Modified Ammonia - Water Power Cycle Using a Distillation Stage for More Efficient Power Generation[J]. Energy,2017,138:1 - 11.

[78] Goswami D Y. Solar Thermal Power Technology: Present Status and Ideas for the Future[J]. Energy Sources,1988,20(2):137 – 145.

[79] Lu S,Goswami D Y. Theoretical Analysis of Ammonia – Based Combined Power/Refrigeration Cycle at Low Refrigeration Temperatures[C]//Solar Engineering 2002,Proceedings of the ASME International Solar Engineering Conference, 2002:117 – 125.

[80] Lu S,Goswami D Y. Optimization of a Novel Combined Power/Refrigeration Thermodynamic Cycle[J]. Journal of Solar Energy Engineering,2003,125(2): 76 – 82.

[81] Vilayaraghavan S,Goswami D Y. Organic Working Fluids for a Combined Power Cooling Cycle[J]. Journal of Energy Resources Technology,2005,127(2): 77 – 85.

[82] Eller T,Heberle F,Bruggemann D. Second Law Analysis of Novel Working Fluid Pairs for Waste Heat Recovery by the Kalina Cycle[J]. Energy,2017,119: 188 – 198.

[83] Novotny V,Kolovratnik M. Absorption Power Cycles for Low – Temperature Heat Sources Using Aqueous Salt Solutions as Working Fluids[J]. International Journal of Energy Research,2017,41:952 – 975.

[84] Bliem C J. The Kalina Cycle and Similar Cycles for Geothermal Power Production[R]. Report EGG – EP – 8132,1988.

[85] Desideri U,Bidini G. Study of Possible Optimisation Criteria for Geothermal Power Plants[J]. Energy Conversion and Management,1997,38(15 – 17): 1681 – 1691.

[86] Madhawa Hettiarachchi H D,Golubovic M,Worek W M,et al. The Performance of the Kalina Cycle System 11 (KCS – 11) with Low – Temperature Heat Sources [J]. Journal of Energy Resources Technology, 2007, 129 (3): 243 – 247.

[87] Coskun A,Bolatturk A,Kanoglu M. Thermodynamic and Economic Analysis and Optimization of Power Cycles for a Medium Temperature Geothermal Resource [J]. Energy Conversion and Management,2014,78:39 – 49.

第 7 章
二氧化碳动力循环

二氧化碳工质具有良好的环保性能，可作为 HFC 等的替代工质。采用二氧化碳工质的动力系统具有广泛的应用潜力。本章首先介绍了二氧化碳动力循环系统的主要构型、工质传热计算、二氧化碳动力循环的工作特性，随后详细介绍了二氧化碳超临界布雷顿循环和二氧化碳跨临界朗肯循环的研究进展，最后对二氧化碳动力循环系统的经济性研究进行了介绍。

7.1 二氧化碳动力循环系统构型

CO_2 早在 1850 年被英国人 Alexander 申请专利作为制冷剂，在 20 世纪头 20 年被广泛应用于船用系统[1]。20 世纪在 30—40 年代，随着 CFC 的出现，CO_2 逐渐被替代。近年来，随着人们对环境保护的重视，CFC 和 HFC 类工质逐渐被停用，CO_2 等天然工质重新引起人们的重视。由于 CO_2 的 ODP 值为零且 GWP 值很小，在欧洲车用空调系统中，二氧化碳比氨和烃类制冷剂更受关注[2]。

CO_2 工质的临界温度为 304.13 K，临界压力为 7.377 MPa，可用于超临界或跨临界动力循环，此时工质在蒸发过程中处于超临界状态，能避免蒸发器内纯工质组分在亚临界状态恒温蒸发过程造成的大㶲损。同时，CO_2 工质工作在超临界状态，虽然系统工作压力升高，但是体积变小，有利于系统集成。早在 1969 年，意大利米兰理工大学的 Angelino 研究了在核反应堆动力循环中应用二氧化碳超临界布雷顿循环的可行性[3]。进入 21 世纪后，高温燃煤发电动力循环的最高工作压力不断提升，向超临界和超超临界循环发展，二氧化碳动力循环重新引起了人们的关注[4]。在制冷和空调行业，CO_2 工质很早就有应用。目前，CO_2 工质还被应用于太阳能利用、超临界干洗、地热能发电、燃煤电站动力循环、核动力发电、以及制药、食品和纺织等多个行业。图 7-1 所示为应用二氧化碳动力循环的一些场合。近年来，人们在高温发电动力循环、太阳能发电、低品位余热回收等方面，对二氧化碳动力循环开展了大量研究[5]。

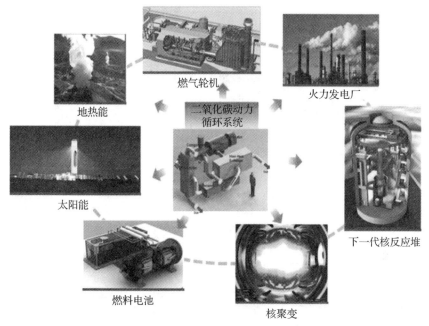

地热能

燃气轮机

火力发电厂

二氧化碳动力
循环系统

太阳能

下一代核反应堆

燃料电池

核聚变

图 7-1　二氧化碳动力循环的应用[6]

与有机朗肯循环相比，二氧化碳动力循环的系统构型更加多样，需要针对具体的应用进行实际分析。大体上，二氧化碳动力循环可分为工质在超临界状态冷却的闭式超临界布雷顿循环和工质在亚临界状态冷凝的跨临界朗肯循环以及二者的各种组合。针对不同的应用，还可采用预冷、中冷、回热、再热、预压缩和再压缩等多种技术手段来提高系统性能。不同构型的二氧化碳超临界布雷顿循环性能，主要包括单流道和分流道两种类型。典型单流道二氧化碳超临界布雷顿循环系统构型如图 7-2 所示，分别采用了回热、中冷、再热、两级回热、预压缩和分割式膨胀等来提高系统性能。回热可有效利用涡轮出口工质的余热来提高热效率，中冷可降低压缩机输入功，再热可提高涡轮膨胀功。

分流道二氧化碳超临界布雷顿循环系统构型如图 7-3 所示，包括：再压缩、改型再压缩、预热以及 3 种不同的涡轮出口分流构型。二氧化碳超临界布雷顿循环的工质冷却压力大于 7.38 MPa，而蒸汽朗肯循环的冷凝压力约为 0.07 MPa，空气布雷顿循环的冷却压力约为 0.1 MPa，二氧化碳超临界布雷顿循环的冷却压力大很多，导致其膨胀比较小，而涡轮出口的工质温度仍然较高。为了进一步提高此部分余热的利用效率，对单流道构型可采用二级回热和预压缩方式，对分流式构型可采用膨胀后分流的方法在循环的不同位置设置回热过程。在再压缩构型的低温回热器中，冷端分流后的小流量高比热流

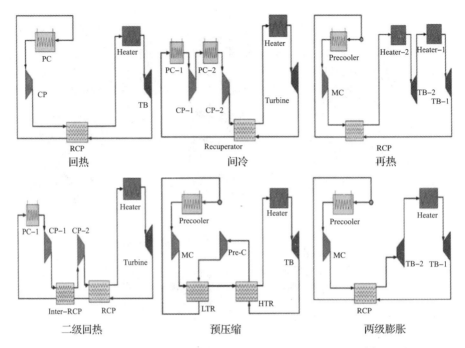

图 7 - 2　单流道二氧化碳超临界布雷顿循环系统构型[6]

体与热端的大流量小比热流体可充分换热，提高系统热效率。对改进的再压缩系统，工质在涡轮出口膨胀到临界压力以下来提高输出功，随后压缩机CP - 1 将工质压缩到超临界状态。

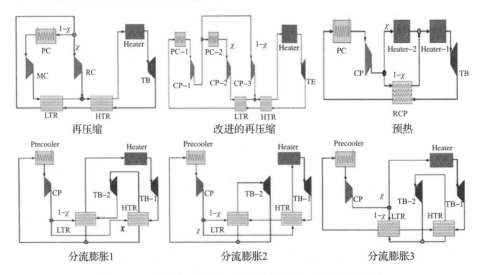

图 7 - 3　分流道二氧化碳超临界布雷顿循环系统构型[6]

　　针对温度为 545℃ 的钠冷快堆发电, 图 7 - 4 所示为基于图 7 - 2 和图 7 - 3 中不同构型的二氧化碳超临界布雷顿循环性能[6]。再压缩分流型的热效率最大, 为 43.78%, 改型再压缩分流型次之, 为 42.23%。对单流道构型而言, 预压缩、二级回热和再热型的热效率分别为 40.51%、39.68% 和 39.35%, 大于回热型的 37.96%, 而预热分流型的热效率最低, 为 28.16%。

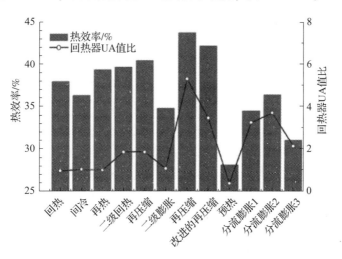

图 7 - 4　二氧化碳超临界布雷顿循环热效率对比[6]

　　针对燃气轮机的排气余热利用, 图 7 - 5 所示为包括再压缩式、预热式和单级回热式等 3 种二氧化碳超临界布雷顿循环系统构型及对应的 $T - s$ 图[7]。在该循环中, 工质流量、压缩比、质量分流比等是影响系统性能的关键参数, 采用遗传算法对这些工作参数进行优化, 可得到优化的系统性能。传统的空气布雷顿循环的热效率为 41.35%, 㶲效率为 50.5%, 预热式的热效率为 46.8%, 㶲效率为 64.8%, 单级回热式的热效率为 46.24%, 㶲效率为 61.08%, 再压缩式的热效率为 45.67%, 㶲效率为 57.74%。与空气布雷顿循环相比, 热效率的提高比例为 30.22% ~ 33.4%, 㶲效率的提高比例为 31.9% ~ 48.3%。预热式的性能优于单级回热式和再压缩式。

　　当环境温度较低时, 可利用温度较低的冷源将 CO_2 工质冷凝到液态, 组成二氧化碳跨临界朗肯循环。当热源温度较高时, 随着涡轮入口温度的提升, 二氧化碳跨临界朗肯循环的热效率可接近甚至超过传统的朗肯循环, 且二氧化碳动力循环的结构更简单紧凑。针对核反应堆用动力循环, Angelino 研究了 4 种二氧化碳跨临界朗肯循环的性能[3], 具体系统构型如图 7 - 6 所示。在循环 A 中, 从膨胀机出来的工质经两级回热后进行分流, 一部分冷凝, 另一部分直接压缩, 因此循环 A 为朗肯循环和布雷顿循环的组合, 通过部分分流, 可以减小冷凝器的传热, 实现类似回热的效果。由于工质在亚临界状态冷凝,

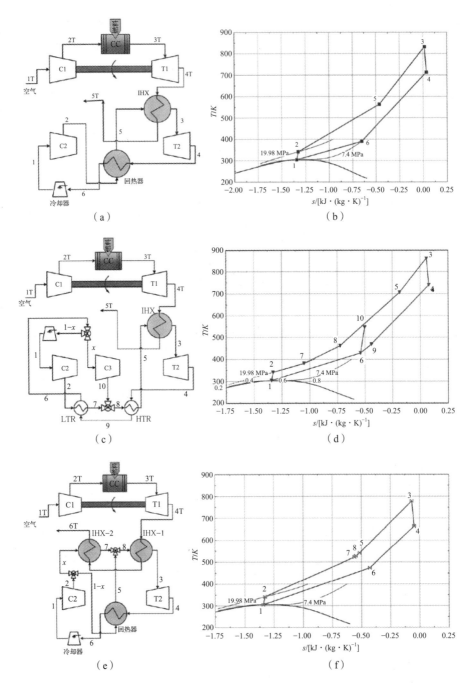

图 7-5　燃气轮机排气余热回收用二氧化碳超临界布雷顿循环及对应的 $T-s$ 图[7]

（a），（b）单级回热式系统及对应的 $T-s$ 图；

（c），（d）再压缩式系统及对应的 $T-s$ 图；

（e），（f）预热式系统及对应的 $T-s$ 图循环 B 在冷凝前增加了一个压缩机，可以实现涡轮出口压力与工质冷凝压力的解耦，提高膨胀机的输出功率。在循环 C 中的蒸发器入口接入一个膨胀机，可调节工质在蒸发器内的工作压力。循环 D 中膨胀机出口工质经过回热后被再压缩以提高其在低温回热器中的换热效果。

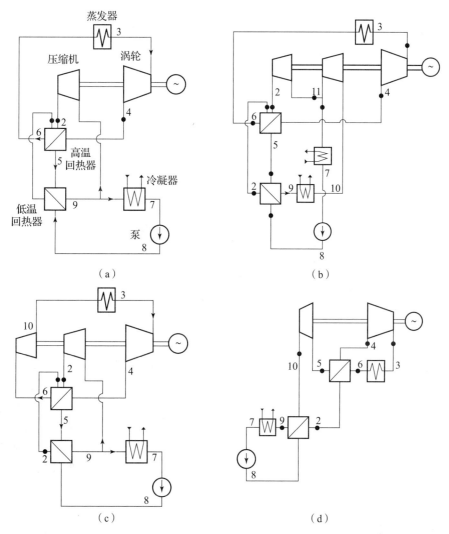

图 7-6 核反应堆用二氧化碳跨临界朗肯循环[3]

(a) 循环 A；(b) 循环 B；(c) 循环 C；(d) 循环 D

热力学分析表明循环 A 和 B 具有较高的热效率，图 7-7 所示为二氧化碳跨临界朗肯循环与传统的以水为工质的朗肯循环的热效率对比。虽然二氧化碳跨临界朗肯循环的热效率高于理想气体循环，但低于带再热的传统朗肯循环。随着工质最高工作温度的升高，所有循环的热效率均增大，而二氧化碳跨临界朗肯循环的增加速率高于传统朗肯循环。当工质最高工作温度超过550℃以后，带再热的循环 A 的热效率高于带再热的传统朗肯循环，当工质最高工作温度高于700℃后，循环 A 和循环 B 的热效率均大于带再热的传统朗肯循环。

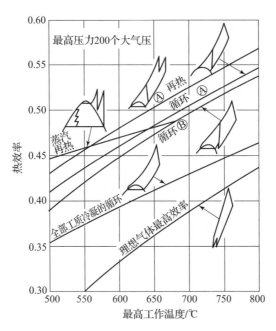

图 7 - 7　二氧化碳跨临界朗肯循环与传统的以水为工质的朗肯循环的热效率对比[3]

　　针对高温热源的二氧化碳跨临界朗肯循环，由于工质最高工作温度较高，可采用多种手段来提高系统热效率，从而衍生出丰富的系统构型。对于低温热源应用，二氧化碳跨临界朗肯循环的系统构型相对简单些。图 7 - 8 所示为针对温度为 100℃的低温地热水设计的 4 种二氧化碳跨临界朗肯循环的系统构型[8]，包括简单式、回热式、再热式和抽气回热式，对应的工作过程 $T - s$ 图如图 7 - 9 所示。4 种系统构型的热效率随膨胀机入口压力和温度的变化趋势如图 7 - 10 所示。当膨胀机入口温度一定时，4 种系统构型的热效率均随着膨胀机入口压力的升高而增大。对于简单式和抽气回热式，当膨胀机入口压力较大时，随着膨胀机入口温度的升高系统热效率明显增大，当膨胀机入口压力较小时，热效率的提升幅度逐渐减小。对于再热式，膨胀机入口温度对热效率影响很小。对于回热式，当膨胀机入口温度较低时，允许的膨胀机入口压力范围也相对较窄，随着膨胀机入口温度的升高，膨胀机入口压力的范围也逐渐增大，在整个压力范围内，随着膨胀机入口温度的升高，系统热效率均逐渐增大。

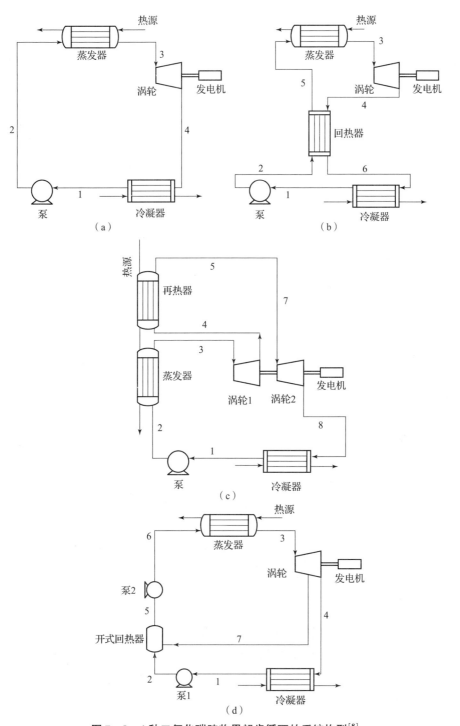

图 7-8　4 种二氧化碳跨临界朗肯循环的系统构型[8]

（a）简单式；（b）回热式；（c）再热式；（d）抽气回热式

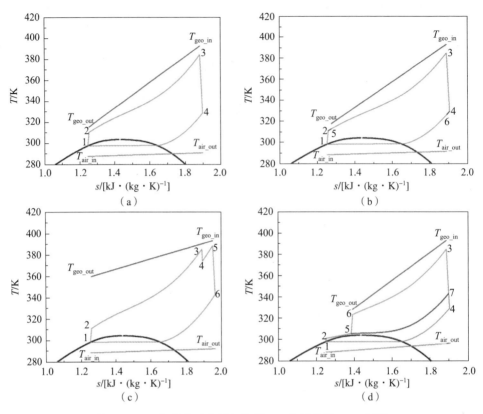

图 7 – 9 二氧化碳跨临界朗肯循环工作过程的 $T – s$ 图[8]

（a）简单式；（b）回热式；（c）再热式；（d）抽气回热式

当膨胀机入口温度为 385 K，入口压力为 12.8 MPa 时，简单式的净输出功率为 3.736 MW，热效率为 8.14%，回热式的净输出功率为 3.743 MW，热效率为 8.33%，再热式的净输出功率为 3.833 MW，热效率为 8.35%，抽气回热式的净输出功率为 3.487 MW，热效率为 8.30%。再热式的净输出功率和热效率最大，回热式次之，抽气回热式的热效率高于简单式，但简单式的净输出功率大于抽气回热式。从中可以看出，对于低温热源应用，再热和回热等对系统热效率的提高有一定效果。

在进行二氧化碳动力循环的系统构型设计时，需要考虑具体的应用场合、热源和冷源的温度、系统大小和成本等需求，确定选择超临界布雷顿循环还是跨临界朗肯循环，再结合各种提高热效率的手段进行有针对性的设计，实现效率、成本和体积等设计目标的综合优化。

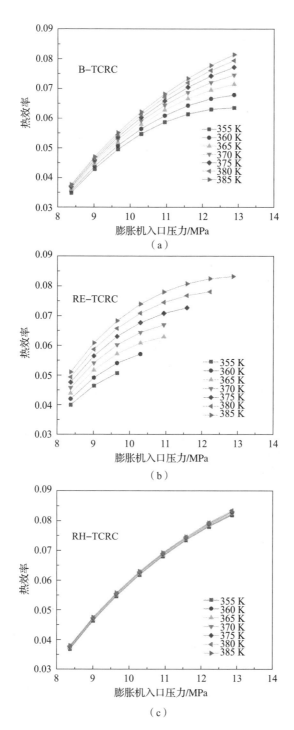

图 7 – 10 二氧化碳跨临界朗肯循环系统热效率随膨胀机入口压力和温度的变化趋势[8]

（a）简单式；（b）回热式；（c）再热式

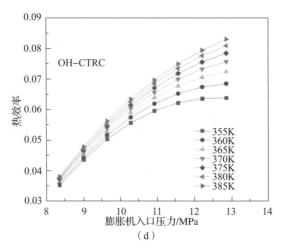

图 7 – 10　二氧化碳跨临界朗肯循环系统热效率随膨胀机入口压力和温度的变化趋势[8]（续）

（d）抽气回热式

7.2　工质传热计算

　　流体在亚临界和超临界状态的热物性存在明显差异，图 7 – 11（a）所示为压力为 9 MPa 时超临界 CO_2 的密度、定压比热容、热导率和黏度随温度的变化曲线。可以看出，在临界温度附近，这些热物性出现很大的波动。图 7 – 11（b）所示为不同压力下 CO_2 的定压比热容随温度的变化曲线，在临界点附近，定压比热容急剧增大。热物性的明显变化会影响传热计算的精度，在实际工作中，需要根据 CO_2 所处的状态，选用合适的传热关联式来进行传热计算。

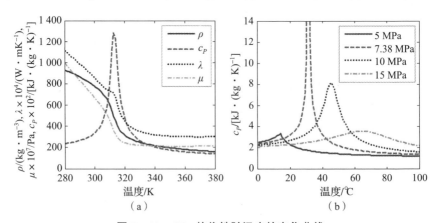

图 7 – 11　CO_2 热物性随温度的变化曲线

（a）压力为 9 MPa 时的热物性；（b）不同压力下的定压比热容

在二氧化碳动力循环的热力学分析中，常常需要估算换热器面积的大小，这对计算系统的尺寸和成本很关键。因此，需要计算 CO_2 在不同形式换热器中的对流传热系数。对于管壳式换热器，对超临界状态的二氧化碳可采用 Krasnoshchekov - Protopopov 关联式[9]计算。

$$Nu = \frac{(f/8)Re \cdot Pr}{[12.7(f/8)^{0.5}(Pr^{2/3}-1)+1.07]}\left(\frac{\overline{c_P}}{c_{P,\text{wall}}}\right)^{0.35}\left(\frac{k_{\text{bulk}}}{k_{\text{wall}}}\right)^{-0.33}\left(\frac{\mu_{\text{bulk}}}{\mu_{\text{wall}}}\right)^{-0.11}$$

$$(7-1)$$

式中，Re 和 Pr 为工质的雷诺数和普朗特数；摩擦因子 $f = (1.82\lg Re - 1.64)^{-2}$；$k$ 为导热系数；μ 为黏度；下标"bulk"指流体平均温度，下标"wall"指壁面温度；$\overline{c_P}$ 为按截面平均的定压比热容，$\overline{c_P} = (h_{\text{wall}} - h_{\text{bulk}})/(T_{\text{wall}} - T_{\text{bulk}})$。

亚临界状态单相 CO_2 的换热可采用 Petukhov 关联式[10]计算。

$$Nu = \frac{(f/8)Re \cdot Pr}{[12.7(f/8)^{0.5}(Pr^{2/3}-1)+1.07]} \qquad (7-2)$$

在求得摩擦因子 f 后，可由式（7-3）求得换热器的压降：

$$\Delta P = \frac{2fG^2L}{\rho D_{\text{eq}}} \qquad (7-3)$$

式中，G 为质量流量，L 为流道长度，D_{eq} 为水力直径。

气液两相状态的对流换热系数可由 Cavallini - Zecchin 关联式[11]求得。

$$U_{\text{tp}} = 0.05Re_{\text{eq}}^{0.8}Pr_{\text{sat,liq}}^{0.33}\frac{k_{\text{sat,liq}}}{D} \qquad (7-4)$$

式中，Re_{eq} 由下式给出：

$$Re_{\text{eq}} = Re_{\text{vap}}\left(\frac{\mu_{\text{vap}}}{\mu_{\text{liq}}}\right)\left(\frac{\rho_{\text{liq}}}{\rho_{\text{vap}}}\right)^{0.5} + Re_{\text{liq}} \qquad (7-5)$$

$$Re_{\text{liq}} = \frac{\dot{m}_f}{A_f}(1-x)\frac{D_w}{\mu_{\text{sat,liq}}} \qquad (7-6)$$

$$Re_{\text{vap}} = \frac{\dot{m}_f}{A_f}x\frac{D_w}{\mu_{\text{sat,liq}}} \qquad (7-7)$$

冷凝器内 CO_2 工质的压降可由 Kedzierski - Goncalves 关联式[12]计算。

$$\Delta P = fG^2\left(\frac{1}{\rho_{\text{out}}} + \frac{1}{\rho_{\text{in}}}\right)\frac{L}{d_{\text{h}}} + G^2\left(\frac{1}{\rho_{\text{out}}} - \frac{1}{\rho_{\text{in}}}\right) \qquad (7-8)$$

$$f = [0.002275 + 0.00933\,e^{\left(\frac{-h}{0.003d_r}\right)}]Re^B\left[\frac{(x_{\text{in}} - x_{\text{out}})h_{\text{LG}}}{Lg}\right]^{0.211} \qquad (7-9)$$

$$Re = \frac{Gd_{\text{h}}}{\mu_L} \qquad (7-10)$$

$$B = -\left(4.16 + 532\frac{h}{d_{\text{r}}}\right)^{-1} \qquad (7-11)$$

近年来，对超临界 CO_2 与高温热源换热的换热器可采用印制电路板式换热器（Printed Circuit Heat Exchanger，PCHE），PCHE 内 CO_2 的对流传热系数可由 Gnielinski 关联式[13],[14]求得。

$$Nu = 4.089 \quad (Re < 2\,300) \tag{7-12}$$

$$Nu = 4.089 + \frac{Nu_{5\,000} - 4.089}{5\,000 - 2\,300}(Re - 2\,300) \quad (2\,300 \leqslant Re < 5\,000) \tag{7-13}$$

$$Nu = \frac{(f/8)(Re - 1\,000)Pr}{12.7(Pr^{2/3} - 1)(f/8)^{0.5}} \quad (Re \geqslant 5\,000) \tag{7-14}$$

PCHE 内部微通道内的压降与 Re 和管内壁粗糙度有关，设壁面的蚀刻轮廓波峰与波谷间的最大轮廓高度为 δ，则相对粗糙度定义为

$$\delta_{rel} = \frac{\delta}{D} \tag{7-15}$$

根据相对粗糙度确定的流动过渡区雷诺数为

$$Re_0 = \begin{cases} 2\,000 & ,\delta_{rel} < 0.007 \\ 754\,e^{\left(\frac{0.006\,5}{\delta_{rel}}\right)} & ,\delta_{rel} \geqslant 0.007 \end{cases} \tag{7-16}$$

$$Re_1 = \begin{cases} 2\,000 & ,\delta_{rel} < 0.007 \\ 116\,0\left(\frac{1}{\delta_{rel}}\right)^{0.11} & ,\delta_{rel} \geqslant 0.007 \end{cases} \tag{7-17}$$

$$Re_2 = 2\,090\left(\frac{1}{\delta_{rel}}\right)^{0.063\,5} \tag{7-18}$$

$$Re_3 = 441.19\,\delta_{rel}^{-1.177\,2} \tag{7-19}$$

当实际流动雷诺数 Re 小于 Re_0 时，

$$f = \frac{64}{Re} \tag{7-20}$$

当 $Re_0 < Re < Re_1$ 时，

$$f = \begin{cases} 0.032 + 3.895 \times 10^{-7}(Re - 2\,000) & ,\delta_{rel} < 0.007 \\ 4.4Re^{-0.595}e^{(-0.002\,75/\delta_{rel})} & ,\delta_{rel} \geqslant 0.007 \end{cases} \tag{7-21}$$

当 $Re_1 < Re < Re_2$ 时，

$$f = (f_2 - f_1)e^{-[0.001\,7(Re_2 - Re_1)]^2} + f_1 \tag{7-22}$$

$$f_1 = \begin{cases} 0.032 & ,\delta_{rel} < 0.007 \\ 0.075 - \dfrac{0.010\,9}{\delta_{rel}^{0.286}} & ,\delta_{rel} \geqslant 0.007 \end{cases} \tag{7-23}$$

$$f_2 = \left(\frac{1}{2\lg\left(\dfrac{2.51}{Re_2\sqrt{f}} + \dfrac{\delta_{rel}}{3.7}\right)}\right)^2 \tag{7-24}$$

将式（7-23）和式（7-24）代入式（7-22），通过迭代求解可得 f，f 的初值由下式给出：

$$f_{ini} = 0.11\left(\delta_{rel} + \frac{68}{Re_2}\right)^{0.25} \qquad (7-25)$$

当 $Re_2 < Re < Re_3$ 时，

$$f_{ini} = 0.11\left(\delta_{rel} + \frac{68}{Re}\right)^{0.25} \qquad (7-26)$$

$$f = \left(\frac{1}{2\lg\left(\dfrac{2.51}{Re\sqrt{f}} + \dfrac{\delta_{rel}}{3.7}\right)}\right)^2 \qquad (7-27)$$

当 $Re > Re_3$ 时，

$$f_{ini} = 0.11\left(\delta_{rel} + \frac{68}{Re_3}\right)^{0.25} \qquad (7-28)$$

$$f = \left(\frac{1}{2\lg\left(\dfrac{2.51}{Re_3\sqrt{f}} + \dfrac{\delta_{rel}}{3.7}\right)}\right)^2 \qquad (7-29)$$

对采用 CO_2 的工质泵，不同工况下的性能可由相似定律进行估算。

$$\frac{G_{off}}{G_d} = \frac{n_{off}}{n_d} \qquad (7-30)$$

$$\frac{H_{off}}{H_d} = \left(\frac{n_{off}}{n_d}\right)^2 \qquad (7-31)$$

工质泵的工作效率可由下式估算：

$$\eta_{off} = \eta_d\left[2\frac{\dot{m}_{off}}{\dot{m}_d} - \left(\frac{\dot{m}_{off}}{\dot{m}_d}\right)^2\right] \qquad (7-32)$$

对于截面不可调整的涡轮膨胀机，当采用压力滑移模式工作时，在不同工况下可由 Stodola 椭圆公式[15] 近似计算其工作性能。

$$P_{in,off} = \sqrt{\dot{m}_{in,off}^2 T_{in,off} Y_d + P_{out,off}^2} \qquad (7-33)$$

$$Y_d = \frac{P_{in,d}^2 - P_{out,d}^2}{P_{in,d}^2 \phi_d^2} \qquad (7-34)$$

$$\phi_d = \dot{m}_d\frac{\sqrt{T_d}}{P_{in,d}} \qquad (7-35)$$

$$\frac{\phi_{off}}{\phi_d} = \frac{\sqrt{1 - \left(\dfrac{P_{out,off}}{P_{in,off}}\right)^2}}{\sqrt{1 - \left(\dfrac{P_{out,d}}{P_{in,d}}\right)^2}} \qquad (7-36)$$

涡轮效率可由下式估算[16]：

$$\eta_{\text{off}} = \eta_{\text{d}} - 2 \left(\frac{n_{\text{off}}}{n_{\text{d}}} \sqrt{\frac{\Delta h_{\text{is,d}}}{\Delta h_{\text{is,off}}}} - 1 \right)^2 \tag{7-37}$$

7.3   二氧化碳动力循环的工作特性

CO_2 作为超临界或跨临界动力循环的工质，具有很多明显的优势。在超临界动力循环中，CO_2 与其他工质相比，具体有以下优点：（1）无毒，无腐蚀性，不易燃，不会引起爆炸；（2）储量丰富，成本较低，不需要回收；（3）临界压力适中，在应用的温度范围内稳定性好；（4）与其他材料和润滑剂的兼容性好，对环境无毒害性；（5）超临界 CO_2 密度大，膨胀机体积小，可使用紧凑型换热器；（6）临界温度和压力可适配多种外部热源；（7）环保特性好，ODP 值为零，GWP 值为 1；（8）工质热力学和输运属性已知，有利于动力循环应用；（9）具有高的热稳定性，高温换热器可直接与热源换热，减少㶲损，降低系统复杂度和成本。此外，针对总等效温室影响（Total Equivalent Warming Impact，TEWI）和全球温度变化影响（Global Temperature Change Potential，GTCP）的研究也表明 CO_2 具有优势。

针对汽车尾气的余热动力循环，Chen 等分析了二氧化碳跨临界朗肯循环的工质特性[17]。当蒸发器工作压力为 13 MPa，冷凝器工作压力为 6 MPa，对应冷凝温度为 25℃ 时，系统主要工作参数对热效率的影响如图 7-12（a）和（b）所示。在不同的膨胀机和工质泵效率下，随着膨胀机入口温度的提高，系统热效率逐渐增加，尤其在低温区，如果能提高膨胀机入口温度，可明显提高系统热效率。在实际应用中，膨胀机入口的最高温度受到热源温度的约束。随着膨胀机效率的提高，所有工况下的热效率均成比例提高，而工质泵效率的改变对低温区更加敏感。系统热效率随膨胀比的变化规律如图 7-12（c）所示，在膨胀机入口温度一定时，系统热效率随着膨胀比的增加先增加后减小，存在一个最佳的膨胀比使系统热效率最大。

不管是布雷顿循环还是朗肯循环，CO_2 在高压膨胀机的入口总是处于超临界状态，因此高压膨胀机入口压力和温度是决定系统工作性能的两个关键参数。在实际应用中，不仅需要考虑循环的净输出功率、热效率和㶲效率等热力学性能，还要考虑体积、成本和经济性等指标，可采用多目标优化方法对系统工作参数进行优化，得到的优化结果通常对单个指标来说未必是最优的。针对低温热源的二氧化碳跨临界朗肯循环，以热效率、比净输出功率、㶲效率、换热器总面积和系统成本为指标，以膨胀机入口压力和温度等为工作参数进行了优化分析，结果表明不存在一组工作参数使 6 个指标都达到最优[18]。

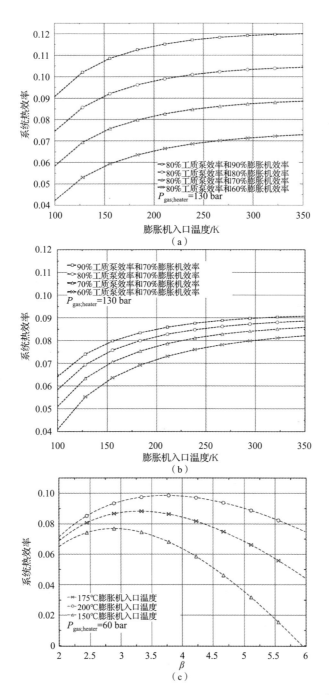

图 7-12 工作参数对二氧化碳跨临界朗肯循环系统热效率的影响[17]

（a）膨胀机效率；（b）工质泵效率；（c）膨胀比

系统热效率随膨胀机入口压力和温度的变化曲线如图 7 – 13（a）所示，比净输出功率结果如图 7 – 13（b）所示。随着膨胀机入口温度的增加，系统热效率和比净输出功率单调递增。在膨胀机入口温度一定的条件下，存在一个最佳的膨胀机入口压力使系统热效率和比净输出功率最大，而且，比净输出功率对应的优化膨胀机入口压力明显小于系统热效率对应的优化膨胀机入口压力。

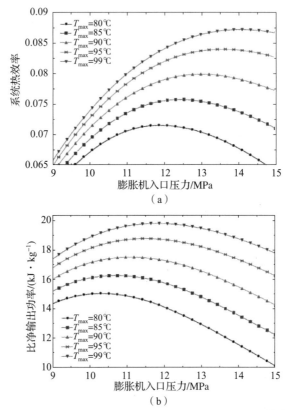

图 7 – 13　膨胀机入口压力和温度对系统性能的影响[18]

（a）系统热效率；（b）比净输出功率

当净输出功率保持固定时，换热器总面积随涡轮入口压力和温度的变化如图 7 – 14（a）所示。可以看出，当涡轮入口温度一定时，存在一个最佳涡轮入口压力，使总换热面积最小。当净输出功率逐渐增大时，优化的换热器总面积也逐渐增加，结果如图 7 – 14（b）所示。冷凝器面积随净输出功率的增加近乎线性增加，蒸发器面积在净输出功率较小时也呈线性增加，但是在高净输出功率区间，其面积以指数速度增加。在高净输出功率区间，蒸发器面积明显大于冷凝器面积，使换热器总面积的变化趋势与蒸发器类似。

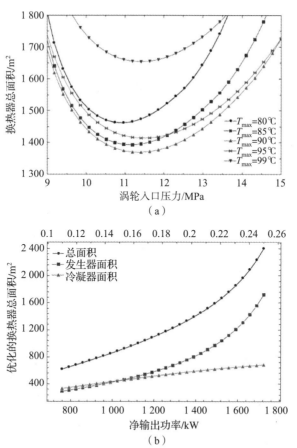

图 7 - 14　总换热面积随涡轮入口压力和温度
以及净输出功率的变化曲线[18]

当系统净输出功率保持固定时，相对总成本随涡轮入口压力和温度的变化如图 7 - 15（a）所示。当涡轮入口温度一定时，存在一个最佳的涡轮入口压力，使相对总成本最低，且对应相对总成本的优化压力明显小于图 7 - 13 中系统热效率对应的优化压力。随着净输出功率的增加，优化相对总成本结果如图 7 - 15（b）所示，在大部分功率范围内，优化相对总成本随净输出功率的增加呈线性增大。单位输出功率相对总成本随净输出功率的变化曲线如图 7 - 15（c）所示，其在某一个净输出功率下达到最小。

对二氧化碳动力循环而言，由于涡轮入口的 CO_2 为超临界状态，涡轮的设计与有机朗肯循环的涡轮相比有一定差异。针对大功率发动机的排气余热回收用二氧化碳超临界布雷顿循环，Uusitalo 等对比了 CO_2、乙烷、乙烯和六氟乙烷等工质的涡轮性能[19]。采用 CO_2 和乙烷为工质的涡轮输出功率高于采用乙烯和六氟乙烷为工质时。选择 CO_2 工质还会影响涡轮和压缩机的设计。

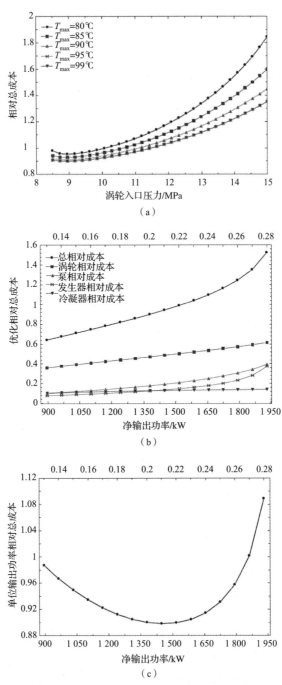

图 7 – 15　相对总成本结果[18]

（a）相对总成本；（b）优化相对总成本；（c）单位输出功率的相对总成本

采用不同工质的涡轮工作参数随涡轮入口压力的变化曲线如图 7-16 所示。对图中的 4 种工质而言，随着涡轮入口压力的增大，涡轮转速和尺寸逐渐减小。CO_2 和乙烷的涡轮转速较高。CO_2 的涡轮尺寸较大，有利于降低泄漏损失。对于超临界循环，设计的涡轮尺寸均明显小于亚临界有机朗肯循环，有利于在余热回收等对空间要求严格的场合使用。另一方面，高转速、小尺寸和高工作压力等设计条件对涡轮发电机的机械设计要求很高，尤其是轴承和密封设计。4 种工质在定子出口的速度均达到了超声速。与其他工质相比，采用 CO_2 工质的涡轮定子出口马赫数较小，有利于减小激波损失。

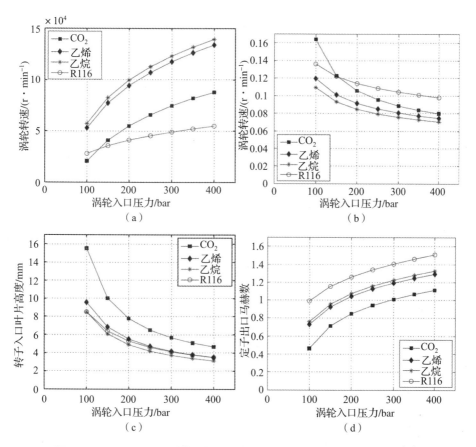

图 7-16　采用不同工质的涡轮工作参数随涡轮入口压力的变化曲线[19]

（a）涡轮转速；（b）转子直径；（c）转子入口叶片高度；（d）定子出口马赫数

对于二氧化碳超临界布雷顿循环，压缩机入口的 CO_2 工质状态接近临界点，压缩机入口压力和温度的微小变化会引起工质热物性的明显变化，在设计时需要慎重选择。另一方面，当超临界 CO_2 中混有其他杂质时，也会对其热物性产生影响，从而影响系统工作性能。Vesely 等分析了超临界 CO_2 不纯度对压缩机和冷却器性能的影响[20]。所考虑的杂质包括 He、CO、O_2、N_2、H_2、CH_4、H_2S 等，这些杂质与 CO_2 组成二元混合工质；所考虑的系统构型包括预压缩式、再压缩式和两级膨胀的再压缩式。当含有 1% 摩尔浓度的杂质时，3 种构型的热效率均降低，具体结果见表 7 - 1。可以看出，He 引起的热效率降低最明显，而含有 H_2S、Xe 和 SO_2 等杂质则可以小幅提高热效率。再压缩式的净输出功率随 O_2、He、H_2S 和 Ar 等杂质浓度的变化曲线如图 7 - 17 所示。随着 H_2S 摩尔浓度的增大，净输出功率明显增加，而其他 3 种杂质则不利于净输出功率的提升。对于冷却器内的传热而言，He、H_2、CO 和 N_2 等杂质可提高工质与冷却介质之间的温差，有利于提高换热系数和减小换热器体积，而 H_2S、Xe 和 SO_2 对传热的影响较小。

表 7 - 1　杂质对二氧化碳超临界布雷顿循环热效率的影响

$\eta_{pure\,CO_2}/\%$	再压缩式	预压缩式	两级膨胀的再压缩式
	33.44	44.44	29.83
杂质	热效率降低量/%		
He	-0.9	-1.3	-1.0
H_2	-0.4	-0.9	-0.5
CO	-0.5	-1.0	-0.52
O_2	-0.56	-1.1	-0.6
Ar	-0.36	-0.8	-0.4
N_2	-0.39	-0.9	-0.42
CH_4	-0.24	-0.6	-0.26
H_2S	0.04	0.14	0.06
Xe	0.036	0.08	0.04
Kr	-0.23	-0.7	-0.25
SO_2	0.16	0.25	0.2

由于 CO_2 工质不易燃，当其以一定比例与其他工质组成非共沸混合工质时，可有效降低工质的可燃性。如 CO_2/R161 混合工质中，当 CO_2 的摩尔浓度达到 30% 时，整个混合工质基本不燃[21]。另一方面，CO_2 与其他工质组成非共沸混合工质时的最大温度滑移可能很高，超过 150℃，过高的温度滑移会导致混合物的分离，降低循环的热力学性能[22]，因此需控制温度滑移在一定的

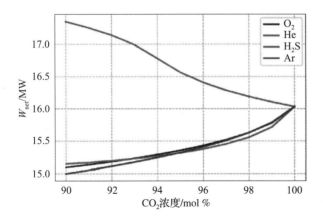

图 7 – 17　杂质浓度对净输出功率的影响[20]

合理范围内。针对热源温度为210℃的跨临界朗肯循环，Sanchez 和 da Silva 分析了含有 CO_2 的 6 种二元非共沸混合工质的热力学性能[23]。考虑到工质的环保属性，选取的其他工质分别为 R134a、R32、R152a、R41、R161、R1234ze、R1234yf、R1270（丙烯）。基于带回热器的朗肯循环，当涡轮入口温度为200℃，混合工质中 CO_2 的质量分数为 0.5 时，系统㶲效率随涡轮入口压力的变化曲线如图 7 – 18（a）所示。CO_2/R32 和 CO_2/R161 的㶲效率稍高于其他混合工质。随着涡轮入口压力的增大，㶲效率先增加后减小，存在一个最优涡轮入口压力值。不同工质的最优涡轮入口压力随混合工质中 CO_2 质量分数的增加基本呈线性增加，如图 7 – 18（b）所示。当 CO_2 质量分数较小时，CO_2/R41 的最优涡轮入口压力值明显高于其他工质。

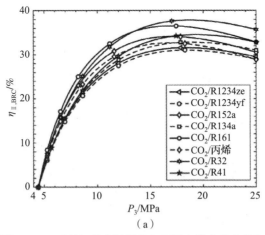

（a）

**图 7 – 18　系统㶲效率随涡轮入口压力的变化曲线和
最优涡轮入口压力随 CO_2 质量分数的变化**[23]

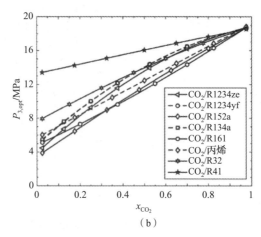

（b）

**图 7 - 18　系统㶲效率随涡轮入口压力的变化曲线和
最优涡轮入口压力随 CO_2 质量分数的变化**[23]（续）

在优化条件下得到的循环净输出功率随 CO_2 质量分数的变化曲线如图 7 - 19（a）所示。对于 CO_2/R161、CO_2/R1234ze、CO_2/R134a 3 种混合工质，净输出功率对 CO_2 质量分数敏感度不大；其他工质随着 CO_2 质量分数的增大其净输出功率逐渐降低，其中 CO_2/R161 的敏感度最大。在优化条件下，计算得到的总换热面积随 CO_2 质量分数的变化曲线如图 7 - 19（b）所示。除 CO_2/R41外，其他工质随着 CO_2 质量分数的增大，总换热面积先逐渐增大后减小。这主要是由于 CO_2 质量分数在 0.3 ~ 0.6 范围内，混合工质温度滑移大，导致换热器 UA 值也增大。采用高浓度 CO_2 工质系统的尺寸可接近甚至低于采用纯有机工质系统的尺寸。

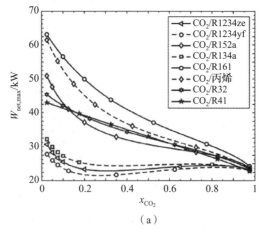

（a）

图 7 - 19　CO_2 质量分数对循环净输出功率和总换热面积的影响[23]

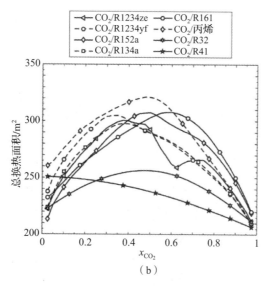

图7-19　CO_2质量分数对循环净输出功率和
总换热面积的影响[23]（续）

7.4　二氧化碳超临界布雷顿循环

二氧化碳超临界布雷顿循环常用于高温热源场合，本节介绍其在核反应堆、燃煤电厂、燃气轮机排气余热回收和高温太阳能热发电等方面的应用。

1. 核反应堆发电动力循环

2000年以后，美国麻省理工学院对核反应堆用二氧化碳动力循环进行了大量研究，取得了很多重要成果。针对某600 MW反应堆，Dostal等分析了再压缩式二氧化碳超临界布雷顿循环的性能[13]。其系统构型如图7-20（a）所示，对应的$T-s$图如图7-20（b）所示。在正常工作时，涡轮入口温度为550℃，压缩机入口温度为32℃，压缩机出口压力为20 MPa。

所有换热器均采用PCHE，总换热体积为120 m^3。图7-21所示为系统热效率随膨胀比的变化曲线，当膨胀比为2.6时，系统热效率达到最大。随着总换热器体积的增加，系统热效率逐渐升高，当总换热器体积为200 m^3时，系统热效率可达46%。在考虑系统成本的条件下，存在一个最佳的总换热器体积使单位功率的成本最低。

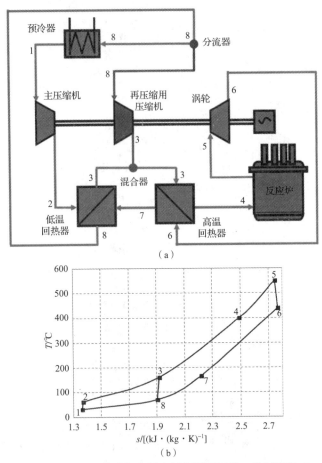

（a）

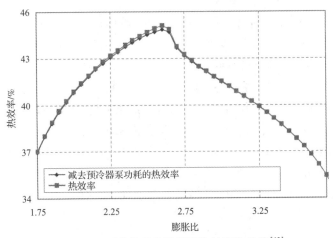

（b）

图 7 - 20　再压缩式二氧化碳超临界布雷顿循环及其工作过程的 *T - s* 图[13]

图 7 - 21　系统热效率随膨胀比的变化曲线[13]

应用于第四代核反应堆的再压缩式二氧化碳超临界布雷顿循环，在保证系统发电效率的同时，图 7-22 显示了一种为减小最高工作压力而设计的采用再压缩循环和两级涡轮的组合循环[24]。当高压涡轮入口温度下降到 390℃，入口压力从 20 MPa 下降到 15 MPa 时，系统热效率从再压缩式的 43.88% 仅轻微下降到 43.11%，而换热面积也仅增加 5%。由于当前反应堆的工作压力基本在 15 MPa 以下，降低二氧化碳动力循环的最高工作压力有利于保证系统安全，实现其商业化应用。

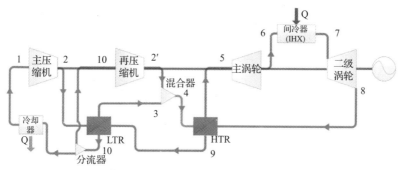

图 7-22　采用两级涡轮的再压缩式二氧化碳超临界布雷顿循环[24]

2. 燃煤电厂动力系统

采用水的朗肯循环是目前燃煤电厂采用的主流技术。为了提高发电效率，采用高压端两级再热的超临界朗肯循环是一个发展方向，但是受到材料等技术条件的限制，超超临界朗肯循环的效率提升遇到瓶颈，二氧化碳超临界布雷顿循环目前成为一个可选方案。近年来，二氧化碳超临界布雷顿循环在燃煤电厂中的应用日益引起重视，已经成为一个研究热点。Zhou 等针对燃煤电厂应用，在再压缩式布雷顿循环的基础上，研究了多级压缩方法和经济器配置对循环性能的影响[25]。设计的二氧化碳超临界布雷顿循环系统如图 7-23 所示。基于原 1 000 MW 单级再热超超临界朗肯循环蒸汽锅炉的限制条件（605℃/603℃/274 bar），分析了二氧化碳超临界布雷顿循环系统的性能。

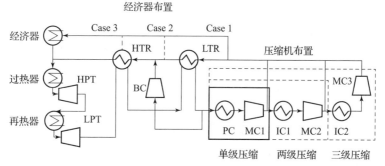

图 7-23　带一级再热和三级压缩的二氧化碳超临界布雷顿循环系统[25]

　　系统热效率和㶲效率随两级涡轮膨胀比的分配比 $\alpha_{HPT}/\alpha_{LPT}$ 的变化趋势如图 7-24 （a） 所示。当分配比为 0.5~0.6 时，热效率和㶲效率存在一个最大值。通过㶲分析表明 LPT、HPT 和 HTR 对分配比的变化较为敏感。优化后的热效率和㶲效率分别达到了 47.64% 和 81.25%。与传统的等膨胀比的分配方式相比，优化的低压涡轮膨胀比大于高压涡轮膨胀比，优化后的㶲效率可相对提高 0.29%。系统性能随经济器的分流比变化结果如图 7-24 （b） 所示。随着分流比的增加，热效率逐渐减小而㶲效率逐渐增大。分流比每增加 0.1，热效率减小 1.75%，而㶲效率增大 1.72%。因为分流比的变化会明显影响换热器 HTR 和 COL 的㶲损，分流比增大，导致 COL 的散热量增加，使热效率下降。采用经济器分流有利于减小 HTR 的㶲损，从而提高㶲效率。

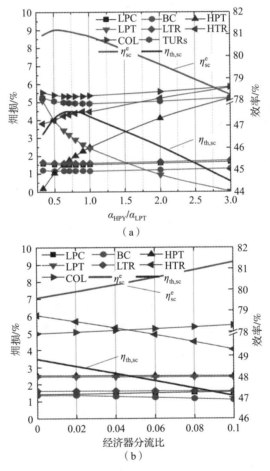

图 7-24　工作参数对系统热效率和㶲效率的影响[25]

（a）高压涡轮膨胀比与低压涡轮膨胀比的分配比；（b）经济器分流比

图 7-25 所示为系统最小工作压力变化对工作性能的影响。随着最小工作压力的增加，热效率和㶲效率先迅速增大后基本维持在一个水平上。这主要是由于当最小工作压力逐渐接近临界压力时，CO_2 工质的比热发生明显变化，导致循环放热量减小。当最小工作压力为 78 bar 时，优化的热效率和㶲效率分别为 47.5% 和 80.87%。

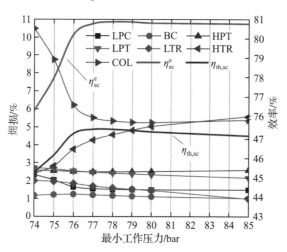

图 7-25　系统热效率和㶲效率随最小工作
压力的变化曲线[25]

虽然采用再热和中冷的再压缩式循环可以提高二氧化碳布雷顿循环的效率，与传统朗肯循环相比，CO_2 的流量增大很多，导致在锅炉内的换热过程中压降过大，难以充分利用烟气的残余能量。Xu 等采用部分分流策略，将换热器的流量和长度减半，此时总压降可降低到 1/8[26]。同时，将中冷压缩后的部分工质用于回收烟气余热，可将烟气排气温度降低到 120℃ 以下。基于该思路设计的 1 000 MW 二氧化碳超临界发电系统如图 7-26 所示。在最高工作温度 620℃、最高工作压力 30 MPa 下，系统热效率可达 51.22%，发电效率为48.37%。

为了充分利用温度范围为 120℃ ~ 1 500℃ 的烟气余热，在采用再压缩和两级再热以及烟气冷却器的组合循环的基础上，可采用图 7-27 所示的复叠式循环设计[27]。顶循环采用再压缩和两级再热以及烟气冷却器的组合循环，底循环采用再压缩式二氧化碳超临界布雷顿循环，顶循环和底循环的再压缩冷却部分复用。通过调节顶循环和底循环的流量分配，可以控制加热器 4 出口的工质温度，从而调节底循环吸收烟气余热的效果。在工质最高工作温度 700℃、最高工作压力 35 MPa 下，系统热效率可达 51.82%。

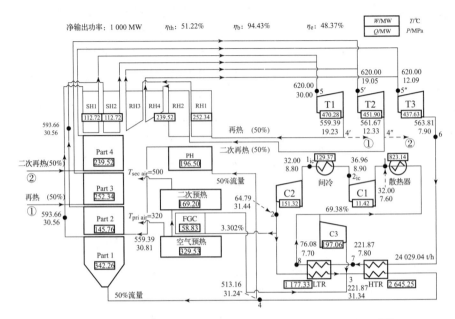

图 7-26 燃煤发电厂用 1 000 MW 二氧化碳超临界发电系统[26]

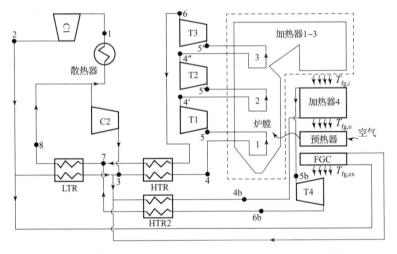

图 7-27 燃煤发电厂用复叠式二氧化碳动力循环系统[27]

燃煤发电厂作为主要的 CO_2 排放源,在保证发电效率的同时,有必要研究碳捕捉与储存装置以及发电系统的集成性能。图 7-28 所示为一种两级复叠式二氧化碳超临界布雷顿循环与碳捕捉装置[28]。顶循环采用一级再热的再压缩式二氧化碳超临界布雷顿循环,底循环采用单回热再压缩式布雷顿循环,底循环如图 7-29 所示。碳捕捉单元采用基于溶剂的燃烧后 CO_2 捕捉系统,如图 7-30 所示,溶剂为乙醇胺(monoethanolamine,MEA),采用吸附塔吸

收 CO_2，分离塔解离 CO_2。在整个系统最高工作压力为 29 MPa，最高工作温度为 593℃时，不带碳捕捉单元的热效率可达 42.96%，比传统的蒸气动力循环高 3.34% ~ 3.86%。在采用碳捕捉单元以后，系统热效率有 11.2% 的下降，但仍然比带碳捕捉的传统蒸气动力循环效率高 0.68% ~ 1.31%。

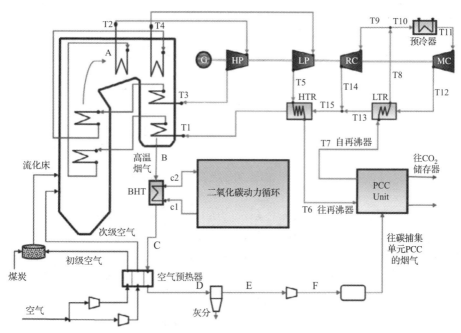

图 7 - 28　两级复叠式二氧化碳超临界布雷顿循环与碳捕捉装置[28]

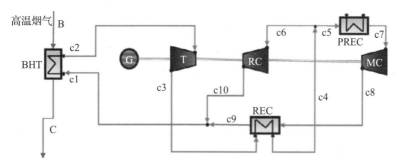

图 7 - 29　作为底循环的单回热再压缩式布雷顿循环[28]

3. 燃气轮机余热回收二氧化碳循环动力系统

燃气轮机的排气温度很高，此时二氧化碳布雷顿循环可作为底循环来回收排气余热，进一步提高系统能效。根据能的梯级利用原则，Hou 等设计了一种联合循环系统[29]，包括燃气轮机、再压缩式超临界二氧化碳动力循环、蒸气朗肯循环、采用非共沸混合工质的有机朗肯循环。当燃气轮机的压比为

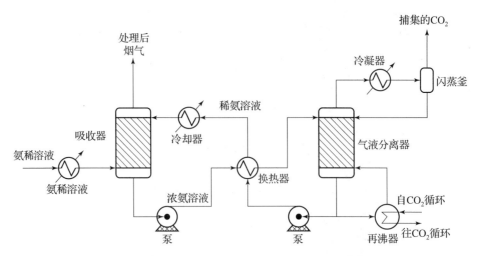

图 7 - 30　基于 MEA 的燃烧后 CO$_2$ 捕捉系统[28]

14.83，超临界二氧化碳动力循环系统的压比和分流比为 3.44 和 0.74，蒸气朗肯循环的蒸发温度为 247.6℃，有机朗肯循环非共沸混合工质中异戊烷的质量分数、蒸发温度和蒸发器夹点温差分别为 0.57、128.7℃和 12.98℃时，整个系统的工作性能达到最优。与传统的燃气－蒸气联合系统相比，新设计的联合系统的㶲效率可提高 2.33%，㶲成本可降低 4.26%。

在船用动力系统中，采用燃气轮机－二氧化碳超临界布雷顿循环的动力系统还可以实现与船用制冷系统的耦合，进一步提高整个系统的能效。图 7 - 31 所示为一种船用联合动力系统[30]，由燃气轮机、带回热器的二氧化碳超临界布雷顿循环、采用 CO$_2$ 工质的蒸气压缩制冷循环（RVCC）组成。利用燃气轮机的排气余热，驱动二氧化碳超临界布雷顿循环，同时二氧化碳超临界布雷顿循环的涡轮驱动蒸气压缩制冷循环的压缩机。为了进一步提高系统集成度，二氧化碳超临界布雷顿循环的预冷器与蒸气压缩制冷循环的冷却器集成到一起。整个系统工作过程的 $T-s$ 图和 $P-h$ 图如图 7 - 32 所示。设计的系统输出功率可提高 18%，同时制冷系统的 COP 值达到 2.75，此时提供 892TR 的制冷量。

4. 太阳能热发电系统

在太阳能热发电系统中，当热源温度较高时，可采用二氧化碳布雷顿循环作为动力系统来发电。为了减缓热源随时间波动的影响，可采用高温蓄热装置。图 7 - 33 所示为一种带蓄热的高温太阳能热发电系统及其 $T-s$ 图[31]，高温蓄热采用一种卤盐混合物（8.1wt.% NaCl + 31.3wt.% KCl + 60.6wt.% ZnCl$_2$），发电循环采用带一级再热和二级中冷再压缩的二氧化碳超临界布雷

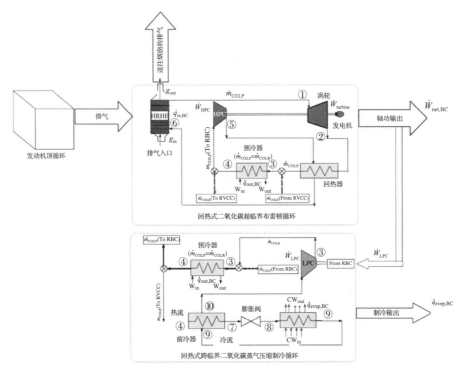

图 7-31　燃气轮机与二氧化碳超临界布雷顿循环以及蒸气压缩制冷循环的联合动力系统[30]

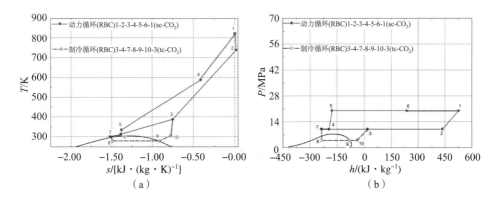

图 7-32　整个系统工作过程的 $T-s$ 图和 $P-h$ 图[30]

顿循环。设计的采用卤盐和硝酸盐的太阳能热发电系统的工作参数见表 7-2。根据中国西部一年内典型日照的分析表明，采用卤盐的太阳能热发电系统的总光电效率可达 19.17% ~ 22.03%，高于传统的塔式太阳能热发电系统，也比传统的采用硝酸盐的太阳能热发电系统的总光电效率提高 11%。

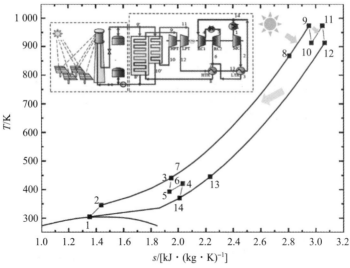

图 7 – 33　带蓄热的高温太阳能热发电系统及其 $T - s$ 图[31]

表 7 – 2　太阳能热发电系统的工作参数[31]

参数项	值
地点	青海，西宁
法向直接辐照度（DNI）	965 W/m²
日光反射装置面积	111 870 m²
卤盐系统热罐温度	1 003 K
卤盐系统冷罐温度	928 K
环境温度	298 K
硝酸盐热罐温度	838 K
硝酸盐冷罐温度	799 K
卤盐系统涡轮入口温度	973 K
硝酸盐系统涡轮入口温度	823 K
涡轮效率	85%
压缩机效率	80%
主压缩机入口温度	305 K
最高压力	20 MPa
压比	2.6
中间压力	12.33 MPa
系统净输出功率	10 MW

针对太阳能热发电应用，美国桑迪亚国家实验室曾建立了一个二氧化碳超临界布雷顿循环试验系统，如图 7 - 34 所示，该系统采用分流的再压缩式二氧化碳超临界布雷顿循环。涡轮为径向流入式，压缩机为离心式，涡轮、永磁发电机和压气机（TAC）集成在一根轴上，其结构如图 7 - 35 所示。高温回热器、低温回热器和预冷器采用 PCHE，高温加热器采用电加热器来模拟太阳能供热。系统部件的主要性能参数见表 7 - 3。关于系统的详细介绍可参考文献 [32]。

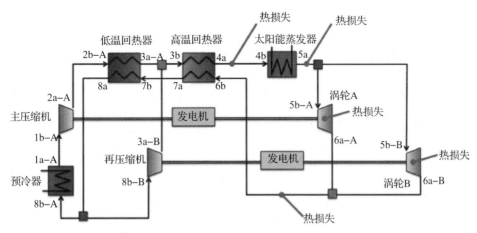

图 7 - 34　美国桑迪亚国家实验室的二氧化碳超临界布雷顿循环试验系统[31]

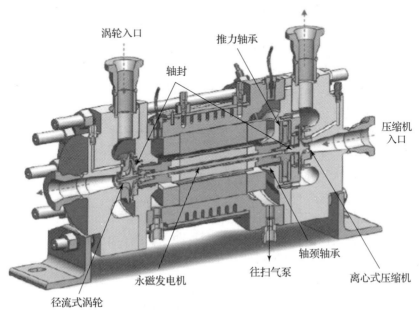

图 7 - 35　涡轮 - 发电机 - 压缩机的集成设计结构[31]

表 7 – 3　美国桑迪亚国家实验室的二氧化碳超临界布雷顿
循环试验系统的工作参数[31]

工作参数	设计点值
加热器输入热量	780 kW
预冷器功率	531kW
涡轮 A 效率	87%
涡轮 B 效率	87%
主压缩机效率	68%
再压缩机效率	68%
发电机额定功率	123 kW
低温回热器功率	610 kW
高温回热器功率	2 232 kW

　　由于系统存在热损失、摩擦损失和泄漏损失，利用建立的试验系统在某部分负荷下测量的热效率为5%，基于试验结果估算的额定工况最高热效率为24%，远小于大型高温二氧化碳超临界布雷顿循环系统的接近50%的效率。这主要是由于设计的径流式涡轮和离心式压缩机的最高转速达到75 000 r/min，远高于大型发电系统的轴流式二氧化碳涡轮 24 000 r/min 的转速，摩擦损失和泄漏损失也相应增大。同时，由于涡轮和压气机中间集成有发电机，采用液冷的发电机隔热效果不佳，导致散热较大。一般说来，商用的二氧化碳超临界布雷顿循环系统的最小涡轮输出功率在 10 MW 以上[33]，此时可采用多级轴流式涡轮，效率可得到很大改善。对于太阳能热发电系统而言，由于太阳能存在不稳定的特点，人们基于该试验系统测试了在短暂瞬态过程中（如受到云层遮挡）的系统工作特性。尽管系统输出会产生波动，由于存在一定的热惯性，整个系统仍然可继续运行。在长时间的热源波动情况下，可采用带蓄热装置的间接式二氧化碳超临界布雷顿循环系统来使系统输出功率在长时间内保持稳定。

　　对于高温二氧化碳动力循环系统，还需要注意 CO_2 及工质中的杂质组分对系统材料的腐蚀性。有些材料能在表面形成保护性的氧化膜，如氧化铬和氧化铝，与 CO_2 有很好的兼容性，在抗热疲劳性能要求高的场合，可采用 Haynes 230[34] 或者 617 合金[35]。在长期工作条件下，还需要研究 CO_2 工质中所含杂质的腐蚀性，对这些杂质浓度的上限目前还有待进一步研究。

7.5　二氧化碳跨临界朗肯循环

　　二氧化碳动力循环具有环境友好和系统紧凑的优点，在中低温热源动力循环中具有一定的优势。对于车船用内燃机而言，系统的体积是一个关键指标，研究采用二氧化碳动力循环来回收内燃机余热是一个可行的方案。目前，采用 CO_2 工质的蒸气压缩制冷系统已成为未来车用空调的发展趋势之一。针对内燃机的排气和冷却余热回收，图 7 – 36 显示了一种两级回热的二氧化碳超临界布雷顿循环系统的结构[36]。发动机排气用于预热和蒸发 CO_2 工质，冷却水用于预热 CO_2 工质。采用一个分流通路来降低低温预热器出口的 CO_2 温度，以便充分利用发动机排气余热。该内燃机的主要性能参数见表 7 – 4，二氧化碳超临界布雷顿循环的主要工作参数见表 7 – 5，采用设计的二氧化碳超临界布雷顿循环回收内燃机余热后，发动机最大输出功率可提高 6.9%。

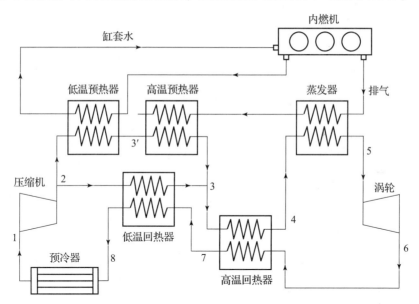

图 7 – 36　回收内燃机余热用两次回热的二氧化碳超临界布雷顿循环系统的结构[36]

表 7 – 4　该内燃机的主要性能参数[36]

性能参数	值
输出功率	996 kW
转速	1 500 r/min
转矩	6 340 N·m
发动机排气温度	300℃

性能参数	值
发动机排气质量流量	7 139 kg/h
缸套水入口温度	65℃
缸套水出口温度	90℃
缸套水质量流量	6 876 kg/h

表7-5 二氧化碳超临界布雷顿循环的主要工作参数[36]

工作参数	值
最低温度	32℃
最低压力	7.8 MPa
最高压力	15 MPa
压缩机效率	0.7
涡轮效率	0.8
夹点温差	6℃

二氧化碳跨临界朗肯循环也可用于低温地热能发电。与简单跨临界朗肯循环相比，采用带回热器的二氧化碳跨临界朗肯循环可提高系统热效率。表7-6所示为针对热源为140℃的低温地热水的简单式和回热式系统性能对比[37]。从表中可以看出，采用回热器可提高系统热效率和净输出功率，降低系统的最高工作压力。通过建立非设计点工况下的回热式二氧化碳超临界朗肯循环的热力学模型，还可分析地热水流量和温度变化对系统性能的影响，结果如图7-37所示。回热式的热效率在整个范围内均高于简单式，且回热式的热效率在整个非设计点变化范围内的变动幅度小于简单式。另外，回热式工质泵转速的变动幅度也小于简单式，有利于在非设计点工况下提高工质泵的工作效率，CO_2工质的流量大，有利于提高非设计点工况下的系统热效率。

表7-6 低温地热能发电用二氧化碳超临界朗肯循环系统性能对比[37]

性能参数	简单式	回热式
涡轮入口压力 $P_{tur,in}$/MPa	17.779	13.998
涡轮入口温度 $T_{tur,in}$/℃	130	130
蒸发器出口地热水温度 T_{2gw}/℃	85	85
CO_2质量流量 m_{CO_2}/(kg·s^{-1})	112.55	117.36
净输出功率 W_{net}/kW	1 911.78	2 083.33
循环热效率 η_{th}/%	8.214	8.951

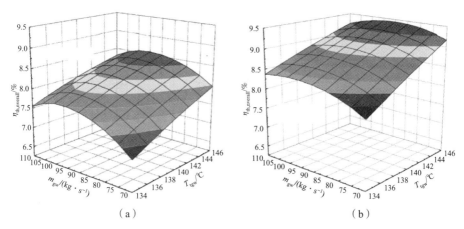

图 7 - 37 低温地热能用简单式和回热式二氧化
碳跨临界朗肯循环热效率对比[37]

(a) 简单式; (b) 回热式

对二氧化碳跨临界朗肯循环而言, 冷却水温度的变化会影响 CO_2 的冷凝温度, 从而影响系统的工作性能。系统性能随冷却水温度的变化趋势如图 7 - 38 所示。为防止地热水析出 SiO_2, 限定地热水在蒸发器出口的温度必须大于 70℃, 随着冷却水温度的降低, CO_2 工质流量逐渐减小, 两种结构的系统净输出功率均先增加后减小, 存在一个最佳的冷却水温度, 使系统净输出功率达到最大。尽管非设计点工况下回热式的涡轮效率稍小于简单式, 但得益于泵功耗的降低, 回热式的热效率仍然明显大于简单式。

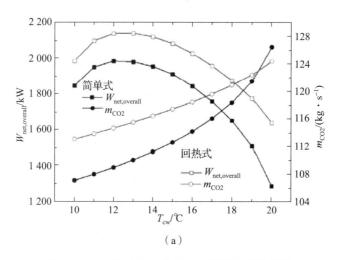

(a)

图 7 - 38 冷却水温度变化对系统性能的影响[37]

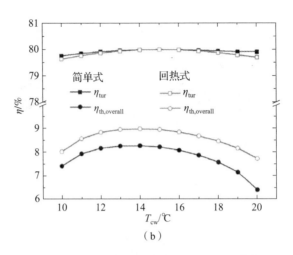

（b）

图 7 - 38　冷却水温度变化对系统性能的影响[37]（续）

如果同时考虑二氧化碳动力循环的热力学性能和经济性，需要采用多目标优化算法进行工作参数的优化。Li 等针对二氧化碳跨临界朗肯循环，建立了工质泵、涡轮和 PCHE 的数学模型，以净输出功率和系统单位输出功率成本为目标，采用 NSGA - Ⅱ 算法进行了系统的优化设计。地热水参数见表 7 - 7，计算得到的 Pareto 前锋如图 7 - 39 所示[38]。根据该图，得到优化的蒸发压力为 11.28 MPa，此时净输出功率为 272.68 kW，对应的系统热效率和㶲效率分别为 8.51% 和 29.59%。Cayer 针对温度为 100℃、流量为 314.5 kg/s 的工业废气，分析了二氧化碳跨临界朗肯循环的性能[39]，结果也表明采用回热器有利于降低系统的最高工作压力。但是，增加了回热器，且回热式的工质流量大于简单式，导致回热式的 UA 值会大于简单式。

表 7 - 7　地热水参数[38]

参数	值	参数	值
T_{gs}	122℃	T_4	112℃
m_{gs}	10 kg/s	ΔT_{endreg}	5℃
T_{env}	10℃	$\Delta T_{end\,cnd}$	5℃
P_{env}	101.325 kPa	η_{tur}	0.75
P_{eva}	7.5 ~ 14.5 MPa	η_{pump}	0.7

二氧化碳跨临界朗肯循环具有工质环境友好度高、超临界换热过程工质与热源温度匹配好、系统紧凑等优点。图 7 - 40 所示为针对低温热源的小型

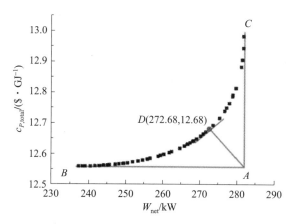

图 7 – 39　以净输出功率和单位输出功率成本为目标的
二氧化碳跨临界朗肯循环多目标优化结果[38]

回热式二氧化碳跨临界朗肯循环试验系统[40]。整个试验系统的热源由一台 80 kW 的微燃机的排气提供，热量经过导热油后被用于蒸发 CO_2 工质。二氧化碳跨临界朗肯循环系统主要包括一个板式换热器（用于导热油与超临界 CO_2 工质之间的换热）、一台跨临界 CO_2 涡轮、一个板式回热器、一台空冷管翅式 CO_2 冷凝器、一台液态 CO_2 工质泵。CO_2 涡轮为单级轴流式，反应度为 0.5，设计输出功率为 5 kW，膨胀比为 1.5，CO_2 质量流量为 0.281 kg/s，涡轮直径为 144 mm，涡轮与一台发电机相连，通过控制发电机转速来调节涡轮转速。工质泵为一台三缸柱塞泵，功率为 3 kW，由一台 11 kW 的电动机驱动。试验

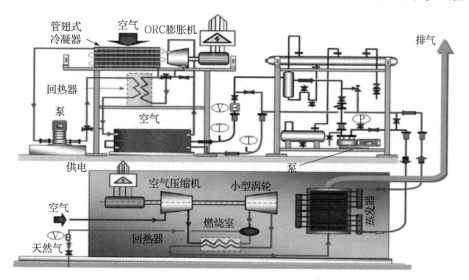

图 7 – 40　小型回热式二氧化碳跨临界循环试验系统[40]

时，通过调节导热油泵的转速，控制供热量，通过调节冷凝器冷却风扇的转速，控制冷凝器的散热量，通过调节 CO_2 工质泵的转速，控制 CO_2 的质量流量，二氧化碳动力循环的最高工作压力和温度通过控制导热油的流量和温度来实现。试验工况下导热油和冷却空气的工作条件见表 7-8。测量得到涡轮输出功率如图 7-41（a）所示，图中实线为测量得到的发电功率，虚线为根据涡轮出口和入口的压力温度计算出焓差，进而得到的理论输出功率。图 7-41（b）所示为测量得到的等熵效率、涡轮效率和整个系统的总效率。从试验结果可以看出，整个测试条件下涡轮效率为 35%~45%，这是导致整个系统的热效率偏低的主要原因。

表 7-8　试验工况下导热油和冷却空气的工作条件[40]

导热油入口温度 /℃	导热油质量流量 /(kg·s⁻¹)	冷凝器入口 空气温度 /℃	冷凝器入口 空气体积流量 /(m³·s⁻¹)	CO_2 质量流量 /(kg·s⁻¹)
142.4~144.4	0.25~0.5	22.5~23.5	4.267	0.2~0.3

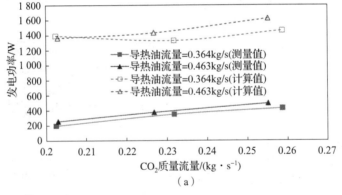

（a）

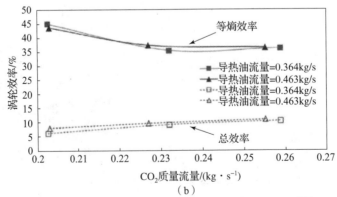

（b）

图 7-41　系统工作性能随 CO_2 质量流量的变化趋势[40]

（a）输出功率；（b）热效率

针对低温热源用中小功率二氧化碳动力循环，由于涡轮膨胀比低，此时采用径流式涡轮可获得较高的效率。但是，在非设计点工况下，涡轮和工质泵的工作效率会出现下降，从而影响系统的热力学性能。针对低温地热能发电用二氧化碳跨临界朗肯循环，Du 等采用喷嘴叶片可调的径流式涡轮，研究了 3 种不同涡轮入口压力控制方法对提高非设计点工况热力学性能的影响[41]。设计的控制方法包括调整喷嘴叶片保持涡轮入口压力恒定的方法、固定喷嘴叶片的压力滑移方法、调整喷嘴叶片的最佳压力控制方法。图 7 – 42 所示为带可调喷嘴叶片的径流式涡轮的结构。

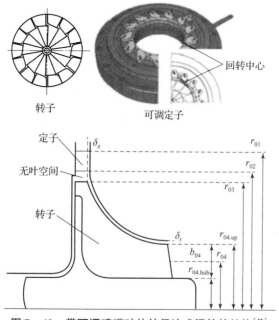

图 7 – 42　带可调喷嘴叶片的径流式涡轮的结构[41]

采用保持涡轮入口压力恒定的方法，不同地热水流量下的系统热效率、㶲效率和净输出功率如图 7 – 43 所示。由于涡轮在流量比为 70% ~ 80% 范围内效率最高，导致系统热效率在 90% 流量比下达到最大，而净输出功率随流量比的增加单调递增，当流量比超过 90% 以后，净输出功率的增加率逐渐减小。

在非设计点工况下，3 种控制方法得到的涡轮效率如图 7 – 44（a）所示。虽然在设计点工况下，3 种方法的涡轮效率均相等，但在流量比低于 100% 时，调整喷嘴叶片的恒压控制方法和最佳压力控制方法的涡轮效率明显高于压力滑移控制方法，而在流量比大于 100% 时，恒压控制方法的涡轮效率低于压力滑移控制方法。对应的泵效率如图 7 – 44（b）所示，在小流量比下压力滑移控制方法的泵效率较高。采用 3 种方法的吸热量、净输出功率和热效率

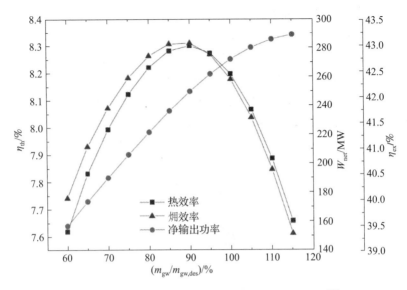

图 7-43　系统工作性能随地热水流量的变化曲线[41]

曲线如图 7-44（c）、（d）和（e）所示。随着地热水流量的减小，压力滑移控制方法的吸热量逐渐偏高，而净输出功率逐渐偏低，导致其热效率低于恒压控制方法和最佳压力控制方法。

　　对于内燃机余热回收用底循环，当环境温度较低时，可采用二氧化碳跨临界朗肯循环来进一步提高系统效率。与 ORC 系统相比，二氧化碳跨临界朗肯循环存在系统工作压力高、冷凝困难和热效率较低等不足。为了改善这些不足，可采用二氧化碳与制冷剂的混合二元工质。图 7-45 所示为带回热器的二氧化碳跨临界朗肯循环系统，基于该循环系统可采用含 CO_2 的二元非共沸混合工质来回收内燃机的排气和冷却液余热[42]。考虑有机工质包括 R290、R161、R1234yf、R1234ze、R152a、R41、R32 和 R134a 等，相关工质的热物性参数见表 7-9。基于某功率为 236kW 的柴油机，对于不同的二元混合工质组合，以热力学性能、经济性和体积为目标，可计算 CO_2 摩尔分数变化时系统的性能曲线，得到不同二元混合工质组合的最佳 CO_2 摩尔分数。总体性能较好的 3 组二元混合工质为 CO_2/R32、CO_2/R161、CO_2/R152a，图 7-46 所示为这 3 组二元混合工质随二氧化碳跨临界朗肯循环的最高工作压力变化特性。随着最高工作压力的增大，热效率和㶲效率均有轻微的升高，系统单位功率发电成本稍有降低。随后对比采用 CO_2/R32 和 CO_2/R161 工质的系统与采用纯 CO_2 工质的系统的性能，净输出功率随冷凝温度的变化如图 7-46（b）所示。与采用纯 CO_2 工质的系统相比，热效率有很大提高，最高工作压力明显降低。随着冷凝温度的降低，系统净输出功率逐渐增大，但净输出功

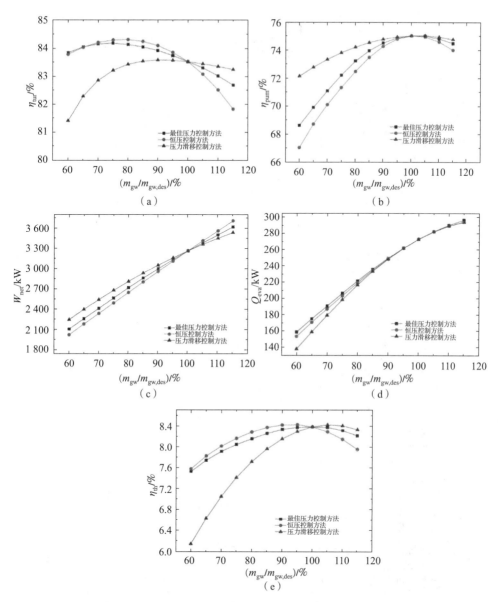

图 7 - 44　非设计点工况下 3 种控制方法的系统工作性能[41]

（a）涡轮效率；（b）泵效率；（c）吸热量；

（d）净输出功率；（e）热效率

率的升高率逐渐减小。3 组二元混合工质的换热面积如图 7 - 46（c）所示，采用二元混合工质的系统的总换热面积明显增加，这主要是冷凝器换热面积增加导致的。

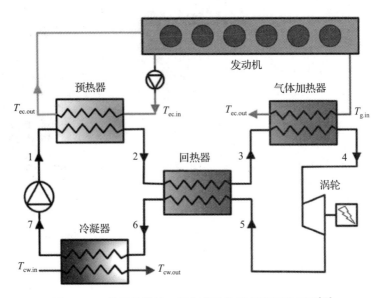

图7－45　带回热器的二氧化碳跨临界朗肯循环系统[42]

表7－9　二氧化碳跨临界朗肯循环采用的有机工质[42]

工质	物理属性					ASHRAE 34 安全等级	环境属性		
	分子量	T_b/℃	T_c/℃	P_c /MPa	w		大气寿命 /年	ODP	GWP
CO_2	44.01	−78.4	31.1	7.38	0.224	A1	>50	0	1
R290	44.1	−42.1	96.7	4.25	0.152	A3	0.041	0	~20
R161	48.06	−37.6	102.2	5.09	0.217	—	0.21	0	12
R1234yf	114.04	−29.5	94.7	3.38	0.276	A2L	0.029	0	<4.4
T1234ze	114.04	−19.0	109.4	3.64	0.313	—	0.045	0	6
R152a	66.05	−24.0	113.3	4.52	0.275	A2	1.4	0	124
R41	34.03	−78.3	44.1	5.9	0.200	—	2.8	0	107
R32	52.02	−51.7	78.1	5.78	0.277	A2L	5.2	0	716
R134a	102.03	−26.1	101.1	4.06	0.327	A1	13.4	0	1 370

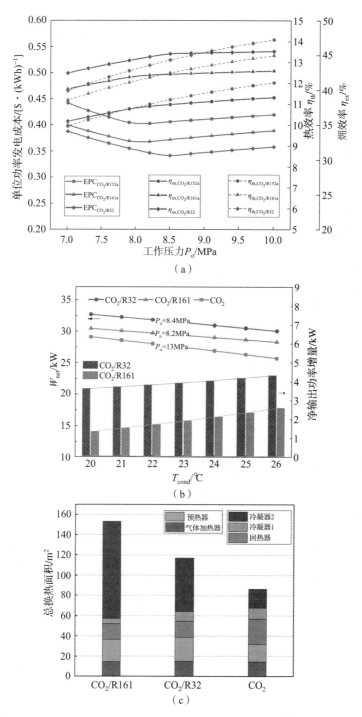

图 7 – 46　含 CO_2 的二元混合工质性能对比[42]

（a）热效率、㶲效率和单位功率发电成本；（b）净输出功率；（c）总换热面积

7.6 二氧化碳动力循环系统经济性分析

在实际应用二氧化碳动力循环时，经济性指标是一个影响最终决策的重要因素。二氧化碳动力循环系统的经济性评估可采用前面的经济性模型，计算出每一个部件的投资成本。对工质泵、涡轮、管壳式换热器、管翅/板翅式换热器和板式换热器等，可采用基于 CEPCI 指数的计算模型[43]。部件在常压下采用碳钢建造的基本成本可表示为

$$\lg C_p^0 = K_1 + K_2 \lg(X) + K_3 (\lg X)^2 \qquad (7-38)$$

式中，X 为部件的评估指标，对泵和涡轮为额定功率，对换热器为换热面积，K_i 为关联系数。

压力校正因子 F_p 可根据下式计算：

$$\lg F_p = C_1 + C_2 \lg X + C_3 (\lg X)^2 \qquad (7-39)$$

修正后的部件成本为

$$C_{BM} = C_p^0 (B_1 + B_2 F_M F_p) \qquad (7-40)$$

式中，F_M 为材料修正因子。

对 PCHE 的投资成本可由下式估算[44]：

$$C_{BM} = 1.027 LWH \qquad (7-41)$$

式中，L、W、H 分别为 PCHE 的长、宽和高。

传统的粉煤发电厂的烟气余热采用低压经济器回收，此部分烟气余热用于预热朗肯循环中冷凝后的水。Liu 等采用二氧化碳超临界布雷顿循环回收一座 600 MW 的粉煤发电厂的烟气余热[45]。对二氧化碳超临界布雷顿循环的经济性进行分析，结果显示二氧化碳超临界布雷顿循环不但可降低系统的能耗，而且系统的资本回收期为 3.067 年，在系统寿命为 20 年的条件下净现值可达 1 613.2 万美元。针对内燃机的排气余热回收，Wang 等采用㶲经济分析方法研究了单级、二级和三级二氧化碳跨临界朗肯循环的性能[46]。首先针对 3 种系统构型，以净输出功率和平均发电成本为目标，采用遗传算法对系统最高工作压力和温度、换热器出口状态和夹点温差等工作参数进行优化。在发动机的排气温度为 470℃，排气流量为 15 673 kg/h 的条件下，分析得到的 3 种系统构型的 Pareto 前锋如图 7 - 47（a）所示。根据该结果，综合考虑净输出功率和平均发电成本，选取一组最佳的工作参数。发动机排气温度变化对 3 种系统构型的优化结果的影响如图 7 - 47（b）所示。在整个排气温度范围内，单级二氧化碳跨临界朗肯循环有很好的经济性，随着排气温度的降低，其优势更加明显，二级循环仅在排气温度高于 530℃ 时才具有较好的经济性。

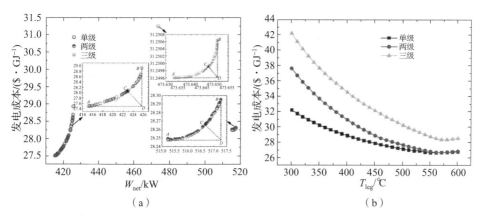

图 7 - 47　以净输出功率和平均发电成本为目标的优化结果
以及发动机排气温度变化对优化结果的影响[46]

　　CO_2 的临界温度为 31.1℃，在实际应用中，二氧化碳跨临界朗肯循环的 CO_2 工质在冷凝器内的冷凝温度必须低于其临界温度，很多时候环境温度难以满足此要求，导致 CO_2 在冷凝器内难以顺利冷凝，此时采用含 CO_2 的二元非共沸混合工质可提高系统的冷凝温度，降低冷凝过程的难度。Xia 等采用热力学性能与经济性联合分析的方法，研究了采用含 CO_2 的二元非共沸混合工质的跨临界朗肯循环的性能[47]。分别以 200℃ 和 400℃ 的热空气为热源，研究了跨临界朗肯循环的经济性随工作参数的变化，得到单位㶲产的平均发电成本随涡轮入口压力的变化如图 7 - 48 （a）所示。对于低温热源，当涡轮入口温度固定为 160℃ 时，随着涡轮入口压力的增加，平均发电成本先减小后增加；对于高温热源，当涡轮入口温度固定为 330℃ 时，分析的两种工质的平均发电成本均随着涡轮入口压力的增加而降低。当涡轮入口压力为 12 MPa 时，平均发电成本随涡轮入口温度的变化如图 7 - 48 （b）所示。在两种温度的热源条件下，均存在一个最佳的涡轮入口温度，使平均发电成本最低。冷凝温度对平均发电成本的影响如图 7 - 48 （c）所示。随着冷凝温度的升高，所有采用非共沸混合工质的跨临界朗肯循环的平均发电成本均升高。非共沸混合工质中有机工质质量分数对平均发电成本的影响如图 7 - 48 （d）所示。低温热源条件下采用 $CO_2/R1234yf$ 和 $CO_2/R1234ze$ 两种非共沸混合工质的平均发电成本随着有机工质质量分数的增加，先降低后增加，但整个变化幅度不大。其他非共沸混合工质的平均发电成本均随着有机工质质量分数的增加而降低。在两种热源温度条件下，采用非共沸混合工质的系统的平均发电成本均优于采用纯 CO_2 工质的系统。对于低温热源，采用 $CO_2/R32$ 和 $CO_2/R161$ 两种非共沸混合工质的系统的平均发电成本较低；对于高温热源，采用 $CO_2/$丙烷的系统的平均发电成本较低。

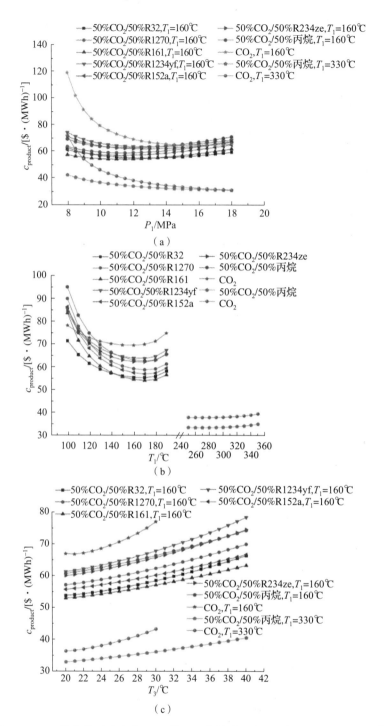

图 7 - 48　工作参数对采用含 CO_2 的二元非共沸混合工质系统经济性的影响[47]

（a）涡轮入口压力；（b）涡轮入口温度；（c）冷凝温度

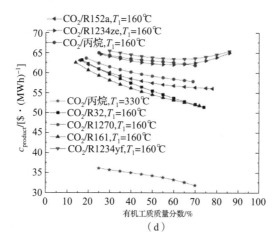

图 7-48　工作参数对采用含 CO_2 的二元非共沸混合工质系统经济性的影响[47]（续）
（d）有机工质质量分数

参 考 文 献

[1] Bodinus W S. The Rise and Fall of Carbon Dioxide Systems[J]. ASHRAE Journal, 1999, 41(4):37-42.

[2] Kim M H, Pettersen J, Bullard C W. Fundamental Process and System Design Issues in CO_2 Vapor Compression Systems[J]. Progress in Energy and Combustion Sicence, 2004, 30:119-174.

[3] Angelino G. Carbon Dioxide Condensation Cycles for Power Production[J]. Journal of Engineering for Gas Turbines & Power, 1968, 90(3):287-295.

[4] Xu J, Sun E, Li M, et al. Key Issues and Solution Strategies for Supercritical Carbon Dioxide Coal Fired Power Plant [J]. Energy, 2018, 157:227-246.

[5] Wang X, Liu Q, Bai Z, et al. Thermodynamic Investigations of the Supercritical CO_2 System with Solar Energy and Biomass [J]. Applied Energy, 2018, 227:108-118.

[6] Ahn Y, Bae S J, Kim M, et al. Review of Supercritical CO_2 Power Cycle Technology and Current Status of Research and Development[J]. Nuclear Engineering and Technology, 2015, 47:647-661.

[7] Ayub A, Sheikh N A, Tariq R, et al. Exergetic Optimization and Comparison of Combined Gas Turbine Supercritical CO_2 Power Cycles[J]. Journal of Renewable and Sustainable Energy, 2018, 10:044703.

[8] Meng F, Wang E, Zhang B, et al. Thermo – Economic Analysis of Transcritical CO$_2$ Power Cycle and Comparison with Kalina Cycle and ORC for a Low – Temperature Heat Source [J]. Energy Conversion and Management, 2019, 195:1295 – 1308.

[9] Petukhov B S, Krasnoshchekov E A, Protopopov V S. An Investigation of Heat Transfer to Fluids Flowing in Pipes under Supercritical Conditions [J]. ASME International Developments in Heat Transfer, 1961, 3:78 – 569.

[10] Petukhov B S, Heat Transfer and Friction in Turbulent Pipe Flow with Variable Physical Properties [J]. Advances in Heat Tranfer, 1970, 6:503 – 564.

[11] Cavallini A, Zecchin R. A Dimensionless Correlation for Heat Transfer in Forced Convection Condensation [C]//Proceedings of the Fifth International Heat Transfer Conference, 1974, 3:309 – 313.

[12] Kedzierski M A, Goncalves J M. Horizontal Convective Condensation of Alternative Refrigerants Within a Micro – Fin Tube [J]. Journal of Enhanced Heat Transfer, 1999, 6(2):161 – 178.

[13] Dostal V. A Supercritical Carbon Dioxide Cycle for Next Generation Nuclear Reactors [D]. Massachusetts Institute of Technology, USA, 2004.

[14] Carstens N A, Hejzlar P, Driscoll M J. Control System Strategies and Dynamic Response for Supercritical CO$_2$ Power Conversion Cycles [R]. Technical Report MIT – GFR – 038, Massachusetts Institute of Technology, USA, 2006.

[15] Cooke D H. On Prediction of Off – Design Multistage Turbine Pressures by Stodola's Ellipse [J]. Journal of Engineering for Gas Turbines and Power, 1984, 107(3):596 – 606.

[16] Modi A, Andreasen J G, Kaern M R, et al. Part – Load Performance of a High Temperature Kalina Cycle [J]. Energy Conversion and Management, 2015, 105 (11):453 – 461.

[17] Chen Y, Lundqvist P, Platell P. Theoretical Research of Carbon Dioxide Power Cycle Application in Automobile Industry to Reduce Vehicle's Fuel Consumption [J]. Applied Thermal Engineering, 2005, 25:2041 – 2053.

[18] Cayer E, Galanis N, Nesreddine H. Parametric Study and Optimization of a Transcritical Power Cycle Using a Low Temperature Source [J]. Applied Energy, 2010, 87:1349 – 1357.

[19] Uusitalo A, Ameli A, Turunen – Saaresti T. Thermodynamic and Turbomachinery Design Analysis of Supercritical Brayton Cycles for Exhaust Gas Heat Recovery [J]. Energy, 2019, 167:60 – 79.

［20］Vesely L,Manikantachari K R V,Vasu S,et al. Effect of Impurities on Compressor and Cooler in Supercritical CO$_2$ Cycles[J]. Journal of Energy Resources Technology,2019,141:012003.

［21］Drysdale D. An Introduction to Fire Dynamics. [M]. 2nd ed,West Sussex,UK: John Wiley and Sons,1998.

［22］Chys M,van den Broek M,Vanslambrouck B,et al. Potential of Zeotropic Mixtures as Working Fluids in Organic Rankine Cycles [J]. Energy, 2012, 44:623 - 632.

［23］Sanchez C J N,da Silva A K. Technical and Environmental Analysis of Transcritical Rankine Cycles Operating with Numerous CO$_2$ Mixtures[J]. Energy, 2018,142:180 - 190.

［24］Guo Z,Zhao Y,Zhu Y,et al. Optimal Design of Supercritical CO$_2$ Power Cycle for Next Generation Nuclear Power Conversion Systems[J]. Progress in Nuclear Energy,2018,108:111 - 121.

［25］Zhou J,Zhang C,Su S,et al. Exergy Analysis of a 1000MW Single Reheat Supercritical CO$_2$ Brayton Cycle Coal - Fired Power Plant[J]. Energy Conversion and Management,2018,173:348 - 358.

［26］Xu J,Sun E,Li M,et al. Key Issues and Solution Strategies for Supercritical Carbon Dioxide Coal Fired Power Plant[J]. Energy,2018,157:227 - 246.

［27］Sun E,Xu J,Li M,et al. Connected - Top - Bottom - Cycle to Cascade Utilize Flue Gas Heat for Supercritical Carbon Dioxide Coal Fired Power Plant[J]. Energy Conversion and Management,2018,172:138 - 154.

［28］Olumayegun O,Wang M,Oko E. Thermodynamic Performance Evaluation of Supercritical CO$_2$ Closed Brayton Cycles for Coal - Fired Power Generation with Solvent - Based CO$_2$ Capture[J]. Energy,2019,166:1074 - 1088.

［29］Hou S,Zhou Y,Yu L,et al. Optimization of a Novel Cogeneration System Including a Gas Turbine,a Supercritical CO$_2$ Recompression Cycle,a Steam Power Cycle and an Organic Rankine Cycle[J]. Energy Conversion and Management, 2018,172:457 - 471.

［30］Manjunath K,Sharma O P,Tyagi S K,et al. Thermodynamic Analysis of a Supercritical/Transcritical CO$_2$ Based Waste Heat Recovery Cycle for Shipboard Power and Cooling Applications [J]. Energy Conversion and Management, 2018,155:262 - 275.

［31］Wang X,Liu Q,Lei J,et al. Investigation of Thermodynamic Performances for Two - Stage Recompression Supercritical CO$_2$ Brayton Cycle with High Temperature Thermal Energy Storage System[J]. Energy Conversion and Management, 2018,165:477－487.

[32] Pasch J, Conboy T M, Fleming D D, et al. Supercritical CO_2 Recompression Brayton Cycle: Completed Assembly Description[R]. SAND2012－9546, October 2012.

[33] Sienicki J J, Moisseytsev A, Fuller R L, et al. Scale Dependencies of Supercritical Carbon Dioxide Brayton Cycle Technologies and the Optimal Size for a Next－Step Supercritical CO_2 Cycle Demonstration[C]//S CO_2 Power cycle Symposium, 2011.

[34] Haynes International. Haynes 230 Alloy[Z]. 2007.

[35] Li X, Kininmont D, Le Pierces R, et al. Alloy 617 for the High Temperature Diffusion－Bonded Compact Heat Exchangers[C]//International Conference on Advances in Nuclear Power Plants, 2008,1:282－288.

[36] Song J, Li X, Ren X, et al. Performance Improvement of a Preheating Supercritical CO_2 (S－CO_2) Cycle Based System for Engine Waste Heat Recovery[J]. Energy Conversion and Management, 2018,161:225－233.

[37] Wu C, Wang S, Li J. Parametric Study on the Effects of a Recuperator on the Design and Off－Design Performances for a CO_2 Transcritical Power Cycle for Low Temperature Geothermal Plants[J]. Applied Thermal Engineering, 2018, 137:644－658.

[38] Li H, Yang Y, Cheng Z, et al. Study on Off－Design Performance of Transcritical CO_2 Power Cycle for the Utilization of Geothermal Energy[J]. Geothermics, 2018,71:369－379.

[39] Cayer E, Galanis N, Desilets M, et al. Analysis of a Carbon Dioxide Transcritical Power Cycle Using a Low Temperature Source[J]. Applied Energy, 2009,86: 1055－1063.

[40] Ge Y T, Li L, Luo X, et al. Performance Evaluation of a Low－Grade Power Generation System with CO_2 Transcritical Power Cycles[J]. Applied Energy, 2018,227:220－230.

[41] Du Y, Chen H, Hao M, et al. Off－Design Performance Comparative Analysis of a Transcritical CO_2 Power Cycle Using a Radial Turbine by Different Operation Methods[J]. Energy Conversion and Management, 2018,168:529－544.

[42] Shu G, Yu Z, Tian H, et al. Potential of the Transcritical Rankine Cycle Using CO_2－Based Binary Zeotropic Mixtures for Engine's Waste Heat Recovery[J]. Energy Conversion and Management, 2018,174:668－685.

［43］Turton R,Bailie R C,Whiting W B,et al. Analysis,Synthesis,and Design of Chemical Process［M］. 3rd ed,Upper Saddle River,NJ:Prentice – Hall,2009.

［44］Kwon J G,Kim T H,Park H S,et al. Optimization of Airfoil – Type PCHE for the Recuperator of Small Scalebrayton Cycle by Cost – Based Objective Function［J］. Nuclear Engineering and Design,2016,298:192 – 200.

［45］Liu M,Zhang X,Ma Y,et al. Thermo – Economic Analyses on a New Conceptual System of Waste Heat Recovery Integrated with an S – CO$_2$ Cycle for Coal – Fired Power Plants［J］. Energy Conversion and Management,2018,161:243 – 253.

［46］Wang S,Wu C,Li J. Exergoeconomic Analysis and Optimization of Single – Pressure Single – Stage and Multi – Stage CO$_2$ Transcritical Power Cycles for Engine Waste Heat Recovery:A Comparative Study［J］. Energy,2018,142:559 – 577.

［47］Xia J,Wang J,Zhang G,et al. Thermo – Economic Analysis and Comparative Study of Transcritical Power Cycles Using CO$_2$ – Based Mixtures as Working Fluids［J］. Applied Thermal Engineering,2018,144:31 – 44.